# ザ・ラスト・グレート・フォレスト

―カナダ亜寒帯林と日本の多国籍企業―

イアン・アークハート／ラリー・プラット 著

黒田洋一／河村洋 訳

The Last
JAPANESE MULTINATIONALS AND ALBERTA'S NORTHERN FORESTS
Great Forest

緑風出版

**The Last Great Forest**

Japanese Multinationals and Alberta's Northern Forests

by Larry Pratt and Ian Urquhart

ザ・ラスト・グレート・フォレスト——カナダ亜寒帯林と日本の多国籍企業——●目次

ザ・ラスト・グレート・フォレスト――カナダ亜寒帯林と日本の多国籍企業――●目次

## 〔主要登場人物と企業、政府機関〕

本書は著者らによる多数の関係者のインタビューなどをもとに書かれていて、日本の読者にはわかりにくいと思われるので、最初に主要人物、組織の一覧を掲げておく〔訳者作成〕。なお投資などの金額の表示は断りのない限り、すべてカナダドルを指す。現在のカナダドルの換算率は一カナダドル＝約九〇円である。また政府、官庁についても断りのない限りすべて州政府機関を指す。

**＊大昭和製紙**〔本社、静岡県〕：日本第三位、世界第二三位の製紙会社。二〇〇〇年三月に日本製紙と事業統合

**＊斎藤了英**：大昭和製紙に長く君臨した斎藤一族のドン

**大昭和カナダ**〔本社バンクーバー〕：大昭和製紙の子会社でピースリバー工場建設に動く

**大昭和丸紅インターナショナル**〔本社バンクーバー〕：大昭和製紙と丸紅が五〇％ずつ出資した会社で後にピースリバー工場の管理権を取得

**＊コウイチ・キタガワ**（**Ｋ・キタガワ**）：大昭和カナダ副社長

**＊トム・ハマオカ**：大昭和カナダ副社長（後に大昭和丸紅インターナショナルに移籍）

**＊ＡＬＰＡＣ**（Alberta Pacific Forest Industries）社：三菱商事、ＭＣフォレスト・プロダクツ社、本州製紙、神崎製紙カナダの合弁会社で、最大の投資規模と最大のＦＭＡ（森林管理協定）を誇るアルバータ州林業開発の要となった合弁事業

**＊スチュアート・ラング**：クレストブルック・フォレスト・インダストリー社（三菱商事、本州製紙のブリティッシュ・コロンビア州における合弁パルプ会社）社長で、ＡＬＰＡＣ事業の強力な推進者

**＊ウェアハウザー社**：アメリカ、ワシントン州（タコマ）を本拠地とする多国籍木材会社の巨人で北部アルバ

ータの森林管理権をめぐるＡＬＰＡＣの競争者
**＊ミラーウェスタン社**：州外の多国籍木材会社の投資攻勢の中でパルプ工場建設に成功した州民の資本による唯一の木材会社
**＊ドナルド（ドン）・ゲティ**：アルバータ州首相（一九八六―九二年）
**＊ラルフ・クライン**：同州環境大臣（ゲティ政権時）、九二年以降に首相となる
**＊フィヨルドボッテン**：同州林業・土地・野生生物大臣（州南部の牧場主）
**＊フレッド・マクドゥーガル**：同省アルバータ・フォレスト・サービス担当次官
**＊アルバータ州フォレスト・サービス（ＡＦＳ）**：アルバータ州森林局。当時は林業・土地・野生生物省に所属
**＊アル・ブレナン**：林産業開発部（Forest Industry Development Division）部長：林産業業開発部はＡＦＳとは独立した林業開発投資を促進するための強力な部署
**＊マイク・カーディナル**：コーリング・レイクのクリー民族出身でＡＬＰＡＣ事業の推進派。八九年の選挙以降、アサバスカ／ラ・クラ・ビッシュ地区選出の州議会議員になる
**＊バーナード・オミナヤック**：ルビコン・クリー民族のチーフ
**＊フレッド・レナーソン**：ルビコン民族の最高法律顧問
**＊ルビコンの友**：トロントを本拠地とするルビコン民族の支援団体で大昭和ボイコットの主導者
**＊アサバスカの友**：ＡＬＰＡＣ事業反対派の市民団体

# 序章　ザ・プライズ――亜寒帯林という宝物

四十六億年の地球の歴史の中で実に六千万年の歳月をかけてうみ出されたというこの亜寒帯林が、わずか一世紀の間に、人類の強欲と無知による大規模な破壊によってその姿を全面的に変えられるという危機に立たされるのは、驚くべきことではなかろうか？

——スタン・ローウェ、亜寒帯林会議議事録「地球環境における亜寒帯林」

急増するパルプ需要を満たすに足る豊富な木材があるのは、西側先進工業国の中ではここだけである。

——ヤーク・プーセップ、ペンバートン証券株式会社

一九八〇年代にいたるまで、カナダ[訳注1]の広大な北部亜寒帯林に関心を抱く者はほとんどいなかった。そのスケールの大きさを賞賛する者もまずいなかった。ユーラシア大陸では、タイガと呼ばれる亜寒帯林[訳注2]は世界最大規模の森林で総面積は一六〇〇万平方キロに及ぶ。カナダにおいて亜寒帯林は国土の三分の一にあたる三二四万平方キロで、西はユーコン準州から東はニューファウンドランド州にいたる地域の森林のおよそ八〇%を占める。それほどの広大さにもかかわらず、亜寒帯林の生態系についての科学的知見は乏しい。亜寒帯林は今なお、謎に包まれ先住民や毛皮商人、森の案内人たちの亡霊が支配する土地なのである。

北部への入植と産業開発の歴史において、人々の森林に対する態度は様々に異なった。まずプレーリー諸州の北部に大恐慌の難を逃れて住みついた大多数の農民にとって、これら大森林は頭痛の種でしかなかった。泥炭地やうっそうと茂るアスペン・ポプラ[訳注3]とスプルース[訳注4]の森は厳しい不安定な気候とあいまって、耕作地を北に拡大しようとする夢の障害になった。次に石油探査と開発の波が北方に押し寄せると、亜寒帯林は脅威であるよりも邪魔物となった。アルバータ州[訳注5]北東部のフォート・マクマレー付近（次頁の地図参照）では、巨大な機械力によってアサバスカ地域のタール・サンドから石油を採掘していた。その他州内の至る所で石油や天然ガスの探査のために、およそ八〇万キロにわたる地震探査ライン[訳注6]（震探測線）の開設のために亜寒帯地域の景観は縦横に切り裂かれ、広大な地域の森林を切り倒し、荒れ果てた光景を残してしまった。最後に、過去十年間、パルプ会社は北方林に対して強欲な態度を取り続けてきた。木材加工業界にとって、膨大な量の木材・パルプ原料が眠るこの地域の森林は、隠された金の卵であった。思惑は著しく異なるものの、自然を飼い慣らして土壌、石油、木材といった天然資源を収奪して利益を生み出そうとする点では共通していた。

　しかし、亜寒帯林をめぐっては別の考え方をもつ人々がいた。数十万人の北米先住民族[訳注7]にとって西欧社会が飼い慣らそうとしてきた原生的自然は、わが家であり、日々の糧を得る場であり、聖地であった。カナダ南部住民にとっては失業以外の何物でもないと軽く見られていた自給自足的な森の暮らし（ブッシュ経済）は、北部一帯においては先住民の生活の重要な部分を占めていた。狩猟、漁労、罠猟[訳注8]、木苺及び薬草の採集といった作業は単なる生計手段ではなかった。土地との結びつきに自らのアイデンティティーを見い出し、土地を自分たちの魂の一部と見なす先住民にとって、これら一連の営

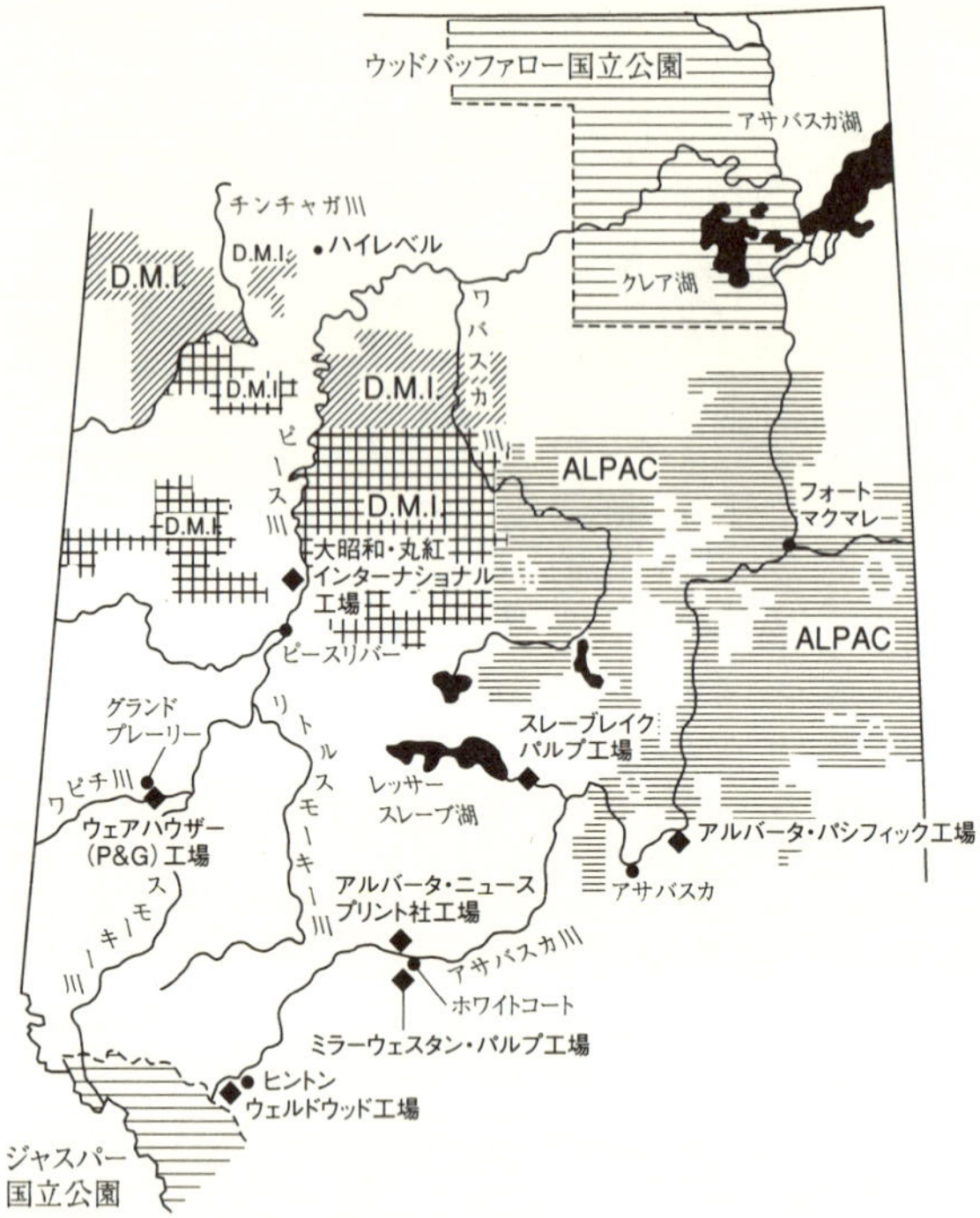
ウッドバッファロー国立公園
アサバスカ湖
チンチャガ川
D.M.I.
ハイレベル
クレア湖
ワバスカ川
ピース川
ALPAC
フォートマクマレー
大昭和・丸紅インターナショナル工場
ピースリバー
グランドプレーリー
リトルスモーキー川
スレーブレイクパルプ工場
レッサースレーブ湖
ワピチ川
ウェアハウザー(P&G)工場
アルバータ・パシフィック工場
アサバスカ
スモーキー川
アルバータ・ニュースプリント社工場
アサバスカ川
ホワイトコート
ミラーウェスタン・パルプ工場
ヒントン
ウェルドウッド工場
ジャスパー国立公園

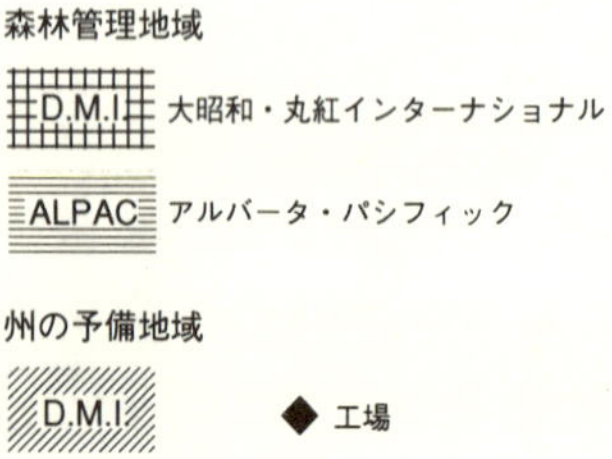
森林管理地域
D.M.I. 大昭和・丸紅インターナショナル
ALPAC アルバータ・パシフィック
州の予備地域
D.M.I.
工場

上の拡大図参照
ピース川
アサバスカ川
エドモントン
カルガリー

森林管理地域

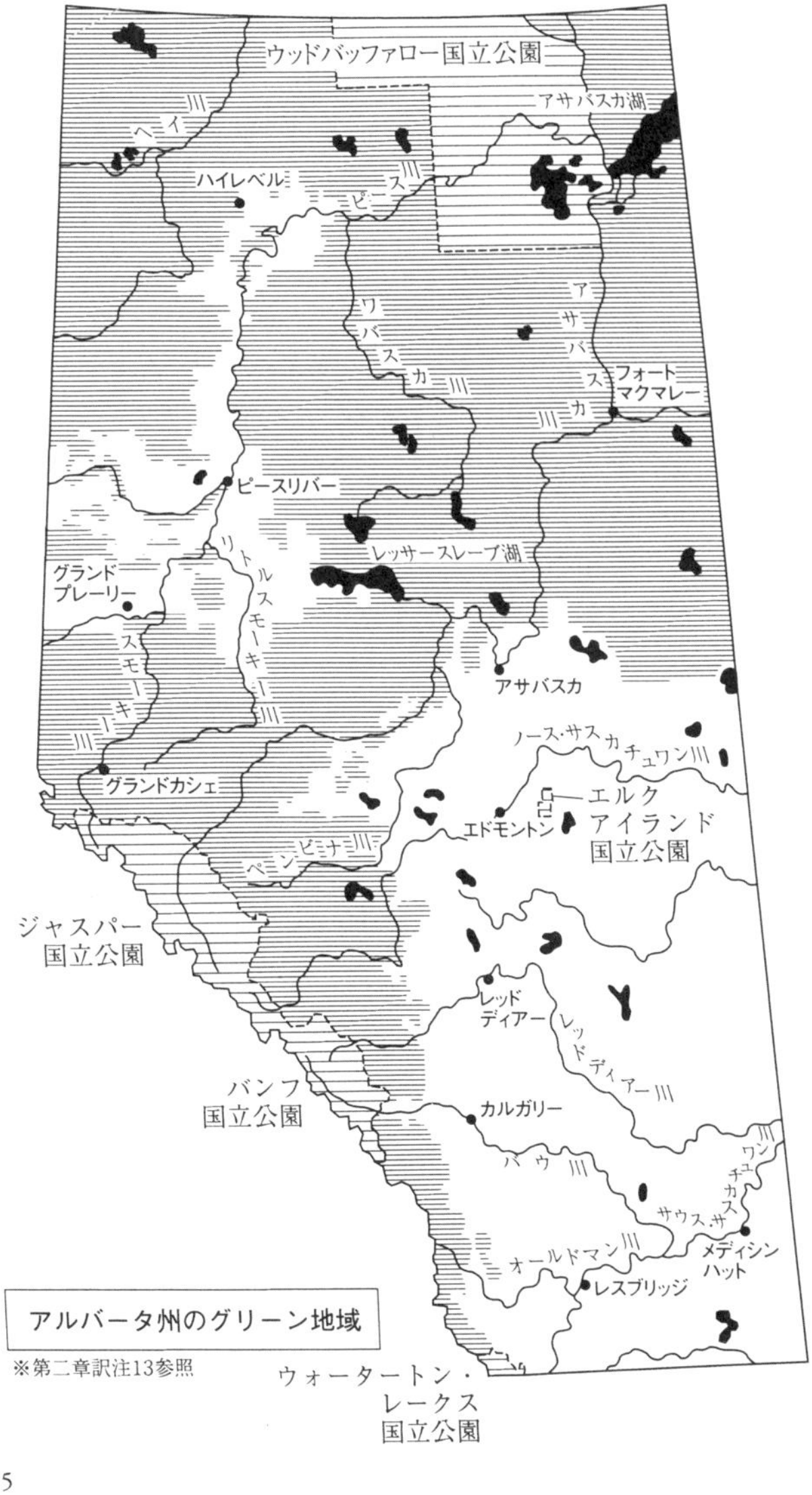


アルバータ州のグリーン地域

※第二章訳注13参照

みは自分たちの文化そのものであった。アルバータ州北東部のクリー民族の首長[訳注9]（Chief）は「われわれの文化は山々や草木、動物などの母なる大地を基盤としている。皆なくなってしまえば、われわれ自身も消滅するのだ」と主張した。おもに都市で快適な生活を送っている環境活動家の主張もある点では先住民と一致していた。活動家たちは亜寒帯林の地球環境における重要性を認識すべきだと主張した。北方亜寒帯林は地球の肺の一つで、地球温暖化の行方を大きく左右する。森林は膨大な炭素貯蔵能力がある。成熟した森林を大規模に皆伐しようという計画は、地球温暖化を深刻化するおそれがあるため認められないとの見解を持っている。また他の活動家は、亜寒帯林から収益を得る方法として木材伐採にかえて人々が自然体験に対して高価な対価を払うエコツーリズムを推進すべきと考えている。

本書は亜寒帯林の開発と環境保全をめぐる抗争について述べている。あるいはアメリカ西部開拓抗争のカナダ西部版について、旧来の資源収奪経済と新しい環境経済の間の対立について、詳細に論じている。いずれの場合も、「西部は旧勢力と新勢力のどちらのものか？」[*1]という共通の問いがある。本書では一方を多国籍紙パルプ会社と政府内の開発推進派、他方を先住民や環境活動家とする政治抗争について検討している。そのような抗争は世界各地で見られるようになった。オーストラリアやパプア・ニューギニアでは日本の製紙会社への木材チップ供給のために森林が伐採されている。[訳注10]アマゾンでは金鉱探査、牧場経営、林業のために熱帯林が皆伐され先住民の生活が破壊されている。アメリカ太平洋北西海岸では伐採業者と環境活動家の間でマダラフクロウと原生林の将来をめぐって抗争が起こっている。[訳注11]数百キロ北にあるカナダのブリティッシュ・コロンビア州バンクーバー島にあるクラクワット・サウンドではサウス・モレスビー、ミアーズ・アイランド、スタインおよびカーマナー両峡谷と同様に、カナダ太平洋岸の温帯雨林[訳注12]の将来をめぐって抗争が起きた。

本書はカナダ・プレーリー諸州の一つであるアルバータ州を舞台とするが、同州は一般に亜寒帯林地域の湖や川よりも小麦畑、広大な空の光景やロッキー山脈の観光地としてよく知られている。アルバータにおける膨大な亜寒帯林の将来をめぐる抗争が持ち上がった原因は、州の政治経済の性格に根ざしている。アルバータ政治経済史をひも解くと、小麦や石油生産への依存によって華々しい好景気と景気急落のサイクルが繰り返されていることがわかる。一九七〇年代までにアルバータでは公共支出によって経済多角化が図られるべきだとする考え方が浸透しはじめた。経済の好不況の波を緩和するために新たな産業が模索され、奨励されるべきであり、必要なら補助金を出すべきとすら考えられた。これらはカルガリーで成功を収めた弁護士で、一九六〇年代半ばに進歩保守党[訳注13]の若返りを担ったピーター・ラフィードの持論であった。一九六〇年代末にはラフィードは社会信用党[訳注14]政権を、未加工エネルギー資源の切り売りにばかり熱心で、その石油収入を州経済多角化のための投資に活用しなかったと批判した。一九七一年に州首相に選出されるとラフィードは前任者の独善的政策の改革に着手した。一九七〇年代から一九八〇年代初頭にかけて経済多角化を大胆に訴えたにもかかわらず、言行不一致は甚だしかった。アルバータが資源が減少しつつあった石油や天然ガスの開発や販売に依存し過ぎていて「あまりに危険」な状態にあるのを憂慮していたにもかかわらず[*2]、ラフィード政権の開発政策は二度にわたるオイル・ショックによる経済的現実に飲み込まれてしまった。急成長を遂げる州経済は、実際には石油産業や農業関連企業による投資や雇用創出に一層特化し、依存するようになった。それとともに州経済は、予定された投資計画を遅らせたり、ぶち壊す危険をはらむ高金利や世界石油価格動向、連邦政府のエネルギー政策といった諸要件に対してより一層影響を受けやすくなってしまった。[*3]

すでに危険な状態にあった同州経済を一層悪化させることになる国際石油価格の暴落直前の一九八五年末、ピーター・ラフィードは政権を代役のドナルド・ゲティー[訳注15]に譲った。ゲティー首相は元エドモントン・エスキモーズの花形クウォーターバックで、チームの二度に渡るグレー・カップ獲得に貢献した。政界には一九六六年にラフィードに請われて入った。ラフィードのチームの生え抜きで最も信頼の厚い閣僚の一人であったゲティーには、森林もその管轄下にあり最も重要な天然資源エネルギー相のポストがあてがわれた。一九七九年にゲティーは政界を離れて民間企業に戻り、「景気再燃を待望」していると伝えられた。[*4] この好景気の最中にはアルバータ州民の多くがそうであったように、ゲティーもエネルギー景気が永遠に続くかのような幻想にとりつかれていた。実業界でのゲティーは、エドモントンのスパロー家が所有する独立系石油会社ノーテック・エネルギー社の最高経営者就任後に困難にぶつかる。石油価格の低迷による膨大な損失がゲティーとノーテック社の肩にのしかかり、ゲティーが経営陣に名を連ねるノバ社がノーテック救済に乗り出してやっと事態は改善された。[*5]

ゲティーはラフィードから経済的危機にある州を引き継いだ。当時の状況は石油産業が停滞し、投資誘致と雇用創出のための代替産業が切望されていた。一九八六年の選挙では新民主党[訳注16]と自由党[訳注17]がエドモントンとカルガリーで保守党支持基盤に食い込んできたので、州政の保守党支配終焉を予測するものさえ出た。一九八〇年代の国際エネルギー価格および小麦価格の暴落に伴なって不況、失業、政治的不安定が深刻化するのをおそれて、ゲティー政権は第二章に述べるような理由から、州内での紙パルプ産業の大々的な拡張に乗り出した。かつては木材産業から「雑草」扱いされてきた州内の膨大なアスペン材資源の活用が、ゲティー政権の政策の中心である。パルプ産業の誘致は経済多角化、切実な雇用創出、低下した政府支持率の回復を約束するものだった。多国籍木材企業は他地域で環境保護運動の拡大で身動きがとれなくなり政治的に安定した国々における未開発資源が残り少なくなっている現状を憂慮していたため、この政策は、多いにアピールした。原材料供給についての支配力の強化を求めていた多国籍企業は、州による数百万ヘクタールにおよぶ森林資源への長期かつ安定したアクセスを提供する州政府を大歓迎した。アクセス保証は大いに歓迎すべきことであった。政府は多国籍企業に英国全土に匹敵する広大な森林の伐採権を与えた。多くの場合、そうした伐採権の付与によって森林開発プロジェクトの資金調達を促進した。本書では主に大昭和[訳注18]とアルバータ・パシフィック[訳注19]（＝アルパック＝三菱系[訳注20]）を取りあげたが、その理由の一つには両プロジェクトが引き起こした政治的反応の深刻さにある。北西部ではルビコン・クリー民族[訳注21]が大昭和の操業を拒み、北東部では環境保護運動によって世界最大の単一工程パルプ工場建設をもくろんだアルバータ・パシフィック・プロジェクトが遅延を余儀なくされ、危うく中止されかけた。両社は政府から五億五〇〇〇万ドルの融資（以下、特に断りのない時はカナダ・ドルとする）、すなわち交通インフラ支援を受けているが、それは一九八〇年代末までに政府がパルプ産業開発のために支出した補助金総額一三億五〇〇〇万ドルのうちの大きな割合を占めた。

こうした州政府による資金援助は、一九八六年に州政府が新しい林業政策を発表して以降、アルバータの紙パルプ工場に対して四〇億ドルの資本投資を引き出したのであった。本書では大昭和とアルバータ・パシフィックを中心に述べるが、両プロジェクトは林業における政府と企業の新たな関係の帰結の一例に過ぎない。森林の産業利用はアルバータ州北部の二水系で行なわれることになった。アサバスカ水系では工場の拡張や新規建設に伴って、針葉樹材と共にアスペン材の利用が進められた。一九八六年にはホワイトコートにおいてミラー・ウェスタン・パルプ社が総額二億五〇〇〇万ドルで年間生産量二一万トンのケミサーモメカニカル・パルプ[訳注22]（CTMP）工場の建設に着手し、一九八七年にはカナダのウェルドウッド社が、一九五〇年代にヒントンに建設した漂白クラフトパルプ工場[訳注23]の拡張工事に四億一六〇〇万ドルを投じ、一日当たりの生産量を六〇〇トンから一二〇〇トンに倍増させた。さらに一九八八年には、アルバータ・ニュースプリント社がホワイトコート付近で四億六〇〇〇万ドルを投じて年間二二万トンの上質新聞用紙生産能力のある工場を建設し、一九八九年に入るとスレーブ・レーク地域にアルバータ・エネルギー社が一億八二〇〇万ドルで、年間生産量一一万トンのCTMP工場建設を開始した。一九九〇年には長きにわたる環境審査を経て、アルバータ・パシフィックが一三億ドル、日産一五〇〇トンの漂白クラフト・パルプ工場をアサバスカとラック・ラ・ビッシュの間に建設した。ピース川水系では、一九八八年に新規大型プロジェクトが開始され、当初大昭和カナダの子会社[訳注24]——現在は大昭和と丸紅[訳注25]が所有し、日量一二〇〇トンの漂白クラフトパルプを生産するピースリバー工場が、五億八〇〇〇万ドルを投じてピースリバーという町の近くに建設された。既存施設ではプロクター&ギャンブルのグランド・プレーリー漂白クラフト・パルプ工場が生産量倍増を計画していたが、同社は工場拡張を行なう前にパルプ生産より撤退してウェアハウザー社に工場を

表１　アルバータにおける紙パルプ産業投資、1986-1993

| 所有者（企業名） | 事業内容 | 事業費用（百万米ドル） | 立地場所 |
|---|---|---|---|
| ミラー・ウェスタン・パルプ会社 | ケミサーモメカニカル・パルプ | 205 | ホワイトコート |
| アルバータ・エネルギー社スレイブ・レイク・パルプ | ＣＴＭＰ | 182 | スレイブ・レイク |
| アルバータ・ニュースプリント社 | ＣＴＭＰおよびニュースプリント工場 | 406 | ホワイトコート |
| 大昭和カナダ・大昭和、丸紅インターナショナル | 漂白クラフト・パルプ工場（ＢＫＰ） | 580 | ピースリバー |
| ウェルド・ウッド（カナダ）社 | ＢＫＰ拡張 | 416 | ヒントン |
| アルバータ・パシフィック林産業社 | ＢＫＰ | 1,300 | アサバスカ地域 |
| 今後予定されている事業 | | | |
| グランド・アルバータ製紙 | 軽量コート紙工場 | 1,600 | グランド・プレリー |

表2　政府の林産業投資事業に対する資金支援（金額100万ドル）

| | 紙パルプ産業部門 | その他 | 合計 |
|---|---|---|---|
| 債務保証 | 615 | 15 | 630 |
| 社債 | 525 | 25 | 550 |
| インフラ | 170 | — | 170 |
| 合計 | 1,310 | 40 | 1,350 |

売却した。またピース水系およびグランド・プレーリー地域では、グランド・アルバータ製紙という共同企業が一六億ドルをかけて付加価値の高い軽量コート紙[訳注26]工場建設を提案したが、すでに述べたように州政府の最終決定は定まっていなかった。表1では投資プロジェクトを、表2では林業部門に対する政府の資金援助を示している。

（もっと小さな林業プロジェクトも含めると）全体では一連の大型投資によってアルバータの林業部門での直接雇用は一九八五年の八四〇〇人から一九九〇年代初頭の一万二五〇〇人に増加した。四〇〇〇人分の新規雇用は、直接恩恵を受ける地域においてはもちろん重要ではあったが、伐採やパルプ製造過程では技術が資本集約的性質をもっているため、投資の規模の割には直接雇用の増加は小さかった。一九九二年に更新された林業におけるアルバータ州と連邦政府のパートナーシップ協定は、アルバータ州の林業は間接的に二万四〇〇〇人分の間接雇用をもたらしていると述べている。八〇年代半ばには八〇〇〇人を越えたアルバータ州林業部門雇用の内一五％は先住民の血をひいている人々であったが、現在のところこれより新しい資料はない。一九九一年時点で林業部門での雇用はアルバータ州総雇用の約一％を占めた。

こうした雇用創出にもかかわらず、ある階層にとっては州政府の林業政策は忌まわしきものだった。州による熱心な大型パルプ事業の推進は、世界各地の環境保護運動活発化と表裏一体を成していた。こうした国際的環境保護世論の高まりは州政にも浸透してきた。新たに設立された環境保護団体の多くは一連のプロジェクトの恩恵を受けることになっている小さなコミュニティーを本拠とし、大昭和と三菱（商事）の計画に環境上の観点から異議申し立てを行なった。環境団体は、大規模な森林収奪によって森林の生態的多様性が取り返しのつかぬ損失を受け、地球温暖化を加速してしまうとの警告を発した。またパルプ工場から出る排水中の毒性物質がピース、アサバスカ両河川とその下流の北極圏の水系から得られる水や食料に依存している住民の健康に及ぼす影響を懸念する声もあった。ルビコン・クリー民族のような先住民族は、一連のプロジェクトによって自分たちが白人が支配する社会の中で一層弱い立場に追いやられることを懸念していた。パルプ工場の需要を満たすための大規模伐採によって、彼らの条約上の権利、未解決の土地権請求問題[訳注27]、伝統的罠猟経済[訳注28]について、さらなる妥協を余儀なくされかねなかった。

現代の森林利用をめぐる紛争について考える際に、私たちはしばしば伐採とパルプ生産による環境上の影響に焦点を当てがちである。アルバータではパルプ工場にかかわる環境問題に熱心な余り、推理小説でよく問題になる「誰が得をするか？　そしてなぜ？」という環境問題に劣らぬ重要な問題が充分議論されなかった。誰がどのようにして不当に利を得たのか？　誰が新規プロジェクトの失敗のリスクを負うのか？　なぜアルバータ州政府は、世界有数の資本力を持つ企業のために一連のプロジェクトに資金援助をしたのか？　直接関与は資金上の理由から必要だったのか、それとも州政府をプロジェクトに関与させ、リスクを社会全体に負わせるための手段なのか？　すなわち環境問題をめぐる政治的諸問題を含む種々のリスクから民間企業を守る措置なのか？　政府と反対派の双方は多大な時間と努力をアサバスカ川に投棄されたダイオキシンやフラン[訳注29]の影響についての議論に費やしながら、アルバータ州政府が日本企業の誘致に踏み切った政治的あるいは経済的要因についてはほとんど分析がなされなかった。現実にはそのように考えていない人もいるかもしれないが、政治経済と自然環境は不可分で、切り離して考えることはできないと私たちは考える。アルバータ北部のパルプ工場の原料供給のための皆伐[訳注30]は、カナダの著名なエコロジストが論ずるように、「強力な技術で武装した人々が—中略—絶えず成長し続ける巨大な産業のために生態系を切り裂き、その断片を利用する」[*6]という世界的問題の一部である、という見方は正しいかも知れない。しかしながらこの議論は、そうした人々とは何者であり、なぜその時その強力な最新技術がこの州にやって来たのか？　そしてまた彼らは、どうして州政府という気前のよい土地所有者や州政府の中の熱心な協力者を見つけ出したのか？　さらに、なぜ数年前までは存在すらしなかった環境運動の抵抗に出くわしたのであろうか、などの疑問を説明してくれない。本書では、アルバータの林業政策の原点、一九八〇年代末にアルバータにやって来た日本企業の権益や要求、開発推進派に対する環境運動の抵抗の本質を検討することにより、こうした疑問に回答を与えようとするものである。

第一章では現在の抗争の歴史的背景、すなわちアルバータの森林管理史と環境政策を振り返ってみた。ここでは森林をパルプ原料供給源と見なす考え方をとり上げ、木材産業の成長育成における政府の役割についての議論がずっと以前から始まっていたことに注目する。第二章では紙パルプ産業のめざましい成長のために州政府が「見える手」を使う、というゲティー内閣の政策決定について述べ、分析する。第三章では日本の紙パルプ産業界の「鬼っ子」として知られる大昭和がアルバータに投資を行なった動機を検証する。そこでは日本の製紙会社の戦略がどのようにゲティー政権の目的に合致し、州政府が浮き沈みの多い一日本企業に厚い信頼を置いていたかが明らかにされる。第四章では大昭和プロジェクトの環境的側面に論点が移る。そこではアルバータ当局の規制制度が大昭和のアルバータに対する関心を引きつけることに寄与したのかどうか、反対派の性格、また様々な批判に対して政治および法的な制度、機構がどのようにパルプ工場建設計画を守ったかについて考察する。第五、六章では「世界最大の単一工程パルプ工場」[*7]と宣伝されたアルパック・プロジェクトについて分析を行なう。ここでも同様に世界有数の企業である三菱商事がアルバータの森林に進出した動機や、なぜ州政府が当該プロジェクトに関するリスクの相当部分を背負うようになったかという問題を検討する。また第五章では先の好況から取り残され、アルバータ・パシフィック・パルプ工場誘致の活動を行なった「パルプ工場の友人」とも言うべき人々について分析を加える。第六章ではアルパック反対派について考察する。そこでは工場建設反対の環境運動の骨抜きをもくろむ政治的決定のやり方がいかに編み出されたかに焦点を当てる。同時にアルバータ・パシフィック反対派がしばしば採用した環境問題に対する科学主義的な批判が自ら敗北を含んでいた点を論ずる。科学面を強調し過ぎたことで、産業開発による環境保護への挑戦をまず生み出した社会、経済、政治を軽視し、結果的にパルプ工場がもたらす生態系への脅威に対する技術主義的アプローチを受け入れようという当局の対応を許してしまうことになる。終章では、一連のプロジェクトが州政治経済に与える影響について評価を下し、本書の結論としている。

［原注］

＊1　Samuel Hays, "The New Environmental West," *Journal of Policy History*, 3 (1991), 237.

＊2　John Richards and Larry Pratt, *Prairie Capitalism: Power and Influence in the New West* (Toronto : McClellend and Stewart, 1979), 165-68.

＊3　アルバータの経済的不安定性についてはRobert L. Mansell and Michael B. Percy, *Strength in Adversity : A Study of the Alberta Economy*(Western Centre for Economic Research and C.D. Howe Institute : The University of Alberta Press, 1990)を参考にした。

＊4　Andrew Nikiforuk, "Third Down and Ten," *Report on Business Magazine*, April 1987.

＊5　同右

＊6　Stan Rowe, "The Technology of Large Enterprises," *Parks and Wilderness*, 6 (Fall 1989).

＊7　Robert Forrest, "Alberta-Pacific: Striving for World Class in a Global Market," *Pulp and Paper Journal*, Vol. 45, no.2 (February 1992), 23.

# 第一章　パルプ症候群《シンドローム》——アルバータ森林利用史

「木材や他の林産物は、農作物と同じく収穫されるべきものである。[訳注1] これこそすべての森林管理や保全の根底にある考え方である」

——アルバータ土地森林省『アルバータの森林』より

一九四七年のレデューク[訳注2]での石油の発見は、その後三十五年間にわたる着実でときには驚異的なアルバータの経済成長の幕開けであった。このエネルギー資源の探査と開発によって、アルバータ州経済は好況に沸いたのだ。この時期を振り返ってみると、口やかましく広範に広がった環境保護運動が資源開発事業の大きな障害になったことはなかった。州民は高度成長熱に取りつかれていたのだ。

このような熱病は州北東部のフォートマクマレー付近のアサバスカのタールサンド[訳注3]開発の活況に端的に示されていた。政治家、企業経営者から一般市民にいたるまで、アスファルト状のタールサンドから重油のみならず雇用と利潤を絞り出そうという魔法の技術を大歓迎した。高度成長の名の下に、この開発計画が大規模な自然景観の破壊をもたらすのではという疑念を呈する者はほとんどいなかった。また、確実に環境破壊をもたらすこの巨大なタールサンド採掘事業を抑制すべきだと主張する者もいなかった。

森林に関しても同じような態度が生まれた。森林資源問題については「森林はパルプや他の木材製品の生産ために利用することが最善であり、森林管理の目的は、伐採と更新林である」といった『パルプシンドローム[訳注4]』とでも言うべき信条が、専門家ばかりか一般市民の間でも支配的になっていった。[*1] 一九五〇年~八〇年代までは、州の林業はゆっくりと成長したが、成長が遅すぎるといらだつ人々もいた。アルバータ・フォレスト・サービス[訳注5]（ＡＦＳ）の管理職や林業コンサルタントは、この利用されない森林は開発を待っている、と異口同音に語った。七〇年代のエネルギー景気が幕を閉じると、ある大手林業コンサルタント会社は「木材加工業の成長は、今後の州産業戦略の一翼を担うべきだ」と主張した。問題は一九五〇年代に州政府が最初に森林の大規模開発事業の提案を検討していたときと同じように、恵まれた広大な原生林の多くが経済的に収穫不能であり「採算ベースに乗らない」ことだった。[*2] いったい州政府はどの程度本気で、より大きな木材産業の発展を求めているのだろうか。「政府は森林開発事業者に対して補助金を支出すべきであろうか」「もしそうだとしたら一体州政府はどの程度の規模や条件でそれを用意すべきなのか?」、これこそ、政策決定者たちが直面していた問題であった。

## 第一世代の工場と経営者たち

州の製材業界が世界不況の波にひどい打撃を受けた後に勃発した第二次世界大戦時に、アルバータ州の森林の潜在的な経済価値が初めて認知された。戦争はあらゆる種類の木材製品の需要を急速に増加させた。森林伐採量は一九三〇年に州が天然資源の管轄権を獲得して以来、最高潮に達した。この時、林業以外の資源部門に携わっていた数社は、戦争によってこうむった経済的な崩壊を乗り越えるために、はじめて森林資源開発による利潤追及の可能性に目を向けることになった。

州史上初のパルプ工場は、州中西部に炭鉱を所有するノースカナディアン・オイル社によって誕生した。この会社は戦争によって打撃を受けた石炭部門の損失を補おうとした。会社の所有者であるルーベン家は、石炭部門の不振への対策としてロブ炭鉱の周辺にある森林資源開発の可能性を追求した。このような森林開発によって、もし同社が産出する石炭をパルプ事業の燃料として活用できれば、炭鉱経営は採算がとれるようになると考えたのであった。同社は州政府から森林伐採権を獲得すると同時に、森林開発事業のパートナーを探しはじめた。同社はパルプ事業には経験がないため、新しいパルプ工場建設に資金支援を行なう余裕のある木材会社を物色した。しかしアルバータ中西部とアメリカの紙パルプ市場との間はあまりに遠く、ルーベン家の野望の実現には大きな障害となった。同家が交渉した企業の多くは、この理由から協力を断念した。しかし最終的にニューヨークのセント・レジス製紙が森林伐採事業を管理するという条件で、同社の対等のパートナーとして州最初のパルプ生産会社となったノースウェスタン・パルプ&パワー社の設立に参加することになった。

　一九五四年に両者は州都エドモントンから西に二八五キロ離れたロッキー山麓の町ヒントンにパルプ工場を建設するため、出資金を折半することに合意した。しかしながらこの事業にノースカナディアン・オイル社の石炭を活用するという目論みは実現しなかった。石炭燃焼時に発生するちりがパルプを汚してしまうという現実に直面し、同社は東方にあるワバマン・ガス田の採掘権の取得と工場までのパイプラインの敷設を押し進めざるを得なかった。

　八〇年代以降の巨大パルプ事業を基準とすると、この時の事業は中規模のものであった。このヒントン工場は操業開始から九年後の六六年には一日当たり五四四トンの白色度の高いクラフトパルプを生産した。同時期に操業していたカナダの他地域の大多数のパルプ工場と同様に、生産されたパルプは最大市場であるアメリカに輸出された。六九年にはノースカナディアン・オイル社は、このヒントン工場の株式をすべてセントレジス社に売却した。ヒントン工場は現在、カナダのウエルドウッド社のものとなっており、一九九一年に世界第一一位であったアメリカの巨大多国籍木材会社であるチャンピオン・インターナショナル[訳注6]の傘下にはいっている。一九五七年以来、工場は何度か拡張され、設備はその度に近代化された。九〇年に終了した最近の拡張工事では約四億一六〇〇万ドルが投じられ、日量一二〇〇トン近くまで生産規模を拡大した。州政府はウェルドウッド社に二億八五〇〇万ドルに上る融資保証を与えることで、投資リスクの一部を引き受けた。

　八〇年代以降の森林開発や設備投資事業と異なり、ノースウェスタン社の当初の工場は州政府の補助金、融資、融資保証やインフラ建設など広範にわたる公的な支援を受けていない。これは五〇年代においてパルプ工場建設をひきつけるための公共政策がなかったことを意味するのでなく、当時、同州社会信用党政権のアーネスト・マニング州首相[訳注7]が、州政府支援は控えめにとどめるべきであるという方針をとったからであった。この時の社会信用党政権は木材産業支援政策として同州に「森林管理協定[訳注8]（ＦＭＡ）」制度を導入し、木材生産システムに極めて重大な変化をもたらした。ＦＭＡはパルプ、大規模製材、合板工場などの大型木材加工工場への投資を約束した企業のみに与えられることになった。投資への見返りとして、州政府はその投資企業との間で森林管理協定を結び、その当該地域の木材にかかる税金などの諸料金と、森林保有権に関し、よい条件を与えた。

「低価格で安定した」森林資源利用を可能にしたこのＦＭＡは、このノースウェスタン社が紙パルプの主要市場であるアメリカから何千マイルも離れた遠隔地にあるという不利な競争条件を補うものであった。州有林伐採における「立木代[訳注9]」はノースウェスタン社とフォレスト・サービスの間で協議されたが、一般的にこのような木の価格は、パルプ工場への投資意欲をかき立てるためにかなり低く設定された。この場合針葉樹一立方メートル当たり一二～四一セント、広葉樹で八～一二セントであった[*3][訳注10]。

このアルバータの森林開発会社の第一世代の経営者たちにとって、企業の森林保有権[訳注11]の強化は、森林開発事業投資を促進するための同州の森林管理協定制度における第二のイセンティブであった。ノースウェスタン社のＦＭＡは開発会社に特定の樹種を長期間にわたって独占的に伐採する特権を州政府が供与する先駆的な例となった。同社のＦＭＡの場合、最低でも二十一年間の森林保有権が保証され、その期間が終了しても引き続き二十年間権利が延長されるという寛大な内容であった。ＦＭＡは業にとっては大変魅力のある条件であった。[*4]

このように何度でも更新可能であり、パルプ会社は永続的な伐採特権を確保できることから、投資企業にとっては大変魅力のある条件であった。

州有林利用の長期的保証を約束する森林管理協定制度は、これまでの開発業者に対する森林資源割り当てのやり方が木材加工産業への投資の障害になっているという州政府の認識により導入されたものであった。このFMA制度以前には州は開発の対象となった森林に最高値をつけた業者に伐採権を売却した。このような競争入札はある面で林業会社同士の破滅的な競争の一因となった。自社の投資の利益を守るために、各企業は保有する伐採林区に隣接する森林区域の利用権を獲得するための入札競争を繰り返した。[訳注12] この点に関して州林業省は「不合理な過当入札競争とそれにともなう木材会社の操業費用の高騰をもたらした」[*5]と述べている。この過当競争の反動で各企業はできるところはどこからでも経費削減を行なおうとした。そのため「切り逃げ的な操業」に走り、新規の機械、装備への投資を鈍らせてしまった。また森林保有権が不安定なので、木材会社にとって再植林を採算ベースに乗せるのは困難であった。州はFMA制度の下での森林保有権の保証により、同州への進出に関心を持つ企業が大規模な木材加工施設を建設し、皆伐後に積極的な再植林を行なう動機付けになることを目論んだ。一九五五年から七五年にかけてノースウェスタン社の森林管理責任者（チーフ・フォレスター）であったデス・クロスリーは、「アルバータの新しいFMAにおける森林保有制度は中部カナダ諸州における森林資源割り当て政策上、重要な改善であった」と認めている。

「他州の従来の協定とアルバータのそれの最も重要な相違は、前者の場合では森林保有権が実質的に付与されていなかったことである。オンタリオおよびケベック州の場合、木材会社は彼等が工場の需要をはるかに上回る規模の森林伐採権を州政府から与えられてきたため（平均して需要の三倍くらい）、森林伐採を適切に管理するような動機を与えることがなかった。どんなに伐採してもその隣の山にはそれ以上の森林があったからである[*6]」

パルプ産業がすでに発展していた他州と比較すると、アルバータ州がノースウェスタン社の開発計画に州有林の利用権を譲渡する時点では、クロスリーによる同州の森林に対する評価は最低であった。しかしながら事実はそうではなかった。彼自身が獲得した森林地域を初めて上空から眺めたとき、その広大さに圧倒された。七・七六九平方キロメートル（約七八万ヘクタール）もの土地の八〇％がロッジポール・パイン[訳注13]やスプルース[訳注15]のような、当時のパルプ業界に最も好まれた針葉樹類に覆われ、ヒントン工場へ原料として運ばれるのを待っていたのだからそれも当然であった。事実、同社のＦＭＡが提供した伐採権はオンタリオ州（当時のパルプ先進地）のパルプ材協定が同州の木材王たちに与えたものに負けないくらいの好条件であった。また同社に割り当てられた七八万ヘクタールの森林というのは、オンタリオ州の業者が得るものよりはるかに広大なものだった。より広大な森林保有権の提供とは格安の立木価格という保証を投資家に与えることで、州政府は投資家の誘致を図ったのであった。

森林管理協定はただ単に投資家を募るために練り上げられた刺激剤以上のものだった。この協定は一九五〇年代における先進的な考え方を盛り込んでいた。林業の専門家たちは最初のＦＭＡ制度を導入した森林管理体制に高い評価を与えた。クロスリーは「当時において驚嘆すべき立派な内容の協定である」と絶賛した。[*7] 同社のＦＭＡは他州が熱心に研究するほどの新時代のモデルとなった。カナダ東部のノバスコシア州では実際、五〇年代末にスウェーデンの大手パルプ会社ストラ社[訳注15]に森林開発権を与えるときに、ノースウェスタン社のＦＭＡをそっくりまねたほどである。[*8] アルバータ大学林学部長のブルース・ダンシックは、同州の森林経営の第一世代を高く評価している。彼等は他州の経験から、森林の潜在的に再生可能な資源利用の実現に力を尽くした。[*9] その結果、企業経営者は最大限パルプ繊維原料を獲得するために「皆伐[訳注16]」――すなわち伐採許可区域の樹木をすべて切り倒してしまうやり方を好んでいたにも拘らず、皆伐規模は他州よりも小規模で、厳しく規制された。この規制は広大な皆伐の隣接地で見られる病虫害の拡大を防止することになった。伐採規制はまた、森林が水源地の保護に重要な役割を担っていることを念頭において実施された。伐採地の効果的な再植林を進めるため、州はきめ細かい森林管理を行なう企業にインセンティブを与えた。このような管理によって育成された植林木は立木税なしに収穫することができた。

この有能な第一世代の森林管理官の代表選手は、州の初代森林専門官で、一九五三～六六年にかけて林業省の上級管理者であったレグ・ルーミスである。彼は以前東部のニューブラウンズウィック州でアメリカのインターナショナル・ペーパー社[訳注17]に在職したが、一九五〇年にはアルバータ州森林調査部に移った。そこで航空写真を利用した州最初の森林資源調査を行ない、樹木の種類、年齢およびその分布状況を推定した。ルーミスはこの調査を彼自身がかつて東部で経験したものよりもっと効果的な森林管理を行なうための重要な基礎と考えた。また林業会社は「持続可能な木材収穫（保続収穫[訳注18]）」を行なうという原則で森林管理を行なうべきだと主張した。林業専門家の専門用語で「保続収穫」とは、一定期間の伐採量がその期間の成長量を超えない、という考え方である。また森林省次官補[訳注19]のクリフ・スミスは最近、この点に関して次のように説明している。「われわれは森林の成長量を計算し、それ以上の伐採を行なわない。それは利息分だけを受け取る銀行預金のようなものである」[*10]。

このようにFMA制度の中に保続収穫と恒久的収穫（perpetual yield）の考え方を最初に導入したのは、レグ・ルーミスの手柄である。彼が打ち出したこの方針は、七〇年代末にコンサルタント会社のL・C・リード&アソシエイツ社が、一般的には社内におけるカナダの森林管理のあり方を否定的に評価する空気が支配的である中で、突出していたアルバータの森林管理に関する「積極的なアプローチ」を賞賛した理由を裏づけるものであった。

クロスリーは保続収穫林業を実行に移そうとするルーミスの情熱に、かなり共感を持っていた。とは言え、ノースウェスタン社が再植林の責任を果たすためにどの程度コストを負担すべきかという点では、会社とフォレスト・サービスの間で対立が生じた。クロスリーは「森林省は彼等の望む結果さえ得られれば、かかる費用に関しては無頓着である。このような責任を課せられるのであれば、われわれとしては少なくとも当社のやり方が望ましい結果を産み出さないことが示されない限り、『当社流』のやり方で、実施する権利を要求する。受け入れ可能な費用もそうした条件の一つである」と主張した[*11]。

ノースウェスタン社が再植林のための出費を渋ったことは、再生可能であるはずの森林資源を、採掘しっぱなしの石油資源同様脅かすこととなった。ノースウェスタン社は「森林の多目的利用」すなわち木材生産は、鉱工業、農業、レクリエーションなどの他の森林地域利用などと共存するべきであるという州政府の新しい考え方を、「森林は主として木材生産のために利用されるべきである」という州政府の公約をひどく損ねるものであると辛辣に批判した。地震探査ライン（震探測線）[訳注20]、パイプライン、鉱山、牧場開発などのためにすでに州の生産可能林はかなり広範囲に食い荒らされていた。木材会社から州の土地・森林大臣[訳注21]に出されていた「現存する土地利用を保護し、石油開発によって破壊された森林管理協定内の木材に対する損害賠償を行なうべきである」という、木材業者からの正式の陳情は無視された。このような石油採掘事業によるＦＭＡ区域の森林破壊の規模は、ますます拡大していく勢いであった。木材生産のために保護されている森林地域の中の震探測線が広大な緑を縦横に切り裂き、その総延長は一九七七年までに三七万八二〇〇キロにも及んでいた。アルバータ州の環境審議会の推定によると、石油探査活動により破壊された森林面積は、約二三万四七〇〇ヘクタールに及び、これは一九五六～七六年の二十年間に木材生産用に伐採された森林総面積の約二五万五六九二ヘクタールにほぼ匹敵する、と報告している。

## 開発のスピードは市場に任せよ

石油産業の乱行に対する批判を州政府が無視し続けてきた歴史は、林業が州の政治経済の脇役に過ぎなかったことを雄弁に物語っている。製材などの木材加工業の売上高は一九七四年で比較すると、六億七六〇〇万ドルに過ぎないが、一方の石油、天然ガス産業は五〇億ドルに達している。林業は実際のところ、エネルギー産業や農業部門が占めている王座をうかがう者（pretender）に過ぎず、強力な社会的背景も政治的な支援者もなかった。石油開発が樹木を損傷するならば、それでよかった。エネルギー産業は州経済の王者であり、州政府はこのような現状を変える意図も必要もなかった。六〇年代を通してエネルギー部門も農業部門も健全だったので、社会信用党のアーネスト・マニング、ハリー・ストローム両政権[訳注22]は、ＦＭＡによって通常得られるインセンティブ以外に木材部門の投資家に対して公的資金を投入して森林開発を推進するような政策を取ることはなかった。このような態度は七〇～八〇年代初頭にかけてのピーター・ラフィールド政権においても同様であった。これらの三つの政権を通じて、森林開発はその資金を投資家が準備できる場合に限って、せいぜい最小限の政府支援がなされるという基本姿勢には変化がなかった。

　財政出動による林業部門の成長刺激策を差し控えようとする社会信用党の態度は、六〇年代を通じて、幾度となくその正否を試された。一九六五年には隣のブリティッシュ・コロンビア州の林業界を牛耳った木材業の巨人であるマックミラン・ブローデル社[訳注23]（マック・ブロー）はアルバータ州ホワイトコートの森林の一部を総合的木材工業複合施設[訳注24]計画に利用することで州政府との合意に達した。しかし四年後には、これまでＦＭＡによるインセンティブだけでは投資計画を実施に移すだけの魅力はないと通告した。パルプ価格の改善という好環境にも拘らず、マックブロー社は財政支援か税優遇措置なしでは、計画にある一億一五〇〇万ドルの投資は満足できる収益を生み出さないと主張した。結局同社は次のような結論に達した。

「――それゆえに、わが社のリスクとなる資金負担の軽減のために連邦、州政府の双方からの最大限の支援を求めることが投資実現の再重要ポイントであり、——三つのレベルの政府による不合理にまで重い税負担の軽減が必要である。このような支援がなければ、今の段階ではホワイトコートに大型投資が実施可能かどうか極めて疑わしい[*12]」

同社はこの事業への投資に決断を下すには、サスカチュワン州やケベック州並びに大西洋沿岸諸州政府が行なった財政支援と同様の支援が必要であると主張した。マック・ブロー社の事業担当役員が一九六九年七月にストローム州首相と同計画の実施に関する問題点を協議するために会談した際に、首相は同社が最初の投資計画への合意の際に、なぜこの計画の収益率の低さに関する問題点を明確にしなかったのか、問いただした。一九六五年から六九年にかけての資本と操業のコストアップは、同社の意欲の変化の理由の一部にすぎなかった。皮肉にも同社が政府に求めた支援こそ、すべての問題の発端であった。つまり世界各地における紙パルプ事業に対する政府の巨額な資金投入が、世界のパルプ生産能力を増加させる触媒となった。

こうした政府の寛容さが生産能力を拡大した反面、世界のパルプ価格を低迷させる結果となり、マック・ブロー社は「新規の紙パルプ事業の実施には州政府の資金支援が不可欠である」「今日では新規に建設されるいかなるパルプ工場においても、何らかの特別の低コストの条件を産み出さない限り、利益を上げることは不可能である」とストローム州首相に訴えたのだ[*13]。そしてもし州政府がマック・ブロー社が計画しているような事業を実現させたいと望むなら、米国のアラバマ州[訳注25]で同社が確保したような一連の優遇策をセットで与える必要があった。アラバマでは、同社は低利の政府融資、固定資産税や売り上げ税の減免、政府による投資保証、橋梁から労働者の住宅に至るまでの一連の支援措置を獲得した後に、はじめて投資計画を実現させた。親切なもてなしで評判のアメリカ南部はマック・ブロー社の経営者を裏切ることはなかった。

しかしストローム首相は、同社の主な要求である政府による投資リスク負担、長期にわたる州税の減免措置やアサバスカ川への橋梁の建設などには何の関心も示さなかった。この七月の会談における同社の申し立ては、ストローム首相を説得するに至らなかった。「アルバータ州政府が現時点でそのような先例を作らねばならない理由は何もない」と同首相は書簡で回答した。「率直に言ってわが州は貴社だけのために五〇万ドルもの公金支出を行なうわけにはいかない」とアサバスカ川に橋梁を建設するという同社の要求を頑として拒んだ。首相は同社に特別の税優遇措置などを与える気はさらさらなかった。首相はぶっきらぼうに「わが州のすべての産業は同じ扱いを受けるものだ」と述べている。[*14]

マック・ブローは要求を拒絶されたため、「他の有利で魅力的な投資先」を探さざるを得なくなった。同社の成長への野心は、七〇年代には世界的な事業拡張計画の実施という形で満たされた。このカナダの多国籍企業の事業は、米国、英国、スペイン、ブラジル、マレーシア、インドネシア、フランスおよびオランダといった世界各地で展開された。

他の州政府が喜々として木材会社に与えたような優遇措置をアルバータの社会信用党政権が拒絶したことは、同州における森林開発投資を遅らせることにはなったが、けっしてそれを完全に止めることにはならなかった。同州で二番目の紙パルプ工場は、アメリカの有名な巨大多国籍企業であるプロクター&ギャンブル（P&G）社[訳注26]によって建設された。六〇年代半ば、グランド・プレーリー地域の商工会議所はパルプ工場誘致を積極的に行なった。同地域では大きな石油・天然ガス資源の発見に失敗し、同地の最大企業であるブリティッシュ・ペトロリアムの石油精製工場が閉鎖されたため、地域経済の活性化のための対策が熱望されていた[*15]。六六年末には州政府は、主要な紙パルプ業界誌にグランド・プレーリーとロッキーマウンテン・ハウス地域に紙パルプ工場の誘致を希望する広告を掲載した。パルプ工場を建設する資金を有し、その製品を市場に販売する経営能力があり、投資意欲のある企業は、誰でも開発計画案を州政府に送るようにそれらの専門誌上で呼びかけた。わずか二社がその呼びかけに応えた。ひとつは、当時グランド・カッシェ地域で発見された石炭の開発を検討していたマッキンタイアー・ポーキュパイン鉱業というカナダの代表的な鉱山会社で、もうひとつが世界最大の消費者用品製造会社であるP&G社であった。同社はマッキンタイアー社と異なり、紙パルプ部門では長年にわたる技術と経験の蓄積を持っていた。一八三〇年にウィリアム・プロクターとジェームス・ギャンブルという義理の兄弟の共同経営会社として発足したP&G社は、ろうそくと石鹼の製造会社として出発した。一九六七年には、この会社は世界一八カ国に製造工場と四万人の従業員を抱え、その売上高は二四億ドルに達していた。紙パルプ部門は、一九二〇年代はじめ、バッキー・セルロースという全額出資の子会社の設立によってスタートし、五〇年代に同社はこの分野で飛躍的な拡大を果たした。朝鮮戦争の最中、米国政府は企業にセルロースの増産を煽り、新規工場建設企業に課税優遇措置を与えた。P&G社はフロリダ州フォーリーで世界のパルプ需要の五%もまかなえるような巨大工場を建設してこれに応えた。五七年にチャーミン製紙の買収により、社内で紙パルプ専門部門を設置した。五〇年代末から六〇年代にかけティッシュ・ペーパーと使い捨て紙おむつの需要が供給を上回るペースで拡大するにつれ同部門は急成長した。後に社長となったエドワード・ハーネスは、紙パルプ部門の今後の発展を確実にするためには、同社が特に必要としている長繊維パルプ[訳注27]の大部分を自ら生産管理する必要があると考えていた。このようなパルプの安定供給を求めるP&G社にとって、二十年間も伐採することができ、契約更新も可能な森林を喜んで提供する、唯一の政府であるアルバータ州への進出は当然の結果であった。[*16] この二つの競合する投資計画に関する議論のための公聴会が開催され、P&G社は自社のパルプ製品の質の高さとグランド・プレーリー地域の木材が同社の紙製品に最適のパルプ原料を供給できることを強調した。

マック・ブロー社が要求した多くの政府支援策と比較すると、P&G社の公式の要求は控えめなものであった。同社は州との森林協定はこれまでのものと同程度の条件でよいと考えていた。同州に売り上げ税がなかったことは経費面で重要であり、同社は新規パルプ工場への投資に好都合の現行の税優遇措置を撤回しないよう求めた。さらに州が示している積極的な交通インフラ整備への取り組みが、投資推進の鍵になると説明した。同社は州がアルバータ資源鉄道をグランド・プレーリーまで延長し、さらに地方道の舗装、ワピチ川橋梁の改善、ビッグマウンテン・クリークの橋梁建設などの州の約束を実施することが必要であると説明した。J・ドノバン・ロス州森林土地大臣との一九六九年九月の往復書簡の中で、同社は工場建設を計画通り進めるためには必要な労働力の確保に不安があること、資金調達に当たっては利子コストが高すぎることなどに関して懸念を表明した。[*17] もし州政府の支援策がP&G社を満足させれば、日量六〇〇トンの生産能力を持つ漂白クラフトパルプ工場を建設することを約束した。
一九六七年夏の時点では、この工場の価格は五〇〇〇万ドルと想定されたが、実際に建設が行なわれ、操業が開始された一九七三年の段階では、全建設コストは一億ドルを超えていた。一九七七年までに同社は八〇〇人の従業員を直接雇用し、三〇〇人を他の様々なサービス契約により採用していた。州政府自体は同社への直接の資金支援を行なわなかったが、カナダ連邦地域経済開発省[訳注28]は先住民を含む地域住民雇用を条件に同社に一二〇〇万ドルの資金贈与をするという、州政府と比べて寛大な態度を示した。[*18]

一九七〇年代を通じて、グランド・プレーリー工場は、安定のシンボルであった。この工場は一九七六～七八年にわたるパルプ不況期においても他工場と異なり、休むことなく操業を続けた。同社は一九八〇年には一億ボードフィート[訳注29]（約二〇万立方メートル）の設備を持つ製材工場を追加建設し、またパルプ生産能力を日量八二〇トンに引き上げる設備投資を行なった。しかし、一九八〇年末までにP&G社は、パルプ価格の低迷と環境保護運動の高揚により、工場の生産能力を二倍に拡張し、またマニングに新しい製材工場を建設する一大投資計画を断念した。この決定はアメリカの親会社がやがて行なう一大決定＝北米のすべてのパルプ工場の売却＝という衝撃的な変化への序曲に過ぎなかった。

P&G社のグランド・プレーリー工場が米国内の製品工場にパルプを初出荷する二カ月前、アルバータ州フォレスト・サービス（AFS）はホワイトコートのフォックス・クリーク地域における森林開発事業に関する公聴会を開催した。この地域で産出可能な木材の経済評価を済ませたフォレスト・サービスは、パルプ工場の建設よりも、「何らかのタイプの複合的製材工業施設団地の方が州にとってより好ましい」との結論に達していた。一九七二年にラフィード政権は木材業界に対して投資計画を提案するよう呼びかけた。シアトルを拠点にする個人企業であるシンプトン木材社は、アメリカの巨大多国籍木材企業、ウェアハウザー社を含む数社間の入札競争に打ち勝って、ＦＭＡを獲得した。この結果、シンプトン社は同地に州内最大の製材工場複合施設を建設することに合意した。同事業への一般市民の参画、とりわけ合弁事業への参加、とりわけ州民が参画できないのではないかという人々の懸念を緩らげるため、同社はホワイトコート付近に建設中の製材工場の株式の四〇％をアルバータ・エネルギー社に売却した。しかし、同州の競争入札史上において数々の木材会社が持ち込んだ投資計画と同様に、森林資源のより包括的な利用と州民のより多くの雇用を実現するための追加投資計画に関して、シンプトン社の約束は何一つ実現されなかった。一九八一年までには、アメリカの親会社はアルバータにおける森林開発への意欲を失い、アルバータ・エネルギー社は同社から二四〇〇万ドルでこのブルーリッジ製材工場の株式すべてを入手し、単独オーナーとなった。シンプトン社の工場設備購入は、アルバータ・エネルギー社の木材加工部門が行なった二つの重要な投資のうちの一つであった。もう一つはブリテッシュ・コロンビア州においてノランダ鉱業社系列のＢＣフォーレスト・プロダクツ（ＢＣＦＰ）社の株式の二八％を二億一七〇〇万ドルで買い取ったことであった。しかし、この株式購入は、アルバータ・エネルギー社の株主たちにとって後悔の種となった。五年後には同社はＢＣＦＰの株式のすべてを売却し、六五〇〇万ドルに上る損失を計上した。

この製材工業団地建設のような大型森林開発投資は、八〇年代後半にゲティ進歩保守党政権が新たな森林開発投資に取り組むまで再び行なわれることはなかった。その後もフォレスト・サービスは数百万ヘクタールもの土地が木材産業のために利用できるという宣伝を続け、森林開発投資を求め続けたが、市場の現実は州政府の期待に応えられるような状況にはなかった。一九七九年の夏、フォレスト・サービスは一般市民に木材会社の開発計画について意見を述べる機会を提供するための、おそらくは最後の機会となる公聴会を開催し、バーランド・フォックス・クリーク地域の開発計画が討議された。開発のために取って置かれていた森林地域の一部または全部の利用権を獲得しようと、一二の木材会社が競い合っていた。カナダ全土から応募した関係企業がフォックス・クリークとグランド・カッシェ市を訪問して、公聴会を召集した州議会議員とフォレスト・サービス高官らに自社の投資プランを熱心に売り込んだ。数多くの地元の製材業者も公聴会に参加した。中にはモストウィッチ木材社のように、地元の夫婦が一九四五年にポータブルの簡易製材機を使った年間一五万ボードフィート（三五四立方メートル）の製材生産からはじめて、一九五六年には年間五〇〇万ボードフィート（一万一八〇〇立方メートル）の製材を生産するまで事業を拡大したものもあった。一方、ノースロード・ランバー社やビルディング・サプライ社のように事業をはじめたばかりの会社もあった。このような地元の小規模業者はおしなべて、他地域の大手業者の参入によって森林利用から締め出され、自分たちの事業の成長に必要な木材資源が入手できなくなるのではないかという懸念につき動かされて公聴会に臨んでいた。その対極に大手総合木材会社の一群があった。同州に進出しているセント・レジス社やP&G社などの有力パルプ会社などである。これらの企業はブリティッシュ・コロンビア（BC）州の有力企業であるBCフォーレスト・プロダクツ（BCFP）社と組んでいた。中にはバンクーバー出身のネルソン・スカルバニアのように、あっという間に財産を成し、そして失ったような派手な実業家で、木材加工業にほとんど経験のない人物も、アルバータにパルプ原料を求めてやってきた。

数々の提案の中でもBCフォーレスト・プロダクツ社の投資計画が最も野心的であった。同社の約束は途方もないものだった。その強烈な拡張主義は一九七〇年代のカナダの林業界に衝撃を与えた。石炭の町であるグランド・カッシェが、その森林資源の利用によって収入を得るべきであるという州政府の考え方を満足させるべく、同社はここに二二五人の従業員で年間一億二〇〇〇万ボードフィート（二八万三二〇〇立方メートル）の生産を行なう製材工場の建設のために二五〇〇万ドルを投じると提案していた。この町の経済の多角化を図るという州政府の意向を満足させるための提案であるが、BCFPの投資計画の中心は他にあった。それはイエローヘッド・ハイウェーのエドモントンとヒントンの中間地点にあるオベドという村を中心として新しい木材加工都市を建設するという開発計画であった。グランド・カッシェにおける投資計画と同規模の製材工場に加えて、一億六〇〇〇万ドルを投じて、日産五〇〇トンの新聞用紙工場の建設を予定していた。同社はバーランド・フォックス・クリークの未利用の森林資源の利用権が確保できれば、全体として二億三〇〇〇万ドルを投下して一〇〇〇人の雇用を創出することができると約束した。一九八〇年七月には、同社はこの森林地域の独占的利用を認めるFMAを獲得することになった。しかし、万年赤字のグランド・カッシェ製材工場以外の同社の開発計画は、遅々として進まなかった。一九八二年の不況によるパルプ価格低迷は同社の経営に大きな打撃を与え、急激な事業拡張による巨額の債務が、折りからの高金利により膨れ上がってしまった。その結果、一九八二年と八三年の二年間で巨額の損失を出すことになり、同社は獲得した森林資源を利用した他の大規模開発の約束を撤回してしまった。FMA協定における主要な義務の不履行のため、州政府はBCFP社からバーランド・フォックス・クリーク地域の森林利用権を取り上げてしまった。

八〇年代初頭の不況は、他の大型森林開発計画をもつぶした。州中西部のブラゾー地域における一〇〇万ヘクタールにも及ぶ森林開発でパルプ工場を誘致しようとした州政府の努力も水泡に帰した。一九八二年夏に、州林業審議会は数社からの提案を取り上げた。そのうちの最大の計画は、ノランダ社傘下のアトコ社とノース・ウッズ社による一億六〇〇〇万ドルの製紙工場と九億七〇〇〇万ドルの総合的木材産業開発である「マキン・プロジェクト」であった。しかし、ここでも不況と高金利は大規模開発事業の夢の実現にとって越え難い壁となった。

一九七〇年代のパルプ価格は、新規の大規模投資にかかる高い資本コストを正当化するにはあまりに低すぎた。P&G社は、グランド・カッシェにおける漂白クラフト・パルプ工場であれ、BCFPの新聞用紙工場であれ、投資に同意できない理由としてこのパルプの低価格を使って以下のように述べている。

「今日のコスト条件では経済的に成り立つ漂白クラフト・パルプ工場の投資規模は、おおよそ三～四億ドルである。このような工場の設計、施工、建設には四～五年はかかり、グランド・カッシェ工場の最終的な建設コストは、五億ドルを越えることになろう。現在のような低いパルプ価格では、このような巨額投資を正当化することはできないし、パルプ価格や市場の将来予測も現在よりも大きく好転することを示唆していない」[*19]

針葉樹チップ[訳注30]の購入者としてパルプ用チップの販売先を制限する（そのためにBCFPなど他社の投資に反対した）ことは理にかなっている、[訳注31]というP&G社の考え方を、自社利益を守る健全な方策と理解したとしても、パルプ工場の経済性に対してP&G社と同様に他社も疑問を抱いていたのである。

一九七七年に州が適切な林業開発戦略のアドバイスを委託した林業コンサルタント会社は、「新規パルプ工場投資の誘致を推進するには、クラフトパルプ価格が余りにも低い」という結論を出した。投資を惹き付けるにはパルプ価格が二〇％以上上昇することが望まれた。バーランド・フォックス・クリークにおけるBCFP社の競争相手であったセント・レジス社は、そのヒントン工場へのパルプ工場と製紙設備の追加投資に関する実現可能性は、付随する製材工場がどれだけ多くの利益マージンを挙げられるかにかかっている、と主張した。総合的な木材工業開発は、精肉工場のようなものなのである。

「ちょうど精肉工場の採算がハンバーガー用の挽肉になる低質の肉の部分を最上肉の売り上げで補われるように、わが社の計画を採算ベースに乗せるには、紙パルプ工場で使用される製材工場に不向きな低質の木材の部分を、製材工場用の最上級の木材の売り上げでバランスを取ることが必要である」、とセント・レジス社の首脳陣のひとりは説明した。[*20]大型プロジェクトによる森林開発の栄光は、一九七三年のオイルショック後にアルバータで巻き起こった石油開発景気によっても色あせてしまった。石油を発見し、掘り出そうとする熱情は、労働コストを天井知らずに押し上げてしまったからだ。同州の相対的に安い賃金水準は、この好況が建設部門にもたらした影響により、大きく変化した。建設業界の平均週給は一九七五年六月から翌年六月までの一年間で三八％も上昇した。林業部門の労働コストは、この石油景気が続く限り、間違いなく上昇したであろう。したがって紙パルプ業界の場合、政府資金による支援がなければ、投資を惹き付けることが困難になっていた。林業コンサルタント会社であるポール・H・ジョーンズ&アソシエイツ社は、「近い将来、カナダ企業であれ、外国企業であれ、新規事業のための公的な資金支援なしには、新規の紙パルプ設備投資を考慮することは困難になる」、と示唆している。[*21]

このような見解に遭遇すると、前に指摘した「公的資金支援に消極的である」という州政府の態度の問題に戻らざるを得ない。マックミラン・ブローデル社の投資に関する要求を拒否したように、八〇年代初頭からラフィールド社会信用党州政権は、州経済多様化に積極的に取り組むという約束にもかかわらず、公的資金支援を行なう意思はなかった。ジョン・ザオザニー・エネルギー・天然資源[訳注32]大臣は、一九八四年、事業不振にあえぐBCFP社の債務保証の期間を延期してほしいというフォックス・クリーク町からの要請を拒否したと言われている。[*22]ドレイトン渓谷におけるマキン製紙のパルプ工場建設の失敗は、州政府が投資家への支援を拒否した例としてよく知られている。マキン製紙の副社長、スチュワート・ベヒーは、FMAと四一〇〇万ドルの債務保証を州が与えられなければ、事業から撤退すると警告した。ベヒーは、投資パートナーを惹き付けるにはFMAが必要であり、また国際的な金融機関は融資条件として政府の債務保証を挙げていると説明したが、州政府は冷淡だった。「われわれは慈善団体ではない」と回答したヒュー・プランシェ州経済開発大臣は、社が十分な資金調達の確保の見込みを示さなければ、州政府は資金支援できないという態度を示したため、投資事業は流産した。

石油価格が低迷した時でさえ州政府は林業投資支援に消極的で、それはエネルギー経済の好況はすぐに戻るとの自信を反映していた。七〇年代末より、州政府とその顧問たちは、州の雇用危機は少なくとも一九九五年までは起きる気配はないと信じていた。七〇年代末までは政府首脳は林業部門に関しては「放任アプローチ」を採用し、州民にも受け入れられていた。これは政府規制のエッセンスを残し、市場のシグナルに見合った開発は認めて、木材加工部門に関しては大規模な政府支出を避けるというものであった。八〇年代半ばまでは、ラフィード州政権に、「放任アプローチ」を変更しなければならないような政治的な圧力は存在しなかった。同政権は石油景気にわいていた時代以上の比類のない政治的な安定を得ていた。最初の選挙後のオイルダラーによる潤沢な資金にも恵まれたラフィードは、抜け目ない政治的な予算措置を行なう絶好の位置にあった。次期選挙キャンペーンの時期に合わせ、政治的支持を公共支出の大幅な拡大で買い取ったのであった。

一九八〇年代末を州政府がパルプ工場開発を加速させるために財産をはたいた時期とすれば、七〇年代は、連邦政府がこの役割を果たしていた。アルバータ州で連邦政府支援を最初に受けたのは、前出のグランド・プレーリーでのP&G社の事業であった。マック・ブロー社のケースと同様に、州政府には資金援助には冷淡だった。P&G社が州から得た一つの財務上の支援は、ラフィード州政権の新しい環境基準を満たすための汚染対策技術の導入費用であった。同社は州の環境規制を満たさなければならないカナダの企業の中で、導入した新技術のコスト、七〇〇万ドルの半分を州に負担させることができた唯一の企業だと公言していた。[*23] 連邦政府の場合は同社の投資に対してもっと寛大な理解があり、この事業の実現にあたって発生する資金繰りのいかなる困難に対しても、その負担の軽減に協力する意図を示した。結局、工場建設資金のうち一二〇〇万ドルの無償資金を同社は連邦政府から獲得した。

連邦政府から支援を受けたアルバータの森林開発事業はP&G社にとどまらなかった。連邦地域経済開発省（DREE：Department of Regional Economic Expansion）は、レッサー・スレイブ湖特別地域における林業開発は、地域の経済生産と雇用拡大にとって重要な基礎を提供すると考えていた。大臣は「現時点において、わが省は資源基盤と市場の可能性の調査を助け、木材加工・製造施設の民間投資にインセンティブを提供することによって、このような基礎を築くことを支援できる」と述べていた。[*24] 七〇年代には、連邦政府は他のいくつかの森林開発事業の支援を行なっていた。ある林業コンサルタント会社によれば、連邦政府の資金援助を受けていた開発事業は、「アルバータ・アスペン・ボード会社[訳注33]」「ノース・アメリカン・スタッド製造会社」などである。この二社はレッサー・スレイブ湖地域の未利用で「役たたず」と言われていた「アスペン・ポプラ」資源を利用した加工工場であった。コンサルタント会社、ジョーンズ&アソシエイツ社は、「連邦政府は、この二つの独立した事業に対し、きちんとしたフィージビリティ調査なしに資金提供してしまったようだ」と結論づけている。二つの工場は操業開始間もなく、倒産してしまった。

連邦地域経済開発省（DREE）へのアピールは一九七〇年代にアルバータで森林開発事業に投資を計画するものにとっては、年中行事となった。一九七二年九月にホワイトコート／フォックス・クリーク地域の森林開発は競争入札にかけられ、州森林局に持ちかけられた五件のうち三件がDREEの支援を受けるか何らかの形での連邦機関の支援を受ける見通しであった。米国の巨大木材企業のウエアハウザー・カナダ社は、連邦政府の資金援助を受ける予定であり、同じく米国シアトルを拠点とし、最終的に入札に勝ち抜いてFMAを獲得したシンプトン社は、同事業はDREEの支援を受けるのにふさわしい事業だと考えていた。他のFMA獲得者であるフォックス・クリーク製材会社は、四つのアルバータを拠点とする地元の製材業者の合弁事業であったが、彼等は獲得地域がDREEの資金援助対象地域からはずれている、と考えたため、援助申請を行なわなかった。キャンフォー社（BC州の大手木材会社）の子会社であるノースカナディアン林業会社だけは、DREEの資金援助を全く考慮しなかった。

この七三年のホワイトコートにおける森林開発事業の公聴会は、伐採権獲得のための企業間競争の扉を開いたが、十年後には州政府が何とかその扉を閉めようと躍起になったのであった。ノースカナディアン社はDREEに資金援助を求めることを、むしろ競争相手の事業提案の採算性を疑わせるものである、と逆手に取って利用した。同社の担当役員は、州の政治家や彼の見解を要約した。林業省首脳に対して、連邦地域経済省の支援を受けるような事業を疑いの目で見るように主張した。「これらの事業は採算性が低いことを意味するのか？」「連邦政府の資金援助なしにはやっていけないような計画なのか？」。この役員は「結局、DREEの支援を受けたいと考える投資計画は、他者の援助なしには自分の足で立てないような非経済的な事業なのだ」と主張した。他の企業は、この見解を否定する一方で、シンプトン社の役員は、アルバータ・フォレスト・サービスは、このコンペにおける投資事業の選択の基準として、小径木を大量に伐採利用することとポプラの利用を提案しているが、このような条件は経営上のリスクを高めること[訳注34]、そのため、DREEの支援を受けることは、リスクを軽減するためのものとして正当化されると指摘した。「このホワイトコート／フォックス・クリーク地域の森林開発は、依然として経済的に採算の見込みが立つ内容を持っていない。これだけの分量でこのような立地条件でこうした樹種、すなわちこのポプラの利用というものが、もしそれほど困難なものでないとしたら、ずっと以前にこの地域の森林開発は進んでいたはずである、というのが理にかなった結論だと考える」とシンプトン社は論じた[*25]。

## ダビデ対ゴリアテ

一九七〇年代の森林開発のポテンシャル論議においては、開発のペースを市場に任せるかどうかが問題となった。産業構造上の問題点や、政府介入によってそのパターンを強化すべきか、あるいは変革すべきか、などに関して、ホットな論争が展開された。七〇年代半ばには、森林部門では少数企業が加工部門を支配していた。七社が州内で生産された木材の八〇%を加工し、その約三分の二は一次加工[訳注35]をしただけでアメリカに輸送されていた。州内の有力会社七社のうち四社はアメリカ資本系列であり、そうした企業所有形態がこうしたアメリカ市場への吸引力を強めた。同じ時期に州政府が森林開発投資の呼びかけを行なった際、地元の業者の間では、「いったい州政府は地元アルバータの木材業者には、どのような役割を期待しているのか?」という疑念がわき起こった。小規模な独立製材業者の間では、州政府は自分たちが長年利用してきた森林を、他州、他国の大手総合木材会社に売り渡そうとしているのではないかという憶測が広まった。地元の独立業者は、国籍の如何を問わず大企業が州の森林資源の獲得を目論んで発言する時は、政府が疑念を抱いて対応するよう訴えた。地元の業者たちは、他国の大手企業に代えて、地元の業者の計画を支持するよう政府がフォレスト・サービスに働きかけた。このように地元業者が木材へのアクセスを拡大することを支持するものは、ラフィード保守党州政権関係者の声明を利用し、零細業者への支援を求めた。例えば、以下に引用するのはヒュー・ホーナー博士の（一九七三年の同じ公聴会における）スピーチの一部である。

「アルバータの林業には、新しい全体的な政策の改革が必要であるように感じられる。今やわれわれ自身が州民の面倒を見るべきである。地元の製材業者は、操業の苦難に耐え、中には二十五年もの間辛抱してきたものもある。われわれは『彼らにチャンスを与えよ』と言うべきだし、彼らの努力を無視してはならない[*26]」

零細業者の多くは、山村に深く根を下ろし、大企業が持ち合わせていないアルバータの山村への感受性と献身の念を抱いていると主張した。小さな地域社会は零細業者にとってわが家であり、山村の経済の多角化の夢を裏切ることはなかった。

地元業者による合弁会社、フォックス・クリーク製材社のマネージャーのメル・ムニエルはこう述べている。

「興味深いことに、われわれに伐採クオータが割り当てられたのとほとんど同時期に、マックミラン・ブローデル社には、ホワイトコート地域の一六〇万へクタール近い森林で操業する機会が与えられていた。彼等は途方もない約束をした。しかしその約束は実現されなかったために州や地域住民にとっては、何百万ドルもの収入を失うことになった。われわれはこのような巨大企業の単なる口約束を信じるような馬鹿げたことを繰り返してはならない。もしわれわれ自身がうまくやっていくことができるとわかっているような類《たぐい》の開発をゆっくりと行なっていけば、森林は着実に開発されて町も発展していくのである[*27]」

独立業者たちの不満の原因は、州政府が（巨大企業の）紙パルプ産業開発のために広大な森林を優先的に確保していることであった。ウエスタン・コンストラクション&ランバー社の大株主の一人であるマック・ミラーの苦情はその典型であった。後にミラー・ウエスタン産業社と改名されたこの製材会社は、一九二三年以来ホワイトコート地域で森林伐採事業を営み、八〇年代後半にはホワイトコートにおけるパルプ工場建設のために、州政府から大変な好条件で融資を受けることになった。一九五六年から六六年にかけて十年間にわたり、ミラー社は再三にわたりフォレスト・サービスにこの地域の伐採権の拡大を求めてきた。フォレスト・サービスは「数多くのパルプ工場建設投資を検討している企業と交渉中であるため、当該地域の森林資源の割り当てはできない」と同社の要求を拒絶した。

部外者の目には一九六六年に導入された新しい木材割り当て（クオータ）システムは、ミラー社の問題の解決につながるかに見えた。このクオータ制度[訳注36]は森林管理協定（FMA）によってはじめて与えられた長期にわたり安定した森林資源へのアクセス権の保証を拡大した。各クオータは保有者に更新可能な二十年間の期間において、各林区の年間許容伐採量に対して、一定の指定された比率で伐採する権利を約束した。しかしミラー社によればこのクオータ制度は事業拡大を目指す企業にとっては問題を産み出す元凶であった。各企業に与えられるクオータは、原則的には一九六〇年四月から六四年三月の五年間の伐採区域内における各事業者の生産割り当てと等しいものとされていた。ミラー社は彼等が五六年から六六年にかけて伐採の拡大が認められていなかったため、このクオータ制度の下では事業拡大に必要なだけの木材伐採権が得られない、と不満を述べた。大手木材会社が季節林業労働者に対して通年雇用を保証することで新規参入してくる中で、ミラー社が十分な競争力を確保するためには、彼らも通年操業できるだけの十分なクオータを確保できるかどうかが死活問題となった。[訳注37]それ以外の方法では事業拡大の道は閉ざされていた。他の業者から割り当て量を買い取る方法はあったが、概して他者にクオータを売却する業者はいなかった。こうしてミラー社はやや切羽詰まった状況に追い込まれた。彼は七三年の公聴会（ホワイトコート／フォックス・クリーク地域）において、政権党となった進歩保守党の林業幹部会（＝コーカス）[訳注38]に対して次のようにアピールした。

「州有林資源が大規模に割り当てられる前に（配慮願いたいことは）――中略――過去二十年にわたって森林資源の割り当ての拡大を求め続けてきたのですから、このへんで良い返事がいただけないかと期待しております。わが社は、州民が所有し、州民の力で操業するアルバータの会社であり、また過去五十年以上にわたって州民を雇用し続けてきたのですから」[*28]

この後、八〇年代半ばに発生した出来事は、ミラーのアルバータ第一主義の論法にとって皮肉なものであった。ホワイトコートにおける彼の新規パルプ工場建設に必要な費用の半分以上を州政府が負担するという合意が彼の成長願望をいやしたためか、州有林の残りの大半が外国の多国籍企業の手中に割り当てられていくのを、ミラーは満足げに眺めているばかりであった。

森林開発投資計画の査定の対象が、ホワイトコート／フォックスクリーク地域であれ、フォックスクリーク／グランドカッシェ地域であれ、以前のミラーの感情は多くの地元の業者が共有するものであった。いくつかの地域経済開発委員会、町議会や商工会議所が地元の小規模製材所の側に立った。「大規模なパルプ産業の誘致は、小規模な森林資源割り当てしかもたない独立業者を壊滅させる」という議論は、これらの小さな地域社会の住民感情を動かした。地元業者が政府と大企業に抱く憎悪と怒りの念が公聴会の最中に時として爆発した。ノースロード建材社のオーナーであるジェラルド・ヘクトは次のような不満を述べた。

「現在われわれの周囲にはすでに十分すぎるほど巨大企業が進出していて、残された森林への新規参入を拒んでいる。われわれは将来のことを考えなければならない。子供たちはどうなるのか、木材がほしくなったらどこで伐採するのか？　一体何が残されるのだろうか？」[*29]

小規模業者の怒りは、アルバータの林業が直面する岐路をクローズアップし、地元製材業者にとって望ましい方向をとることを拒絶する州フォレスト・サービスの姿勢に向けられた。コンサルタントのジョーンズ&アソシエイツ社は「パルプ工場立地候補地で」地元製材業者への森林割り当てを拡大すると、パルプ産業の発展を阻害することになる、と警告した。このような発言は、林業次官[訳注39]のフレッド・マクドゥーガルの結論である、「州は大規模な総合的林業発展のために森林を取り置くべきである」という考え方を強化した。アルバータ出身のマクドゥーガルは、東部のニューブラウンズウィック大学卒業後、その経歴の大半をアルバータのフォレストリー・サービスで積み上げ、地元製材業者の間では、大手総合木材会社にばかり目を向ける人物であるという評判であった。

州政府は数百万ヘクタールもの森林をパルプ産業振興という理由で特定大企業に独占的に割り当てをしなくてはならなかったのか？　ブリティッシュ・コロンビア州の事例から見ても、この種の優遇措置は、常に必要であるというわけではなかった。ブリティッシュ・コロンビア州内陸部では許容伐採量指定（allowable cut）の大半が製材業者に対して発行されたにもかかわらず、一九六〇年代にはパルプ産業が発展していった。一九六二年にはブリティッシュ・コロンビア州政府の森林管理システムの中に、パルプ材伐採地域協定がつけ加えられた。この新しい制度によって、同州内陸部においてすでに確立していた製材工業経済の上に、パルプ産業を効果的に植えつけることができた。新協定の下で、パルプ工場は製材業者の工場から出る木材チップと伐採地の残存丸太を購入することを求められた。製材業者たちは、願ってもない要求に喜んで応え、新しい機会を生かすために必要な丸太の皮はぎ設備やチップ製造機械に投資した。ブリティッシュ・コロンビア州政府が創設したチップ市場の出現は新たな経済ブームをおこした。製材業者からは歓迎され、パルプ工場側にとっても自社工場でチップ製造を行なうよりもより低コストで仕入れられるため、経済的な恩恵となった。このような新しい協定に自信を持っていたので、同州ではこの後五つのパルプ工場のうち三つの割合で、皮はぎ設備やチップ製造設備を自分では備えつけなかった。それでもパルプ材の安定供給への拭い切れない不安があるため、当該大臣は伐採地で生産される木材チップがパルプ工場に安定供給されるよう約束した。この点について森林資源問題に関する「ピアース委員会」は、「パルプ材伐採地域協定」は基本的には大変よくできた法令である。この法令は州内陸部のパルプ産業の確立、発展を促進し、一方では既存の製材業界にも大きな刺激を与えることになった。つまり、必ずしも水平的統合とか少数大企業への資源集中を伴うことなく木材工業の統合化（インテグレーション）の利点を確保するよう促したのであった。その結果、木材の有効利用、資源管理へと生かされたことは意義深いことである、[*30]と述べている。

一九七〇年代の公聴会において州のフォレスター[訳注40]（林業専門家）や政治家たちは、パルプ工場が必要とするチップが何であれ独立製材業者がそれを供給できるという事例を思い出していた。ウエアハウザー社が、一九七三年にホワイトコート／フォックスクリーク地域の森林開発権の獲得を目指し政権党の林業部会（コーカス）に対しロビー活動した時、日量一一二五〇トンを生産するカムループス地域（ブリティッシュ・コロンビア州）の同社の巨大なパルプ工場は、四二の独立した製材／チップ業者からのチップの仕入れに依存していると述べていた。七九年にキャンフォー社の子会社であるノースカナディアン林業社がアルバータ州政府に対して、パルプ工場による製材会社からのチップ購入の拡大を求めた際も、ブリティッシュ・コロンビア州の経験を引き合いに出した。

「ＢＣ州におけるわが社の三つの紙パルプ工場では、製材工場、合板工場の残材チップを利用して操業している。この三つのパルプ工場の原料は一〇〇％残材チップでまかなわれているが、そのうちキャンフォー社系列工場からのものは二八％であり、残りの七二％を外部の工場から仕入れている。プリンスジョージの工場では、八三％のチップを外部から調達している」[＊31]

「パルプ材伐採地域協定」[訳注41]モデルはアルバータ州に適用可能であろうか？　ＢＣ州で発展した製材業とパルプ部門の分業方式を適用するにあたっての障害は、アルバータ州の場合、従来あまり利用されなかった落葉広葉樹、なかでもアスペン・ポプラの伐採／利用量の拡大に州政府が関心を持っていたことから発生した。

一九七六年時点では、落葉広葉樹の年間許容伐採量（ＡＡＣ：Annual Allowable Cut）の内、わずか四％が伐採、利用されたにすぎなかった。フォレスト・サービスが州の森林開発地域を宣伝する時、伐採可能なすべてのパルプ原料資源を活用することの重要性を強調した。しかし木材市場に大きな変化が起こるまでは、製材業者がマツやスプルース、その他の好ましい針葉樹からポプラのような樹種に転換するようなインセンティブは存在しなかった。[訳注42] その時点で製材業者がアスペンを利用する意思がなかったことは、統合的なパルプ工場がアスペンの多角的な利用への道を拓く可能性があることを意味しなかった。そこでも市場の障害があったのだ。同州が最終製品市場から遠く離れていたため、広葉樹パルプ製品の競争力を低いものにしていた。「パルプ材伐採地域協定」モデルがパルプ、製材両部門への州有林資源の配分の新しい方式として認められる前に、市場状況の変化を必要としたのだった。

## 森林問題の「周辺性」について――林産業と環境保護運動

本章では、森林に関して戦後の経済ブーム期の人々を支配した態度を「パルプ・シンドローム」という言葉で要約した。つまり、この時期は、環境保護運動の間においてすら森林開発に対する批判は優先課題とは考えられていなかったのだった。州都のエドモントンを本拠とし、七〇年代には顕著な活動を行なったＳＴＯＰ（Save Tomorrow Oppose Pollution　環境汚染に反対し、明日を守る会）の設立者の一人は「一九七〇年代の環境問題は、主として汚染物質の排出であり、煙突や排水パイプから何を出すのが合法かどうかという点であった[*32]」と回顧した。「テクノロジーは汚染との闘いにおける味方であると考えていた。環境保護派は、企業は「利用しうる最善の技術」によって汚染を軽減すべきであると要求したが、この言い回しは後年、同州環境省がパルプ産業問題について用いるようになったものである。環境保護派の一部に見られるこの森林問題の軽視は一般市民が最も重大な環境問題をどう捉えているかを反映していた。一九七四年の世論調査では、市民の環境問題に関する関心の中心は、何らかの分野の汚染問題であった。企業や州政府による森林資源の誤った利用であると答えたのは九％に過ぎなかった。

州の環境政治[訳注43]における森林問題の地位の低さは他の点からも説明できる。第一に、公益および集団の利害という点を見ると、林業開発事業の環境影響に関して意見を述べる機会があっても、それが新しい環境保護運動団体の設立や環境団体の幅広い活動が展開するきっかけになることはなかった。

一九七八年、同州環境審議会（ＥＣＡ：Environment Council of Alberta）は、州内をくまなく巡回し、「森林伐採がもたらす環境影響」に関して広く宣伝の行き届いた公聴会を各地で開催した。伐採活動の問題に対する市民の関心は、場所によって大きく異なった。州北部ではほとんど関心がもたれなかったが、スレーブ・レイク、ラクラビッシュ地域では関心が高く、最も関心が高かったのは、ロッキー山脈東側の山麓地域であった。これらの公聴会の前に、審議会は総括的に情報をまとめた定期刊行物（ブレティン）を配布し、少なくとも一五〇〇の団体と個人を、説明会と公聴会に招待した。一八八の意見書が五週間の公聴会開催中にＥＣＡに提出され、その大多数は個人または臨時に結成された住民グループからのものだった。この公聴会を契機に本格的な環境団体が結成されることはほとんどなかった。わずかに、公聴会開催よりはるか以前から存在していた七つの環境保護団体が、公聴会に参加したくらいであった。参加数は少なかったが、彼らは州の森林利用政策に対して根本的な問題を投げかけた。州最古の保全団体であるアルバータ魚類・狩猟動物協会（ＡＦＧＡ：Alberta Fish and Game Association）は「総合的資源管理」と「多目的利用[訳注44]」という州の森林政策の中核となる考え方は本質的に内容がないと指摘した。AFGAは連携のとれた資源管理を主張し、マクドゥーガル（再生資源省次官）のスタッフに対して、原生自然や野生生物の保護という伐採以外の森林利用のやり方に伴う諸価値をより高く評価することにより、「多目的利用」の原則を尊重するよう求めた。また同協会は、伐採が主要な利用目的となるような場所では、伐採方法の改善が必要であると勧告した。彼らは皆伐に反対し、択伐に替えるよう訴えた。皆伐が不可避なケースでは、その範囲を不規則な形で幅三〇〇ヤード（約二七四メートル）以下の規模に限定することで森林の景観美と野生生物の価値を守ることができると指摘した。

林産業の成長への最も根本的な挑戦の極めつけは、アルバータ原生自然保護協会[訳注45]（AWA：Alberta Wilderness Association）の見解であろう。石油産業がロッキー山脈東麓に与えた環境破壊の打撃に対する怒りから一九六八年に誕生したAWAの設立者は、牧場主、ガイド、野外スポーツ用品店主、野外レクリエーション愛好家たちであり、主として原生自然地域に生計を依存している人々であった。

AWAの根本的な関心である原生自然保護は、単なる技術的に解決可能な領域を越えた問題を提起していた。その発言の中で、AWAは「パルプ・シンドローム」に攻撃を加えた。またカナダ国公立公園協会（NPPA：National and Provincial Parks Association of Canada）とともに同協会は、スワン・ヒルの西部地域の森林の将来に関する決定を行なう際は、いくつかの原生自然地域の保護を確約すべきであると政府に迫った。

「政府が解決すべき主要な対立は、スワン・ヒル西部の原生自然の価値の保護と開発を望む木材産業の活動である」[*33]。しかし一九七八年までに、政府は木材産業の望む方向でこの問題を解決してしまった。実質的には、この地域のすべてを木材産業に与えてしまったのだ。AWA／NPPAが提案した一〇三六平方キロの野生生物／レクリエーション地域指定に関しては、政府は要請に応えようとする努力を一切払わなかった。そのため、AWAは州環境審議会に対し、クオータとFMAによるこの地域の木材割り当てを再検討して、広大な地域の伐採を八～十五年間凍結するよう要請した。

州環境審議会（ECA）による公聴会はアルバータ州における環境政治の中で、「森林分野」が持つ二つの主要な特徴を浮き彫りにした。

第一に、森林開発の将来に関心を払っていた環境団体はごく少数であったこと。第二に、これらの団体は、ある面で狭い視点から、大変似通った木材産業批判の主張を展開したこと。どの団体も、パルプ・シンドロームに注目し、州民としてレクリエーション活動、原生自然、野生生物などの価値に対し、十分な注意を払っていないとして、政府、企業部門を問わず、フォレスター（林業専門家）のあり方を批判した。

ECAの公聴会に関する最終報告とその勧告に対する州政府の反応は、七〇年代後半まで、政府はECAの意見を無視していたという見解を確認するものであった。八〇年代半ばにおける紙パルプ産業開発に対する政府認可ラッシュが如実に物語ったように、ECAの勧告である「紙パルプ開発において政府は補助金を出さないこと」「新規パルプ工場による州の水系への汚染ゼロを実現する設計」などは無視された。また森林地域における特定の産業利用の投資計画に先立って、森林がいかに利用されるべきかについて市民の意見表明の機会を用意し、またそれを取り入れることという勧告も完全に無視された。そのため、これらが次の十年間の林業政策に与えた影響は決定的なものであった。
森林利用の主目的はパルプ原料生産以外であるべきだという考え方が登場すると、アルバータの政策決定者たちの間では天地をひっくり返すような騒ぎとなった。「いったいどこの森林を伐採したらよいのか?」フレッド・マクドゥーガルは、ECAレポートから五年後にカルガリー・ヘラルド紙にこう述べている。「どの程度原生自然地域を残すかには、限界がある[*34]」。

ECAの最終レポートと勧告が公表されるや否や、主要環境保護団体(AWA、AFGA、NPPA)は森林開発問題一般を抽象的に問題とするのでなく、その鉾先をもっと具体的な攻撃対象である、中西部のバーランド/フォックスクリーク地域の森林開発における政府のパルプ企業誘致計画に絞り、批判を集中させることになった。州政府内におけるECAの地位の低さは、ECA勧告が出される数カ月前の七八年十一月に、内閣が天然資源・エネルギー省にこの誘致計画のゴーサインを出させる意向を持っていたことに示されていた。このバーランド/フォックスクリークの森林開発誘致に関する公聴会は、表向きは市民に投資計画に関する情報を提供し、それぞれの開発提案に関して、望ましい開発のあり方について市民の意見を取り入れるという建て前になっていた。しかし実際には「市民参加」は象徴的なものに過ぎず、このやり方では市民が十分な知識をもって効果的に参加することは困難だった。例えば、AWAは木材会社の開発計画に関する情報を、フォレスト・サービスとレクリエーション・公園局から得ようとして大変な苦労をしたと不満を表明している。しかも、これらの森林開発計画の提案の要約を受け取ったのは、公聴会開催のたった一週間前であった。このバーランド/

フォックスクリーク開発に関する公聴会における発言（ブリーフ）において、ＡＷＡは木材会社が政府の働きかけで開発投資プランを提出する前に、土地利用の基本的な方向に関する公開討議を行なうべきだという主張を繰り返した。同協会は原生自然地域や野生生物の保護をこの地域の一部では森林管理の主要な目的とすべきであるとして、「バーランドとフォックスクリーク両地域で最も必要なのは、新しい土地経営の考え方である。つまり土地を一つの目的だけに利用するのでなく、様々な妥協によって、他の利用の可能性をも受け入れられるようにすることである」と述べた。

同協会はまた、投資計画に関する環境アセスメントを実施すべきであると述べている。フォレスト・サービスが当該森林地域の年間許容伐採量などを設定する前に、森林伐採計画による土壌、水源地域、牧草地、魚類、野生生物とその生息地およびレクリエーション活動などに関するＥＩＡを完成させ、パブリック・コメント[訳注46]に供すべきだとした。類似の見解がＡＦＧＡ（魚類・狩猟動物協会）と国州立公園協会から出されている。ＡＦＧＡは公聴会を通して、「共存的森林管理計画」の最新版を提案した。公園協会は、州政府が森林利用のゾーニング（利用目的別区割り）を導入し、土壌流出のリスクが高い場所や重要な魚類、野生生物の生息地の保護などのために、環境を破壊するおそれのあるような不適切な場所での伐採の制限を明確にするよう迫った。

皮肉なことにこのような議論は、開発を推進しようとしているエネルギー・天然資源省の一部門である、漁業・野生生物局から強い支持を得た。一九七八年二月、アルバータ州エドソン地域事務所の野生生物局のスタッフ全員が飛行機事故で非劇的な死をとげた。再建のために起用されたばかりの生物学者であるマイケル・ブルームフィールドは、同州のカリブー[訳注47]の保護に献身した。彼は事務所のスタッフを新規採用し、さっそくバーランド地域の魚類と野生生物の生息状況に関するデータを作成した。ブルームフィールドは、この資料によって州政府が単に木材と石油開発のためだけにこの地域を利用しないように説得することができるという希望を持っていた。この基礎データを利用し、バーランドにおける重要な野生生物の生息地に森林開発が侵入しないよう公約を取りつけようとし、特定の地域には、木材産業の手が及ばないようにすべきであると主張した。彼は公聴会において、局全体の見解として、この地域の木材開発を決定する前に、動物の生息数やどのような生息地を必要としているかについてのデータを作成できるよう、必要な局の調査予算を増やすべきであると述べた。公聴会に提出したペーパーの中で、現行の土地管理のやり方が変わらない限り州内の漁業と野生生物は脅威にさらされると遠慮なく警告した。「現行の地域および州全体の土地開発計画の集中度から見て、こうした管理のやり方を継続することは不可能であり、無責任である。伐採計画は単独で評価してはならず、計画地域およびその隣接地域の他の活動への影響を真剣に検討し、評価しなければならない」と論じた。[*35]

州政府はブルームフィールドの調査や主張に対して、二つの全く異なる対応をなした。表向きの対応は、公務員が素晴しい業績を達成した時に出される感謝状と給与の倍増であった。もう一方の対応は不気味なものであった。彼は、エドモントンのエネルギー・天然資源省幹部に会うよう命じられ、多目的資源管理の主張が行き過ぎたものであるために彼の地位が危険な状態にあるという警告を受けたと告白している。この考え方に対する彼の情熱が、彼の局が属するエネルギー・天然資源省の考え方と衝突していた。省は木材会社が総合的な木材工業団地を建設して、この地域に開発をもたらすことを希望していた。省幹部は彼に対し、フォックスクリークの公聴会のような言動を二度と繰り返さないよう、はっきりと命じた。また同省幹部は、彼を最終的には省から追放するために、あらゆる画策を行なったとブルームフィールドは述べている。[*36]

彼の所属した漁業・野生生物局の「森林の一部は、木材に飢えた製材・パルプ工場を満足させること以外に利用価値がある」という考え方は省幹部の報復を受けた。AWAのビビアン・フェリスによれば、「同局は実質的に沈黙を強いられ、七九年以降、これまでのような開発に対する反対意見を二度と言うことができなくなった[*37]」。

環境審議会と天然資源省の二つの公聴会（ECAおよびバーランド／フォックス・クリーク公聴会）の教訓は、アルバータ州フォレスト・サービス（AFS）や政府内の巨大森林開発を望む者にとって、森林開発地域計画の検討に公衆（パブリック）の参加を許すとは、「パルプ・シンドロームへの批判を招く」ことになるということであった。このような市民からの批判は、パルプ・シンドローム（症候群）は病的ではなく、健全なものであると信じる支持者には「異端」であった。大規模森林開発への批判は、ほとんど一般市民からの支持を集めなかったが、政府はこのような批判の舞台を永久に取り払おうと決意した。AWAのフェリスは当時をふり返り、「州政府はこれらの公聴会で私たちのような市民がやってきて投資計画に集中砲火を浴びせたり、漁業・野生生物局が事業に対する否定的なコメントを述べたことに非常にショックを受けた。そのため、その後の大規模森林開発に関する決定は、いずれも秘密裏に行なわれることになってしまった」と私たちのインタビューに答えた。[*38]

フェリスらが、この公聴会の出来事はその後のアルバータの森林、漁業、野生動物の問題に関する転換点となった、と信じていることは驚くに値しないであろう。

［原注］

＊1　この表現は、アルバータ州環境審議会による同州における森林開発の環境影響の研究に現われた。Environmental Council of Alberta, *The Environmental Effects of Forestry Operations in Alberta: Report and Recommendations* (Edmonton: Douglas Printing 1979), 96-98.

＊2　F.L.C. Reed & Associates, *Forest Management in Canada, Volume 1* (Environment Canada, Canadian Forestry Service, 1978), 39,10.

＊3　O.C.1250/54,section9. これらの数字はメートル法換算されている。ＦＭＡの協定文書では、数字はCordにより計算されている。一九五六年、このＦＭＡの第9章では、両者（州政府と会社）の合意があれば、木材への税率を変更することを認めており、すべての針葉樹への課税を一立米あたり二二セントとした。（訳者――コードは元来、薪を量る単位で、一コード＝一二八立方フィート＝約三・六立方メートル）

＊4　W.R. Hanson, *Forest Utilization and its Environmental Effects in Alberta*（環境保全局、一九七三年春）、47.

＊5　アルバータ環境保全局、*Perspective* II: *The Forest Industry in Alberta* (Environmental Conservation Authority:November.1977),14.

＊6　Desmond I. Crossley, "We Did It Our Way"（アルバータ大学のP.J. Murphy、J.M. Parkerによるインタビュー、一九八五年九月）、Manuscript Group84-69,University of Alberta Archives,19.

＊7　同右、16.

＊8　Peter Clancy, Department of Political Science, St. Francis Xavier University, 一九九三年九月二十三日付けの著者宛の手紙。

＊9　ブルース・ダンシック博士と著者とのインタビュー、一九九一年三月三日、エドモントン。

＊10　Eric A. Bailey, "Good Forest Management for the Future," *Environmental Views* 12:2 (September),1989,11.

＊11　Crossley, 前出。16.

＊12　MacMillan Bloedel Limited, "Summary Review—Plans for Whitecourt Development—as of April 1969", 4. また J.O.Hemmingsen, executive vice president, MacMillan Bloedel Limited, letter to the Honourable H.E.Strom, premie, 1 May 1969. 参照のこと。

＊13　J.O.Hemmingsen, executive vice president, MacMillan Bloedel Limited,ストローム首相への手紙、一九六九年七月十七日。

＊14　Honourable Henry E. Strom, letter to J.O.Hemmingsen, executive vice president, MacMillan Bloedel Limited, 13 August 1969.

＊15　キャサリン・ストークスによるエルマー・ボースタッドとのインタビュー（アルバータ州グランド・プレーリーにて）一九九二年七月二十四日。

＊16　JerrardはP＆G社とアルバータ州政府の交渉に助力した。キャサリン・ストークスによるエリック・ジェラード（プロクター＆ギャンブル社前広報・政府担当マネージャー）とのインタビュー。グランド・プレーリー、一九九二年八月三十一日。

＊17　Edward G. Harness, vice president, the Proctor and Gamble Company, letter to Arnold J. Donovan, Minister of Lands and Forests ,12 September 1969.

＊18　ジェラードとのインタビュー。

＊19　David Shores, vice president and manager of Western Operation, P&G Cellulose Limited in Alberta, Energy and Natural Resources, Alberta Forest Service, *Public Hearings on Proposed Timber Developments, Berland-Fox Creek Area, Volume 2* (1979), 220. 彼はここでサーモメカニカル・パルプ工場の建設は大変疑問であり、経済的な破綻に終わる危険がある、と指摘している。

＊20　Ken Hall, vice president and general manager, St. Regis (Alberta) Ltd., in Alberta , Energy and Natural Resources, Alberta Forest Service, *Public Hearings on Proposed Timber Developments, Berland- Fox Creek Area, Volume I*(1979),91.

＊21　Paul H. Jones & Associates Limited, *Alberta Forest Industry Development Prospects (prepared for the Alberta Forest Service)*, Vancouver,1977,44.

＊22　David Holehouse, "Print Mill Spreds Seeds of Discontent in Fox Creek", *The Edmonton Journal*,23 March 1988.

＊23　ジェラードとのインタビュー（前出）。

＊24　Canada, Department of Regional Economic Expansion, *Alberta: Economic Circumstances and Oppotunities*, 1973, 39.

＊25　Alberta, Department of Lands and Forests, Alberta Forest Service, *Public Hearings on Proposed Timber Developments, Whitecourt-Fox Creek Area*, June 4,5 1973,84.

＊26　同右,97.

＊27　Mel Meunier, Manager, Fox Creek Lumber, in Alberta Forest Service, *Public Hearing on Proposed Timber Developments Whitecourt-Fox Creek Area*, June 4, 5 1973,13.

＊28　Mac Millar, Western Construction and Lumber Company Limited, 同右48.

＊29　Alberta Forest Service, *Public Hearings on Proposed Timber Developments, Berland - Fox Creek Area, Volume I*, 270.

＊30　British Columbia, Royal Commission on Forest Resources, *Timber Rights and Forest Policy in British Columbia, Volume I*(Victoria: Queen's Printer,1976), 107.

＊31　Roy Bickell, vice president and general manager, North Canadian Forest Industries Ltd., *Public Hearing/Berland - Fpx Creek Area, Volume I*(1979), 246.

＊32　ルイス・スウィフトとの著者によるインタビュー、一九九二年六月二日。

＊33　Alberta Wilderness Association and National & Provincial Parks Association, *The Western Swam Hills—Alberta's Forgotten Wilderness* (1976),24.
＊34　"No Retreat Planned from Forest Logging," *Calgary Herald*, 7 March 1984.
＊35　Alberta, Department of Energy and Natural Resources, *Public Hearing on Proposed Timber Developments Berland - Fox Creek Area, Fox Creek, Volume I* (1979), 383.
＊36　マイケル・ブルームフィールドと著者との電話による会話、一九九四年四月八日。
＊37　ビビアン・ファリスとの著者によるインタビュー、一九九二年六月十日。
＊38　同右。

# 第二章　見える手——林業と多角化

アダム・スミスの「見えざる手」はパルプ工場を建設してはくれない、特にカナダで最後まで取り残されたような森林地域ではそうである。工場建設には官民の緊密な協力と開発におけるリスクを引き受ける政府の決意が必要である。公共部門にとっては政治的なリスクであり、民間部門にとっては金融面でのリスクである。

——ジョージ・ランデッガー「カナダにおける投資：産業的側面」林業投資フォーラム

一九八五年以降のアルバータの林業戦略は、未利用のアスペン・ポプラを主とする北部広葉樹資源の商業的利用の可能性を核に練られている。エドモントン以北の土地を覆っている亜寒帯混合林からなるアルバータ最大の生態系地域（エコ・リージョン）は州全土の四三％を占めている。主な商業用樹種は針葉樹材ではホワイト・スプルース[訳注1]とロッジポール・パインであり、広葉樹材はアスペンとバルサムの二種類のポプラ[訳注2]である。アスペン・ポプラは代表的な広葉樹で、アルバータの森林蓄積《ストック》の三二％を占めているが、一九八〇年代初頭までアスペンの商業利用上の価値はゼロに等しかった。アスペンは何の利用価値もない「雑草」とか「やっかいもの」と見られ、経済価値はないと考えられたので、木材として保全する価値もないものと見なされていた。しかし、技術的進歩によって広葉樹材が上質紙やその他製品の中間原料として魅力あるパルプ製品に加工できるようになりさえすれば、アスペンも「雑草」から「有望な森林資源」に変身すると考えられていた。

林産物に関する数多くの重要な研究がアルバータのアスペン・ポプラとその商業的利用についてなされた。しかしながら、繊維の短い広葉樹材をパルプ製造に利用する上での技術的問題を解決することと以上に、世界市場と州の森林政策の変化の方がより重要であった。技術開発における大きな突破（ブレークスルー）はなかった。アルバータ州北東部でのタール・サンドの商業的採掘の場合と同様に、広葉樹材資源を製品化するための基本的技術はすでにわかっていた。わからなかったのは、人里離れたアルバータ北部で（タール・サンドからの）合成石油と広葉樹パルプを大規模に生産し輸送する際の高いコストとリスクの問題をどう解決するかであった。どちらも他地域の競合商品に太刀打ちできるだろうか？　また投資企業は資本、技術と市場のコントロールを確立して行けるのだろうか？　同じ広葉樹である天然ユーカリ材からのパルプ製造は一九四〇年代以来、オーストラリアのタスマニア州[訳注3]などで行なわれており、アスペン・ポプラは日本企業などがアルバータ北部の新設工場に投資する以前に、アメリカのミネソタ州や他の地域ですでにパルプ原料として使われていた。パルプ製造業者は、広葉樹材パルプの使用がコスト削減につながるだけでなく、紙の種類によっては品質向上につながることを発見していたのだ。

アメリカの木材会社から買い付けている針葉樹材チップの価格倍増で日本の大手製紙会社を驚愕させた一九七九〜八〇年のチップショック[訳注4]以降、市販パルプのユーザーは、一般にスカンジナビアや米国北西岸産のような従来の高価な針葉樹パルプやチップの供給者から南米、スペイン、ポルトガルといった地域のよりコストの安い植林されたユーカリを原料とするパルプ購入[訳注5]に切り替えはじめた。製紙会社にとって問題となるのは、アスペンが良質のパルプになるかどうかよりも主要市場から遠い、人里離れたアルバータ北部で事業展開できるのか、成長著しい広葉樹パルプ市場で新興パルプ輸出国であるブラジルやチリなどのパルプ会社とシェアを争えるほど価格を下げることができるのかといったことだった。一九七〇年代末にアルバータ環境審議会は、技術的に限界があるだけでなく、世界市場動向がアスペン材開発の最も重要な障害であるとはっきり指摘した。事実、広葉樹パルプは様々な製品に対してかなりの需要があったのだが、「依然としてアルバータ産広葉樹製品よりも低価格で販売する多くの広葉樹供給者が最終市場により近い地域に存在した」。北米産の針葉樹材の供給が不足し広葉樹材の市場価格が上昇して初めて、アルバータの膨大なアスペン材資源の商業的利用が可能になるであろう。まさにその時、政府からの支援とリスク保障なしに多国籍企業や国内パルプ業者が投資を行なうかどうかが議論の対象となるのである。業界の見解はパーソンズ&ウィットモア社の会長の発言に見られるように「アダム・スミスの見えざる手に頼っては、特にカナダで最後まで取り残されたような森林地域でのパルプ工場建設はおぼつかない」というものであった。しかし、州環境審議会は以下のような理由から、政府による林業への大規模支援は不要だと見なした。

「将来のある時点において、（州内の森林で）市場や輸送などの立地条件に恵まれた場所にあるアスペン資源は、遠隔地でアクセスの容易でない針葉樹資源と比べて遜色のない魅力的な資源となるだろう。政府による過度の介入や支援はアスペン材の針葉樹代替利用促進には必要ない。現在行なっているような通常の研究開発への支援プログラムさえあれば、広葉樹パルプ加工施設と必要となる伐採設備は、将来の市場の力によってもたらされるであろう」[*1]

環境審議会が行なった市場機能の強調は単純過ぎるきらいがあった。パルプなどの林産物をアルバータ北部から市場まで輸送するのに必要な交通インフラ建設のための莫大な費用を誰が負担するのかといった大問題を無視していた。しかし林業におけるレッセ・フェール（自由放任）政策は、一九七〇年代末のエネルギー景気の下では受け容れ易い考え方であった。審議会の報告書が発行された一九七九年は、エネルギー価格の高騰、新たな石油・オイルサンドおよび天然ガスの開発投資が建設やエンジニアリングおよびサービス部門のコスト上昇をもたらし、州経済はすでに加熱していた。そのような状況下で、アルバータ州政府がさらに林業での大型資本投下を支援して、労働その他のコストを高騰させて石油・天然ガス部門を犠牲にしてまで経済に梃入れするとは考えられなかった。石油産業崩壊の最初の兆候が顕れはじめた一九八一年末までのエネルギー部門好況期には、アルバータの失業率は三％以下であった。石油・天然ガスおよび関連産業の景気が冷めなければ、林業部門の拡大の余地はほとんど、あるいは全くなかった。

アルバータ州政府が林業拡大を重要視するかどうかは、誰が首相になるか、という政治の最高責任者である個人の資質にもかかっていた。戦後の社会信用党からの二人の首相、アーネスト・マニングとハリー・ストロームの両者とも、アルバータでの大型プロジェクトを提案した多国籍林業会社に資金支援付きの伐採権を与えるのに乗り気ではなかった。また、社会信用党政権に米国のアラバマ州政府の寛大な林業支援政策を説明し、同等の扱いを期待していた投資企業に対しても、対応は同じだった！　林業への大型投資は石油・天然ガスへの投資が活発な時期には不要であったばかりでなく、そのような補助策は他の産業部門からも同様な物議をかもすであろう援助要求の引き金になりかねなかった。社会信用党は、広大な森林後背地を委譲する、更新可能な森林管理協定（ＦＭＡ）の拡大の見返りに、企業が林業プロジェクトへの投資約束を引き出す政策を採った。すなわち森林資源へのアクセスや保有権の保証と雇用・地域経済の成長とを取り引きしようと考えたのであった。一九七一年八月から一九八五年末までの四期にわたるピーター・ラフィード進歩保守党政権は、概して林業には放任政策を貫いた（それでもラフィードは経済政策では従来の社会信用党政権よりも積極介入政策を採った）。具体的な林業開発案はラフィード政権内外で石油景気の最中に討論された。しかし保守党州政権にとってラフィードが退陣し世界の石油価格が低迷した一九八〇年代半ばまで、林業は眼中になかった。政治家としてラフィードは元来、カルガリーを基盤とし、ハイテクおよび石油化学産業等のエネルギー関連産業による経済多角化を推進しようとする石油産業と緊密であった。よって相対的に小規模な林業部門には目もくれず、林業をアルバータの経済戦略の重要課題とは全く考えなかった。ラフィード政権下では、首相がこの有様では林業における重要な進展は起こりようがなかった。それはラフィードが後任のドン・ゲティーと違って（仲間内や政策顧問達から言われたように）政府による州経済への介入を否定したためではない。実際のラフィードは頻繁に経済に介入したほどであるが、林業はラフィードにとって全く重要性を持たず優先順位が低かったのである。

州環境審議会の言う「将来のある時点」まで新規大型林業開発を待つべきという予測は、政府の林業部門高官の不満を掻き立てた。彼らの多くは、この州はエネルギーや農業利権の力が強いのに対し、林業は政治的な支持が相対的に弱いために、アルバータの森林の価値が低く評価され、高度な利用がなされてこなかったと認識していた。そのような印象はあながち的外れではなかった。フレッド・マクドゥーガル[訳注7]は、八〇年代末に同省を去り、ウェアハウザー社[訳注8]に転進するまで（エネルギー・天然資源省の）再生資源担当次官を務めた。そのマクドゥーガルが率いた野心的な林業専門家集団である州のフォーレスターたちは、アルバータにおける石油・天然ガス部門に対する林業部門の優先順位の低さは、州官僚機構の中で自分たちの置かれた状況にそのまま反映されていると憤慨していた。マクドゥーガルは政府の林業専門職に応募した際に「官僚」と呼ばれることをひどく嫌ったばかりか、一九八六年初頭まで自分の部門のトップにさえならなかった。ドン・ゲティーが自らの経済政策を実施し始める八六年以前、林業は漁業と共にかつてのエネルギー・天然資源省の中の再生資源部門の一部局にすぎなかった。

ゲティーがパルプ工場のアルバータ北部への誘致を推し進めようとしていた時期のマクドゥーガルは、環境保護団体から敵視される存在であった。彼らの目には、マクドゥーガルがゲティーというアルバータ最後のツァー（ロシア皇帝の尊称）によからぬ影響をおよぼすために、皇帝の密室に姿を現わす、ラスプーチンのような存在と映った。林業政策の分野ではそのような評判が定着していたが、彼の影響が如何なるものであれ、マクドゥーガルは経済の急成長が森林にもたらす環境上の影響に無関心ではなかったと強調する必要がある。彼はアルバータの石油・天然ガス資源が開発され尽くした後には、州内の未開発の森林の開発が始まると考えていた。しかし、その時が来るまでは、石油産業の政治経済的影響力の方が強大であるため、石油業界と林業界の利害衝突で犠牲になるのは常に森林の方であった。マクドゥーガルは、石油開発事業がどれほどアルバータの森林資源にとって壊滅的であり、州の石油開発関連法規がこうした破壊をいかに合法化し奨励さえしたかを、政府内の誰よりも理解し、また公然と発言した。彼は、性急で無計画な石油・天然ガス事業が過去四十年間にアルバータで約四〇万ヘクタールにおよぶ森林破壊をもたらし、その内の一六万ヘクタールは経済価値の高い針葉樹林であったと推計した。[*2] 石油産業がそれまでに引き起こした環境問題に対して、石油・天然ガス事業が道路建設、震探測線、採掘などによって州内の至る所に傷痕を残したにもかかわらず、これまでのアルバータの「緑」の運動がほとんど関心を払わなかった点はすでに述べた。一九八〇年代末のパルプ工場建設と林業開発計画をめぐる騒動を比べると、石油産業がアルバータ北部でエネルギー景気の最中に行なった暴挙はほとんど報道されることがなかった。アサバスカ河畔のフォート・マクマレー付近では大規模なシンクルード・オイルサンド・プロジェクトは既存あるいは計画中のパルプ工場のどれより施設規模の大きな事業で、同じ亜寒帯林の生態系に対する破壊要因の一つであったが、一九七〇年代末にそれらの生産が開始された時も、環境保護運動はこの問題を見過ごした。アルバータでの四十年間にわたる石油開発によって出現した都市の中産階級は、石油産業による環境破壊への批判に関心を払わなかったのである。

マクドゥーガルの時代の森林管理政策の核心は、北部の広葉樹材資源の所有者である州が競争上の欠点、すなわち「世界市場からの地理的遠隔性」、「交通インフラの不備」、「アスペン材への商業的関心の低さ」といった問題をいかに補うかということであり、またパルプ市況の良い時に他の森林地域と新規資本投下をめぐっていかに競争して行くかも、政策形成上重要な課題となった。ドン・ゲティーの林業開発を理解するには、彼らの考えた仮説に対する説明が必要であろう。

## 第一の仮説（多国籍企業優先）

アルバータ北部で、アスペン材の伐採とパルプの生産コストを引き下げられるだけの規模の経済性を実現するためには、地元小規模業者より長期的展望を持つ大手国際林業会社からの投資が必要であった。また資本、ノウハウ、技術を持つ大手国際企業の誘致には、森林保有権の保証が何よりも重要であった。二十年単位で更新可能なアルバータのＦＭＡや伐採割当は森林保有権を保証することを明白に意図して設定されており、それなしにはより長期的な投資も銀行の融資もなく、森林開発は進まないであろう。長期にわたるパルプ原料へのアクセスが保証されなければ、業者は切り逃げ伐採を行なって、北部地域社会をただ不安に陥れるだけであろう。国際林業会社では事業の垂直統合システムが確立されており、一般にその投資とともに自社関連の内部市場を提供するであろう。例えば州政府との条件交渉の一環として、日本企業は新設パルプ工場の総生産の六〇％を買い取り、好不況にかかわらず日本の自社関連製紙工場に販売すると約束するかも知れない。ウェアハウザーや大昭和のような大手統合林業会社[訳注9]は独立業者にはとても困難な景気循環の下降期を乗り切る力があり、このことは林業開発が北部地域社会の雇用と安定に与える影響を考えるうえで重要となる。実際はＦＭＡを通して、政府は雇用を促進し、経済安定をはかるため、産業開発の中でも特に付加価値の高いパルプ工場建設と引き換えに、アルバータ北部の大森林の経営および環境的管理を最大級の多国籍林業会社に委ねようと考えたのであった。

### 第二の仮説（森林利用細分化排除）

政府の林業政策は統合的林業・紙パルプ産業開発に向けた大型投資を実現させることを目的にしていたので、例えば価値のある木材資源の一部を製材工場や他の小規模業者に割り当てるような、資源利用の細分化を避ける必要があった。また長期的なパルプ原料供給や交通の便がよく安定した立地条件のある場所を求めている多国籍企業をひきつけるために、まとまった伐採林区や林産業開発地域を確保しておく必要があった。木材を大手企業に割り当てると、資源利用の細分化を防ぐことにはなるが、林業部門でアルバータ資本の成長を抑制することになるので、地元民の怒りを招くことになるおそれがあった。フレッド・マクドゥーガルによる広大な林業開発地域を大手統合業者に割り当てるという戦略にとって、アルバータを本拠とする小規模木材業者、独立伐採業者や請負業者および森林を生活の基盤とする先住民コミュニティーの全てが脅威であった。それらは、州が大手資本を誘致しようともくろんでいる州有林地域の資源の小さな分け前を得ようと奮闘していた。中でも自分たちの事業拡大のために、より多くの木材資源へのアクセスを必要としている独立製材工場所有者などは、政府の木材資源の大企業への割り当て政策は、小規模業者の排除であると考えた。この当否は別として（これについては本章後半で述べるが）、数百社もあるアルバータの地元林業界にとって、州政府がアルバータの膨大な森林資源の「利用度が低い」と不平を述べながら、地元の業者には木材供給をこれ以上得る権利を与えないというのは不可解なことであった。

## 第三の仮説（交通インフラ整備の政府支援）

アルバータ北部での必要不可欠な交通インフラの不足が、林業への多国籍企業の投資の最大の障壁だと理解され、この障害を乗り越えるにはアルバータ州政府が終始一貫して、北部数地域で「伐採・搬出のための道路網整備」、橋、鉄道などを建設するのため多額の支出を、最初から最後まで面倒見る必要があった。建設、エンジニアリング（設計、施行）、農業、石油・天然ガスといった林業以外の産業も、潜在的には新しいインフラから利益を得る可能性はあるものの、納税者の支払うコストは高いものになる。州林業部は一九八五年の政策報告書の中で「わが州で今後開発利用できる木材のほとんどは北部にあるが、アクセスは困難である」と述べている。閣内用に作成された同報告書も総合コストの推計までは行なっていない。「交通インフラ、恒久的な道路網と鉄道網を森林から工場、工場から市場の間に確立する必要がある。林産物は大変な重量で嵩張り、輸送費用もかかるので、伐採地域のすぐ近くで加工されるべきだ。大抵の場合、プラント建設予定地では道路や鉄道といったインフラが未整備である」[*3]と述べている。

## 第四の仮説（政府の介入策の必要性）

そして最も論議を招くであろう仮説は、大型林業プロジェクトに対するアルバータ州政府の直接金融支援や補助金についての政府の姿勢とかかわっている。州内での林業の不利な条件を考慮すれば、アルバータ州政府は無償資金（グラント）、融資保証、政府出資、劣後ローン[訳注10]といった形で大型プロジェクトに直接支援を行なうために、自らの予算をはたいて投資企業のコストとリスクの社会化（社会全体に分散させること）を行なうべきであろうか？　フレッド・マクドゥーガルのスタッフが閣内用の報告書で指摘したように、林業投資誘致で競合している他の多くの政府が提供したような資金上のインセンティブやリスク保証がなければ、アルバータでの世界的規模の森林事業の展開は実現できないのだろうか？　経済の急速な悪化から重大な政策転換が起こったが、検討されている新たな方向としては決して財政的には健全なものと言えなかった。一九八一年以降、アルバータの経済は世界的な石油価格の低迷と、アメリカ政府のマネタリスト政策による高金利という双子のショックに見舞われた。一連の国際経済の激変により、間もなく新規投資の急減、失業率の増大が起こり、大企業、中小企業を問わず度重なる業績の悪化に苦しんだ。この結果、一九八一年以降、多国籍企業に対する州政府のバーゲニング・パワーが相対的に低下したため、政府はアルバータ・ヘリテージ貯蓄信用基金[訳注11]の一部を含む財政手段を使いはじめたのであった。かえりみれば保守党政権は政府自身の歳入が劇的に悪化しようとしている時期に、民間部門によるあらゆる種の非生産的な「レント追求[訳注12]」行動に大きく門戸を開くような提案をしていたことがわかるのである。

この過程での重大な動きは、一九八四年七月に公表された白書であり、ラフィード政権は産業開発のためのより積極的な介入政策を提案した。この白書は経済多角化のための財政支援を支持するという点で、後任のゲティー政権の林業・パルプ工場建設計画にとって重要なものとなった。白書の主要テーマは、雇用と新規投資についてであり、その出発点は経済の多角化推進を目指した「最新の統合的産業戦略」を展開するという一九八三年のラフィード政権の閣議決定であった。成功する可能性のある産業を市場に代わって選択し公的支援を行なうのは政府の役割だと述べ、実際、白書は自由市場の作用に対するラフィード政権の不信感を隠すことなく、以下のように表明している。

「我々は『工場の煙突』からシリコンチップへの移行という産業発展の一般的傾向を気にかける必要はない。われわれにとっての問題は、どのような産業の誘致をすれば、これまでの強みを補完しながら経済基盤の多角化を推進めることができるのかという開発戦略の選択である。産業の選定は困難であるため、イニシアチブには開発の結果を予測する想像力が必要であろう。しかし資金面その他の支援が必要となるであろうから、政府がこの戦略的政策に関わるべきである」[*4]

ラフィードは後に、多角化戦略は不安定な石油収入への依存を軽減することで、州の課税基盤を拡大しようともくろんだものではないと強調した。「この州の雇用を安定させることが多角化の目的であり、財政構造強化のためではない。経済多角化が中期的に州の財源に影響を及ぼすという考えからではない」[*5]。白書も同様のメッセージを伝えていた。経済多角化を成功させるには、州は資金面のインセンティブを与え、インフラ整備に資金を注いでも、新たな投資と雇用の見返りに税収をあげようとは考えていない。重要なのは「現在の雇用活動と従来とは異なる税収のフロー」で、特にオイルサンド・プラント、重質油改質施設やパルプ工場のような新しい資源開発事業に見られる大型プロジェクトへの金融支援こそがそうした目的にかなうと強調していた。

一九八四年の白書において林業は特に重視されていなかったのであるが、ドン・ゲティーの林業政策は、産業戦略におけるより積極的な介入主義的アプローチを好む前任のラフィード内閣の決定を直接拡張したものだった。

一九八五年十一月、ゲティーはアメリカとカナダの石油業界での成功を夢見て数年間の辛酸をなめた後、政界に復帰した。ラフィード首相の退陣を受けて、ゲティーは州保守党の指導者たちから二十年近く政権の座にあった人物の後継者として政界に復帰するように説得されていた。ゲティーは経済多角化の必要性を認めるラフィード政権とは見解がほとんど一致していたが、開発の遅れた林業部門を経済政策の道具に使うことには前任者以上に熱心であった。林業、観光、技術開発・研究の三分野は、一九八六年初頭のゲティー政権下での産業戦略の主要分野となった。林業を重点産業に選定するに当たって、ゲティーの果たした役割は重要であった。彼は開発提案の承認を早めるために必要な省庁間の壁を取り払った組織を作り、北部でのコストのかかるインフラ整備への財政支出を承認した。彼はまた多国籍林業会社と交渉するうえでリスクの高い融資保証、社債、その他財政支援を約束した最初の政治家であった。[*6] 彼はなぜ林業に白羽の矢を立てたのだろうか？　一九八五年以降、パルプ価格は上昇を続けていたうえに、ゲティー自身も大型資源開発計画を好んでいた。さらに、石油・天然ガスに代わる安定した産業が模索されていたし、ラフィード内閣のエネルギー・天然資源省担当上級閣僚として七〇年代末に担当していたフォレスト・サービスの開発推進主義にも馴染んでいたのも一つの理由であろう。カルガリー出身のラフィードと違って、ゲティーは北方後背地に膨大で魅力に富んだ天然資源を抱えるエドモントンを基盤とする有名フットボール・スター出身の政治家であった。一九八五年五月に初めて林業省が配布した討議用報告書では、政府が企業にインセンティブを与え、新たなインフラ整備のコストを負担する用意があれば「広葉樹資源の利用に計り知れない潜在的可能性がある」との主張が満ちあふれていた。開発に障害となっているのは、すなわち良い道路や鉄道インフラの未整備、高い資本コストと資金の限界、木材資源へのアクセスの困難、貨物料金、主要市場アメリカでの保護主義の高まりなどが指摘されていた。この報告書の過ちは、当該戦略において政府にかかってくる財政的コストの総額を算出せず、多数のパルプ工場による北部の水系や北西準州への影響について言及もせず、得られるはずの雇用上の利益については推定すら行なわれなかったことである。この報告書は端的に言えば、どれほどコストがかかるかについてほとんど触れない、熱烈な開発歓迎論であった。

「アルバータの森林は大規模紙パルプ産業開発のための原料供給源としては十分である。……しかし新規パルプ事業の資本コストの高さが開発の障害であることは明白である。政府は、公的支援をしても投資するだけの採算性がある開発事業に対して必要に応じて（プロジェクト当たり上限二億ドル）投資企業への支援を検討する用意ができている。紙パルプ工業施設の開発、製材や木質系パネル製造業の近代化、輸送やマーケティングのイニシアチブによって、アルバータは北米市場の回復と、環太平洋圏での市場進出機会の拡大に伴う経済的なチャンスを的確に捉えるような地位を獲得するであろう」[*7]

アルバータ北部の林産業イニシアチブを、ある計画作成当事者は「政府主導の計画経済戦略[*8]」と表現した。その意味は彼らが「未利用」と形容している広大なアルバータ北部の森林を「雇用拡大、技術援助と世界市場へのアクセス」の見返りに、一握りの国内外の企業による排他的管理に委ねるという計画の全体像を描き指揮をするのが、民間企業であるよりも州政府であるということであった。巨大な規模の経済、強いられた成長へのスケジュール、高いリスクと不確実性を伴う森林収奪戦略を選択することにより、政府は多国籍企業と共同歩調をとる必要に迫られた。ここでも「必要に迫られている」という語がキーワードとなっている。というのも、もし州政府が林業投資による経済刺激と多角化のための大規模プロジェクト戦略を追求するならば（そうしなければならない決定的な理由はないのだが）、森林管理における政府の法的義務を超えて積極関与することが必要になったからである。政策立案者たちはこうした州の積極関与の必要性を理解していたが、この提案による政府の行動の結果どれほど自らの影響力が小さくなるかわかっていなかった。

その戦略を可能にする条件とは、第一に州の森林の九五％が王冠の所有[訳注13]（Crown's Ownership）すなわち州や連邦有林であったこと、第二にゲティー内閣が州内の膨大な、しかしアクセスの難しい広葉樹資源を国際林業会社が開発する際の高いコストと物理的障害を乗り越えるために、政府がアルバータ北部でのインフラ整備に多大な費用を負担し、大型林業プロジェクトに対しリスクを伴う資金支援を行なう意思があることであった。技術面以上に政治経済的側面が問題であった。州北部が市場から遠く離れており、インフラが不足しているという状況下では、誰が新たに林産業を興して遠隔地のパルプ工場を北米や海外の市場と結びつけるコストとリスクを受け持つのだろうか？　ドン・ゲティーが首相に就任した今となっては答えは明白であった。つまりもしアダム・スミスの「見えざる手」がアルバータ北部辺境での工場建設につながらないならば、政府による「見える手」で直接関与を行なうということである。

アルバータの林業開発において、州による介入の直接の動機となったのは、イデオロギーによるものでなく、資源産出地の地理的条件であった。政府援助の特定の方式が妥当か否かは議論の余地があったが、一度、北部の広葉樹資源を活用し林業部門の梃入れで広範な経済活性化を行なうという方針が基本的に決定されると、公的支出は間違いなく大きな役割を果たすことになった。カナダ北部は、いまだにレッセ・フェールのような外来の教条主義などなえて死滅してしまうほどの、厳しい辺境の地である。ブリティッシュ・コロンビアのある林業コンサルタントは、一九七〇年代末に「カナダでは針葉樹林開発が頭打ちになり製材用原木やパルプ材の不足という事態に直面している。しかし国内の他の多くの森林地域では市場からの距離、コスト、政策努力といった要因が開発の障害となっている。公的資金援助なしには、何年経ってもこれら森林の開発は進まないであろう」[*9]と述べている。一九八〇年代に政府と業界の採るべき途は、カナダ最後の森林資源に手をつける以外にも残されており、例えば、すでに開発された森林のより徹底した管理を推し進めるといった途もあった。しかし、アスペンやバルサム・ポプラなどの北部の広葉樹を切り倒して利用しようという場合、事業推進の初期の段階でも、「公的資金」の役割は事業の行方を左右した。カナダ経済史においてしばしば起こったように、新規輸出産業への移行は公共部門の指導下に行なわれ、多額の補助金を受けた。カナダ経済史についての著名な論文を引用すれば、アルバータ北部でのアスペン林の開発は「自発的というよりむしろ多いに政治的に誘導」され、かつ「政府の行動次第」であったが、その理由は政府が必要不可欠でかつ多額のコストがかかる輸送インフラを提供することが求められていたからであった。[*10] 州政府は八〇年代半ばに数人のコンサルタントから、アルバータ北部のある地域ではパルプ、新聞紙、一定の付加価値をつけた紙製品が受け入れ可能な利益率を見込めるが、しかし大規模でリスクを伴う紙パルプ産業への投資は、政治的に議論の余地の多い財政支援を含む州政府の介入なしには実現できないと助言された。例えば一九八七年にEKONOコンサルタンツが出したアルバータでの付加価値のついた紙製品製造設備投資の妥当性についての報告書は、新たな製紙工場建設の際の資本コストは、その他の企業が他地域での投資を選択する場合と比較すると相対的に高いとし、次のように指摘した。

「そのようなプロジェクトに投資できる企業は、莫大な資本力がなければならない。また、そのような投資家がアルバータ以外の土地で既存の（製紙）工場へ追加投資を行なうという選択肢を採る可能性が高い。一般的にはその方が、人里離れた森林地域に工場を建てるよりも二五～四〇%も低コストで済む。だから、アルバータ州の森林地域での製紙工場建設に投資家を引きつけるには、市場価格や流通量の変化が起こっても採算がとれるように投資家の出費を減らすため、州の助成金が必要になることは明らかだ[*11]」

　したがって、例えば天然ガス資源開発から石油化学工業を興す場合のように資源を高度に加工した紙製品の製造を奨励する「付加価値」戦略をとれば、州は資金、資源価格、ロイヤリティーや税、汚染管理に関して投資企業に有利な、州税を浪費するような契約を結ぶよう追い込められる危険性があった。この点は一般の人々にはよく理解されてないばかりか、政治家の多くも理解していないようであった。原油や天然ガスのような資源をそのまま輸出する方が、化学製品やプラスチックに加工するよう要求し、州有財産であることを利用して資源費用を市場価格より低く保つよりも経済的にも、環境面でも好ましい場合があるということを、カナダ国民に対して説得するのは容易ではなかった。[訳注14]かつて政府は精練、精製、石油化学といった産業を誘致するため、公有資源基盤から得られる余剰利益やレントを政府の威信やほんのわずかのよい職、汚染などと引き換えに投げうってしまった。アルバータの保守党政権はピーター・ラフィード首相の就任初期以来、新重商主義的な高付加価値生産アプローチを追求していた。きわめつけは、子や孫の世代が職を求めてアルバータを去る必要がなくなるという、大衆受けするが眉唾もので結局は税金の無駄になりかねない意見の正当化だった。アルバータ北部の政治家たちは木材資源が北部で加工されることによって北部住民がエドモントンやカルガリーへ職を求めて出て行かなくてもよいことを主張し、ピース・リバーの政治家たちはなんと車で三時間と離れていないグランド・プレーリーにおける「彼らの」森林資源加工に反対した！　後述するように追い着け追い越せ型工業化の強迫観念によって、アルバータの雇用や経済的余得に関して望ましくない結果をもたらした。一九八〇年代末、政府が自らの木材資源加工業戦略を推し進めるために、アルバータ州の林業雇用の大半を占めている、多数の既存地元企業や製材工場の頭越しに、一握りの多国籍企業に北部の広大な林業用後背地を与え、結果として地元の木材業の成長の機会をつぶすことになった。エリック・キーラン、ジョン・マクドゥーガルらの政治経済学者たちは、天然資源の付加価値化という考えに囚われてすぎると、精製能力の過剰、経済的レントの放棄、公害産業の工業地帯から資源生産地域への移転をもたらす結果に終わるとカナダ国民に警告した。[*12] 経済学的には警告が正しくても、アルバータ北部のような地域で資源を利用した「付加価値」製品の生産を行なうということは政治的には大きくアピールした。ゲティー内閣の林業政策を公平に分析しようとするさいにこの点を見逃してはならない。

八〇年代半ばには、アルバータ州政府は政治・経済的両圧力によって積極介入主義に傾かざるを得なかった。このようなより広い文脈の中で、林業は石油と農業以外では新規大型投資を求める唯一の部門となった。世論やマスコミは強く、そして無批判に経済の多角化を求め州に解決を迫った。

一九七一年八月の選挙でピーター・ラフィード進歩保守党州政権発足以来初めて、政府は新民主党によるはげしい挑戦を受けた。同党はアルバータの経済危機が深まるのに対応するため、大型公共投資と物価統制を訴えた。ドン・ゲティーの不運は、首相就任一年目に、小規模で景気循環の波の激しい資源依存の経済には避けられないあらゆる災難と景気不安定に、アルバータがぶつかってしまったことであった。序章では一九八六年初頭にアルバータを襲った経済危機は、一バレル二七米ドルから一〇米ドル以下という世界石油価格の予期せざる下落と、穀物その他主要農産物の国際価格の下落によるものだと述べた。カナダの石油・ガス価格はオタワ連邦政府によって十年以上も消費者優位に統制されてきたが、一九八五年のウエスタン協定で大幅に統制緩和された。しかし皮肉にも石油・ガス産業および州は国際価格下落の波をまともに受け、経済は一層不安定になった。価格下落を相殺するため、資源ロイヤルティ[訳注15]（使用料）や税の大幅な引き下げがアルバータ州や連邦当局によって実施された。それでも石油産業が一九八五～八六年にかけて一〇〇億ドル近くもの未曾有の損失を被ったのを受けて、アルバータ州内では五万人もの石油関連の雇用が失われた。これこそまさしく真の石油危機であったが、政府には防ぎようがなかった。失業率の急上昇によって、失業保険などの受給者数がうなぎ上りとなり、破産や企業倒産、自営業者の破綻、空き事務所数、食料銀行[訳注16]が増大し、その他たくさんの惨状も目立ってきた。こうした社会情勢の上に、八六年春の州議会選挙キャンペーン中に野党政治家やマスコミがそれに対する悲観的見解を強調したことから、ゲティー政権は石油、ガス、穀物の国際価格の壊滅的下落による打撃の緩和策を図るのみでなく、同時に経済刺激策と多角化に対する支持をより一層加速させることになった。しかし自らの採った短期的でコストの高い対策、例えば中小石油・ガス業者を国際価格の影響から守るといったやり方は、これらの産業の外部世界の現実への適応を遅らせてしまうことになり、市場原理による多角化とは相容れなかった点を、ゲティーが理解していたかどうかは定かではなかった。ともあれ、政府が再び選挙に勝利するには、経済刺激策が必要だとの結論に達したのは明白であった。

　ゲティー保守党内閣は、経済開発と大型資源開発プロジェクトを同一視する傾向があった。大型プロジェクトと関連インフラ施設への資本投資と公共支出は新たな雇用創出による安定をもたらし、特に北部やエドモントンのように新民主党勢力が強くて、左派の側から保守党に激しく迫っているような地域では、ゲティー自身が述べたように政府の介入が求められていた。

「南部の人々は、政府は財政赤字の管理をしっかりやり、余計なことはせずに小さな政府でやれと言う。ところが北へ行くとポノカ周辺から意見はがらっと変わってくる。エドモントンの人々に聞けばその違いがわかる。『職をくれ。面倒を見てくれ』と言う。さらに北へ行くと農民たちは政府の大規模な介入を待望している」[*13]

農民など、北部住民が保守党州議会議員を含めて「大規模政府介入」を声高に求めたのは、八〇年代半ばにアルバータ北部社会に広まった経済の不安定化と脆弱性によるものであった。陰鬱な雰囲気が農村、町、小都市に蔓延していた。不安定な収入や雇用、そして石油、天然ガス、農業から徴収された税収に依存していたことから、これら地域社会は新たな産業振興と大型プロジェクトによる地域経済の安定化と多角化を求めて、ゲティー内閣にロビー活動を開始するに至った。北部でのエネルギー産業の不振は探査や開発事業の落ち込みをはるかに超える深刻な状況だった。それは八一年の石油価格下落以降の社会の現実であったが、八六年には一層激しくなった。石油市場の不安定から多くの重要な投資案件が撤退を余儀なくされた。ラフィード、ゲティー両政権の推進したフォート・マクマレー北部の巨大なアルサンズ合弁事業、シェルが提唱したピース・リバーでのオイルサンド開発プロジェクトなどがよく知られた事例であった。各社は、新しい資源供給源なしに、既存の原油・ガス田に残された資源を使い切る方策に転換せざるを得なかった。そのため五〇年代から六〇年代にかけて開発された北部地域最大のスワン・ヒルズ、レインボー、ジュディー・クリークなどの既存の石油・ガス田は、一九八六年までに生産能力は回復不能なほど低下してしまった。エドモントン北部地域は一九七〇年代半ばにはアルバータの主要油田が生産する原油の半分を占めていたが、十年後には三〇％以下に落ち込んだ。アルバータ州全体に占める北部の既存の石油・天然ガスの可採埋蔵量の占有率も落ち込んだ。一九七六年には北部の可採原油埋蔵量は州全体の五一・二％を占めたが、十年後には三五・一％になった。市場に出回るガスの供給量でも、一九七一年の一三・三％から一九八六年には六・三％まで落ち込んだ。[*14] これは北部十四の地域にとって、税収基盤・収入・雇用の縮小と、将来への不安の増大を意味した。アルバータ北部はカナダ国内他州の多くの辺境地域と同様に、前途有望な若年層が流出しており、多くの人々はエドモントンの州政府に何とか事態打開をしてほしいと期待した。

北部出身の閣僚は一九八六年のアルバータ経済の停滞に言及したうえで、政府の介入を経済多角化とは無関係な理由で支持した。「われわれは何とか経済が立ち行くように奮闘している。かつては民間企業と公共部門との間に設定されていた、例えば民間部門七〇％に公共部門三〇％といった投資比率のトータル・パッケージを意図的に取り外そうと努めた。そしてこの比率を逆転させてでも、雇用を守り、苦境を乗り切るように奮闘したのである」[*15]。彼はジョン・メイナード・ケインズのように、長い眼で見れば我々は皆死ぬのだと言ったかも知れない。こうした今日の雇用のための短期的処方箋は、ほとんどの有権者の気持ちを捉えた。保守党は一九八六年五月八日の選挙を何とか勝利したが、新民主党はエドモントンで勢力を伸ばし、カルガリーと一部農村部でも議席を獲得した。選挙公約の実現という意味合いもあり、アルバータ州政府は三〇億ドルを借入し、財政赤字の拡大により景気を刺激する方策を選んだ（当初二五億ドルであったが、その後の一連の展開により膨らんでいった）。そのような介入と借金は、資源依存度の大きいアルバータ経済の不安定で脆弱な構造に由来するものであった。大量のレイオフと多くの農家や企業の破産に直面し、アルバータ州と連邦の保守党政権は、数十億ドルを穀物生産やエネルギー部門に注ぎ込み、より一層きびしくなる不況に対し機先を制しようと多くの協定や政策を取りまとめた。これらの産業部門は、受けとった金額以上の仕事をしたと評価してよかった。しかし、ゲティー政権は支出を新しい歳入構造に合わせるより、多角化経済基盤の追求に早く結果を約束する特定部門へ重点支出をした。そこには、経済計画もなく、林業、観光、ハイテクといった分野の選択に関して何らの一貫した合理的説明もなかった。ゲティーの言う「判断結果による要請」に基づく介入とは、その場の状況に応じた勝者と敗者選びであった。一九八四年に出したラフィードの白書さえ読まなかったとゲティーは述べている。[*16]

ゲティーは、経済開発を、政府が交渉し必要ならば保証を与えることで誘致する大型資本投資によって進められるプロセスとして理解していた。またフォート・マクマレー付近のシンクルード・オイル・サンド合弁事業（ゲティー自身はラフィード政権下で一九七三年から一九七五年にかけてシンクルードへの多国籍企業の誘致交渉に当たった）のような大型プロジェクトを好んだのも、州経済全体、中でも雇用に与える影響が大きいと考えたからであった。アルバータでは一九八一年時点で建設業による雇用者の割合はカナダ全国平均の二倍に当たり、労働人口の一〇％を占めていた。建設産業は雇用拡大のためのロビー活動を行ない、そのうち大手七、八社は州保守党に多額の献金を行なっていた。融資保証その他政府援助に支援されたオイルサンド大型プロジェクトと、本来望ましい現地に立地する重質油改質[訳注17]（in situ heavy oil upgrade）工場が実現できないなら、林業が取って代わるであろう。フレッド・マクドゥーガルの描く林業は、新たなパルプ原料供給源への長期的アクセスの保証と引き換えに大型プロジェクトや資本投下を実現することであった。ゲティーが最初の新規大型パルプ・プロジェクトを発表したときに、ホワイトコートのミラー・ウエスタン社の工場を「これはほとんどオイルサンドの同等の資源である。州内至るところにあるため、オイルサンド以上に有望な資源である」と熱狂的に持ち上げた。[*17] しかし誰がその資源利用に着手するのであろうか？

## 誰が森林を得るのか？

一九八六年初頭にゲティーは林業・土地・野生生物省を独立させ（新たに観光、科学技術についても省が設けられた）、ドン・スパローを大臣に据えて、ゲティー政権のアルバータ州林業生産「倍増」計画に取りかかった。[*18] ドン・スパローは一九九三年七月の自動車事故で他界したが、一九八〇年代前半にスパロー家の石油会社に迎えられたゲティーとは当時緊密な仲であった。ドン・スパローは林業部門の指揮をとったが、一九八七年になって観光相に転任した。後任には南部の牧場主レロイ・フォルドボッテンが抜擢され、ほとんどの政策はフォルドボッテンの手によって実行された。また一九八六年にはアルバータ州政府は林業・土地・野生生物省内に林産業開発部[訳注18]（ＦＩＤＤ）という小さな部署を新たに設置し、同部に「アルバータの膨大な未利用または未開発林を様々な林産物生産に活用する」

意志のある大手の新規投資企業を募るための財政支援の権限を付与し、その実施の約束をした。ゲティーはマクドゥーガルの補佐官の一人であったJ・A・「アル」・ブレナンをFIDDのトップに抜擢した。彼は長いキャリアを持つフォレスターで七〇年代にニュー・ファウンドランドからアルバータへ移ってきた人物だった。首相の支持のもと、ブレナンは有望な投資家に対するワンストップ（スピーディな）サービスを提供し、彼らが関係官僚機構の中で沈まぬよう彼らを護衛し、また政策決定中枢へのアクセスも提供した。企業からの財政支援も要請があれば取りあげられた。

ブレナンは性急な手法を取る人物として登場した。彼はアルバータが大手林業投資家を誘致できるのは、ほんの数年間だけだと見ていた。それは、林産業界が九〇年代に入って下降期に遭遇すれば資本投資は見込めなくなるからである。新たに数工場をアルバータに建設すれば、パルプ生産力の余剰をもたらし、景気下降を早めるかも知れないという懸念にもたじろがなかった。[訳注19] アルバータの新規建設工場はどのような荒波も乗り越えられると思い込んでいた。いわゆる「環境保護運動」への悪口は年中行事だった。「緑の衣装をまとって走り回る連中」とブレナンが呼ぶ環境保護運動の拡大が、林業戦略をそのスタートの前につぶしてしまうかも知れないという懸念を抱いていた。政治的安定と国際企業に対して約束を守るという評判がアルバータ州の最も強力なカードであったからだ。アル・ブレナンはゲティーを評して、新しい考え方を積極的に採り入れ、ピーター・ラフィードならばとても採らなかったような林業プロジェクトのためのインフラと資金援助のための支出を積極的に行なう政治家であると称えた。[*19] マクドゥーガル、スパロー、ゲティーらと同様に、ブレナンは北部亜寒帯林の急速な商業的開発と政府支援による国際資本の誘致に積極的であった。その林業戦略を打ち出すために提出された同省の林業に関する討議資料の文言から引くと、そうした支援を正当化する主な理由は、経済的必要性からよりもむしろ他地域でもすでに行なわれているからであった。アルバータの競争力強化が至上命題だったのである。支援は「柔軟に」行なわれるであろうとブレナンは述べた。

「政府支援は硬直した法規や規制に縛られず、必要性が認められる限りは柔軟に行なえるようになっている。助成金（グラント）は一般的に主要インフラ以外に交付されない。実現性のないプロジェクトへの支援は行なわれないであろう。政府はいかなる形式の援助も受け入れ、融資保証に積極的で必要ならば社債発行への参加もいとわない。[*20]」

いくつかのプロジェクトでは、財政支援額は数百万ドル規模にものぼり、林業での経験に乏しい政府の公的支出としてはあまりに巨額であった。インフラ整備の他に助成金は用いられなかったが、それはいかなる支援も相殺関税の対象となってはならなかった（non-countervailable）。すなわちアメリカ議会の保護主義勢力の批判を逃れるためであった。[*21]この時期はちょうど、対米針葉樹製材輸出をめぐる米加紛争[訳注20]があり、アルバータ州としては助成金を用いることが、今回の新しい紙パルプ開発事業に向けて米国の保護主義者の行動に火をつけるような事態になることをひたすら懸念していた。だからと言って、アルバータ州が戦略の実施に当たって助成金の代わりに、融資保証、社債引き受けや劣後ローンを用いたからといって、なんとかリスクを避けられるという訳ではない。

ＦＩＤＤ（林産業開発部）は実際、誰に対して説明責任を持つのだろうか。またなぜ立派な根拠があって存在している通常の金融に関する「ルールと規制」を飛び越えて、ＦＩＤＤにそんなに大きな権限が与えられたのだろうか？　ＦＩＤＤの「ワンストップ・サービス」が大型プロジェクトの承認を促進する意図で行なわれたなら、このアプローチは州財務省やその他の州保有資金を思慮深く管理する機関によるコントロールを避けるか弱めようとしているように見える。少なくともＦＩＤＤによる各林業プロジェクトへの金融支援に対する勧告は、公平に見てやや性急な評価に基づいており、僅かな経済利益のため州に大きな財政上のリスクを背負わせることになった、と言えよう。それでも、依然として首相およびその他の閣僚が最終的な決定権を持っていた。彼らはこの仕組みを実際に動かし、またそうすることで、政府の支援を必要としないような数多くの森林管理の方法を葬ってしまった。

財政支援は本当に必要であったのであろうか。政府は官僚機構の障害や長い省庁間の調整に手間取ることなく、林業景気を利用して、経済成長への刺激や雇用創出と産業上の波及効果を引き出そうとしていた。しかしながらもし国際林業界が新たなパルプ原料供給源を必要とし、州は貴重なパルプの原料資源を所有しアクセスも握っているとすれば、投資に合意している林業会社のリスクを社会全体で引き受ける必要がどこにあったのであろうか？　ＦＩＤＤのアル・ブレナンは、政府の財務リスク分担を次のように正当化した。

「紙パルプ産業開発に必要な大型資本投資の誘致には、森林管理協定に基づく森林保有権の保証が必要である。民間投資の奨励には、投資リスクの分担が必要となろう。これまでアルバータ州政府はそうした金融支援がより一般的に行なわれている国や州との競争が存在しているにも拘らず、リスク分担には消極的であった。

政府による資金支援を伴うプロジェクトでは、その資金繰りに関して心理的に大きな影響がある。それは民間投資のリスク軽減を図ると同時に、政府が強く関わっているということを示すものでもあった。政府も実質的にプロジェクトの当事者（ステイク・ホルダー）となったのである[*22]」

ブレナンの論理には疑問の余地が多い。最初のコメントは正しいが、その後に続く文では投資を引きつける条件として「何が明確に要求されるか」という点を越えて、「何を要求される可能性があるか」に関する根拠のない憶測がなされていた。実際に要求されることは、具体的には資源へのアクセスや長期リースによる保有権の保証といったところである。ある重役が述べたように、木材会社にとっては「森林保有権と木材供給」は「潜在的な投資家や融資者が企業信用度の目安とする際の重要な切り札となる。たいていはこれら保有権自体が銀行融資に対する現在および将来の融資の安全性の担保[*23]」となった。もしそうした事柄が銀行と投資家が実際に求めているものであるなら、なぜそれ以上の条件提示をしたのか？　州政府は多国籍企業との交渉において行き過ぎた好条件を提示し、また言うべきことを言わなかったと信ずる多くの理由があることは後で述べるであろう。さらに上記の発言はアルバータ州政府内で、経済開発における政府の役割についての理解に混乱があることを顕著に示していた。大規模でリスクの多い資源開発プロジェクトの「当事者」としての役割は、慎重な財政運営や環境への配慮も必要になる政府には適当ではない。アルバータ州政府は十五年前の多国籍企業とのシンクルード石油コンソーシアムでもこれと同じ「リスク分担」を行なった。結局負担だけが残り、ほとんど成果を得られなかった。どの産業にも手当たり次第アプローチするだけでは、困難にぶち当たることは明らかであった。ブラジルであれスペイン（両国とも新興パルプ輸出国＝訳者＝）であれどんな国や地域でも、公的支出を用いて、パルプ産業のような変動の激しい産業に対する「心理的」効果を生み出そうというあいまいな政策は、財務当局を襲撃し、民間企業が負担することのないリスクに納税者をさらす許可証を与えるに等しい。そのような放漫財政を推進する政治家が、一方で労働者や一般大衆に生活の切り詰めをアピールするならば、政府によるあからさまな階級差別に対して辛辣なシニシズムが強まるであろう。

移動性に富む国際資本が自分たちの投資先として都合のよい資源産出国や地域を選り好みできるのは、アルバータのような比較的小規模な政府が国際資本を誘致するためには放漫財政に陥ることも辞さぬ態度さえとってしまうからである。アルバータ州政府はドン・ゲティーの就任時には支出が際限なく行なわれており、州の歳入状況の悪化している時期に、融資保証、課税およびロイヤリティー（森林使用料）の減免、その他の補助金供与に執着したため、事態はますます悪化した。銀行に対する「伝統的なプレーリーの人々の猜疑心」を利用して、ゲティーは経済多角化のために「銀行などを待てない」と宣言した。民間銀行が認可された林業プロジェクトへの資金供与を渋るなら、ヘリテージ・トラスト・ファンドを利用するつもりだった。だが首相はどこまでリスク軽減を行なうべきなのか、そして誰の利益のために？　新しい道路網や橋の建設などは、とりわけ一つの大型プロジェクト以外にも他の利用者がある場合には、資源開発のためのインフラ整備へのある程度の公的支出が求められ、かつ正当性があるかも知れない。しかし政府が提示した好条件の大型社債発行による資金援助が世界最大のパルプ工場建設に対する銀行の融資保証のために必要だとすると、プロジェクトは商業ベースに乗るものであろうか？　もしそうであるならば、そもそもなぜそんな支援が必要なのだろうか？　本当の目的は多国籍企業への資本コストの削減なのか、それとも多国籍企業や銀行を将来の金融および政治的リスクから守るのに必要なのか？　本著全体を通じて、著者はアルバータ州のような政府と国際林業会社との折衝において以下の点を考慮する必要があると考えている。国際林業会社は製品加工、国内製紙工場とマーケット・シェアの拡大、さらに無論のこと資本蓄積のために安定した地域からの長期間にわたる廉価な原料供給を必要としている。こうしたことが明らかに進出の動機となっていると著者は考えている。アルバータの森林資源がオーストラリアやスペインといった地域と充分競争できるのであれば、なぜ州政府が税金を使ってまで事業からの利益は多国籍企業だけの所有になる巨大事業を誘致するのか？　もしも他の国にも投資できる多国籍パルプ会社との交渉には、今やそのような「誘因」が要求されている、というのがその答えであるならば、われわれは一つの反論として、多国籍パルプ資本に委ねる以外の他の多くの森林管理方法や、他の多くの投資家を見つけることができる、と主張する。

最後に、政府が大型資源開発プロジェクトの直接の「当事者」となれば、誰が当事者を規制できるのか？　企業との交渉の初期の段階で、政府がプロジェクトへの「強固な」関心を示すために何百億円もの資金援助を約束してしまえば、両者の間にはその事業の商業的成功に関して累積的な利害関係が明白に築かれていくのである。そうした場合、もしプロジェクトが失敗に終われば、とりわけ環境問題によって政策が変更されようものなら、野党政治家やマスコミは一体、投資支援を決定した政府に対して何と言うだろうか？　一旦行なった政府介入はさらなる介入を生み出す。パルプ工場は生産過剰と低価格に脅かされやすく、労働者の雇用、地域社会の工場操業への依存、政府が過去に行なった支援を利用して、さらに援助を引き出そうとする。そのような困難な状況下では、政府はどうやって市民参加による環境アセスメント審査の実施や州の資源管理の責任を果たせるだろうか？　同じ政府の同じ省が森林の健全な管理者と森林の切り売り人を兼務できるだろうか？

八〇年代半ばについて言えば、アルバータ州北部の森林の大半は商業目的のために割り当てられていなかった。誰が森林資源へのアクセス（接近する手段）を獲得するのか？　誰がアスペン材の利用権を得るのか？　この問いはアルバータ林業の政治経済的側面を考える時の中心的なテーマである。森林資源へのアクセスは州政府の管理下にあったが、数多くの業者が利権獲得をめぐって競い合った。北米最後の大森林はアルバータの地元業者やカナダ資本および先住民に依然として開かれたままであるのか、それとも多国籍企業に優先的に取り置かれることになるのか？　何らかの付加価値生産を計画に含み、雇用創出を伴う大型プロジェクトを提案している少数の大企業に対して、アルバータの森林は入札ではなくむしろ政府の自由裁量によって与えられる、という方向に急速に移行していった。森林の公有制度によってアルバータ州政府は変化をもたらすのに必要な権限をすべて持っていた。アメリカ南部のようにかなりの割合で私有林があれば、独占的な森林地主は存在せず、森林開発の方針も所有者によって異なってくるので、アルバータの独立業者にも参与の余地があったはずである。

しかしアルバータ州政府の考え方はそれとは正反対であり、天然資源の管理には大型事業の方がよいと信じ込んでいる一般州民もおそらく同様であったろう。州北部のアスペンの伐採とパルプ生産コストを低減できる規模の経済を実現するためには、地元の製材業者や木材加工業者よりも長期スパンで事業に取り組む大手国際林業会社の方が投資や森林経営の担い手として望しいということになった。そうした政策はアルバータの林産業が少数の大手企業に集中することで劇的に成長することへの期待が暗にこめられていた。政府は市場、技術、専門（知識）を握り不況でもビクともしないような最大手の統合会社による開発を望んでいた。しかし木材資源を大手企業に委ね、中小業者の森林へのアクセスを否定する政策によって、州が望む森林資源の「完全利用」は達成できるだろうか？　必ずしもそうとは言えない。その理由は、少数企業だけが木材資源を利用できるとなると、FMA保有者が政府の望むようなペースで開発を進めたり、木材製品が最高の利益をもたらすような利用法に向かっていく保証はどこにもないのである。森林利用以上に大きな問題は、広大な森林を一握りの大企業が所有するパルプ工場に委ねると、多様で革新的な森林利用を大きく損ねるおそれがあることである。

広大な森林に覆われ、かつ低利用と見なされている木材開発地域では、地元製材業者や木材加工業者が原料供給不足に直面していた。中小独立業者は事業拡大と新規雇用のために、大手が森林管理協定に沿って支払った以上の費用で競売に付された木材を入手するしかなかった。アサバスカ以北に伐採クオータを持っていた独立製材業者フランク・クロフォードは、政府の方針は中小業者の一掃を狙ったものだと解釈し、「マクドゥーガルの方針では中小業者は木材を得られない。マクドゥーガルはすべてを州外の企業に与えてしまった。小僧には出ていってもらって大物とだけつきあうつもりなのだ……。州は常に大企業の方ばかり向いている。大規模伐採割り当ては、ただ同然で大手業者に与えられる。結局割を食うのは中小業者だ」[*24]と述べている。独立業者の間では政府が中小業者を締め出す

ために マスタープランを作成していると囁かれた。そのような計画は実際には書かれていなかったかも知れない。しかし、中小業者が木材を得るには「低利用」の森林を抱える州に対して膨大な対価を払わなければならなければならなかったのであるから、結果は同じだった。

中小業者に森林資源が割り当てられないことへの怒りが爆発したのは、何も今回が初めてではなかった。一九七九年のバーランド・フォックスクリーク地域の森林開発をめぐる公聴会において、エドモントン出身で当時製材業者であったクレイグ・コーサーは次のような懸念を表明した。「見返りに雇用と経済発展を約束してくれるはずだと信じて、木材メジャーの一つにとてつもない規模のFMAを再び与える計画に、余りに多くのアルバータ州民が満足しているように見えることが心配でならない。アルバータ州民は他の経済開発の可能性を考えたことがあるのか。問題の木材資源を一企業の膨大な資本投下に任せるのではなく、巨額の資金をかけずにより多くの業者に参加させ、もっと緩やかに秩序だった方法で開発を進めると方法もある」[*25]一九九二年に森林が巨大多国籍企業に与えられた後、アルバータ州の独立業者のスポークスマンは、「中小業者に開発を任せてくれれば木材生産一立方メートル当たり生み出される雇用は、大手企業による開発の二倍になり、納税者に多額の負担を強いることもない、森林を投げ売りする必要もなかった」と批判した。このスポークスマンは、アルバータ州政府がこれまで同州の実業家たちから聞いたことがないほど激しい口調で政府を公然と非難し、林業資源に対する不平等なアクセスが問題の中心であると、次のように訴えた。

「アルバータの独立製材業者が現在困難に直面しているのは、市場や技術のせいではなく、州政府が多国籍企業に不公平な競争的優位を与えたためだ。州は、雇用創出の見返りとして管理協定地域を大手に与えている。大手企業の多くは政府に、ゲームのルールを自分たちの都合のよいように変えさせるだけの力があった。それに比べて中小独立業者は競争入札で伐採権を得なければならない。中小業者には事業拡大のための余剰木材がないと言いながら、巨大プロジェクトを優遇する……。長年地元での事業経験を持ち、立派な業績を残している地元業者があるのに、どうしてわれわれの資源をよそ者にやるのか？[*26]」

独立業者はよく組織されておらずロビー活動も効果は著しく小さかった。今回の件はそうした事例の典型と映る。広葉樹材と公的資金援助を大型プロジェクトに割り当てる政策が、地元資本の成長を抑えたことは議論の余地がなかった。このような政策では製材などの無数の木材加工業者が多国籍企業のパルプ工場に吸収されてしまうか、あるいは多国籍企業の残りの取り分をめぐって入札に終始する以外ない。誰が資源を支配するかが産業の基本的性格をを左右するのである。州政府はアルバータ州内でパルプ工場建設につながる原料供給産業に関心を抱いてはいたが、地域社会に重要な役割を果たしてきた既存の多くの業者を邪魔者扱いし、あるいは存在すらしないかのごとく扱った。「われら中小業者の成長の機会は奪われた」とカルガリー北西のコクレーンにある中規模のスプレー・レーク製材工場主は語った。この工場は一九四三年設立で一〇〇人から一二五人の従業員を擁し、さらに伐採地では五〇人と契約を結んでいたが、それはより小規模なパルプ工場一つ分の雇用に相当した。一九八〇年代にはスプレー・レーク工場は木材生産の倍増を計画したが、必要な原木供給は得られなかった。工場主が操業を北へ拡大しようとすると、政府は「ロッキー・マウンテン・ハウス地域の木材は、大型開発計画用だ」[*27]と通告した。政府の方針による新たな林業雇用は、実際には僅かに増加するだけだと独立業者は主張した。というのは、近代的紙パルプ工場は資本集約的で高度に自動化されており、特別なトレーニングを受けた高度な熟練技術者しか雇用しないのに対し、製材工場では地元労働者（しばしば先住民も含めて）に安定した雇用をもたらす。この観点から、政府は事業拡大を目指すこれら製材工場への木材供給を保証すべきであった。しかし政府の見方からすると、州政府が望んだ州経済の活性化と多角化に必要な、大型林業開発やパルプ事業に参入するには独立業者はあまりにも小規模で、資本もなさ過ぎた。このようなやり方で（地元業者を締め出し）木材資源の完全利用ができるとなると、多国籍企業は投資の誘惑に駆られるであろうと州政府は期待した。それは独立業者には供与されることのない資金援助や広大な広葉樹パルプ原料を有した未開発林へのアクセスが、多国籍企業に独占的に与えられることを意味していた。

多国籍企業優先の方針には重要な例外が一つあった。この政治的空気を理解して、森林資源獲得の既得権益とパルプに関する知識を持っているアルバータ資本は、政府による「見える手」を利用してパルプの製造・販売事業をスタートさせた。皮肉にもそうした業者の一つミラー・ウェスタン・インダストリーズの所有者の一人であったヒュー・マッケンジー「マック」ミラーは、アル・ブレナンらがアルバータ林産物協会の頭ごしに戦略を動かそうとしていた初期の段階では、紙パルプ事業への資金支援を行なう政府の計画に反対していたと伝えられている。[*28]近代的パルプ工場建設に必要な資金と技術面の障壁から、アルバータ最大の製材工場と伐採事業さえも、州との特別の政治的合意なしにはパルプ工場に必要な資金援助と木材供給を得るのは絶望的であった。政府の林業計画を支援する見返りに政府の資金援助と木材資源へのアクセスを獲得するという政治的戦略によって初めて、アルバータ資本は木材産業のメジャー・リーグの仲間入りができた。そのようなアルバータ資本との特別な取り決めには歴史的先例があり、それは業者自身が州の政策に忠実であると有力政治家にアピールできた場合であった。例えば一九七〇年代にラフィード政権は、経営権を州が握るアルバータ・ガス・トランク・ライン（後にノーバ社と改名）と手を結んでアルバータ資本による天然ガスを原料とする石油化学工業を実現させようとした。この特権的な会社が州の発展や産業開発に関する政府の重要政策に寄与する、という暗黙の前提の下に、州はこの企業の帝国建設という野望を支援した。[*29] 政治家に豹変は付き物で政府も時流によって優先項目を変えることがよくあるので、そのような政治戦略は企業にとっては危険性が高かった。一九八〇年代、連邦のトルドー首相の国家エネルギー計画[訳注21]に自分たちの企業戦略をかけたカナダ石油業界は、その後どうなったであろうか？　十五世紀ルネサンス期のヨーロッパ諸国君主へ資金を貸し付けていたメディチ家のような銀行家たちが、君主のための国益が商業利益に取って代わるものではないとわかった時は手後れで、結局銀行家たちはパトロンに見捨てられることになる。

林業分野においてもし半ば公共的な役割を担う開発を行なう地元企業があるとすれば、エドモントンの北西一八〇キロの人口六五〇〇人の町ホワイト・コートにあるミラー・ウェスタン・インダストリーズはその有力候補であった。同族会社で林業、大規模建設、産業用化学品などの事業を営んでいる同社は一九〇六年に鍛冶屋のJ・M・ミラーが創立し、製材から鉄道建設のための敷地造成事業

（平らな敷地を造成すること）までを手掛け、ついにはミラー・ウェスタン製材・かんながけ工場複合体をホワイトコートに設立したという会社である。アルバータでも最大で、最も急成長を遂げている企業であったが、事業拡大を目指す他の木材業者同様に伐採許容量に限界があった。ホワイトコートとスレーブ・レークの針葉樹に関しては年間五〇万立方メートルの伐採許容量が割り当てられていたが、八〇年代初頭までにミラー・ウェスタンは自社の製材工場を近代化したので、利用できる製材用原木は量的に限界に達してしいた。広葉樹については割り当てがなく、統合木材企業になる以外に、事業の発展は難しかった。ミラー・ウェスタンは、新たな林業開発地域が従来の針葉樹同様にアスペン材まで利用しようという業者にのみ割り当てられ、明らかにパルプ製造業を優遇していることを知った。独立業者には危機の前兆であった。あるミラー家の関係者は、「このところの政府の動向が森林資源の完全利用にあるので、中小業者は段階的に排除されてしまう」[*30]と述べている。このような状況に置かれ、同社は将来も今のように原料入手が制限されたままで細々と事業を継続してゆくか、それとも針葉樹だけでなく広葉樹にも原料へもアクセスができるようにするかという問題に直面し、ミラー・ウェスタンは統合木材産業を目指すこととなった。エドモントンのゲティー政権の後押しがなければ、このような大転換は実現できなかった。ミラー・ウェスタン・パルプのマッケンジー・ミラー社長は次のように述べている。「政府がわが社にパルプ工場建設を行なうよう奨励してくれた」[*31]。政府は奨励する以上に、パルプ工場建設を可能にさせた。一方、このミラー・ウェスタン社は、ゲティーの林業政策全体が求めていた突破口（ブレイクスルー）でもあった。驚くべきことにアルバータ資本の業者の中でミラー社だけがなぜこのような特権待遇を受けるのか、また、同社が再び政府に追加的支援を求めるかどうかについて問う者は誰もいなかった。

ミラー・ウェスタンのゲティー政権との取り決めは、一九八六年四月の州選挙キャンペーンの最中に首相より公表された。マスコミがいつものように批判的に分析を行なって首相声明を「選挙向け」だと言ったにもかかわらず、ミラー・ウェスタンのプロジェクトは経済多角化政策の下で最初につくられたパルプ工場として重要であった。アルバータ経済が農産物およびエネルギー価格の低迷に苦しんだ時には、ゲティーはミラー・ウェスタンという第三世代のアルバータ資本家が州の経済開発のために新たな付加価値創造に向けた経営努力を行なっていると主張することができた。同社は年間二四万トンのパルプを生産できる、漂白ケミサーモメカニカル・パルプ[訳注22]（CTMP）工場を建設した。このCTMP工場は、一億九〇〇〇万ドルの建設費で、大手が好む大型クラフト工場よりも費用や規模（あるいは環境上の影響）の小さな工場であり、一九八八年に操業開始の運びとなった。プロジェクトへの資金調達の道はアルバータ州政府によって開かれ、政府は一億二〇〇〇万ドルの政府利子負担による社債を購入し、リスク分担を行なうことで、ミラーが銀行と好条件で交渉できるようにした。社債は二〇〇四年までに一〇％の利子が課せられた。ミラー・ウェスタンはまた、投資の見返りにホワイトコートとスレーブ・レークでの広葉樹および針葉樹資源へのより大きなアクセスを得ることができた。この新たな資産により同社は製材工場複合施設に数々の新技術や新加工工程を導入することが可能となり、現在の統合木材産業の一翼をになうに至っている。パルプ製造における新技術は、フィラデルフィアに本社のあるスコット・ペーパー社[訳注23]からもたらされた。同社は実験室にあったアルカリ過酸化物漂白システムの特許を買い取って実用化するパルプ工場を探していた。[*32]ミラー・ウェスタンの工程では、ダイオキシンやフランといった、一九九〇年から九一年にかけてアサバスカ地域でのアルバータ・パシフィック計画をほとんど停止させかけた有機塩素化合物の廃棄は一切なかった。CTMP工場の長所は一〇〇トンの木材から九〇トンのパルプができるということで、クラフトパルプの二倍も原料効率がよく、しかもその生産コストは市場によっては一トンあたり八〇ドルから一〇〇ドルも安くついた。ミラー・ウェスタンの工場は二つの生産ラインからなり、一方は原料が針葉樹材一〇〇%でティッシュペーパー、タオル、おむつ用のパルプ生産に当てられ、もう一方がアスペン材を利用した印刷・筆記用紙の生産に当てられた。

営業上の利点以外に、ミラー・ウェスタンが採用したケミ・サーモメカニカル・パルプ製造技術は環境対策上の利点もあった。その後クラフト・パルプ工場建設計画が登場した時に起きたような環境保護運動による政治的抵抗を避けることができた理由もその点にあった。特に水質汚染については顕著であった。第一には、CTMP工場はクラフト・パルプほど工業用水を消費しない。第二のより重要な点として、ミラー・ウェスタンのホワイトコート工場はクラフト・パルプ同様、河川を濁らせ水中の酸素濃度を下げるような排水を出すが、クラフト工場と異なり人体への影響や発ガン性の危険が指摘された有機塩素化合物をアサバスカ川へ投棄しないという点である。CTMP工場の廃棄物に有機塩素化合物が含まれていないのは、両者のパルプ生産における漂白過程の違いによるものである。CTMP工場ではクラフト工場とは違って、パルプの漂白に塩素や二酸化塩素を用いない。ミラー・ウェスタンはスコット社のアルカリ性過酸化物漂白[訳注25]工法を用いて、アスペン材一〇〇%の生産性の高いパルプを生産し、アメリカ、ヨーロッパ、メキシコ、日本その他の製紙会社に販売し、漂白クラフト・パルプと比べても高い競争力を持つと報告されている。ホワイトコート工場が操業を開始すると、同社はサスカチュワン州メドウ・レークで総額二億五〇〇〇万ドルで年間生産量二四万トンのアスペンを使った二番目のCTMP工場建設に乗り出し、サスカチュワン州政府は五〇〇〇万ドルから六〇〇〇万ドルの支援を行なった。[*33] メドウ・レークではビーバー川の水位が低いため、同社は廃棄物を出さない閉鎖サイクルのゼロ・エフルエント工法[訳注26]を採用した。廃液は蒸発させ、残りの固形廃棄物を抽出した。工場による水質汚染と戦ってきた環境活動家たちの長年の夢が、ここに叶うこととなった。メドウ・レークのアスペン材一〇〇％の酸素漂白パルプは、クラフト・パルプとの競争に充分太刀打ちでき、古紙との相性もよく、滑らかさやフォーメーション、印字のよさが受けた。[*34] CTMPパルプは世界パルプ市場でのシェアを伸ばし、一九九一年のシェアは一〇％で、一九八一年のシェアの二倍にもなったが、CTMPパルプをクラフト・パルプよりも質が劣ると見る一部の市場の目を納得させるために、ミラー・ウェスタンはさらなる技術開発を余念なく行なった。

カナダ経済史において、ミラー・ウェスタンのパルプ生産進出のような政治を利用する企業家の例は枚挙にいとまがない。ある者は成功し、また多くの者は失敗した。財界と政界の複雑な関係を単純に割り切ることはできない。市場動向が芳しからず価格も低迷していたにもかかわらず、一九九〇年代初頭にもしミラー・ウェスタン（あるいは他のもっと小さなパルプか新聞紙工場）が成功したとすれば、それは事業拡大の期を捉えたホワイトコートのミラー家が、企業家としての先見の明と勤勉さを持っていたからである。逆にもし同社が事業に失敗すれば、その非はゲティー政権によるミラー・ウェスタンのパルプ工場支援、あるいはパルプ産業への介入政策全体にあり、とすれば事足りたかも知れない。これまで見てきたように、歴史的現実はもっと複雑で道徳的には灰色であり、上記のように単純に白黒つけられるものではない。ゲティー政権は一九八六年に国際石油価格と穀物価格が暴落した後の本格的な経済危機に直面し、州内世論は、経済多角化の促進を強く支持していた。アルバータ州政府がこの章で述べてきたような林業・パルプ工場開発計画を推し進めたのは構造的な経済危機に帰因するもので、イデオロギーや党利党略のためでも首相の個性によるものでもなかった。(州政府の考えでは)北部アスペン林は完全に利用されるべきであり、これによってパルプ、新聞紙、上質紙の工場の帝国が建設され、アルバータ経済は石油依存型経済からより起伏が小さく傷つきにくい安定した経済となる予定であった。これを実現するには多国籍企業による投資が必要であろうし、そのためにアルバータ州政府はインフラ建設、資金供与を行ない、広大な北部森林での更新可能な二十年の森林管理協定の提供や保有権の保証を行なうことになるであろう。この政策の下では中小独立業者はほとんど入り込む余地がなかった。ほんの数社が大企業リーグに入ろうとして政府の補助金を獲得しようと試みたが、その他の業者はやがて廃業に追い込まれるであろう

州の林業戦略と政府介入が成功するかどうかは次章で取り上げる。本章ではゲティー政権の政策は後から見ると信頼性も確固とした根拠もない推定と予測に基づいていたものであることがわかる。しかしそのような政策は不確実な状況における、ギャンブルのようなものであり、誰も予期し得なかった政治的結末を産むのである。

［原注］

＊1　Environment Council of Alberta, *The Environmental Effects of Forestry Operations in Alberta: Report and Recommendations* (Edmonton: Douglas Printing, 1979), 103.

＊2　一九八二年二月五日、六日グランドプレーリーの the Canadian Institute of Forestry, Rocky Mountain Section におけるF・W・マクドゥーガルの講演。

＊3　Government of Alberta, "Forest Industry Development Position Science Paper," 28 May 1985 (revised 3 February 1986).

＊4　Government of Alberta, *Proposal for an Industrial and Science Strategy for Albertans*, 1985-1990 (Edmonton, 1984), 39.

＊5　"Alberta Tories Are on the Run," *Financial Post*, 20 July 1992.

＊6　ゲティーの役割については、フレッド・マクドゥーガル（一九九一年五月二十一日）、J・A・ブレナン（一九九一年五月九日）両氏とのインタビューを参考にした。

＊7　Government of Alberta, "Forest Industry Development Position Paper"

＊8　Brennan, "Stimulating Investment," 2.

＊9　Peter Woodbridge, "Canada's Future Role as a Supplier of Wood Products," Forest Products Research Society Proceedings, *Timber Supply: Issues and Options*, 2-4 October (1979), 97.

＊10　H.G. Aitken, "Defensive Expansion: The State and Economic Growth in Canada," *Approaches to Canadian Economic History*, W.T. Easterbrook and M.H. Watkins, eds. (Toronto: McClelland and Stewart, 1967), 221.

＊11　EKONO Consultants Ltd., *A Prospectus For Value Added Paper Manufacturing in the Province of Alberta*, 1987.

＊12　The 1973 Kierans Report, *Report on Natural Resources Policy in Manitoba* (the Secretariat for the Planning and Priorities Committee of Cabinet 用) Winnipeg 及び John N. McDougall, "Natural Resources and National Plolitics: A Look at Three Canadian Resource Industries," *The Politics of Economic Policy*, G. Bruce Doern, ed. (Toronto:

University of Toronto Press, 1985)（同研究は the Royal Commission on the Economic Union and Development Prospects for Canada の研究プログラム Vol. 40 として刊行)。

＊13 *The Edmonton Journal*, 22 March 1987, B2.

＊14 Northern Alberta Development Council, *Trends in Northern Alberta: A Statistical Overview 1970-1990* (March 1990), Sec. O.

＊15 アル・アデアーとのインタビュー（一九九一年十一月十四日)。

＊16 "Getty Won't Follow Lougheed's Economic Dream," *Calgary Herald*, 6 February 1986, A 20.

＊17 "Millar Western Cashes in on Provincial Initiative...," *Canadian Forest Industries*, September 1988.

＊18 "Sparrow Wants to Double Output of Alberta's Forest Industry," *British Columbia Lumberman* 71, no. 4 (April 1987).

＊19 J・A・ブレナンとのインタビュー（一九九一年五月九日)。

＊20 Brennan, "Stimulating Investment," 9-10.

＊21 "Alberta Company Will Build $ 185-Million Greenfield Market CTMP Mill at Whitecourt ," *Pulp and Paper Journal*, May/June 1986, 8.

＊22 同右一三ページ。

＊23 Jeremy Wilson, "Wilderness Politics in BC: The Business Dominated State and the Containment of Environmentalism," *Policy Communities and Public Policy in Canada: A Structural Approach*, W. Coleman and G. Skogstad, eds. (Mississauga: Copp Clark, 1990) に引用されている一九八六年の R. V. Smith, head of MacMillan Bloedel のコメントを見よ。

＊24 フランク・クロフォードとのインタビュー（一九九二年五月二十八日)。

＊25 Alberta Department of Energy and Natural Resources, *Public Hearings on Proposed Timber Developments in the Berland-Fox Area, Fox Creek 1* (1979), 415.

＊26　Barry Mjolsness, president. Independent Sawmillers of Alberta, *The Edmonton Journal*, 9 August 1992への投書。
＊27　バリー・ミョルスネスとのインタビュー（一九九二年八月十日）。
＊28　アル・ブレナンとのインタビュー（一九九一年五月九日）。
＊29　七〇年代のアルバータについては "The State and Province-Building: Alberta's Development Strategy," *The Canadian State*, Leo Panitch, ed. (Toronto: University Press, 1977).
＊30　*Canadian Forest Industries*, September 1988.
＊31　*Pulp and Paper Canada* 89, no. 10 (1988), 27.
＊32　Mark Stevenson, "Meet Millar Western, the Mr. Clean of the Pulp Industry," *Financial Times of Canada*, 29 June 1992, 6.
＊33　Ken L. Patrick, "Millar Western Launches Plans for Second BCTMP Mill in Saskachewan," *Pulp and Paper*, May 1990.
＊34　同右七八ページ。

# 第三章　大昭和——富士市の善良なる仏教徒

われわれが大昭和を素晴らしい企業だと見ていることを思い起こして欲しい。斎藤家の人たちは信頼できるよき仕事のパートナーだ。何せ仏教徒だからね。

——レロイ・フォルドボッテン元林業・土地・野生生物大臣とのインタビュー

中身より大きな衣をまとってもたちまち裁断され、身のほどを知らされるというもの。（大昭和の）斎藤了英氏はゴッホ、ルノワール、ロダンの気違いじみた収集家、事業拡大の教祖、シドニーから静岡に至る環境活動家の敵、そして、十一月十一日に贈賄容疑で逮捕されて屈辱に打ちのめされた、中部日本の多くの人々の頭上に君臨する「天皇」である。

——ファー・イースタン・エコノミック・レビュー一九九三年十一月二十五日



アルバータが日本をはじめとする環太平洋圏の多国籍木材企業の投資誘致に懸命で、成功の見通しを立てていたのもそれなりの理由があった。東アジアの製紙業界は八〇年代半ばまで成長を続けており、パルプ供給は逼迫していた。一九七九年から八〇年にかけてのいわゆる「チップ・ショック」でアメリカの針葉樹チップ販売者が太平洋岸北西部材への日本の依存度の大きさにつけ込んで価格を大幅に引き上げたのを契機に、日本の通産省（ＭＩＴＩ）の支援を受けた日本の紙パルプ業界は長期戦略を立て、それに沿って新たな海外パルプ原料源を求めて供給源の多角化を図ろうとした。日本の製紙業界は一九九〇年代初頭に不況が到来するまで、（オフィスや情報技術の継続的な革新により安定していたが）周期的な拡大の波が来るたびに、長期的かつ信頼性の高い木材供給源の物色に拍車がかかった。一九六〇年代以来、北米からの供給が主流を占めていた。

八〇年代初頭には通産省の産業構造審議会が日本の紙パルプ業界の長期戦略の作成を試みたが[訳注1]、その当時は二度のオイルショックとパルプの国際価格の低迷による不況で業界は苦況にあえいでいた。通産省は日本の大手紙パルプ産業が事業拡張を続けるには、取り組むべき二つの重大な問題があるとした。第一に日本の製紙業界は過剰投資による余剰設備能力、新規の工場や整備に資金をつぎ込み過ぎる、という慢性的問題を抱えていた。通産省は、こうした過剰投資の原因として、㈠大手による国内市場シェア拡大競争への奔走、㈡より収益性の低い企業の統廃合を押し進めようとする通産省の合理化政策の失敗、㈢十五、六社にのぼる大手パルプ会社に秩序を与えるような指導的企業の不在[訳注2]、の三つを挙げている（日本の財閥企業は、〈王子製紙を含め＝訳者〉戦後の占領下、アメリカによって強制的に解体された[訳注3]）。通産省は鉄鋼などの日本の大企業に対する「行政指導」と呼ばれる秩序の再構成を行なうことに成功したが、成長志向の製紙業界特有の余剰能力の問題には頭を抱えていた。

> 紙パルプ産業においては、過去、設備投資調整に関する直接間接の行政指導が行われてきたが、現在も過剰設備を継続しているという結果において、あまり成果をあげることができなかった。これは基本的に各企業の強いシェア意識、量的拡大指向性にあるものと考えられ、したがって今後においても、かりに多少方法を変更しても、シェア意識の転換、節度ある行動といった企業サイドでの意識面の変革がない限り、公的介入に効果があるとは考えられない。[*1]

通産省は日本の紙パルプ業界を放置することができなかった。話は飛んで一九九〇年代初頭までの（アルバータも含む）紙パルプ業界による大型投資の新たなサイクルが過ぎると、国際的にも生産過剰の波が押し寄せた。通産省による紙パルプ工場や設備への日本企業の投資抑制は一九八八年に撤廃され、依然として不安定な業界の合理化も進められなかった。[*2] 日本とカナダ西部の経済的相互依存性はますます強まり、九〇年代初頭の危機は、「日本の製紙業界は……売りまくっては損失を広げるという愚行を繰り返す（通産省紙業印刷業課長）」という、日本の業界の体質にアルバータの林業やパルプ製造業がいかに影響されやすいかを露呈した。[*3]

一九八〇年代初頭に通産省が指摘した第二の問題は、海外からのパルプ原料と一部ではあるがパルプ供給源の多角化を図ることであった。日本側は八〇年代を通じて針葉樹チップや広葉樹チップからパルプにいたるまでの製紙原材料供給の逼迫と価格の高騰を予測しており、通産省はリサイクル紙の利用拡大と紙自体の消費量抑制の必要性を強く訴えた。にもかかわらず、海外からのチップやパルプの輸入は絶対的に重要であった。供給源の多角化は原料価格を低下させることによる日本資本のコスト削減の問題とつながっていた。アメリカ側で木材チップの価格が競り上げられた後、日本政府は市場の力に頼るつもりはなかった。

特にここで強調しておかなければならない点は、パルプ材の輸入に関する供給ソースの多角化、及び我が国紙パルプ産業の自主性の向上の必要性である。特定の地域への依存度が高いために、価格決定等に際して非常に不利な立場におかれ、国内企業の行き過ぎた競争もあって輸入秩序が混乱し、パルプ材価格はもとより、製品価格の上昇を招き、紙パルプ産業のみならず、我が国経済へ大きな混乱を与えたことは記憶に新しい[*4]。

石油危機を乗り切るためにとられた戦略と同様に、日本は海外への原材料依存という弱点をカバーするため、特に政治的に安定したカナダ、オーストラリア、アジア諸国などでの海外直接投資を行なって新たな供給源を開拓し、資源産出国の価格支配力を弱めた[訳注4]。単なる原料輸入のみに頼るだけでなく多国籍企業による資源開発投資を組み合わせて、原料や一次加工品の供給安定を図ったことで日本のパルプ会社は全生産工程において安定した管理が可能になった。そうして日本の紙パルプ産業界の生産システムが安定したのである。通産省は三菱商事、三井物産、丸紅といった大手総合商社[訳注5]や銀行が合弁事業にもっと緊密に関わり、海外事業のリスク分担を行なうべきだと考えた。そこで同省は原料供給源多角化を進めるために、「開発輸入[訳注6]（Ｄ＆Ｉ）」という戦略を強化するよう指導した。この開発輸入戦略において、日本の多国籍企業は資源を開発し、一部は一次加工し、さらに付加価値の高い最終加工が行なわれる日本による原油、木材チップ、パルプなどの輸入を保証し、その見返りとしてこうした日本企業自身が持つグローバル・システムの中で、開発した資源の一〇〇%までのマーケティングを行なうのである。この日本のやり方は、アルバータ州の戦略において述べたように、資源所有者にとっても大変魅力あるものであった。この開発輸入方式のリスクは、資源開発の着手から生産まで長期にわたって大型資本投資が必要なこと、ナショナリズムによる資源産出国側からの開発権益の分配の要求などであった。しかし、一連の政策は資源に乏しい日本の国益に沿ったもので、通産省は製紙業界の問題の解決には不可欠だと見ていた。通産省は次のような見解を述べている。「紙パルプ産業の資源確保投資については、政府としても、紙・板紙の安定供給を通じた国民経済の安定的発展と造林事業の特殊性にもかんがみ、出資・融資など資金面で可能な限りの助成を行うことが必要である。―中略―併せて、ユーザー、商社、及び主力銀行等の全面的な支援体制の確立が要求される」[*5] とこの通産省審議会の答申は記している。通産省の言わんとするところは、日本の製紙業界が事業拡大と希少化する資源の間のジレンマを解決するためには、生産システムをこれまで以上に国際化させることが必要となるということである。製紙業界は現地政財界と手を結び、パルプ原料生産地域での資源ナショナリズム[訳注7]とも渡り合って行かなければならない。すなわち業界は受け入れ国の、例えば木材チップよりもパルプのような、付加価値の高い商品を生産して欲しいといった要望を受け入れる必要があった。パルプ生産の規模やコスト、リスクの増大に伴い、巨大企業と現地政府との協調関係は一層深まった。世界の政治経済を階層構造としてとらえ、明確な国際分業を視野に入れている日本の巨大パルプ会社は、国内の製紙工場において最高水準での生産活動と技術革新を引き続き行なうことが可能であると考えていた。しかし日本政府は、パルプ生産拠点のいくつかが環境汚染問題の大きい重化学工業部門と共に海外へ移転して環境とコスト上昇の問題を解決してくれるよう望んでいた。日本での厳しい環境規制、高いエネルギーコスト、異常な地価高騰は、国内林業やパルプ産業の成長を阻んだ。紙の生産量を拡大し製紙業界を成長させるためには、日本は長期にわたる新たな原料供給と新しいパルプ工場立地を必要とした。

このため、日本企業の中にはゲティーの林業政策にひきつけられるものもあり、一九八六年にアル・ブレナンらアルバータ州当局者からそうした話しを持ちかけられた時には、おそらく通産省も魅力を感じたであろう。更新可能な二十年間の森林管理協定により確保されるアルバータの膨大で未開発の針葉樹とアスペンの混合林は、日本の投資家や銀行に対して、百年間にわたる上質パルプの安定供給を確約することができるであろう。パルプ価格の上昇と原料供給逼迫の予測と共に、こうしたことが、一九八〇年代に日本企業をアルバータ州北部に惹きつけた要因であった。カナダ諸州の中でも保守的で「自由企業（free enterprise）政策」をとるアルバータ州は、その膨大な未利用資源と日本企業が求める森林保有権（Tenure）を保証する政治的安定や継続性により、日本企業を惹きつけた。一九八七年頃までは、アルバータではブリティッシュ・コロンビアその他の州よりも労働コストは安く、森林保護運動は比較的弱く、おとなしかった。日本側の動きは日米間の一九八五年のプラザ合意による急激な円高の影響を受けていた。円高は、日本企業にとってパルプ工場のような新たな海外資産の取得や建設を魅力的にする短期的な要因であり、実際に一九八〇年代末に北米で建設された工場は日本の半分の費用で済んだ。こうした要因の全てが国際化に関する通産省の主張を強く支えることとなった。さらにこの延長として同じ要因がアルバータのような原料生産地域のバーゲニング・パワーを増大させた。

レロイ・フォルドボッテン林業相、アル・ブレナン（林産業開発部長）らのアルバータ州高官たちは一九八六年から八七年にかけて資本投資のプロモーションを目的としてアジアを歴訪した[*6]。彼らはアルバータの豊富で安価な広葉樹資源やアスペン材のパルプ適性の高さ、大量の安価なエネルギー資源、ビジネス推進の政府や「絶好の労働事情」[訳注8]といったことがらを大々的に宣伝する日、韓、中国語に翻訳された感傷的なビデオを携えていた。そのおりに、大昭和、王子製紙[訳注9]、本州製紙の他に、三菱商事のような大手商社とも接触した。環太平洋諸国への通商代表団派遣は、一九八三年にラフィード首相が公式訪問して以降は、ほとんど慣例となっていた。しかしながら今回の場合アルバータ州側はより実際的な提案を行ない、州政府が大規模な森林開発と紙パルプ産業開発事業に関し海外投資家を引きつけたいという考えについて詳しく説明する用意があった。アルバータ州当局は電話番号まで知らせて投資企業を積極的に招き、林道や鉄道その他のインフラ費用を支払い、プロジェクトの資金援助を行なう姿勢まで示した。

富士市に本拠を置く、当時日本第二位の製紙会社であった大昭和製紙株式会社も、アルバータ州側が誘致を働きかけた企業であった。同社は六つの大型製紙工場に約四〇基の製紙機械を持ち、一九八七年までには大々的な国際的事業拡張計画を打ち上げていた。ある意味では大昭和とアルバータ州は表裏一体で、日本とカナダ間の国際分業に関する見解は相通ずるものがあり、両者とも大いなる期待をもって湯水の如く資金を注ぎ込むことでよく知られていた。一九八六年には三〇億米ドルの売上げを記録した大昭和は、すでにブリティッシュ・コロンビアに進出し、さらに「国際化」の名の下に一九八六年から一九九一年の間に総額三五億米ドルの海外投資を行ない、主にアメリカとカナダで七つの大型投資事業プロジェクトを推し進めようとしていた。資金の大半を借入金に頼る急激な海外事業拡張の裏には、大昭和自身の生産システム内において拡大する自社製紙工場の国内ネットワークに供給するための原料チップおよびパルプを長期的に確保するという戦略があった。大昭和の大株主である斎藤一族は公然と、同社の中でも付加価値が低い（そして汚染問題の大きい）生産活動拠点の海外移転を進める必要があると語った。[*7] 同社は独立独歩の企業として知られる。通産省にとって大昭和は、リスクを恐れず投資を行なって市場シェアを拡大したことで製紙業界の慢性的な生産能力過剰の一因をつくった、日本製紙業界の問題児であった。[*8] 実際、大昭和の拡張主義と独立主義は、「近視眼的災害（disaster myopia）」の歴史を繰り返す業界全体にとって格好のスケープゴートとなった。この業界は、過去の失敗に学ぼうとせず、非現実的な楽観に立ち、リスクを過小に見る、まるで氾濫原に住むいい気な家主のようなものであった。国際石油業界においては、一九七三～七四年と一九七九～八〇年の二度にわたるオイルショックで前例のない高騰に見舞われた石油価格が、一九八〇年代には需要低迷と新たな供給先の登場で下落するという運命を予測する能力に欠けていたのは、近視眼的災害の典型であった。西側の大手銀行が中南米、東欧、アジアでごく一部の資源豊富な新興工業国に思慮分別もなく資金を貸し付けたために、一九八二～八三年には債務国は返済不能に陥り、破産寸前になったのと同様であった。[*9] このような過剰融資や一九八〇年代末の国際紙パルプ業界が大規模に拡大し続けている状況においては、支払い能力への配慮より資産や市場シェア拡大への脅迫観念が勝ってしまった。大昭和が財務面で慎重さを欠いていることは財界ではよく知られており、そのような動向には警鐘を鳴らすべきであった。しかしアルバータ州当局は日本企業不敗の神話に囚われていて事態の危うさに気づいていなかった。

大昭和は一九二〇年代初頭に、斎藤知一郎[訳注10]によって日本製紙業界への原料供給のブローカー企業として設立された。斎藤家の純資産は一〇億米ドルほどと推定され、大昭和への支配力を維持し続けようと努め、事業拡張には新規株式の発行よりもむしろ資金借入に頼った（一九八七年から一九九〇年までの間に大昭和は借金を三〇億米ドルまで倍増し[*10]、それは株主発行額の五倍以上に当たる金額であった）。巨大な近代製紙会社に発展した会社の当主は、創立者の息子の斎藤了英[訳注11]（当時）で、一九九〇年代初頭にはなおも「名誉会長」として君臨し、「静岡の将軍」と呼ばれた。第二次世界大戦後に大昭和の実権を握った斎藤了英は、パルプ、紙・板紙の製造を統合し、今日では日本の紙・板紙製造部門の一〇％を占めるまでにいたった。了英は同族経営で株式を公開している同社を日本製紙業界の雄である王子、十条、本州製紙と激しく競わせた。この三社は巨大な三井財閥系の旧王子製紙が第二次大戦後に解体された後に結成された。一九五〇年に新たに数件の製紙工場を建設した大昭和は、競合業者を蹴落としてでも市場シェアを拡大しようと値下げ攻勢をかけた。同時に斎藤は、政界人脈づくりや一九九三年七月まで単独支配を続けた自由民主党（ＬＤＰ）に対して多額の政治献金を行なって、彼らの投資を守った。自民党単独政権の崩壊によって会社自体への影響はともかくも、七十七歳の名誉会長の命運は尽きた[訳注12]。相次ぐ不祥事に嫌気のさした世論の支持のもとで、改革気運に乗る新政権は警察当局に自民党政権との癒着が疑われる多くの大企業や経営陣を捜査するように指示した。

一九九三年十一月十一日に斎藤前名誉会長は贈賄すなわち政界との癒着の容疑で、テレビ・カメラに囲まれながら警察に連行され、逮捕された。自宅や会社は東京検察庁により家宅捜索され、前名誉会長の影響や行動はマスコミにさらされた。一九七五年に静岡の同社パルプ工場から廃棄された未処理のペーパー・スラッジの投棄による地下水汚染問題で国会証言を求められた際にも、国会で丁重に扱われた人物にとって、今回受けた仕打ちは屈辱的なものであった[*11]。これがアルバータ州政府が期待した日本を代表する実業家であり、大昭和躍進の原動力なった判断力と富の持ち主の姿だった。こうした問題に関して警告を発するような予兆はなかったのだろうか？

斎藤了英はまた、一九九〇年にゴッホとルノワールの作品二点を一億六〇六〇万米ドルで落札して美術界を仰天させ、後には両作品を棺桶に入れて「おれが死んだらいっしょに焼く」[*12]よう約束した（当然のように起きた国際美術界からの非難の嵐にあって、さしもの彼も前言を撤回した）。株式は公開され、同族以外の株主も存在したものの、斎藤は彼らの本拠地である富士市から東京本社に至る大昭和帝国の支配を兄弟や息子らの身内で固めた。一族以外の株主は、海外子会社経営陣に対してほとんど発言権がなかった。斎藤家当主に対しては、資産の公私混同がしばしば行なわれるうえに大々的で向こう見ずにリスクを背負うとの批判が絶えなかった。美術館、財団、ゴルフ場やマルク・シャガールなどの作品の購入に一〇億米ドルもかけたと報じられている。一九七〇年代末に製紙業界の生産能力が過剰に達しようという矢先に、斎藤家当主は数億ドルもの新規設備投資をすすめていた。大昭和の債務は膨れあがり、一九八一年には同社のメイン・バンクで最大の非同族株主であった住友銀行が一時的に経営権を握り、斎藤了英は名誉職に棚上げされた。それはアルバータ州当局も理解していたように、大昭和には拡張戦略を支援する考えを持つメイン・バンクはもはやなくなったということである。

大昭和の資産の多くはゴルフ場、美術コレクションも含めて、斎藤家が再び従来通りの会社支配に復帰する前に債務返済のために売却された。おそらくこうした一連のできごとや大昭和の事業に対する環境運動や先住民の抵抗が、海外での大昭和系企業幹部に防衛的な態度をとらせているものと思われる。アルバータ州においてこれまで同社は乱暴で横柄な態度をとることが時として見られた。例えばルビコン・インディアンを公的に支持しようとしていた人気者のジャン・ライマー市長に対し、大昭和が意見書を提出し世論を完全に無視した時や、州北東部のウッド・バッファロー国立公園での伐採権を主張した例などがそれに当たる。これらについては次章で述べる。

大昭和の歴史に見られる積極的な拡張主義のパターンは、斎藤家の帝国建設癖（と同時に日本の製紙業界の不安定な構造にも）に由来していることがわかる。一九九三年末には、日本円にして四七八〇億円もの債務を銀行に抱え、最大の債権者の存亡さえ脅かしかねないほどの莫大な金額となった。どのようにしてこんなことが起こったのだろうか？　大きいことはよいことだという哲学に基づいて、大昭和は事業拡大を支えるために膨大な借金をし、会社の基礎体力の改善よりも資産の形成に血眼になっていた。大昭和は日本の紙パルプ業界の国際化の先駆者であり、海外での大型投資によって自社工場へ二十五年以上もの間にわたって安定した原料供給を行なってきた。非財閥系の独立した製紙会社であり、また長期的なパルプ原料または自社他工場向けパルプ[訳注13]（captive pulp＝垂直統合企業の同一企業内で生産、販売されるパルプ）の供給源を持たなかった大昭和は、競合する企業から購入するよりも、自前で低価格の原料供給源を開発する必要に迫られていた。大昭和は日本の製紙業界ではアメリカから針葉樹チップを輸入した最初の企業で（一九六五年）、一九六七年にはオーストラリアの小さな林業会社との合弁会社、ハリス大昭和を設立し、天然ユーカリ材チップをニュー・サウスウェールズ州で生産して、日本の自社工場へ輸出してきた。同国の自然保護団体はこの取り決めをオーストラリアの森林資源の「切り売り」政策のシンボルとして槍玉にあげた。[訳注14]設立当初から、ハリス大昭和は日本の親会社に不当に安い価格で木材チップを輸出しており、最低限のロイヤルティーと税金しか払っていないとオーストラリア国内では非難の声が上がっていた。そして予期されたように付加価値製品の生産を誰が行なうかが問題となった。経済ナショナリストたちは当初はオーストラリアの森林資源の現地加工を約束していた大昭和が、結局は木材チップ工場をオーストラリアの紙パルプ産業の中に組み込めなかったと議論している。オーストラリア放送（ＡＢＣ）は一九八八年のレポートにおいて以下のような結論を述べている。

日本貿易センターの統計によると、オーストラリアは日本向け木材チップの最大輸出国で、しかもむらのない良質なチップを生産しているにもかかわらず、トン当たりの価格は他の主要輸出国の中で最も低くなっている。[訳注15] よってオーストラリアという国は今や低付加価値の原材料輸出国に陥ってしまい、加工業の発展はまず望めない。また労働集約的な製材産業が衰退してしまえば、林業雇用は減少の一途をたどるだろう。[*13]

オーストラリア国内でのハリス大昭和への批判者たちの代替案に関する見解の間には、カナダの批判勢力と同様に明白な対立があった。ある人々（ナショナリスト）は森林の産業利用や付加価値生産活動を促進することで雇用を増大し原材料をパルプや紙への加工することによる富の形成を望んではいたものの、オーストラリア人の所有する企業が行なうべきだと考えていた。また別の人々（環境保護運動家）はパルプ製造業のような「ひどい環境破壊をもたらす産業」をオーストラリアには全く望んでいなかった。[*14] 彼らの主要な論点は、単に日本人所有の企業ということでなく、産業化戦略における森林資源利用のあり方が賢明であるかどうかを問題にしていた。この種の問題はオーストラリアでも、またどの国においても簡単な解決策は存在しないのである。

オーストラリアに進出して間もなく大昭和はカナダにやってきた。日本の大手商社丸紅と手を組み、カナダのウェルドウッド社と合弁でバンクーバーから六五キロ北にあるブリティッシュ・コロンビア州ケネル（Quesnel）で針葉樹を原料とする漂白クラフト・パルプを製造するカリブー・パルプ&ペーパー社[訳注16]を設立し、一九七二年に操業を開始した。一九七八年に大昭和は現地法人の持ち株会社、大昭和カナダをバンクーバーに設立し、一九八一年にはウェスト・フレーザー・ティンバー社との合弁でケネルにおけるパルプ生産事業を拡大した。[訳注17]この合弁事業ケネルリバー・パルプ工場ではサーモメカニカル・パルプ（TMP）および漂白化学サーモメカニカル・パルプ（CTMP）が製造されている。ケネルリバー・パルプは、一九八八年に第三パルプ製造ラインを増設した時は大規模な近代化と拡張を行ない、生産能力は五〇％向上して世界最大級のTMP／CTMP工場へと変貌した。パルプ工場の近代化とは何よりも全工程における省力化技術導入によるオートメーション化を意味する。ケネル工場では拡張に六五〇〇万ドルを投じて、わずか二〇人の雇用を生み出したに過ぎず、全体では一〇〇人の従業員でまかなわれた。ケネル工場から日本に輸出される年間一五万トンのパルプの内の八〇％は、大昭和の新聞用紙生産に振り向けた。一九九一年に日本で刊行された親会社の社史（英語版は発行されていない）によると、当時のブリティッシュ・コロンビア州の社会信用党政権がケネル工場拡張を「熱烈に歓迎」したうえに、電気料金を五〇％も値引き、課税優遇措置まで施したと書かれている。一連の優遇措置が大昭和のケネル工場拡張決定にどれほど影響があったかは疑わしい。工場拡張とカナダでの新たな投資を行なった動機は、「世界市場でのパルプ供給の逼迫に対応して、供給を確保するためであった。さらにカナダの廉価な木材と電力は大昭和の収益率を向上させる」という点であった。大昭和が必要としていたのは同企業グループ内で生産された安価なパルプであり、課税優遇措置ではなかった。

「日本国内のパルプ消費量は前年より五・三％の増加が見込まれていた。そのため、日本製紙業界にとって世界市場でのパルプ供給の確保は死活問題であった。当社は（森林資源が豊富な）北米にパルプ生産拠点を持つ強みをフルに生かして白老、吉永両工場の生産増加分に対応した体制を組むことにしたのである[*15][訳注18]」

大昭和は、カナダにおいて外国企業による投資が成功する秘訣は、地域社会へ積極的に貢献できるかどうかにかかっていると考えた。大昭和が地域社会への参画と支援を行なえば（労資の対立関係に代わって）現地従業員は自分たちを大昭和の一員だと感じるようになる。現地従業員を大昭和の生産システムに組み込むことに成功したことから会社側はそこで「高品質・低コスト・能力拡張」の「大昭和イズム」[*16]を実践に移すことが可能になる。すなわち低コストで高い質の生産設備能力を拡大することであった。より意地悪な言い方をすれば、「大昭和イズム」とは限られた資源基盤と災疫をもたらす度を超えた近視眼的な態度に基づいて無分別に行動することであった。

一九八〇年代末に、大昭和は北米で大規模な投資を行なったが、これは明らかに円高で海外投資が容易になった機会をとらえての、新たな資産の獲得を念頭においた行動であった。非財閥系企業である大昭和は、日本の大手商社の支援を受ける気配もなく、日本の大手銀行からの支援を取りつけることもなかった。大昭和は大々的に「国際化戦略」を打ち出したが、実際にはカナダ、オーストラリア、アメリカといった一握りの政治的に安定した先進国に進出したに過ぎなかった。一九八八年だけで大昭和はワシントン州ポート・エンジェルスで電話帳製造工場を買収し、ケベック・シティーにあった新聞紙工場とクラフト・パルプ工場の複合施設を、六億三一〇〇万カナダ・ドルを投じてイギリス資本のリード・インターナショナル社から買い取り、「カナダでは前代未聞の金額」だと報じられた。[*17] さらに年間生産量三四万トンの漂白クラフト・パルプ工場をアルバータ州北西部のピース・リバー付近に五億五〇〇〇万カナダ・ドルを投じて建設するとの決定を公表した。後者の方は大昭和が森林開発に資金を惜しまないことの証左であった。大昭和はバンクーバーに本拠を置き、ハイ・レベルとグランド・プレーリーに製材工場を持つカナディアン・フォレスト・プロダクツ社（キャンフォー）からピース・リバー付近に共同経営のパルプ工場建設の申し出を受けたが、斎藤了英「名誉会長」は大昭和が一〇〇％管理する工場の建設しか考えていなかった。[訳注19] 決定は将来のパルプ価格についての楽観的見通しに基づいていた。興味深いことに、大昭和の社史からはピース・リバー工場における投資の意志決定に関して、ゲティー政権との関係にはほとんど触れていなかった。ピース・リバー工場の設立は大昭和の創立者である斎藤知一郎の生誕百周年と会社創立五十周年を記念して行なわれると述べてあっただけである。[訳注20] しかしピース・リバーでの投資を決意させた真の要因は、大昭和の日本国内の工場のために独占利用できる新たなクラフト・パルプが必要だったということである。ピース・リバー産のパルプは日本北部の大昭和岩沼工場の第四製紙機にかけられて国内の古紙パルプと混ぜられ、一日当たり六〇〇トンの新聞紙生産の材料として利用される予定であった。大昭和は短繊維の広葉樹パルプについて他の供給源も検討したが（すでにアジアやオーストラリアのユーカリ材で広葉樹パルプ製造は経験していた）、供給の限界があることからすべて御破算になった。大昭和筋は、「アルバータ北部に進出を決めた最も重要な理由は、アクセスし易い地域でしかも木材が豊富だからである。ピース・リバー工場が必要な原料需要の七〇％を賄うには毎年一三〇万立方メートルの広葉樹材が必要であろう」[*18]と述べている。同社はアルバータ州から提供される森林管理地域は九州よりも広大で百年分の製紙原料を十分に提供できるものと見ていた。一九八九年にはコウイチ・キタガワ大昭和フォレスト・プロダクツ・リミテッド[訳注21]社社長は、ピース・リバー工場と大昭和の国内事業拡大を以下のように結びつけた。

「新パルプ工場の設置へと乗り出すにあたり、製品の五〇％は自社で引き取りを確約するよう努め、最終製品の生産は日本で行なうという理解の上で、パルプの生産拡大を行なうことになるであろう。そしてパルプ生産を拡大するにつれて、製紙設備の追加投資も行なう考えである。日本の紙需要の伸びは北米を上回っているからである」[*19]

アルバータ州北西部の森林に関しては競争入札もなく、工場建設計画に関する公聴会も行なわれなかった。北西部での石油・天然ガス開発が低迷し、ピース・リバーで計画中であった採掘現場における大型重質油現地改質プロジェクトも延期されたため、州政府も地域社会も大昭和の投資を切実に求めていた。ゲティー政権は大手多国籍パルプ会社の一つが投資を決定することで、自らの森林開発戦略の妥当性を示したかったし、大昭和の投資によって他のパルプ会社もアルバータへの進出を真剣に検討するようになると信じていた。長期にわたって保証される新しい重要な原料供給源の獲得から取り残されてしまうことへの多国籍木材会社の恐れは、彼らの投資を促す十分な理由となり得た。このような事態は、大昭和が一九八八年の二月にアルバータ進出を発表した際、実際に起こった。大昭和の場合、州政府の資金的支援はインフラ整備に限られたものであったが、この決定は多くの新規林産業投資および既存の工場の設備拡張計画を誘発した。結局、世界最大級の木材会社数社がアルバータ州に進出した理由の第一は、生産能力拡大に必要な良質のパルプ原料供給確保の見通しであって、政府の金融支援ではなかった。

## 投資交渉と企業の採算性

アルバータ州政府は木材資源へのアクセスを握っており、またパルプ会社は原料供給の逼迫を想定していたことから、州政府は大昭和との交渉において望ましい条件での合意が可能なはずであった（経営が破綻した大昭和は、一九九二年にピース・リバー工場とアルバータ州内の資産の半分を、ブリティッシュ・コロンビア州で大昭和・丸紅インターナショナルを共同で設立した日本の大手商社丸紅に売却したが、売却総額は公表されなかった。[訳注22] その売却事件により大昭和の不安定な財務状況は誰の目にも明らかになったが、アルバータ州側とパルプ工場所有者との間で交わされた従来からの取り決めには変更がなかった）。州政府は自らの森林資源を背景に、交渉を有利に運んだろうか？　大昭和はＦＭＡ取得によって二十年間更新可能な二四〇万ヘクタール以上の区域での伐採権を取得し、林道、鉄道のアクセス、およびピース・リバーの町から一六キロ下流の工場用地内の新しいピース川への橋梁の建設などのために州が六五〇〇万ドルを投じるとの合意を州からとりつけた（工場用地は町に大気汚染の被害を避けるためには十分遠い下流地点にあるとは言えなかった）。この橋梁はアルバータ州、連邦政府、大昭和の三者で三〇〇〇万ドルの架橋費用を分担し合ったが、現地を訪れた者なら誰もがわかるように、ほとんど会社しか使用しておらず、主として冬季の伐採、搬入を行なう数カ月間に利用された。大昭和はインフラ整備コスト以外に、州政府から工場建設のための直接的な金融支援を受けなかったため、後に決定されたアサバスカ近郊のアルバータ・パシフィック社や他のパルプ工場の場合、州政府がなぜリスクの多い優遇措置を付与するのかという明白な疑問が生じた。大昭和が融資保証や他の政府優遇措置がなくても積極的に投資を行なったという事実は、他の工場の場合に、アルバータ州当局がいくつかの投資事業に対して必要以上に公共資金を注ぎ込み、リスクを引き受けたことの有力な証拠であった。

より大きな問題は、アルバータ州政府が将来における森林資源からの収入や長期的な持続可能な発展を犠牲にして、短期的政治利益（そして経済刺激策として）のために、自らの森林資産を投げ売ってしまったのかどうかという点である。林業省やゲティー内閣はアスペン材資源の「大規模利用」に関心を抱き、これによって「林産業の多角化がおおいに進み、州経済の活性化と多角化が進められるであろう」[20]と考えていた。大昭和のＦＭＡの中では、急激かつ完全な森林資源利用に対する州政府の願望と、高付加価値産業への傾斜が大きく強調されていた。

「紙パルプの当初の生産は、市場その他の要因次第では、乾燥重量で日産二〇〇〇トンまたはそれ以上に増加するであろうと予期している。そして―中略―

林業担当大臣[訳注23]は、森林資源基盤の価値を最大化することにより、森林環境の高い質を保持し、長期的にわたって途切れることのない木材供給を確保する一方、森林資源の最大限の経済的活用と地域社会の安定的な雇用を望み、永続的な便益や製品供給を保証することを望んでいる」[*21]

追加的投資の見返りに森林資源へのアクセスを拡大するというインセンティブ（誘導策）を使い、政府は協定の中で「第二工場用の五年間保留地域」として大昭和の全伐採区域から一部州有林を留保した。日産一〇〇〇トンの第一クラフト・パルプ工場に割り当てられた伐採区域に加えて、大昭和のFMAは今後のパルプおよび／または製紙工場の追加投資と州有林材[訳注24]へのさらなるアクセスとをリンクさせていた。同社はクラフトパルプ工場の生産能力を一九九六年までに日産二〇〇〇トンに倍増させ、見返りに担当大臣により保留されている木材資源へのアクセスを得る合意を取りつけた。そして一九九六年までに日産五〇〇トンのパルプを生産できるCTMP工場あるいは年間生産能力二二万トンの紙製品工場の建設を開始することを約束していた。いずれかの工場建設を同社が開始すれば、残りの森林は大昭和に引きわたされることになる。[*22]

この誇大で持続可能的でないピース川流域の工業化計画ほど、政府の巨大企業への期待の甘さを物語るものはない。計画中の工場の環境上の影響はさておき、政府の方針は紙パルプ工場の立地条件に関して根本的な矛盾にぶつかっていた。交通の便や製紙業の経済性の観点から、付加価値の高い紙はアメリカ、日本、ヨーロッパの主要市場の近くで生産される方が有利である。さらに、労働供給や賃金構造の観点から見れば、日本のような人口密度の高い国の方が、カナダよりも紙（最終）製品のような高付加価値のある製品の生産に関しては競争力を持つようになる。一般的に、産業立地のパターンや国際分業はコストや距離によって決定されるが、先の引用で明らかなように、日本の場合は大手製紙会社や日本政府の政策によって大きな影響を受けることになる。アルバータ州当局は経済学に関してまったく無知であったわけではなく、このようなことは百も承知であったが、大昭和の利益に反するような政策を同社に強要できるような「切り札」を持たないことも熟知していた。それでは大昭和にとって人里離れたアルバータ北部で自らの国内での製紙事業戦略とも矛盾しかねない製紙事業に投資を行なうことは、どのような利益があるというのだろうか？　大昭和は日産一〇〇〇トンのピース・リバー・パルプ工場を長期間運営するためには十分すぎるほどの木材資源を確保する一方で、FMAの中では、せいぜい事業拡張、CTMP工場、製紙工場のフィージビリティ調査を行なう約束をしたに過ぎなかった。こうした約束を額面通りに受け取ったアルバータ州政府は、幸せを約束しながらバラの花束を差し出した金持ちの外国人に純潔を捧げてしまった若く純真な女性のように行動し、彼女の求愛者が真に関心を持っていたものすべてをすでに与えてしまったことを悟って慌てふためいた。

ピース・リバー市近郊にある大昭和・丸紅インターナショナルの漂白クラフト・パルプ工場は最も印象的な事業である。高度に自動化され、わずか三三〇人の従業員ですむような最新技術を導入し、年間二四万五〇〇〇トンの広葉樹材漂白クラフト・パルプと九万五〇〇〇トンの白色度の高い高品質の針葉樹材漂白クラフト・パルプの生産を目標に設計された。パルプ工場はそのすべてをコンピューターによる中央制御技術を駆使して運営され、人員最少化のコンセプトに沿って柔軟な作業チーム方式が採用された（労働組合などは存在しなかった）。工場では年間一八〇万立方メートルのアスペン材が必要とされ、そうした木材は二十年間のFMAで割り当てられた広大な二・五万平方キロメートルの区域内に散在する総計八〇平方キロの林区より毎年切り出される。工場で生産されるのは全体の七〇%に相当する広葉樹チップで、残りの三〇%はピース・リバー北方二七五キロ地点にある、大昭和ハイ・レベル工場（キャンフォーからの買収）を含む現地製材工場から出る針葉樹材チップを購入している。同社は資本関係の独立した下請け伐採業者より広葉樹材を仕入れ、この季節労働によってさらに三〇〇人分の林業雇用が創出された。この大昭和・丸紅の事業によってアルバータ州北部全体でおよそ一四〇〇人分の直接、間接の雇用が創出されたと推定されている。

大昭和・丸紅事業がどれほど高度に資本集約的で労働力最少化の技術を使っていると言っても、熟練労働雇用の重要性については議論の余地がなかった。熟練労働雇用は、ピース・リバーおよび当該地域にも、アルバータ州全体にも、そしてもちろん労働者自身やその家族にも必要であった。先にも述べたような石油や農業の不振を考慮すれば、そうした熟練労働雇用は長期にわたって持続可能である限り、望ましい開発が行なわれていることの顕れということになる。しかし我々の分析ではアルバータ州北部でのすべての一次パルプ生産が、長期的に見て経済的妥当性に乏しく、ピース・リバー工場の妥当性については重大な疑問点があり、こうした事業に関連する雇用が安定したものだとは信じ難い。しかし日本企業が州当局とさらに金融支援をめぐる交渉において、雇用を切り札として利用するならば、将来にわたって州当局は日本企業に頭が上がらなくなるだろう。雇用問題に関する私たちの悲観的な考えは以下のような要因があるからである。

ピース・リバー（大昭和・丸紅）工場、アルバータ・パシフィック（三菱）工場およびアルバータ州内で最近建設されたそれより小規模の他のパルプや新聞紙工場などの成否は、究極的にはこれら工場が競争力を保持し、国際市場でのシェアを維持できるかどうかにかかっている。ある研究によれば、アルバータの漂白クラフトパルプは国際競争力のランク上、ブラジル、チリ、アメリカ南部[訳注25]および北西内陸部よりも低いという。[*23] アルバータ州が市場シェアを確保できるかどうかは、こうした競合産地と価格面で競争できるかどうかにかかっている。パルプ業界での価格競争に重要な要因となるのは、原料、労働力、電力、製品の輸送である。アルバータ産の非自社用（non-captive）パルプ（すなわち市販パルプ）の主要市場はアメリカ北東部である。しかし市場からの遠隔性もあって、アルバータ産はカナダ東部諸州や合衆国南東部といった競合産地からの輸送費用に比べて相対的なコスト高に悩まされている。アルバータのほとんどの自社他工場向けパルプ（すなわち統合企業システム内で利用されるパルプ）は日本へ輸出される。とすると輸送費用については熱帯諸国産木材パルプもアルバータ産に対して少なくとも同程度の比較優位にあるものと思われる。さらにアルバータ州と直接競合する諸国はその賃金構造により、ほとんどのノースキャン諸国[訳注26]の競争力をも侵食している。実際にカナダの紙パルプ業界の平均時給は二一米ドルなのに対してブラジルやチリでは六米ドルに過ぎないと見られている。

かつてカナダのパルプ業者はパルプ原料やエネルギーなどのコスト面で大変な優位を誇ったが、その低価格パルプの主要供給国としての地位は、世界における主要供給国のシフトとその継続的な変化よって大きく揺らいでいる。特にブラジル、チリ、インドネシア、スペイン、ポルトガルといった国々が従来からのノースキャン諸国と共に世界の紙パルプ業界に対する新しいパルプ供給国として台頭している。熱帯諸国における人工林で育つユーカリ[訳注27]のような広葉樹材はわずか七年周期で育成できるのに対して、アスペン材では最低でも六十年もかかってしまう。例えばブラジルでは年間五〇万トンのパルプ生産をわずか五万ヘクタールの森林で賄えるのに対し、大昭和・丸紅工場では日量一〇〇〇トンのパルプ生産にアルバータ北西部で二五〇万ヘクタールの森林から賄わなければならない。こうした理由から、アルバータ州の新規クラフト・パルプ工場が実際に「低コスト」だと断言できるか疑問に思われる。どこの国のどのパルプより低コストだというのだろうか？　大昭和・丸紅工場における生産コストおよび操業コストは公表されていないが、類似しているもっと大規模な、そして立地条件もよいクラフト・パルプ工場、例えばアサバスカ近郊のアルバータ・パシフィック（ALPAC）については一九九一年に公表されている。ALPACは規模の経済、化学薬品必要量削減、エネルギー自給、平坦な地勢や樹木の大きさの均一性やその他の要因による原材料費の安さのために「好ましい」ユニット（単位当たり）操業コストに収まっているといっているのもかかわらず、同工場の操業費用は、実際のところ、一九九〇年以来世界のパルプ価格が一トン当たり四三〇米ドル（五一〇カナダ・ドル）未満に下落したような供給余剰のもとでも特に好ましい水準とも言えなかった。ALPACの生産コストは一トン当たり二八六カナダ・ドルと推計されるが、総ユニット操業コストには資本費用（一三七カナダ・ドル／トン）、三菱とのパルプ販売合意によりさらに引き下げられた割引コスト（三〇カナダ・ドル／トン）および輸送費用（九九カナダ・ドル／トン）も含まれ、全体では五五二カナダ・ドル／トンになる。[*24] 大昭和・丸紅の操業費用がALPACより低いということは有り得ないので（実際、大昭和・丸紅の工場はより規模が小さく、また立地条件が悪いなど、ほとんどの項目でALPACよりも高くなるはずである）、どちらの工場もパルプ価格の相当な上昇がないと採算が採れないのは明らかである。

成長の早いユーカリ材資源が木材パルプ産業全体の生産能力や価格に与える潜在的な影響力を予知するのは至難のわざである。ユーカリ材は七〇年代初頭より飛躍的に商業利用が進められてきたが、最近十年の間に南米やアジアでプランテーションの開発が大規模に進められるに従って、単なる脅威以上の存在として浮上してきた。バージン・パルプ生産は今後二十年間で七八〇〇万トンもの増加が見込まれ、なかでも広葉樹パルプが増加分の最大部分を占めると予測される。[*25] 世界パルプ価格の上昇には、それに伴う需要の増大が必要である。しかし、多くの開発途上国では経済成熟化によって紙市場の拡大に拍車をかけると見られる一方で、先進国の人口やGNPの増大はこれまで二十年間の成長率には及ばないと見られている。さらに紙の強度を高め、あるいは梱包の必要を減らすような技術の変化が、需要の伸びを鈍化させると予測された。

世界の紙パルプ業界で起きている多面的な構造の変化が、ここ数年のパルプ価格の予測を困難にしている。パルプ産業市場は景気循環の波が激しく、不安定要因をはらんでいることは、よく知られていた。莫大な新規設備投資のため、紙パルプ業界は不況期には債務危機に陥りがちでもあった。クレストブルック（ALPAC参加企業の一つでブリティッシュ・コロンビア州内陸部にある三菱商事・本州製紙（当時）系パルプ工場）、大昭和・丸紅（ピース・リバー工場）は、しばしば不安定になったり、新しい形態の政府介入に結びつくこの業界の特徴の典型例である。一九八七年から八九年にかけてアルバータ北部でのパルプ工場建設計画が持ち上がった時には、パルプ価格は上昇気運にあった。実際、一九八九年には前代未聞の六〇〇米ドル／トンにまで跳ね上がったが、すぐに四三〇米ドル／トンにまで急降下した。景気のピークに行なった投資によって生産能力過剰に陥ったことが、数年後に価格の低迷を招いた。価格の早期回復の見通しはほとんどなかったので、北部森林の開発進展の可能性は限られたものであった。最新技術を用いたアルバータの工場は、カナダ東部にある旧来の工場と比較すれば価格変動を乗り切る力があったものの、カナダ西部の紙パルプ業界の存続は究極的には本章で述べてきた状況下での開発途上国との競争力にかかってきた。

カナダ西部は歴史的に景気過熱症候群に陥り易い傾向があり、ピース・リバー地域も例外ではなかった。一九八〇年代末の三年にわたるパルプ価格高騰期に、アルバータ州政府や紙パルプ業界は将来についてやみくもに楽観的な見解をとり、まともな判断ができれば絶対に行なわないような政策を採用してしまった。その時点で下された決断の結末のすべては明らかにはなっていないが、その是非は問われなければならない。アルバータは石油産業の好景気への楽観政策で苦い経験を積んだばかりでなく、資本コストの高さやパルプ業界特有の製品価格の不安定性から、州当局が新規漂白クラフト・パルプ工場へ投資を行なうのを控えるように主張した林業の専門家もいたという事実は注目に値する。ゲティー政権はそうした警告に耳をかさなかったばかりでなく、アルバータ州北部でのパルプ工場建設に何ら熟慮も払わずに数多くの金融優遇措置を行なった。こうした短慮の結末として、大昭和・丸紅インターナショナルの最新技術を駆使したピース・リバー工場が地域経済や住民への重要性にもかかわらず、状況次第では大変な災難をもたらす危険があることを忘れてはならない。

[原注]

＊1 Japan, Ministry of International Trade and Industry, "The View of the Pulp and Paper Industry in the 1980s," Pulp and Paper Committee of the Industrial Structural Council,「八十年代の紙パルプ産業ビジョン」昭和五十六年三月、産業構造審議会紙パルプ部会、アベ・キミコ英訳 (30 March 1984)。

＊2 Jonathan Friedland, "Writing on the wall", *Far Eastern Economic Review* (29 October 1992), 76-78.

＊3 同右七七ページ。

＊4 MITI, "The View of the Pulp and Paper Industry in the 1980s"

＊5 同右。

＊6 J・A・ブレナンとのインタビュー（一九九一年五月九日）。「米国やオフショアの投資家への個人的メッセージを伝えれば、アルバータは安くて勤勉な労働力を抱えているということだ」。

＊7 日本経済新聞一九八八年八月二十一日、斎藤孝大昭和社長の発言を参照。アベ・キミコ英訳。

＊8 Friedland, "Writing on the Wall"及び"Debt-ridden Daishowa Restructures," *the Nikkei Weekly*, 7 September 1991.

＊9 Benjamin J. Cohen, *In Whose Interest?* (New Heaven: Yale University Press for the Council on Foreign Relations, 1986), Chap. 2.

＊10 "Daishowa Paper Manufacturing Co., Ltd.," *International Directory of Company Histories* 4, A. Hast, ed.

(Chicago: St. James Press, 1991), 268-70

＊11 "The Bigger They Are," *Far Eastern Economic Review*, 25 November 1993, 55.

＊12 "Shogun of Shizuoka: Japanese Tycoon Who Dazzled Art World Hits a Rough Patch," *Wall Street Journal*, 28 May 1991, Sec. A, 1.

＊13 Gordon Taylor and Peter Hunt, "Report on Harris-Daishowa and the Economics of Woodchipping," "Earthworm, Australian Broadcast Corporation, Radio National, 30 August 1988.

＊14 同右。

＊15 "The Positive Reaction to Internationalization",『大昭和製紙五十年史』一〇章の七、アベ・キミコ英訳 (Tokyo: May 1991).

＊16 同右。

＊17 *The Globe and Mail*, 14 June 1988, B1 and B4

＊18 James P. Morrison (Daishowa Canada), "Daishowa—A Successful Diversification Initiative," Focus Alberta: A Global Trade and Investment Forum of *The Financial Post*, Edmonton, 1989.

＊19 "Japan in Canada," *Pulp & Paper Journal* (September 1989), 26-31.

＊20 Alberta Forest Service and Canadian Forest Service, *Proceedings of the Workshop on Aspen Pulp, Paper, and Chemicals*, Al Wong and Ted Szabo eds., Edmonton, 1987.

＊21 Alberta Forest Act, Forest Management Agreement: Government of Alberta and Daishowa Canada Co. Ltd. (O.C. 424/89), 3 August 1989.

＊22 同右、特に三七ページ。

＊23 Woodbridge, Reed and Assoc., *Canada's Forest Industry: The Next Twenty Years 6*, Canadian Forest Service (Ottawa, 1988).

＊24 Derived from a 1991 Prospectus of Crestbrook Forest Industries on the offering of 3,920,000 Common Shares.

＊25　Woodbridge, Reed and Associates, *Canada's Forest Industry: The Next Twenty Years* 6, Canadian Forest Service (Ottawa, 1988)に基づく。特にVol. 3参照。

# 第四章　平和なき「平和の谷」——大昭和とルビコン民族

客観的な法の尺度なき社会は、まったく過酷なものである。しかし法律以外の尺度がない社会もまた、人間にとって価値あるものではない。

——アレクサンドル・ソルジェニーツィン

道徳の保持に法律が必要なように、法律の遵守にも道徳が必要である。

——ニッコロ・マキャベリ、discourses



ピース・リバー近郊における大昭和カナダの工場建設計画は、アルバータ州の森林資源開発をめぐる政治の分岐点になった。州政府は史上初めて、日本の大手多国籍林業会社からの投資の約束を取りつけた。廉価で豊富な長期原料供給と、政府支出による交通インフラ整備の約束に惹きつけられた大昭和の進出によって、州政府の林業多角化事業は信用が高まった。大昭和がアルバータ州で投資を行なえば、他の多国籍企業もそれに続くと見込まれた。環境をめぐる政治史を振り返っても、同社のプロジェクトは重要な分岐点であった。日本の工場のパルプ需要を満たすために、オーストラリアのニュー・サウス・ウェールズ州で大昭和の合弁事業が建設した木材チップ輸出プラントが、二十年も前にオーストラリアで「環境保護運動の爆発」を引き起こしたのと同様に、ピース・リバーでの合弁事業もアルバータ州内での環境保護運動を活発化させる引き金となった。一九八六年から八九年の間に森林保護を目的とした少なくとも一八の環境保護団体がアルバータ州内で誕生し、多くは紙パルプ工場建設の影響を受ける地域に集中していた。政府の林業戦略が環境問題への政治的関心を高めるのに重要な役割を果たしたことは、アルバータ環境年鑑に示されたように、この時期に発足した環境保護団体の半数近くが林業を重要課題としてあげたことからもわかる。後から見れば、大昭和のプロジェクトは環境問題をめぐる大きく異なった二つの世界の境界の位置に立たされていた。大昭和にとって望外の幸いは、ピース・リバー工場について、州当局が同社の提案を検討し承認を与えるまでに要した七カ月の間、ほとんど組織的な抵抗を受けなかったことである。また一方では、森林政治の一つの時代の扉を閉めつつ、同時に先住民や環境運動の激しい反対派を呼び起こす、新たな時代の扉を開け放った。

## 環境規制海外投資を誘発する

先にも述べたように、一九八〇年代における海外投資の拡大に示された日本の紙パルプ産業の関心に対する環境問題の側面を検討することは重要であった。大昭和幹部の間には、国内の厳しい環境規制は国内における紙パルプ事業拡張の障害であるという不満の声があった。[*1] 上質紙、自動車やハイテク製品と同じように、Kogai＝公害＝まで他国に輸出してしまうことは、当時の日本企業の経営戦略においては重要な要素にまでなっていた。[*2] 日本企業は国内での政治問題化を好まなかったので、公害産業は自国よりも開発の遅れた国々へ移転させようとした。[訳注1] アルバータ州において、地元政治家はアルバータを第三世界に譬えることにともすれば憤慨し、日系多国籍企業のカナダ代表と共に、日系パルプ会社からの投資の誘致ができたのは州の環境規制が緩やかなためであったという批判の打ち消しに躍起となった。レロイ・フィョルドボッテン林業相はアンドリュー・ニキフォルクとエド・ストルジックによる州の林業政策批判を掲げる「扇動的ジャーナリズム」に対する七頁におよぶ反論文書の中で、こうした主張は「馬鹿げている」と非難した。同林業相は「アルバータの環境基準は最先端をゆくものだ」[*3]と主張した。大昭和カナダ副社長兼ゼネラルマネージャーであったコウイチ・キタガワ[訳注2]は、ピース・リバー地域の聴衆に対して「アルバータ州の環境基準はカナダでも最も厳しいものであるが、大昭和はピース川への影響を最小限にとどめるべく鋭意努力してゆく」[*4]と強調した。

両者とも事態をより深く理解していた。アルバータ州は結局のところ森林を一気に大昭和に与えることしか眼中になく、そのような州当局が企業に対してカナダで最も厳しい環境基準を以って対処するかどうかは大いに疑問であった。大昭和が投資を決定したと同時期に実施されていた、カナダ国内の他州および国際的なパルプ工場規制を比較してみると、州側の主張が自己弁護に過ぎず、水質汚染規制の緩さが投資意欲をかき立てたことは明らかであった。州政官界が「静岡の将軍」やその他投資可能性のある企業詣でに多大な資金を費やす一方で、州は紙パルプ業界の規制には「工場別アプローチ」[訳注3]をとっていた。水質汚染に関する州全体の基準は存在しなかった。その代わりに、汚染物質の規制は工場ごとに決定され、排出基準も工場によって異なった。このような規制体制の下では、州がどれ程の排出規制を課そうとも、環境省がウェルドウッド社のヒントン工場の近代化と拡張のさいに課した基準以上には厳しくならないだろうという見通しを、大昭和幹部が持っていたのは十分な理由があった。

　これらの基準は「カナダで最も厳しい」と言えるだろうか？　日本国内の基準より厳しかったのだろうか？　表3ではクラフト工場および排出基準についての国際比較から、キタガワの言及したアルバータ州の規制状況における数多くの重要な例外について示している。キタガワは大昭和カナダに責任を持つ立場から、そうした例外は当然視していた。例えばピース・リバー・クラフト工場建設の際に参考にしたウェルドウッド社が拡張したヒントン工場の排出基準は、大昭和がよく知っているブリティッシュ・コロンビアの新規クラフト工場に適用された汚染基準より緩やかだった。一つのパルプ工場水質汚濁基準、例えばブリティッシュ・コロンビアで新規クラフト工場に適用されている全浮遊固形物[訳注4]（TSS＝total suspended solids）は、アルバータ州がウェルドウッド工場拡張のさいに設定した基準を三一％も下回っていた。さらにグランド・プレーリー付近にあるプロクター&ギャンブルのクラフト工場では、ブリティッシュ・コロンビアでの新設工場に対する一般ガイドラインより緩やかなTSSおよび生物化学的酸素要求量[訳注5]（BOD）が適用されていた。ブリティッシュ・コロンビアやカナダ他州の中には、アルバータ州の既存工場よりも水質汚染物質の排出量が多い工場もいくつか見られるものの、それ以外に関してはウェルドウッドやプロクター&ギャンブル工場以上に厳しい基準を適用している。例えばオンタリオ州のE・B・エディーズ・エスパノーラ工場では、アルバータ州の工場よりはるかに厳しく規制されている。アメリカの日系パルプ工場が設備拡張を計画する場合についても同様のことが言えるであろう。日本ではカナダ同様に工場ごとに規制が課せられている。工場によってはウェルドウッド社の近代化され拡張された工場より厳しい汚染基準が課せられている。例えば、大王製紙[訳注6]の一日の生産量九〇〇トンの漂白クラフトパルプ工場の排出中のBOD規制値は、アルバータのウェルドウッド工場の基準の五一％で、TSS規制ではわずか一五％であった。こうしたデータから見てフィヨルドボッテン、キタガワ両氏のコメントは、パルプ工場建設によって環境上の問題があったとしても大したことはないという幻想を一般市民に抱かせてしまうものであった。アルバータ州環境省がカナダで最も厳格な基準を実行する見通しは明らかではなく、それは州が企業側との交渉において断固とした姿勢をとれるか否かにかかっていた。

　アルバータ州の環境規制事情は、大昭和にとって他にも魅力ある点があった。アルバータに存在するどのクラフト・パルプ工場もダイオキシン、フランの排出量について規制を設けておらず、住民が大変憂慮していた化学物質がワピチおよびアサバスカ両河川へ投棄される恐れがあった。ケン・コワルスキー州環境相はこうした事態を重大視している気配はなかった。クラフトパルプ工場から州内の河川へ排出されるかも知れないダイオキシンやフランの投棄量には無関心で、ピース川への有機塩素化合物についても排出規制を行なう気配はなかった。コワルスキーはダイオキシン問題に関する科学的論争を、塩素化合物の毒性については結論が出ていないことを証拠として利用しようとした。立法化に関しては、すべての専門家が同意した明確な結論が出なければ、それ以上の環境保護措置が必要かどうか定かではないと主張した。大昭和は規制は現状維持で落ち着くと見込んでいたので、その一月後に市民の圧力によって州が環境規制基準を変更したうえ、遡って大昭和工場にも新基準が適用さ

### 表３　クラフト・パルプ工場の排水基準（国際比較、1988年）*5

| 工　場　名・国、地　域 | BOD*(kg／トン) | TSS**(kg／トン) |
|---|---|---|
| ブリティッシュ・コロンビア（B.C.）州（カナダ）（新規工場） | 7.5 | 10.0 |
| マックミラン・ブローデル社（ハマック、B.C.州） | 30.0 | 17.5 |
| フレッチャー・チャレンジ社（クロフトン、B.C.州） | 30.0 | 17.5 |
| E.B.エッディ社（エスパノーラ、オンタリオ州） | 2.29 | 5.37 |
| キンバリー・クラーク社（テラス・ベイ、オンタリオ州） | 27.4 | 5.0 |
| プロクター&ギャンブル社（グランド・プレリー、アルバータ州） | 9.4—11.3 | 13.9 |
| ウエルドウッド社（ヒントン、アルバータ州）<br>—既存工場<br>—拡張後 | <br>11.7<br>7.0 | <br>24.6<br>14.5 |
| 大昭和製紙（ピースリバー、アルバータ州）<br>—大昭和製紙の計画時における基準<br>—1990年の操業ライセンスにおける基準 | <br>7.0<br>5.5 | <br>14.5<br>9.5 |
| アメリカ環境保護局（EPA）基準 | 5.5 | 9.5 |
| ブッケイ・セルロース社（ジョージア州、USA） | 2.65—5.3 | 2.9—5.8 |
| スコット社（メイン州、USA） | 5.9 | 12.5 |
| 大王製紙（日本） | 3.6 | 2.2 |

*　パルプ工場排水における生物酸素要求量（ＢＯＤ）の基準測定値について
パルプまたは紙を１トン生産するに当たって、排出される有機物を、水温２０℃で、５日間放置した時、その期間における（水中の好気性微生物による）生化学反応による安定化〔分解〕に必要な酸素溶存量。（漁業法、紙パルプ排水規制、ＣＲＣ 1978年、c.830頃）

** ＴＳＳとは total suspended solids 全浮遊固形物質の略。連邦漁業法では「工場操業に含まれる工程から発生する廃棄物内に存する物質でろ過され、乾燥した残存物」と規定している。（漁業法、紙パルプ排水規制、CRC1978年、c.830頃）

れるという、同社にとっては、とんでもない事態に遭遇することになった。

## ショーとしての公聴会

アルバータでは明らかに企業本位な環境規制が敷かれていたにもかかわらず、大昭和の計画は州の環境アセスメントを受けそうな気配であった。州政府による環境アセスメント過程は、地表保全及び開墾法[訳注7]第八条にその概要が示されており、同法は環境大臣に、産業開発あるいは土地を利用する事業主体が、アルバータ州当局への環境影響評価（ＥＩＡ：Environmental Impact Assessment）報告書を作成し提出すべきかどうかを決定する権限を与えている。政府が主張した公式の目的は、資源開発と環境の質の維持とのバランスを保つことであった。このバランスが実現できるかどうかは、法律に含まれている大きな自由裁量権を州当局がどの程度厳しく行使するかにかかっていた。ＥＩＡガイドラインの中では「柔軟性」と表現されているこの「自由裁量権」は実際には、環境アセスメントに対する「場当たり的な」対応を意味していた。アセスメント・レポートは規定の方法に従わなくてもよく、実際の情報要求水準は一定しておらず、協議によって変わる可能性があり、またアセスメントをどこまで徹底するかについても明確な規定はなかった。シンクルード（タールサンド）開発は、このＥＩＡを義務づけた最初の資源開発プロジェクトの一つであり、かつ最も巨大なものであった。シンクルードの場合はペトロ・カナダ社[訳注8]経営陣がシンクルードに適用された技術について語ったさいに露呈したように、資源開発と環境保全のバランスなどは一顧だにされず、環境の質は野蛮な力と無知の犠牲になったのである。一九七三年のシンクルード社が作成した環境アセスメントは連邦環境省により痛烈に批判されたが、州環境大臣ウィリアム・ヤーコはその批判を却下した。環境相というよりは産業開発相のような口調で、ヤーコはタールサンド開発は重要政策課題でただちに進められねばならないと主張した。アサバスカのタールサンドをめぐる環境問題について基本的な知識を得るに必要な時間はなかった。

アルバータ州民は十四年後のケン・コワルスキー州環境相のもとであれば、適正なバランスがとることを期待できたであろうか？　それはほとんど望めなかった。アルバータ大学出身のコワルスキーは政界入りする前に、高校教師を経て地域交通サービス省次官という立場でヒュー・ホーナー副首相を補佐してから政界とのつながりを持つようになった。一九七九年に北部のバーヘッド選出で州議会議員に初当選したコワルスキーは、一九八六年にゲティー内閣に環境相として入閣した。同州の環境運動家に対する度重なる激しい非難のため、環境相の地位にあることに対して多くの批判を招いた。特に、アルバータで数少ないダムの影響のない自然の河川となったオールドマン川における同省のダム建設計画の場合がそうであった。コワルスキーは反対勢力をマリファナを吸う「社会主義的無政府主義者」[訳注9]と決めつけ、そうした見解がアルバータ州の著述家、作詞家、環境運動家であるシッド・マーティーによる軽妙な即興の歌詞に歌われた。

奴は党員カード持ち
ゴールド・カードも持ってるぜ。

政治家にコネはあるし、人にはやりたい放題だ。

山は切り崩しダムを造り、道を造っては木を切って、悪魔に所業を見られるのを待つだけさ。

ところでコワルスキーって何者ぞ？　何でまた土地を守ろうと懸命なかよわい市民を苛めるんだい？

奴はとんでもないごろつきだが、何とまあ環境大臣だとさ……[*6]

気前のよさはさて置き、コワルスキーは極端な自信家で、自分の意見と客観的真理が同一だと信じて疑わないような人物であった。議会で独裁者呼ばわりされて「大いなる名誉」を感じると応えるほどだった。[*7]当時行なわれていた「科学的議論」を、州環境アセスメントの中でダイオキシンおよびフランの危険性について考慮しない理由にしようと彼が考えていたように、独裁者呼ばわりされて嬉々としているような人物がＥＩＡのプロセスが資源開発と環境保全の均等の配慮を確保するよう彼の自由裁量権を行使することはとうてい考えられなかった。一九八六年五月に前任者フレッド・ブラッドレーが取りまとめた連邦との環境アセスメント協定によってコワルスキーの自由裁量権がより効果的になるよう強化されたため、このようなバランスなどは望むべくもなかった。協定の目的の一つは環境アセスメントが権限重複や不必要な規制をできるだけ避けて実施されるよう取り計うためであった。この目的達成に向けて、連邦と州の両者は原則的に個別プロジェクトについては憲法上の管轄権を有する方が環境アセスメントを行なうこととなった。三年間の同協定有効期間の間に一八の開発事業がアルバータ州当局によるアセスメントを受けることになった。大昭和ピース・リバー・パルプ工場もそうしたプロジェクトの一つであった。

州環境省と大昭和は一九八七年夏にピース・リバー・パルプ工場ＥＩＡをめぐって交渉を行なった。州のガイドラインに従って、大昭和はアルバータ州環境省や他の関連部局に対して環境アセスメント報告書を準備する運びとなった。九月初旬、州環境省は大昭和に対しこの報告書の作成に当たっては自治体、諸団体、下流水資源利用者とパルプ工場の環境への潜在的影響について協議するよう指示した。大昭和とそのコンサルタントは指示に従って、一一の市町村議会、地域社会の諸組織および自治体と会合を持ち、公聴会はフォート・バーミリオン、パドル・プレーリー、マニング、ウィーバービル、ピース・リバーといったピース・リバー地域の五つの地区で開かれた。公聴会への参加者は、大昭和側の主張する経済多角化による雇用保障の約束に熱心に聞き入った。ピース・リバー地域の経済は、農業、建設、エネルギー産業を雇用の三本柱としているが、物価下落による一九八〇年代の不況の影響をまともに受けていた。一九七〇年代におけるピース・リバー地域への活発な人口流入は一九八〇年代前半には鈍化し、一九八七年九月には同地域の失業率は一〇・五％にまで跳ね上がり一九八一年の二倍に増加していた。大規模投資による「てこ入れ」がなされなければ、一九八六年から一九九〇年にかけての年間経済成長率はわずか一・五％に止まると予測され、新規投資がなければ域内人口は横ばいか、悪くすれば減少も免れなかった。このような経済的苦境の打開策として、大昭和は新たな雇用の保障と安定を提案したが、好不況の乱高下する経済では、めったに聞かない福音であった。大昭和一行は高速道路を通ってアルバータ州北部へやって来た時、ピース・リバー郡住民にさずけた万能薬がこれであった。キタガワ副社長は多数の地域で開催された説明会参加者に対して「大昭和のパルプは製紙用に日本へ輸出するので、不況になっても工場の閉鎖はあり得ない」[*8]と語った。大昭和カナダ副社長、トム・ハマオカ[訳注10]もまた、大昭和が市場動向にかかわらず安定した企業で、日本のパルプ需要は非常に強く、ブリティッシュ・コロンビア州の大昭和カリブー工場（クラフト・パルプ）が過去十五年間閉鎖されたことがないことを強調した。

大昭和は地域住民の雇用保障や安定のみならず、地域発展への積極関与を約束した。大昭和はブリティッシュ・コロンビア州ケネル工場での経験に触れながら、説明会参加者に地域住民は安定して信頼のできる労働力供給源だと語った。同社はピース郡内の自治体や学校とも手を結んで必要な職業訓練を行なうつもりだと説明し、大昭和が将来において製紙工場を建設するかどうか人々がたずねると「可能性はある」と答え、パドル・プレーリー地域のメティス居留地区[訳注11]の代表がチップ工場を開設する希望を表明すると、それに対し、州政府が資金援助するよう大昭和がロビー活動に一役買ってもよいと申し出た。

大昭和のコンサルタントが指摘した森林地域での雇用がパドル・プレーリーのメティスにも持たらされる、という発言は大いに歓迎された。これまでアルバータ州北部での資源開発は先住民の参加には消極的であった。こうした消極性は、一九八九年十一月に行なったアルバータ・パシフィック環境影響アセスメント審査会の席上、カナダ北部のオブレート・ミッショナリーで二十五年間布教活動を行なっているカミーユ・ピシェ神父の証言によって劇的に暴かれた。ピシェ神父はスレーヴィー・ビーバーの人々の言葉で「普通の人々」を意味する「デネ・タ」民族による苦情、つまりハイ・レベル地域から西方一〇〇キロ地点のアサンプション居留区の住民がどのような仕打ちを受けてきたかを語った。アルバータでも最貧居留区として知られる「デネ・タ」たちは、この地域の資源開発事業により迫害されてきた。アサンプション地区での失業率は八五％に達し、一九八八年には居留区内で一三〇〇件以上の犯罪件数が記録され、自殺や殺人も日常茶飯事であった。アサンプションの学校には二六〇名以上の生徒が在籍しているが、毎年高校を卒業できるのは一人がやっとであった。ハイ・レベルにあるキャンフォー社[訳注12]の製材工場では三〇〇人の正社員を雇用していたが、「デネ・タ」は誰も採用されなかった。臨時契約による藪払いのような季節的雇用を除けばキャンフォーのもたらす森林地域の雇用の恩恵はなく、州のフットナー・レーク森林区内の正規雇用者四八人の中にも「デネ・タ」はいなかった。「デネ・タ」の土地を既存の林業経済に組み込むという案は評判がよく、たとえ悲劇的であってもキャンフォー社と州が一九八九年次の全国森林週間の一環として標識つきの森林歩道を建設したさいに軽い罪で収監されていたデネ・タの若者らが無償労働を提供したのが、デネ・タ民族の参加のすべてだったからである。「われわれがすべてを取り上げてしまい、デネ・タに残したものは辛うじて伝統的な狩猟および罠猟生活を営める森だけだった」[*9]とピシェ神父はつけ加えた。

しかしアルバータ社会で取り残された人たちの救済に企業がどのような手段を講じるかには限界があった。パドル・プレーリー在住のエルマー・ゴーストキーパーは、自分の地区内での失業率の高さを考慮し、「先住民雇用割当」について問題提起した。ハマオカはこれに対しきっぱりと、「大昭和の方針として地域から最適任者を雇用し、いかなる割当にも従わない」[*10]という会社側の方針を示した。パドル・プレーリーのメティス人地域が望んでいるチップ工場建設のフィージビリティ（実現可能性）の追求に関して大昭和が何らかの支援を行なうこととチップ買いつけ契約とは意味が異なり、すべてはチップ生産や木材集材コストを比較衡量したうえで結論が出されるということである。大昭和にとっての最優先事項は結局、日加両国での事業が利益を上げられるかどうかであった。ハマオカのこの発言は、大昭和の近代的で高度に自動化された工場で働けるだけの訓練も技能もない北部住民一般、中でも先住民の多くをパルプ工場で雇用しようという計画のアキレス腱を明らかにしたものであった。

おそらくは公聴会の最中に出た工場の環境に対する影響についての疑問点に対する大昭和側のコンサルタントによる明解な回答により、現地でのプロジェクトへの期待は冷めるどころか、かえって強固なものとなった。科学技術上のすばらしい経歴を持った大昭和のコンサルタントたちは、一見適切に見える統計をちりばめた意見表明で素人の聴衆をすっかり魅了したため、深く突っ込んだ質問を受けることもなかった。ダイオキシンを不安視していた者も自分なりに会社の説明に納得してしまった。大昭和側のダイオキシンの専門家は長年にわたって進歩保守党に貢献してきたコンサルタントで、ある説明会のおりにピース・リバー・パルプ工場はダイオキシン発生の懸念がないと言い切った。しかし、パルプ工場廃棄物からのダイオキシンの主要発生源は大昭和がパルプ漂白に使用を提案した「塩素」であることが衆目一致するところであれば、これは驚くべき説明であった。メティスの参加者の一人は、魚がダイオキシンを吸収しても結局は排泄してしまうので問題はないと信ずるように説得された。近年のダイオキシン類に対する懸念は、単なる大幅な検出技術の向上の産物にすぎず、ダイオキシンと癌発生の因果関係についての数多くの専門的論文にまで考慮は払われていなかった。ピース・リバーで開かれた唯一の公聴会の最中にも、町長で一九八八年まではピース・リバー進歩保守協会出納役を歴任したマイケル・プロクターはこうした立場に沿った議論を繰り返した。大昭和側の意見に代わる信頼できる見解に関する情報源が見い出せなかったため、大昭和の提供したこうした情報の信ぴょう性については、公聴会において聴衆から問い質される機会もなく、大昭和から資金を受けた権威ある専門家の説得力ある見解を追認するしかなかった。

森林の問題については、再植林であれ代替的経済利用であれ、大昭和側は彼らが森林資源の完璧な管理者であるとの説得に全力を尽くした。わな猟師が森林管理協定により認められた伐採作業により損害を被った場合は、個別に会社側が対応する運びとなった。大昭和による森林破壊はアマゾンの熱帯雨林破壊のカナダ版となるのだろうか？　そんな懸念は無用だと大昭和側は言った。第一にＦＭＡでは再植林が義務づけられている。またアスペンが「雑草」と呼ばれてきたのも、自然に再生しやすいためであり、そうした自然更新過程は間引き（間伐）やクローニングで加速させることができる。[訳注13]しかし、大昭和は環境影響評価の過程において自分たちの提案した林業事業の環境上の影響について言及を避けていた。この影響についてはＦＭＡの交渉過程で言及されることになっていたが、交渉は秘密のベールに包まれていた。

大昭和にとって、公聴会は重要な勝利であった。公聴会では散発的な反対意見に出くわした程度で、大昭和はクラフト工場の人体や環境に及ぼす潜在的影響についてほんのわずかに触れたに過ぎなかった。さらに重要な点は、大昭和が組織化され情報も充分な反対勢力に遭遇しなかったことである。この工場プロジェクトに対応して生まれた「ピース地域の友（Friends of the Peace）」という環境保護団体も、大昭和の（公聴会を含む）市民との協議期間が終了してからかなりの期間が経ち、アルバータ州環境省が工場建設許可を与えた一九八八年六月まで正式に結成されなかった。大昭和が工場に導入しようと計画していた環境管理について「ピース地域の友」が問題提起をしようとした時には、意思決定ははるか以前にすでになされてしまって、もはや手遅れだとそっけなく告げられただけであった。「ピース地域の友」が工場から排出されるピース川へのダイオキシン量と大昭和が廃棄物の累積的影響への考慮を払わなかった点について州環境省に反対の意を公式に述べた時には、そうした問題を議論する段階は終わったと環境省は返答した。「法手続き上の問題である」と環境省報道官は答えた。「工場が消費する水の量が主要問題となっている時に、水質について採り上げるのは妥当でない」[*11]ということだった。エドモントンを本拠とする「北部の友（Friends of the North）」は、数多くの環境保護団体の連合組織で、大昭和およびアルバータ・パシフィックに対して最も激しく、また継続的な抵抗を繰り広げた団体の一つであるが、設立は一九八九年三月まで待たなければならなかった。この団体のあるメンバーの言葉を借りれば、「八七年の公聴会以降、アルバータ州北部一帯でこの開発事業に関連した多くの工事が進行あるいは完了したが、一般住民の意識が高まるまでには結局二年近くの歳月を要してしまった」[*12]。

大昭和に対する組織化され、充分な情報を持った抵抗運動が展開されなかったのは、雇用や経済活性化への期待も一因ではあったが、公聴会の性質にも原因があった。公聴会の開催準備期間が短かったので、工場建設に対する反対運動を組織するのに充分な時間は事実上なかった。「ピース地域の友」の創設者の一人であるジョン・シーナンは、一九九〇年九月の大昭和工場の操業開始前夜に次のように述べた。「われわれが望んでいるかどうか、何も言えないうちに工場が頭の上から降ってきてしまった」。一度、公式の公聴会の開催が決定されると、大昭和は環境保護団体に会社側が行なったパルプ製造や廃棄技術の選択が正しかったかどうかという問題をとりあげる隙を与えなかった。シーナンは「十一月に開かれた最後の公聴会では、大昭和は七人もの専門家を引き連れて臨んだが、肝心の公聴会の方は二時間しかなかったので質問も充分にできなかった」[*13]と不満を述べた。

こうしたプロジェクトに関する質問を行なう機会が不充分であるという見解は、大昭和と同社のコンサルタントの描いた青写真に反するものだった。公聴会の終了近くに、会社側のコンサルタントの一人が、会社側に関心を持つ住民との幅広い対話を持ちあげてこう述べた。「大昭和はできる限り多くの関係者と対話を持つよう多大な努力を払ってきたが、これには一定の限界はあり、すべての当事者と話し合うことはできない」[*14]。確かに全当事者との対話は無理かも知れない。しかし、大昭和側は自分たちが公聴会に三カ月も費やしたと主張したが、実際にはこの三カ月間の公聴会期間に一般住民の発言の機会はわずかしかなかった。大昭和の住民協議プログラムに関する会社自身による要約から、自治体、メティス団体や一般住民との対話はわずかに一六回で、期間も六日間しかないことが露呈した。期間の短さだけが当該環境アセスメントへの住民による有意義な審査を妨げた際立った要因ではなかった。住民は、公聴会の日程についてさえ間際になってから知らされただけだった。また会社側も州政府もピース地域住民に対して当該プロジェクトによる損益の評価に必要な一連の情報提供を行なっていなかった。大昭和の用意した小冊子にはお決まりの工場の挿絵、北部森林の写真、パルプ工程のフロー・ダイアグラムの他に、大昭和の国際的事業展開、工場の原材料利用や生産高、プロジェクトの経済効果の図表が描かれていたが、真剣な検討を行なうには用をなさなかった。汚染、ＦＭＡの規模、期間、再植林義務、政府が課す立木価格、未解決のルビコン・クリー民族の土地権請求をめぐる主張や北部経済における住民の伝統的権益を含む、プロジェクトが及ぼす先住民への影響、といった問題の詳細は、大昭和の分厚い冊子では何一つ述べられていなかった。州政府も森林資源の管理母体でありながら住民の意思決定に必要な情報提供に消極的で、住民団体が自分たちで専門家に分析を委託しようとしても、州からの助成金は期待できなかった。従って工場の価値を疑問視する人々が、環境アセスメント手続きを一連の「見せ物（show and tell）」集会（一方的な説明会）だとして、その意義を否定したのは当然のことであった。

環境保護活動家たちは、大昭和の環境アセスメントを他の面からも批判した。大昭和のアセスメントは、該当プロジェクトがアルバータ州の森林に与える影響について言及せず、林業開発による環境上の影響については、会社側が林業・土地・野生生物省との交渉によるＦＭＡによって処理されるであろうと述べるにとどまっていた。新民主党で環境問題担当のジョン・ユーニーはアルバータニュース・プリント（新聞用紙）社の製紙工場計画について述べたさいに、森林について何も触れていない環境アセスメントは意味がないと指摘した。政府側の有識者によるアルバータ森林管理検討パネルでさえ「パルプ工場の影響を論ずるだけでは不充分で、住民の主張通り森林伐採活動の影響についても検討されねばならない」[15]と認めた。大昭和のアセスメント報告書を読むと、パルプ工場は森林にはまったく影響がないと思うかも知れない。大昭和がこの問題に沈黙を守っていたのに対してアルバータ州環境省及び林業・土地・野生生物省が、補足情報提供も求めず、それを容認する態度をとったことは、工場が森林を猛烈な勢いで伐採するという事実を考慮すれば、驚くべきことであった。大昭和の工場にはおよそ二八五万ヘクタール（四国より大きい＝訳者）もの森林地域から木材が切り出され、工場へ送り込まれることになっていた。ピース・リバー・パルプ工場は毎年一八〇万立方メートルもの木材を飲み込むであろう。この工場がどれ程の膨大な量の木材を必要としているかは、工場の材木置場をカナディアン・フットボール競技場に譬えるとわかりやすい。この工場の年間操業に必要な木材は、競技場一つ分の材木置場に二二一メートルも積み上げた量になり、何と七二階建てビルと同じ高さになってしまうほどの量である。

こうした森林問題についての言及を避ける態度は、環境影響評価（ＥＩＡ）の過程においていくつかの食い違いを招いた。大昭和は州内での大量伐採を行なうだけでなく、アルバータ及びブリティッシュ・コロンビア両州における他のパルプ工場とともに、カナダ最長の河川マッケンジー川に二千キロ近くかかって流れ込む重要な支流であるピース川の汚染に共同で手を貸すことになる。しかし、ＥＩＡ過程では、該当プロジェクト自体に関しても、また他のパルプ工場も含めた全工場の累積的影響についても、河川利用者の大多数に該当するピース川下流域の住民にどのような影響を及ぼすかについても検討されなかった。[訳注14]フォート・バーミリオンの住民が飲料水としてピース川の水を利用していることから一度公聴会が開かれたが、大昭和の環境アセスメントは、ほとんど工場から半径八〇キロ以内についてしか行なわれなかった。

また、アルバータ州のＥＩＡは、森林プロジェクトが従来からの条約上の権利や未解決の土地問題に与える影響という先住民族が提起した根本的な憂慮に関してはその権限が及ばなかった。一九三〇年制定のアルバータ天然資源法によれば、州政府はオタワ（連邦政府）から「他に占有者のいない公有地（crown land＝王冠の土地）[訳注15]」において先住民居留区設立の要請があればそれを尊重するよう義務づけられていただけであった。アルバータ州政府はこの条項を、一度土地が他の目的で使用されるかその地表が貸与されたならば、該当する土地には占有が発生すると解釈した。アルバータの先住民は、FMAによって自分たちの土地権請求[訳注16]（land claim）や条約上の権利が巧妙に侵害されるのではと疑っていた。ピース川流域のフォート・バーミリオンからウッド・バッファロー国立公園にかけて居住する総人口二〇〇〇人ほどのリトル・レッド・リバー・クリー民族のジョンセン・セウェパガハム首長は、FMAによって土地が占有されてしまえば先住民は狩猟も行なえず、条約上の権利さえ享受できなくなるとの懸念の意を表明した。「法廷でこんなことが認められてしまえば、我が民族には致命的だ」[*16]とセウェパガハム首長は警告した。ブリティッシュ・コロンビア州クイーン・シャーロット島サウス・モレースビー[訳注17]での先住民の土地権保証をめぐる紛争の過程でハイダ民族[訳注18]は、当該地域の土地に対する第三者の利害が関係する場合、土地権問題の紛争を解決するために、森林保有権に関する協定に取り組まねばならなかった。それがただでさえ遅々とした紛争解決を一層複雑にした。

セウェパガハム首長の懸念に答えるためには、州政府は北部森林を巨大多国籍紙パルプ会社の原料供給源にしようという州が大変執着している当の開発政策のオプションに関して、それを吟味検討するフォーラムを先住民が開催することを容認せざるを得なかったであろう。ピース・リバー・パルプ工場などの工場規模や工場への原料供給として行なわれる伐採規模について、北部先住民社会が学習するには時間が必要であった。州のこれまで制度化してきたＥＩＡのやり方のような、森林開発事業をばらばらにして、個別の工場ごとに考えるというアプローチでは、問題の真の全体像の理解は得られない。むしろ必要だったのは、リトル・レッド・リバー民族やピシェ神父の言葉を借りれば、「マッケンジー渓谷パイプラインに関するバージャー調査委員会」[訳注19]と同様の、大規模な調査を行なうべきであるということであった。このようなタイプの公的調査が実施されていれば、北部先住民社会もパルプ工場によって起こる社会経済的変化を理解し、伝統的経済に与える悪影響に対応する戦略を考え、このようなタイプの開発事業において北部先住民も便益を受けられるよう保証するための諸計画を展開する機会を得たであろう。しかし、州は電撃的に北部の森林を紙パルプ産業開発に割り当てることを決定してしまい、先住民や他の住民に対する森林開発の恩恵に懐疑的な勢力に対して、反論の機会を与えなかった。

こういうタイプの批判は、州の大型林業プロジェクトの意志決定プロセスが、資源開発と資源保全のバランスを図るよう設計されていないという議論を援護するものであった。しかし会社側が公聴会を拡張し、反対派まで招くと考えるのは、子供じみていた。こうした開発企業が、自分たちのプロジェクトを広範な関係者による批判的検討の場にさらすことはまったく念頭になかった。このようなことは政府の責任でなされるべきであるが、以下のような要因から、その実現が阻まれていた。第一に開発と保全のバランスの究明には、資源利用政策に関する総合的なアセスメントが必要であったが、これは政府の官僚機構の枠組みにはなじまなかった。林業関連の問題については、主として林業・土地・野生生物省[訳注20]と環境省に委ねられていた。環境省の管轄範囲は大気や水質に限られていた。森林の樹木自体は林業・土地・野生生物省所管の財産で、その財産の運用方法の決定も林業省に責任があった。このような官僚機構のセクショナリズムに由来する省庁間の協調は困難を極めたが、林業・土地・野生生物省が開発事業誘致の主要な促進者であったことが事態を一層難しくした。実際、同省の森林利用についての考え方は林業会社とほとんど変わるところはなかった。また、開発プロジェクトを熱烈に歓迎する政界の空気も、プロジェクトを検討するに当たっての検討項目が視点を広げるのを妨げた。

そのような意思決定構造や林業開発における政官界の意見のバランスを考慮すれば、環境省が環境問題に対する彼らの懸念を強く主張することの困難さは明白に見てとれた。にもかかわらず、環境省は大昭和の提案を批判していた。環境省はピース川流域が広大であることから、工場による溶存酸素量や色の変化についての懸念を強めたが、これが後のクレストブルック社のアルパック工場への批判につながっていった。しかし環境省が重視していたのは、住民が最も懸念していたダイオキシンの問題であった。同省はその対策につながる最新技術導入によって経済発展と環境保全のバランスが保つことが最も望ましい解決策であると確信していた。大昭和は、パルプ漂白工程で生ずるダイオキシンや類似の有機塩素化合物の排出削減対策を真剣に工場設計に取り入れようと考えたであろうか？ より具体的には、会社側は拡大リグニン除去法および漂白工程での二酸化塩素に代わる薬品[訳注21]の使用という二つの斬新な対策の妥当性や実施可能性について真剣に検討したろうか？ リグニン除去とは、パルプ工程において木材チップを水酸化ナトリウムや硫化ナトリウムからなる蒸解液に投入した後に、圧力蒸解釜に移して混合された化学物質が木材繊維をつなぎ合わせる天然の接着剤となるリグニンを溶かす一工程である。パルプ工場設計者のイメージを借りると、ここが「セルロース繊維が解体される」ポイントである。この工程における蒸解時間を延長する拡大リグニン除去法を用いると、パルプのリグニン含有量がさらに減少する。その結果としてパルプの漂白に必要な塩素や塩素化合物の量も減らすことが可能になる。従来の漂白に用いられた塩素ガスの代わりに二酸化塩素を使用することによっても、有機塩素化合物の量は同様に削減できる。

会社側は、州環境省の懸念を実用性と採算性の両面から検討した。会社側の公式の方針は、「最善かつ実用的な技術」によって水質を保護することであった。大昭和にとってそのような技術とは、「公害対策の設備資本及び操業コストが工場の採算性を不必要に損ねない範囲内で、短期的にも長期的にも汚染排出量を最小化するような近代的管理設備を採用する」[*17]という意味であった。こうした手法が技術的にも経済的にも実現できることが他の工場で証明されなければ、自分たちのピース・リバー工場に進んで採用しようとは考えていなかった。工場の設計は将来における拡大リグニン除去システムを追加することを想定して行なう一方、大昭和はこの技術の実用性が依然として未知数であり、北欧で二つ、北米で一つの工場でしか利用されていないと大昭和は主張した。アスペン材に適用された例がこれまでなかったことから、塩素に代わる二酸化塩素の実用性を疑問視していた。大昭和は、新しい技術については漂白アスペン材パルプのすべての重要な品質にどのような影響を及ぼすかについてさらに情報が得られなければ、受け入れるつもりはなかった。それには、最新技術の導入や操業にまつわるコスト問題があった。ピース・リバーにおいて二酸化塩素のコストは同じ量の純塩素よりも五〇％高くつくと推計された。

工場設計の第一次発表から数カ月の間、州環境省は大昭和に汚染を軽減させるよう努力したが、わずかな進展しかなかった。同社の建設許可書には、プラントは拡大リグニン除去法を整備し二酸化塩素という代替剤の使用を最適化する設備能力を含む必要があるであろう、と記されており、大昭和が当初提案したものと大差はなかった。だが、ＢＯＤ、ＴＳＳや水の色についての規定は、大昭和の当初提案よりいくらか厳しいものだった。さらに、カナダ史上初めて有機塩素化合物に対する工場排水量制限が課せられ、パルプ生産一トン（ＡＤＴ）につき全有機塩素化合物（ＴＯＣＬ）排出量二・五キロ／ＡＤＴ（風乾トン）[訳注22]と定められた。[*18]

州環境省は大昭和のピース・リバー工場建設申請に対して、技術革新は工業化と環境保全の両目的を達成するための解決策と見ていた。一九八八年十二月初頭には、こうした紙パルプ産業規制に関する技術中心アプローチが正式に決定した。一九八八年、アルバータ州環境大臣に任命されたイアン・リードは、環境審議会の席上、工場の新規設立および工場拡大のさいには「利用しうる最善の技術」の導入がその工場設計に求められることになるであろう、と発表した。すなわちアルバータ州内の河川は、パルプ工場が適用すべき技術を指定することにより、適切に保護されるであろう、ということであった。パルプ工場プロジェクトへの急激かつ全面的な森林譲渡の環境影響に対して広がった市民の憂慮に加えて、この環境大臣の新しい汚染対策の方針は、規制行政担当者と大昭和を苦しい立場に追い込んだ。利用しうる最善の技術が大昭和の工場に適用されるならば、州は大昭和に工場設計の見直しを迫る必要があった。一九九〇年夏のパルプ工場操業開始に間に合うよう三つの「最新鋭」技術すなわち拡大リグニン除去法、酸素脱リグニン法および二酸化塩素の使用の導入が確保されねばならなかった。大昭和としては実用性も未知数な技術の早期導入を迫られるのは明らかに不満であり、また工場建設の認可が下りて工事中という時期での環境規定の変更にも不服であったが、ともかくこの要求に従わざるを得なかった。トム・ハマオカは「大昭和は住民の環境保全気運から最新技術の早期導入に踏み切らざるを得ないとの結論に達した」[*19]と述べた。浜岡の言及した住民の関心事で、州環境省が指定した最新クラフトパルプ製造技術のターゲットとは、住民が憂慮するダイオキシン対策であり、上記三つの技術は正しくパルプ製造工程でのダイオキシン排出量削減を狙ったものであった。ピース・リバー工場への新技術導入要求によって、工場からのAOX[訳注23]排出基準が一・四キロ／ADT（風乾重量トン）となり、前回の建設許可書の半分の量にまでなった。だがBODやTSSについては従来通りであった。

## 大昭和対ルビコン・レーク・クリー民族

土地に対する先住民権を主張し州の性急な林業開発ラッシュに待ったをかけたのはリトルレッドリバー・クリー民族だけではなかった。大昭和の場合において、最も著名で、かつ手強い権利主張を行なったのは、ルビコン・レーク・クリー民族であった。ルビコン民族は人口五〇〇人ほどで、ピース・リバー町より約一〇五キロ東方のリトル・バッファロー・コミュニティーを中心に居住していた。世紀の変わり目、先住民との条約交渉のために北部アルバータにやってきた連邦政府インディアン委員会によってその存在が見落とされたため、ルビコン民族の歴史は一九三九年以来、非同情的な連邦政府との条約交渉に費やされた。それ以降、ルビコンの状況は年ごとに悪化するばかりで、なかでも一九七九年の石油価格高騰（オイル・ショック）以降、ルビコンの主張する領土内で行なわれた石油探査・開発は、彼らの伝統的な経済や人々のきずなに一層大きな打撃を与えた。一九七九年から一九八四年にかけてリトル・バッファローより半径約二四キロメートル内に四〇〇もの油田が掘削された。わずか四年間の間にルビコン民族の土地では一九五〇年から一九七九年までに掘削されたものの八倍もの油田が掘削されたのである。ルビコン民族の最有力顧問フレッド・レナーソン[訳注24]によれば、このような石油開発熱は従来の狩猟や罠猟経済基盤を破壊してしまった。全天候型道路網がルビコンの土地を切り裂くように縦横に交わり、石油探査が原因と言われる山火事は森林を走り、先住民の狩猟経済の基盤であるムース[訳注25]（ヘラジカ）の個体数は激減した。つまり石油会社の社員たちは会社の方針に従ってルビコンの狩猟用の罠（トラップ）を破壊して経済基盤に打撃を与えたのであった。一九七九〜八〇年にかけてルビコンの社会保障依存率が、石油価格同様に跳ね上がったのは当然であった。彼らの総労働可能人口に対する福祉依存率は、一九七九〜八〇年にかけての一〇％から一九八三〜八四年の九〇％にまで急上昇した。州はルビコンの土地がエネルギー産業に占拠されるのを座視したばかりか、実際には後押ししたのである。フォレスト・サービス担当官は市町村担当省のカウンターパートと結託してリトル・バッファロー住民に居留地[訳注26]の請求を放棄するよう圧力をかけたのであった。[*20]

「われわれと闘わなければ、この土地の木は一本たりとも切り倒すことはできない」[*21]。州が大昭和のピース・リバー工場建設計画を許可したという一九八八年二月のニュースに対し、普段温和なルビコン民族の首長、バーナード・オミナヤックは、怒りをあらわにして断固たる調子でこう言い放った。オミナヤックの怒りの原因は明らかであった。ゲティー州首相はフィョルドボッテン州林業・土地・野生生物相と共に、大昭和に二九〇万ヘクタールもの森林の伐採及び管理権を与えた。そのためルビコンが居留地（reserve）として指定するよう提案している二二八平方キロメートルの土地が完全に取り囲まれたうえに、未だかつて取り消されたことのない先住民族の土地権[訳注27]（aboriginal land rights）があると主張している一万四〇〇平方キロの土地が大昭和の伐採管理地域にすっぽりと含まれてしまった。この発表にさいして、産業発展、先住民保護、環境保全、そして林業開発の意志決定における住民参加に対して、州政府がいかに熱心かを訴えた。決定は確かに首相の言葉を借りれば「州政府がいかに熱心に林業部門と州経済多角化に取り組んでいるかを示し」ていた。同時に、この通知によって先住民族がアルバータの森林の将来に関する意志決定過程から、疎外されたことが明らかになった。先住権が消滅していないとルビコン民族が主張している地域を大昭和の森林管理地域（ＦＭＡ）が含んでいることにに関して、州政府も会社もルビコンに対して何らの相談も行なわなかった。フィョルドボッテンは森林開発地域の割り当てにさいして、ルビコンの権利の重要性についてきっぱりと否定した。彼は州議会において、ルビコン問題を「取るに足らぬ問題に過ぎません。あらゆる点から見て、議長、この問題は大昭和に関して取り上げられましたが、取り立てて危惧すべき点はありません。全体的に大袈裟に取り上げられているように思われます」と述べた。アルバータ州自由党の指導者ニック・テイラーは環境省に対し環境影響アセスメントの進行過程において、ピース・リバー以東での公聴会が開催されなかった理由を問いただした。テイラーは工場需要の二五～三五％も賄う最大の木材供給源として、伝統的なルビコン領土と重複する地域の伐採を大昭和が提案していることを指摘した。コワルスキー州環境相はルビコン向けにはピース・リバーでの公聴会で充分であり、さらにわざわざリトル・バッファローで公聴会を行なう必要は全くなかった、と応じた。確かにルビコンの方にも落度がなかったわけではなく、協議プロセスにおいてルビコンが置き去りにされた責任の一端はルビコン側にもあった。コワルスキーが説明したように、公聴会は八八年十一月に数度開かれ、大昭和の環境アセスメント報告書が当該地域に配布されたというのは事実だった。しかし、ルビコン民族が例えばフィョルドボッテンやコワルスキーによる公聴会に参加しなかったことへの批判は、先述した重要な点を見落としている。先住民にとって最も重要な森林利用については、ＥＩＡ過程ではタブーとして取り上げられなかった。森林利用に関する討論は、林業・土地・野生生物省高官と企業幹部のみに開かれたプライベートな会合で行なわれた。ルビコン側にも自分たちの懸念を公聴会で表明し、その主張を公式記録に残さなかった責任はあるかも知れないが、アルバータにおいては、先住民族にとっての中心課題である森林利用をめぐる問題が、公聴会の議題として取り上げられなかった点に留意せねばならない。ＦＭＡに関しては、住民が意見を挟む余地はなかった。

森林に関して、住民との協議を行なわないという方針は、州林業省高官たちの長期的展望に沿ったものであった。これらの高官たちは、リトル・バッファローの領土確認を要求するルビコンの主張(land claim)を骨抜きにしようという州の方針に関して協力し合っていた。フレッド・マクドゥーガルにとって、北部の森林はパルプ産業の原料供給源以外の何物でもなく、先住民の伝統的経済活動などとは相容れられるものではなかった。マクドゥーガルはこの目的を数十年にわたって抱き続け、それは公式文書にも記録されている。アトラス・オブ・アルバータ一九六九年版では林業会社が切実に望んだ広大な「木材開発地域」に関する詳細な説明の中でこの目標が明記されていた。一九七五年にマクドゥーガルがピースリバーにおいてアルバータ北部の林業開発の将来ビジョンの概要を説明し、ピース・リバーの聴衆に好意的に受けとめられた、*22 というエピソードもその一つであった。問題は森林がいつ紙パルプ産業に利用されるかということだけであった。問題解決のためには、まずこうした利用目的に対する一定の正当性を持つ重要な障害を特定したうえで取り除くことであった。この方程式においては、先住民は重要でもなければ彼らの伝統的な狩猟・罠猟経済を守ることの正当性もほとんどなかった。アルバータ林業開発の将来を現在制約しているものは、インフラと交通設備だけだとフィォルドボッテン林業相は議会で語った。

先住民族側が関心を持っている諸問題に対し、州政府はインフラ設備と同等の比重で考慮を払うことを拒否したため、長期森林管理協定をめぐる交渉において先住民が主張する未解決の土地問題を全く無視し、ルビコン民族の立場とのとてつもなく大きな対立を印象づけた。フィォルドボッテンは土地権請求と林業開発のいかなる関連も認めず、大昭和の工場も林業相の森林管理の職責もルビコン民族には影響を及ぼさないと語った。フィォルドボッテンが明言したようにこれまでの条約交渉で領土問題の争点となっているのはルビコン民族居留地区の面積のみであるという誤った前提から見れば、この主張は理にかなっていた。その場合、ルビコン居留区は一九八五年の州政府案の六五平方キロメートルなのか、それともルビコンの要求する二三八平方キロメートルであるのか？　林業省高官（AFS担当次官補）の一人はその手紙の中でオミナヤックに、州政府としては当面ルビコンの主張する土地の内六五平方キロメートルのみを大昭和のFMA区域から除外すると明言した。C・B・スミスは「大昭和との森林管理協定をめぐる交渉の最中に、州林業省はあなたがたルビコン民族の主張に考慮を払いました。同封の地図に示したようにルビコン・レーク付近の二五・四平方マイルが森林管理協定より除外されています」[*23]と記している。アルバータ州フォレスト・サービス（AFS：Alberta

Forest Service）やフィョルドボッテンが示すこのような前提条件は、ルビコン民族が今だに取り消されたことのない一万四〇〇平方キロメートルに及ぶ領土の先住民土地権[訳注27]（または土地に関する先住民権）を保持しているという主張を無視していた。ルビコンが自らの管理方法を維持したいと望んでいるその領土は、大昭和に与えられたＦＭＡと重複していた。ルビコン民族への土地権請求の規模を最小限に抑えようとするこれらの発言に加え、さらにルビコンの要求を過大に印象づけようとする言説が登場した。フィョルドボッテンによればルビコン民族はアルバータ全土の一〇％にも当たる六万六〇〇〇平方キロメートル（北海道と長野県の森林面積の合計とほぼ同じ＝訳者）もの土地を要求していると発言したが、これはルビコン民族が環境保全と野生生物管理に必要だと訴えた土地より六倍も大きかった。フィョルドボッテンによる過大な推計はエドモントン在住のあるコラムニストから「全く馬鹿げている」と評されたものの、ルビコン民族にとっては、自分たちの主張が常識を逸脱しているとの印象を与えようと意図的に行なわれたものだった。

首相はピース・リバー北方の漂白クラフト・パルプ工場建設計画を歓迎すると宣言したが、それは大型林業プロジェクトや先住民の権利に関するそれぞれの世論の支持の大きさや大昭和幹部が抱くルビコン問題への憂慮を大きく読み誤ったものであった。フィョルドボッテン林業相は、このプロジェクトから産み出される工場・伐採地雇用六三〇人と間接雇用一一六〇人にのぼる雇用創出の公約は、住民から歓迎の大合唱を起こさせ、他に譲渡されていない先住民固有の土地を含む州有林を外国企業に提供することに対する人々の疑問をかき消すと確信していた。政府は巨大パルプ工場複合施設建設に伴う二〇〇〇人近くの雇用創出の公約の実施を、州政府とルビコン民族の土地協議が合意に達するまで先延ばしできなかった。こうした論理もルビコン民族への「膨れ上がる支援勢力」には通用しなかった。中でも教会によるルビコン民族支援は強力であった。カナダの「教会と企業責任タスク・フォース（Task Force on Churches and Corporate Responsibility）」「オブレート会（献身宣教会＝Missionary Oblates）」というカトリック宣教師の組織のみならず、日本キリスト教協議会[訳注28]（NCCJ）までもが他の宗教および非宗教団体と共にルビコン民族の支援に立ち上がった。大昭和によるルビコン民族固有領土内での伐採計画が爆発的な問題となったさいには、カナダ・キリスト教協議会（CCC）は大昭和は係争地域より撤退すべきだというルビコン民族の主張を支持した。同協議会広報担当者の言葉を借りれば「カナダの教会はこの問題では全面的にオミナヤック・チーフを支持している」[*24]のであった。

結果的には成功したもののオミナヤックが一九八八年カルガリー・オリンピックや一層激しいグレンボー博物館の北米先住民の手工芸品展示計画のボイコットを呼び掛けるという、リスクの大きい戦術を採用した時は、同チーフに対して厳しい判断を下した人々ですら、大昭和とのFMA締結におけるルビコンの土地権請求に対する州のひどい扱いには反対した。州政府によるルビコン民族へのネガティブ・キャンペーンは逆にルビコン民族支援運動の火に油を注ぐ結果となった。

ゲティー州首相はおそらく自分たちの内閣がこの件に関して過ちを犯したと感じたので、コメンテーターをあっと驚かせるような仲裁に出た。個々の部局の事務に個人的に加担したラフィードとは異なってゲティーは政策立案への介入も控え目で、執行は部下に任せた。だがラフィード同様ゲティーはルビコン民族や先住民権を請求する人々に共感を寄せることはなく、むしろ敵対的であった。従ってこのような問題に関して介入するような人物とは全く思えず、ましてや和解をすすめるなど考えも及ばなかった。一九八八年に行なわれたゲティーの定期的仲介は彼の特質とは異なるものであったかも知れなかったが、オミナヤックの信頼を守りルビコン民族居留地の範囲をめぐる交渉の行詰まりの打開を図ったのは、博愛精神のためでもルビコン民族の訴えに心を動かされたわけでもなかった。実は、林産業開発部[訳注29]（ＦＩＤＤ）が企業誘致の際に宣伝したような政治的安定を保てなければ、州林業戦略の基幹たるべきプロジェクトから大昭和が撤退してしまうことを恐れたためであった。ルビコン民族による伐採阻止の「目的達成」のための「直接行動」の脅威に大昭和幹部は神経を尖らせ、首相に問題の解決を迫った。州林業戦略の根幹たる大昭和プロジェクトはどんな犠牲を払っても実現させねばならず、キタガワやハマオカの不安は拭い去らねばならなかった。二五〇平方キロメートル足らずの亜寒帯林の価値はゲティー政権による国際林業投資を引き寄せるための高い金のかかったゲームの前に投げ出された賭け金のように、たちまち競り上がってしまった。

ルビコン民族に対する声高で組織された支援運動や予想される会社の関連事務所の前でプラカードを掲げたデモの展開に直面し、大昭和はルビコン民族との直接対話を行なう道を切り拓いた。三月初旬にキタガワがゲティー州首相に対して紛争解決を促すため、エドモントンを訪問し、オミナヤック・チーフにも接触して会談を申し込んだ。ルビコン支持者による大昭和のバンクーバー事務所前のデモの最中の会談で、大昭和は自分たちがカナダ政府とルビコンの抗争の板ばさみに逢った。罪のない善意の第三者であるかの如く振る舞った。大昭和は自分たちが先住民への公正な処遇に前向きに取り組みながら、州政府がルビコンとの対話について適切な助言を怠ったというイメージをつむぎ出していた。アルバータ州政府は大昭和の伐採権が土地権もめぐる紛争区域を含むものである事を示唆さえしなかったと連邦政府が非難した状況下では、そうした宣伝はもっともらしく聞こえた。大昭和はすでに十一月十七日にはリトル・バッファローを包含する自治体であるインプルーブメント第一七地区代表との会合を予定していたため、州政府は大昭和に対して、とりわけ大昭和がルビコン民族に関して特別な努力を行なうと、連邦とルビコンの土地権交渉を台無しにするおそれがあるため、同社がこの問題に関してこれ以上何もする必要ないと通告したことを大昭和は明らかにした。当該プロジェクト承認翌月には、この日本企業がこの先住民族の苦しみをいかに理解しているかを、オミナヤック・チーフとの会談の機会に印象づけようとした。しかしキタガワ・オミナヤック会談によって、この長年にわたる懸案を解決するような具体的な領土に関わる権益の解釈には双方に大きな隔たりがある事が明らかになった。三月の会談の結果、大昭和とルビコン民族は内容の全く異なる解釈を行なった。大昭和はルビコンが主張したように、ルビコン民族領土内での伐採を土地権問題が解決するまで差し控えると約束したのだろうか？　あるいは大昭和が主張するように、ただルビコン居留区に指定され得るいかなる土地にも入り込まず、それ以外の領域については伐採による狩猟・罠猟生活への影響を最小限に抑えるためにチーフとの対話を行なうと約束しただけなのだろうか？　フレッド・レナーソンは、たとえルビコン民族が居留地の範囲および面積が合意に達したとしても先祖伝来の領土における「野生生物管理及び環境保護上の権限帰属」について自分たちの主張を取り下げようとは考えていないと主張した。キタガワはこの件については州政府との間で詳細にわたって規定されているFMAに従えばよく、ルビコン民族との対話は必要ないと主張した。[*25] オミナヤック・チーフはこれに対し、州政府のFMAにいかなる野生生物及び環境保護条項が記されようとも無意味だと強調した。

我々が先祖伝来の土地を連邦政府に譲渡したという記録は法的にも歴史的にもない。連邦政府には我々先祖伝来の土地を州政府に委譲する権限はない。州政府は何の権限も持っていないので、我々先祖伝来の土地でビジネスを行なう条件については我々と直接交渉すべきだ。[*26]

ルビコン民族と州政府双方の管轄権が領土と権限範囲のどこまで及ぶのかという問題をめぐる極端な解釈の相違は、これらの主役たちの心の中にしっかりと根をおろし、将来の抗争と対決の舞台は準備されていった。

そのような衝突を避ける上で双方とも満足のゆく唯一の道は、居留区（面積、位置、住民メンバーを含む）、これまでの資源開発による被害補償、ルビコン民族先祖伝来の土地の大半についてのルビコン民族と州の権限の明確化といった問題の包括的協定の交渉を行なうことである。一九八八年三月初頭にオミナヤック・チーフとの会談決定を手始めに、ゲティー首相はルビコン・レイク・バンド[訳注30]居留区設立のために連邦政府へ委譲する土地の規模を大昭和に再保証するための一連のステップをステップを歩み出した。そしてこれにより、州が長年保持してきた対ルビコン政策の基本要素を効果的に否定することとなった。オミナヤックとの一定の関係をつくり出そうというこの首相の三月発議は、マスコミの喝采やオミナヤックの敬意を勝ち得たうえに、ルビコンによるピース・リバー東方での石油及び林業開発に対する反対運動の矛先を一時的に鈍らせた。ゲティーはオタワの連邦政府に交渉再開を要求すると約束し、さらに三者からなる紛争調停のための特別法廷を開催するという提案を行ない、オミナヤックからの同案支持も取り付けた。

和解を進める表向きの態度とは裏腹に、事態は間もなく悪化した。ゲティー案に対する連邦政府の答えは、ルビコン居留区として連邦が考慮している一一七平方キロメートルの土地に関し連邦が州政府に対して起こした訴訟であった。[訳注31] この訴訟によりビル・マクナイト・インディアン問題担当相（連邦）は（土地返還にあたっての）補償や煩わしい先住民資格にまつわる諸問題に関して話し合いを行なうことを断固として拒否する姿勢を示した。ルビコン民族にとって、連邦政府のアルバータ案に対する反応は鈍感で卑劣な連邦政府との交渉のむなしさを明白にするものだった。五月末までには振り子の針は先住民の土地管轄権限の主張に関して実地で行動を起こす方向に動いた。十月初旬にはルビコン弁護団がアルバータ州上訴裁判所[訳注32]に出廷し、彼らの依頼者（＝ルビコン民族）は彼らの関心事項を追求する上でカナダの法制度に従うことを放棄すると宣言した。カナダ法のかわりに十月十五日、ルビコン・クリー民族は先祖伝来の領土の完全な支配権を主張した。ルビコンは油田を管轄下に置こうとした。ルビコン民族の土地への立ち入りに当たっては彼らの審査を受け、ルビコン民族居留区での作業にも彼らの先住民事務所で料金を払い許可証を受ける必要があるとされた。ルビコン民族の意図は明白であった。州の管轄権に挑戦することにより、もっと自分たちに有利に事を運ばせるようゲティー州政権に連邦政府に対する圧力をかけさせようとしていた。そのような瀬戸際作戦は、オミナヤックに交渉再開のために油田の接収を三十日延期すべきであると要求していた州首相を激怒させた。オミナヤックはこれを拒否し、十月十五日には約束通りルビコン民族居留区への全ての主要アクセス路上で州政府と石油会社の目に付く場所に検問所とバリケードを築いた。検問所は五日間立てられ、紛争地域内での全ての石油操業が停止した。六日目には王立カナダ騎馬警察[訳注33]（ＲＣＭＰ：Royal Canadian Mounted Police）が動員され、検問所は破壊され二七人が逮捕された。

ゲティー首相は名誉を保つため、ＲＣＭＰが先住民の管轄権を主張する運動を鎮圧した後も、この事件を理由に交渉の門を閉じようとはしなかった。むしろ逮捕事件の後も継続し、あるいは拡大するルビコンへの支持を目の当たりにして、ゲティーは以前のように紛争解決のための基盤の模索という方針に戻った。ゲティーは検問所の取り壊しを機に、オミナヤックに電話で交渉の席につくように促した。十月二十二日に首相、チーフ、及び彼らの法律顧問らが、ピース・リバー南西二〇キロにある人口数千人の、かつては豊かな混合農業地域の中心的コミュニティーであったグリムショーで会談した。その会談において、州首相は再び驚くべきリーダーシップを発揮し、従来の州の立場を譲歩する姿勢さえ示した。夕方には州とルビコン民族の間で「グリムショー協定」が成立した。首相は二〇五平方キロメートルの鉱山採掘権及び四一平方キロメートルの地上権を含む二四六平方キロメートルの土地を連邦に委譲しルビコン居留地とする用意があった。この領域面積を居留地として確保するという点に関してはルビコン民族の要求を受け入れる一方で、州の管轄権や産業界の既得権益をいくつかのやり方で巧妙に擁護した。概して委譲された土地では石油や天然ガスを産出している土地を含まないであろうこと、連邦政府がすべての第三者権益を補償すること、前回のルビコン・州政府会談ではほとんど触れられなかった野生生物管理や環境保護については別の形で扱われることになった。同協定はそれまでの七カ月間にゲティーがルビコン問題でとったアプローチを支配した視点が反映されていた。つまり、居留地問題に重きを置くことで他の全てが曖昧にされたのであった。

会社の侵入を阻止するために闘う意志を示したオミナヤックの挑戦的な発言は、一連のプロジェクトに対する先住民と環境活動家の反対運動の初期の重要な相違点を強調することになった。要求してきた土地権問題の決着がルビコン民族の最優先事項であることから、森林が大昭和のアルバータ州での事業展開の影響を受ける最も重要な問題と見なされるようになった。パルプ工場とそれに伴う大気や水質汚染はそれほど重要とされなかった。このことが、ルビコン民族が工場による水質や大気汚染にほとんど焦点を当てた大昭和の公聴会への参加を拒んだ一因と説明できる。ルビコン民族が大昭和カナダ幹部と一九八八年三月に会談したさいに、ルビコン民族のスポークスマンは自分たちの土地の外で建設される工場には特に懸念はしていないと明言した。十月二十八日付けでルビコン民族のメイリングリストへ送られた書簡には以下のように述べられた。

オミナヤック・チーフは計画中のパルプ工場がルビコン民族先祖伝来の土地には建設されないことを確認しました。大昭和が工場の原料需要を賄うためにルビコン民族の先祖伝来領域の外での伐採のみを提案するなら、問題はないとチーフは回答しました。（連邦との協議における）土地権問題の決着や、ルビコンが憂慮する環境問題に関する合意形成のための交渉に先立って大昭和がルビコン固有の領土での伐採を行なった場合にのみ問題が生ずるとチーフは発言しました。

パルプ工場による汚染ではなく土地権こそが、ルビコン民族の大昭和に対する最初で最重要なキャンペーン上の主張であった。森林問題は最終的には環境活動家による批判の重要な側面となったものの、初期の反対運動では工場自体とそれによる汚染が争点となった。ダイオキシンおよびピース川や河川に生活用水や食料を得ている住民に対する被害についての主張が、環境活動家たちによる一般住民への工場建設反対運動参加呼び掛けの論拠となった。大昭和プロジェクトが提案から建設段階まで進んだスピードから見て、この争点の違いは工場建設反対キャンペーンの妨げとなった。反対運動はアルバータ州環境省に怒りを向けた環境活動家と森林、土地、野生生物省を重視したルビコン民族の間で効果的に分断されてしまった。環境保護グループと先住民団体の連携によるいくつかの訴訟において環境活動家と先住民の共通の認識が形成されるころまでには工場は建設され、操業許可も出てしまった。

## 火災爆弾とボイコット

グリムショー会談から二年一カ月後の一九九〇年十一月の寒さ厳しい夜、リトル・バッファロー北東五〇キロ地点にある大昭和の下請企業ブキャナン・ランバーの伐採キャンプで放火グループによる襲撃があり、一台のトレーラー、トラックや二台のスキッダーが焼き打ちされた（スキッダーとは、木材をトラックに積み込む前に枝などを切り落とすために林道脇や貯木場まで牽引するための集材機のこと）。十二月四日にはリトル・バッファロー在住のレイニー・ジョビンが――彼自身はルビコン民族ではなかったが――レッド・アース・ホテルでRCMPに逮捕された。八日後にはジョビン他一二名のリトル・バッファロー付近のいわゆるルビコン一三区住民を放火に関わったという容疑で逮捕したとRCMPは発表した。例によってルビコンと政府との協定でいかなる約束がなされても、ルビコン人に関わる紛争には常に見られるようにここでもグリムショー協定は破棄された。なぜブキャナン・ランバーの伐採キャンプが襲撃されたのだろうか？　なぜグリムショー協定に見られたような寛容の精神には基づかなかったのか？

なぜ双方とも受け入れられる解決に至らずに、グリムショー会談の後数カ月の間に一層対立が深まったのかを理解するには、多くの角度から検討する必要がある。連邦政府の態度も紛争解決の障害となった。連邦政府が一九八九年一月に行なった「受け入れるか、放置するか」という提案[訳注34]では、既にゲティー州首相が委譲した保護区を除いては未解決のルビコン人の要求を満足させられなかった。だが連邦だけがグリムショー後の武力衝突の責めを負うべきではなかった。居留地域面積と立地に関する十月合意が一般に熱狂的な支持を集めたことが、かえって未解決の大きな問題からの注意を逸らす結果を招いてしまった。委譲されていないルビコン領で発見された資源へのアクセスについては誰が支配するのだろうか？　この重要な問題に対しては決定的な答えはなかった。大昭和とアルバータ州にとってグリムショー協定における領土保証によってこうした問題は永久に解決済みであった。同協定で述べられた境界線は、ルビコン民族にとっては二〇五平方キロの全面管理と残りの居留地での開発拒否権の享受を意味していた。大昭和は一九八八年三月のオミナヤック・チーフとの会談内容の解釈に基づいて、該当地域への侵害を行なわない、としていた。大昭和のジェームス・モリソンは「これまで同様にこれからも居留地内での伐採は、ルビコン民族の承認なしには行なわない。ルビコン・アルバータ州政府協定及びそれにより派生したFMA規制によって、大昭和がルビコン民族に一九八八年春に行なった如何なる保証も満たされる[*27]」と記した。だが居留地の外については自由な伐採が行なわれ、大昭和はこれら地域の森林へのアクセスについては森林局とのみ交渉すればよかった。大昭和がルビコン民族その他と伐採計画について協議の機会を持ったり、「地域住民諮問委員会」を設置する可能性はあっても、ここでは「協議」や「諮問」という言葉が重要であった。つまり、州政府から大昭和にまもなくFMAを通じて与えられる森林管理責任を大昭和がどのように全うするかに関して、同社以外の森林利用者から指図を受けることはあってはならなかった。

こうした考え方は、第八条約[訳注35]によってルビコン民族が一万四〇〇〇平方キロメートルにわたって主張しているような先住民権の請求は取り消されているという州司法長官[訳注36]の立場と容易に折り合いのつくものであった。そうした視点はフィヨルドボッテン林業・土地・野生生物大臣と同省次官でありフォレスト・サービスのマクドゥーガルの見解とも共通していた。フィヨルドボッテンは、アルバータ・フォレスト・サービスと林業会社の二者のみによる協議による現状維持とは相容れない、いかなる森林資源管理計画に対しても無条件に反対した。ルビコン民族に対する林業大臣の苛立ちと非寛容性は、アルバータ州民こそが紛争の被害者だという主張に端的に表現されていた。「多くの人々が感じているように、ルビコン民族が連邦政府との紛争でアルバータ州民を人質に取って償いを要求するのは妥当とは思えない」[*28]とフィヨルドボッテンは手紙に記している。ブキャナン社伐採キャンプ襲撃直前に林業大臣により書かれたこの文章で使われた誘拐を暗示するような比喩は、まず第一に、ルビコン民族がこれまで委譲していない領土内の森林は少なくとも管理権を共有している、という同民族の多年にわたる主張を指していた。

ルビコン民族は当該地域における野生生物管理および環境保護上の意志決定に関する一定の責任を

同民族に返還するよう主張していた。フレッド・レナーソンによれば、こうした特権の返還要求を放棄し、またルビコン民族が委譲していない領土内におけるパルプ原料に飢えた大昭和工場による伐採の加速を認めるということは、ルビコン民族の伝統社会の最後の痕跡まで破壊するという公約以外の何物でもなかった。

これまでの経験から一度木々が倒され失われてしまえば、ルビコン民族に補償が行なわれる望みはほとんどなく、伝統的生活様式の痕跡さえも残せる希望も失われてしまう。すなわち、そうなればルビコン民族が抱く環境問題についての憂慮の解決も望めず、ルビコン民族は土地権交渉に当たってわずかに残された切り札さえも失ってしまうだろう。[*29

　森が消えればルビコンの社会に蔓延する暴力、疾病、絶望は止めどころもないものとなる。フィヨルドボッテンの人質発言は、オミナヤックがルビコン民族が委譲していない領内において同民族が許可を与えていないいかなる伐採作業も警告を発せずに停止させると述べた一九八八年十月の発言を思い起こさせる一九九〇年の十一月宣言を標的とするものであった。そうした領土内に立ち入っての伐採を希望する業者にはルビコン民族の操業許可、ライセンスおよび借地契約が必要であり、従ってルビコン民族が起草した如何なる環境保護および野生生物管理基準にも従わねばならなかった。

オミナヤックの十一月宣言で頂点に達した一九九〇年秋に発した彼の強硬な発言は、一九八八年十月の教訓から学んだものであった。この時の一週間にわたる衝突を通じて石油・天然ガス会社の収入回路を破壊すると脅かす事により、ルビコンは何年もの間の交渉によってあげた以上の成果を得た。つまり企業のバランスシートに脅威あるいは打撃を与え、先住民族の権利要求の解決が会社の利害に直接ひびく問題であることを悟らせることによってのみ、ルビコン民族は州政府による解決策の提示内容を変えさせることができたのである。こうした強行姿勢はまた成功するかもしれなかった。

こうした戦闘的姿勢による最初の成果は、九月末に行なわれたオミナヤックと、大昭和の下請会社のブーチャー・ブラザーズ・ランバー社のオーナーであるノームおよびジョン・ブーチャーの三者会談後にすぐに表われた。十月初旬にはブーチャー・ブラザーズは、当初予定のルビコン・レーク北東の居留地外側の直近地域での伐採を取り止めると発表した。また、実際には誤った予測記事ではあったが、新聞においても大昭和第二位の下請会社、ブキャナン・ランバー及び大昭和子会社が一九八九年に買収したブリュースター建設が、一九九〇年には紛争地域での伐採シーズン中における操業計画を破棄すると報道された。ブキャナン・ランバー・キャンプ襲撃の後も、ブリュースター建設は一九七八年以来の操業地域でスプルースやアスペンの皆伐を続けていたが、大昭和はルビコン民族が委譲していないと主張する領土以外の地域から、パルプ原料を求めるよう移行した。一九九一年の伐採計画においても同社より以前述べられた内容が繰り返し述べられていた。大昭和カナダ副社長のハマオカは彼の会社の一九九一年次計画について語る際に「伐採はピースリバー地域西側に止め、わがブリュースター建設がこのような特別な状況に配慮していることを示せば、我々としても望むところである」と述べた。[*30]

ルビコン問題に関する緊張の火種はアルバータ州フォレスト・サービス（ＡＦＳ）の組織文化や作

業手続き基準によって益々大きくなった。AFSにとってルビコン民族は見えない存在であり、この集団が置かれている状況と関心領域はAFS高官がこれまで見てきたものとは別次元のものであった。州林業省としては従来通りに事を運びたかったので、この期間中に様々な重要行事を行なった。グリムショー協定が成立してから、わずか一月後に、AFSはブリュースター建設にルビコンが委譲されていないと主張する二つの地域での伐採割り当てをルビコン民族の言い分を全く聞かずに行なった。「ルビコンの友」[訳注37]（Friends of the Lubicon＝FOL）のビル・フィップス牧師は次のように述べている。「もしも貴殿が交渉の最中にあるならば、一方の当事者に対する木材販売を他方の当事者との協議もせずに一方的に行なうことを許可しないと思います。結局、協議というのは、何を意味しているのでしょうか？」[*31]。これは林業省がルビコンに森林の将来について協議を怠った唯一の事例ではなかった。ルビコンは一九八九年九月に大昭和と州の間で妥結されたFMAの条件交渉に何ら口も挿《はさ》めず、伐採施設への焼き打ち事件につながった一九九〇／九一年度伐採計画案は少なくともブリュースター建設、ブキャナン・ランバー、ブーチャー・ブラザーズの三社に紛争地域内での伐採の着手を求めるものであったにも拘らず、林業省は承認を与えてしまった。一連の事柄に対する同省の説明は非常に官僚的で法律本位の語調であった。林業省は森林資源へのアクセスを規制する同省の標準アプローチを守る必要があった。クリフ・スミス林業・土地・野生生物次官補はブリュースター建設の林業伐採ライセンスについて質問を受けた際に「伐採権の取消は可能だが、伐採クオータ制度の一貫性が脅かされてしまう」と指摘した。ルビコンとの衝突の危険性が警告されていたにもかかわらず、伐採を進行させる以外に選択の余地はないというフィョルドボッテン林業大臣の発言には法律用語が散りばめられていた。「州はこれら企業に対して森林資源へのアクセスに関する法律的な権利の遂行を認める義務がある」[*32]とフィョルドボッテンは記している。林業相が一連の合意の条件修正を検討し業者に対して別の伐採地域を割り当てたことで、一九九〇／九一年次に実施される森林伐採の特定のパターンに従う義務がある、という彼の抗議はほとんど意味をなさなくなった。フィョルドボッテンはルビコン民族の警告を真剣に受け止めなかったか、あるいは新民主党の環境問題の論客ジョン・マキニス[訳注38]が示唆したように、一九九〇年の伐採シーズンに暴動が発生するのを彼が眺めて大いに満足したか、どちらの場合も確かにあり得ることであろう。

大昭和側は焼き打ち事件と前後して、自分たちはルビコン民族と連邦政府の二者間の紛争の被害者だと主張した。トム・ハマオカは土地紛争解決の目処が立たずルビコン民族が大昭和の存在を自分たちの主張の裏付けに利用している点に苛立ち、「大昭和はここに調停をするために来た訳ではなくビジネスのために来たのだ」[*33]と宣言した。だが、同社はらちのあかぬ紛争に業を煮やして政府にロビー活動を行なった。ルビコン問題が大昭和の事業計画に暗雲を投げかけ始めると、同社は自分たちの苦境と連邦政府との紛争解決の必要性を訴えた。また大昭和は、ルビコン民族や彼らの支持者の間に浸透している大昭和が本件における悪役であるというイメージの払拭に向けて積極的な広報活動を行なった。トム・ハマオカとジャン・ライマー・エドモントン市長が書簡を交換した頃に、キャンペーンは最高潮に達した。この事件を引き起こした原因は、市営事業のエドモントン・テレフォン（エド・テル）が米国ワシントン州ポート・エンジェルスにある大昭和アメリカの製紙工場より印刷用紙を仕入れていた印刷会社と電話帳作成契約を結んだ一件であった。ルビコン民族と様々なルビコン支持者たちはライマー市長に対して彼女が行使できるあらゆる手段を講じてエド・テルに決定を再考させるように訴えた。ライマーは問題は自分の権限外なので何もできないものの、個人としてはルビコン民族に対する共感の念を示した。こうした発言は「大昭和は貴女の市や州の善良な企業市民たるべく努力してきた」とハマオカを激怒させた。ハマオカは、大昭和が先住民や環境問題に配慮してきたばかりか「わが社は建設及び進行中の事業の後方サポート活動のため、あなたの市において直接何億ドルもの支出を行なってきた」と主張した。ライマーはこうした批判にも微動だにしなかった。それどころかハマオカの書簡に書かれた経済上の恫喝に屈することなく、大昭和が本当に先住民族や環境問題に配慮するなら委譲されていないルビコン領での伐採を行なう業者から木材供給を受けないはずだと反論した。[*34] その間、エドモントン商工会議所と市議会の圧倒的多数はハマオカ支持に回った。市議会はライマーの発言を越権行為として公然と懲罰に出た。

この対立はことルビコン問題に関するエドモントン実業界の沈黙に対して注目を引き付けた。大昭和の契約が問題となった時はあまりに明らかであった（商工会議所として大昭和を支持した）当の実業界の姿が、この政治的な抗争の最初の兆候が現われたとたんに姿を消してしまった。「大昭和がマスコミで非難されている時に下請業者は何をしてたのか？[*35]」とあるビジネス・コラムニストは問いかけた。さらなる暴力的事件が起こる可能性があるということ以外に、なぜ大昭和が一九九〇年の伐採シーズン以降にルビコン固有の領土で伐採を行なうのを控えるようになったのか、その理由を理解するうえでハマオカ・ライマー論争がその鍵になっていたことはより重要である。ライマーに対するハマオカの厳しい反応は、自分の会社内で「ボイコット」という言葉がささやかれることをいかに恐れていたかを示している。大昭和の企業グループを支える消費者はフィョルドボッテンやゲティーの選挙民と違って全国的かつ国際的であった。ピース・リバーへの投資は原料確保のために行なわれたが、明らかに大昭和グループ企業の採算性は同社の紙製品に対する市場の確保にもかかっていた。そうした市場での売れ行きは不況によって悪化し、市場シェアの確保は大昭和の債務激増によって発生した資金繰り問題へ対応するために益々重要になった。環境運動は一九八〇年代には環境保護規制への政府がその持てる権限を行使する意志を持たなかったことに幻滅したという経験を経て、これまで習慣的に環境問題の原因と見なされる市場の力が対決中の汚染業者やいかなる産業に対する武器として使うことができるということを発見した。カナダのオットセイ猟および毛皮産業に対してボイコットが効果的に利用された。カルガリー・オリンピックの期間中に、「ルビコンの友」はボイコット運動を組織し、大いに成功させる力を持つことを示した。当初はオリンピック組織委員会から失笑を買ったが、グレンボー博物館の「聖霊は歌う」展ボイコットは大きな成功を収めた。ルビコン民族による各国の多くの博物館に対する不参加呼びかけの成功がカナダ政府や石油産業への批判の正統性を高めたばかりでなく、彼らが連邦との条約交渉で闘っていることを国際的にも国内的にも広く伝え、また支持を獲得することになったのである。

林業会社に対するボイコットの効果はプロクター&ギャンブル（P&G）社が近代化を終えたばかりのグランド・プレーリー・パルプ工場を含む紙パルプ工場をウェアハウザー・カナダ社に売却した一九九二年夏に明らかになった。ウェアハウザーがP&G社のアルバータ及びジョージア工場に支払った六億ドルは決して高い買物ではなく、P&G社がパルプ事業からの撤退を切実に望んでいたとの証であった。エリック・ジェラード前グランド・プレーリー工場広報部長は以下のように述べている。

ボイコットはグランド・プレーリー工場を理由にドイツのグリーンピースといくつかのイギリスの女性団体[訳注39]によって組織された。南ピース地域環境協会はこれら団体に情報を提供し、現地を訪問したデイビッド・スズキ[訳注40]からボイコット運動に対する賛同を得た（D・スズキ博士は全カナダおよび欧米で大変著名な遺伝学者にして環境教育家＝訳者）プロクター＆ギャンブルにとってこうした工場は所持する価値がなかった。同社は消費者動向に敏感な企業であるため消費者の支持は不可欠で、グランド・プレーリー工場は消費者を遠ざけてしまう。そこでその工場は売却することになった。他の分野（包装など）ならば消費者からの環境問題に関する要請に対応することは可能であったが、あの工場を所有する限り汚染はつき物だ。結局売った方が手っ取り早かった。[*36]

大昭和もルビコン民族とその支持者の行なったボイコット戦略の効果を感じとっていた。一九九一年秋にはルビコン民族支持の投書が、ドイツ、英国、オーストラリア、デンマークといった国々の環境および先住民族支援団体から大昭和のバンクーバー事務所に寄せられた。中にはドイツの熱帯雨林保護団体プロ・レーゲンヴァルトからの投書のように、紛争地域よりの撤退を行なわなければ大昭和のヨーロッパ市場での販売活動妨害に乗り出すというものもあった。[*37]トロントを拠点とする「ルビコンの友」は政府機関に対して大昭和製品のボイコットを要求する運動を起こすことを示唆していた。その他にもホー・リー・チョウ、クネクテルズ、ＹＭＣＡ、カルチャーズ・フレッシュ・フード・レストラン、「ナウ!」誌、ボディー・ショップといったところが大昭和との契約を破棄し、あるいは今後大昭和製品を購入しない意図があると公表した。一九九三年七月までに「ルビコンの友」は少なくとも二六社二七〇〇以上の店舗が大昭和製品ボイコットに参加したと主張した。一九九一年十二月にハマオカはボイコットの影響を認めた。「今や確かに経済的な影響を受ける段階に至っている。政府の支援はもはや当てにならない。(工場への)一般市民の支持も必要だ」[*38]とハマオカは認めた。反対運動の広がりを懸念し、大昭和は一九九一/九二年及び一九九二/九三年の伐採シーズンには紛争地域での操業を行なわなかった。

トム・ハマオカは大昭和が一九九二/九三年冬季には紛争地域での伐採を行なわないと発表し、ボイコット運動の対象という企業イメージの打ち消しに躍起になっていた。財務危機を乗り切るために大昭和が支援を求めた合弁会社の大昭和・丸紅インターナショナル社[訳注41](DMI)は「大昭和が現在進行中の事業や将来計画に関してこれからも行なわれる根拠のない主張や憶測に対抗するため……我々としてもこの複雑な紛争の原則をめぐる新たな議論と交渉に向けての適切な環境作りを促進するために責任を持って行動したと信ずる」[*39]と述べて、ルビコン民族との係争地域での伐採は行なわないことにした。この大昭和ボイコットを会社がいかに深刻に受け止めたかは、大昭和の紙製品の顧客に対し配布されたボイコットに関する会社の見解を説明したファクトブックを大昭和・丸紅インターナショナルが準備したことに示されていた。その中で同社は、ボイコットの不当性を訴えるのみならず、大昭和・丸紅は「ボイコットの圧力にさらされたあらゆる顧客をサポートするため、住民/マスコミ対策用情報、法的助言、広報担当者を提供する」ことを提案している。[*40]

## ウッド・バッファロー他：法廷での決着

「善良なる企業市民」というイメージを創出することができるという大昭和の期待は一九九〇年秋にウッド・バッファロー国立公園での皆伐に関わるという問題が明るみに出たために打ち砕かれてしまった。この国立公園は世界第二位の面積で、一九二二年にカナダのノース・ウエスト準州で森林バイソン[訳注42]の保護を目的に設立された。一九八三年に国際連合より世界遺産に指定されたが、ウッド・バッファローの歴史の大半はこの栄誉にそぐわぬものであった。過去には国立公園の完全保護については幾度か妥協がなされ、一九四〇年代に表面的には一時的に公園内での伐採が北部の鉱山都市ウラニウム・シティー[訳注43]の建設用製材供給のために行なわれた。これらの伐採業者がこの地から撤退することはなかった。一九八二年には現在キャンフォー社（カナディアン・フォレスト・プロダクツ・リミティッド）が保有する伐採権リース[訳注44]が更新された。連邦政府が国立公園での皆伐を許可できるのはどのような事情かと質問を受けたさいに、カナダ環境省高官は世論の動向を指摘した。公園問題担当の次官補は、九〇年代に入って皆伐に対する市民の態度は厳しくなってきたと示唆した。一九九〇年までに皆伐の結果残された爪痕の光景が夜のニュース番組で放映されたため、それ以前には存在していたこのような林業経営のやり方を大目に見る市民は少なくなった。こうした状況に対する非難の声は、ウッド・バッファローにおける伐採管理のほとんど全面的な欠如が発覚したことによって最高潮に達した。林業会社幹部とアルバータ州林業省高官は、カナダが「北のブラジル[訳注45]」即ち森林の持続性も考慮せずに伐採を行なっている国だという環境活動家たちの非難に対してそろって反撃した。このような非難は一般的には誇張があるかも知れなかったとしても、ウッド・バッファローの場合には完璧に当てはまっていた。伐採権リースにはほとんど規制も課されないうえに企業には再植林も森林の再生可能資源としての管理も要求されなかったので、キャンフォーはアマゾン熱帯雨林の金掘り人、牧場主その他の森林破壊者のように伐採を行なった。あるアルバータ・フォレスト・サービス高官は「基本的に伐採企業は森林を一掃しようとしているということだけは言える」[41]と述べた。大昭和による一九九〇年のキャンフォー社ハイ・レベル町製材工場部門および製材工場の木材収穫権買収の結果、大昭和幹部は広報活動において悪夢を見させられる羽目に陥った。エドモントンの大昭和幹部が述べたように、同社のアルバータでの事業に対する攻撃には人種差別的な色彩があると言った感情が強調されることもあったかも知れないが、同社の行動に対して同情が集まる余地はなかった。[42]大昭和がハイ・レベル製材工場を買収したさいに、キャンフォー社がウッド・バッファロー伐採リースの法的な権利を持つことが合意された。この取決めによってリース地に対する担当大臣の審査を阻み、連邦政府が大昭和のアルバータ州内最大のホワイト・スプルース林伐採の権利を破棄あるいは厳しく規制する可能性が取り除かれることになった。エドモントン・ジャーナルの記者でウッド・バッファローの記事を発表したエド・ストルジックは、キャンフォー社財務担当上級副社長がこの処置は故意に行なわれたと認めた。「誰もそのようなトラブルを自ら求める人はいない……。私たちもこのリース権問題が再審査されることを望まなかった。ビジネス上の観点からは意味がなかった」[43]。通常は伐採操業に付随する伐採区域規制や再植林義務による拘束を受けず、キャンフォー社が大昭和の傘下で公園内での伐採を劇的に加速するよう計画したという事実が明るみに出たことで大昭和のイメージは損なわれた。ウッド・バッファローでの伐採量はほぼ倍増したので、一九九五年までには伐採可能な樹木は消滅しそうであった。

キャンフォーの伐採リースの買い取りをめぐる大昭和、キャンフォー、連邦政府の間の話し合いが進まぬのに苛立ち、また連邦政府がさらに二年間の公園内でのキャンフォーの伐採を許可したことに憤慨したカナダ公園・原生自然協会[訳注47]（ＣＰＡＷＳ）はついに訴訟を起こした。シエラ法律防衛基金[訳注48]がＣＰＡＷＳの代理としてキャンフォー・リースの合法性を問題にした。連邦政府は提訴に対して素早く対応をとり、公判が開始される前日にウッド・バッファローでのキャンフォーの伐採許可を与えたのは違法であるという主張を受け入れてＣＰＡＷＳを驚かせた。一九九二年六月八日にカナダ連邦裁判所は、リースは連邦政府が公園を「将来の世代が享受できるように手付かずで残す」という法的義務を犯しているという環境活動家たちの主張を聞き入れた。キャンフォーは訴訟事件に干渉しなかったので、連邦裁判所は訴訟で提起された問題に関する実際の審理をすることなしに協定を無効とする判断を示すことができた。[*44]

法廷で公共政策を覆そうと試みるＣＰＡＷＳの決意は、自分たちの政治的キャンペーンを訴訟をてことして自らの主張する環境保護原則を推し進めようという環境保護団体の間に広がる「法廷闘争」を好む動向を反映していた。アルバータ州では法廷闘争への熱意はカナダ野生生物連盟[訳注49]がサスカチュワン州南東部のラファーティー・アラメダ・ダムに対するキャンペーンで実現した限定的だが重要な成功によって、高まっていた。同連盟は、このプロジェクトには連邦法規に示された連邦環境アセスメントが必要だとの主張を勝ち取った。しかしながら同連盟は、連邦政府の環境アセスメントは環境上疑わしいプロジェクトの停止を保証するものでもないことを残念ながら確認せざるを得なかった。カナダ連邦裁判所における手続上の勝利はダム建設を一時的に食い止めたに過ぎなかった。ピース・リバー・パルプ工場に関しては、活動の組織化がプロジェクトの告知前にも会社側によるお座成りな環境アセスメント過程の最中にも進まなかったのを受けて、環境保護活動家の間で法廷闘争に持ち込むべきとする空気は高まっていった。すでに「ピース地域の友」や「北部地域の友」の組織化が遅々として進まなかったことは述べた。活動開始の遅れから両団体とも、特にプロジェクトに対する個別の環境アセスメントを求める彼らの請願を連邦政府に無視された後は、前に述べたように活動のスタートが遅れた両団体にとっては法廷闘争による政策変更以外には選択の余地がほとんどなかった。

大昭和のアルバータ州での操業に対する一連の訴訟手続の中ではウッド・バッファロー訴訟におけるCPAWSの勝利は例外的なもので、一般に大型林業プロジェクト反対派にとって法廷闘争は報われるところはほとんどなかった。法廷闘争によって連邦政府によるプロジェクトに対する環境アセスメント実施の命令を出させ、大昭和の操業許可書を無効にし、大昭和FMAの破棄をさせようという努力は全て徒労に終わった。失敗の原因は、主として法廷は活動家たちの主張機会を歓迎し、林業プロジェクトの禁止や遅延あるいは厳格な条件を課すような方法で不確実性に覆われる問題を解釈することによって産業社会の規範の誤りを正すであろうとの誤った考え方によるものであった。過去において、不確実性は概して経済成長を約束するプロジェクトに対して明確な法的宣言を行なううえで大きな障害にはならなかった。大昭和FMAに対する訴訟において、アルバータ原生自然協会（AWA）、シエラ・クラブ西部カナダ支部[訳注50]、ピース・リバー環境協会、およびピーター・リースはこの前例と闘い、州の伐採及び再植林事業がＦＭＡで謳われている森林の「永続的な持続的生産」の実施を保証することができない、という裁決を法廷が行なうように求めた。デイビッド・マクドナルド判事はこの公約をめぐる不確実性を認めたが、政府と大昭和がこの目的を達成するために森林管理を行なうように宣言されたその意図は、環境保護活動家の訴訟の却下には充分なものだと考えた。

環境保護活動家や先住民団体が州法廷に殺到したという事実は、これらの選挙民たちが、政治家が選挙の洗礼を通じて人々に対する説明責任を持ち、最終決定を下し、彼らの行動に対する政治責任を負うという、伝統的な代表民主制政府にいかに幻滅していたかを物語っていた。だが皮肉にもこうした幻滅は、彼らがその出自からしてカナダの著名な政治学者Ｊ・Ｒ・マロリーの言う「先例主義」体質の機関を頼る方向に押しやった。環境保護活動家はその幻滅のために、自暴自棄的な行動に走るという点が見られた。プロジェクトを止めたいということに余りに気をとられていたため、仮に成功しても環境保護活動家が本来求めていたより多くの市民参加をという主張とは食い違うことになってしまった。大昭和及びアルバータ・パシフィックに対する幾つかの訴訟の中で、これらの団体が提出した代案では、おそらく人民による政府ではなく、専門家による政府を促進することになってしまった。一方では公聴会の開催を要求しながら、過去にさかのぼった大昭和への環境アセスメントの要求は、ともかく正しい考え方を持った技術の専門家ならば環境保護活動家が妥当と思える結論を出すであろうという考えに支えられていた。アルバータ・パシフィック・パルプ工場に対する法廷論争の一例においても、環境保護派は許認可決定は選挙によって選ばれた政治家よりも説明責任を持たない官僚機構に委ねるべきと主張したが、これは環境保護派が民主的でないことを厳しく糾弾した現状よりもさらに非民主的であると見られるような代案であった。

訴訟の乱発は少数の法律事務所にとっては大歓迎であったが、ただちに州の怒りの反撃を引き出した。大昭和FMAが適法と認められるや否や、アルバータ州政府は州の林業政策に抵抗した環境保護団体を相手取って二三万五〇〇〇ドルの裁判費用を支払うように訴えを起こした。フィョルドボッテン林業相は「政府を相手取って訴訟を起こすならその費用負担の責任は彼らにあり—中略—それでは環境保護団体は破産してしまうとの意見もある。それは残念だが私は別に報復措置を採っている訳ではない」[*45]と説明した。環境保護派はその反対であると考えた。すなわち、マクドナルド判事が七万七〇〇〇ドルの法定費用を州と大昭和に支払うよう認めた際に、AWAとシエラ・クラブのメンバーは政府が環境保護団体の行なうパルプ工場反対運動を処罰し破産させようと望んでいるという考えを繰り返し主張していた。AWAにとって、州の政策に対する彼らの反対運動を州が処罰しようとしたのは、これが初めてではなかった。以前AWAは反対する政策への対抗手段としてマスコミや法廷への依存度を高めた時、特にオールドマン・リバー・ダム事件[訳注51]の時に同時に、レクリエーション・公園・自然財団からの助成の大幅減額が表裏一体の形で行なわれた。[*46]本書が印刷所に送付される頃には、環境活動家、州政府、大昭和・丸紅インターナショナルはマクドナルド判事が環境保護活動家に課した費用の支払い義務を救済することに合意することになるであろう。そうした合意は明らかにAWAやピース・リバー環境協会の財政窮乏の危機を救うものであるが、マクドナルド判事の判例を覆すものではない。アルバータ州の法廷を将来も公共政策への対抗手段として使うかも知れない環境保護団体にとって、彼らよりも財源の安定した敵に裁判費用を支払う事態が予測されるということは訴訟への依存が極めて危険であるという問題が残ることになった。
一九三〇年代の大恐慌期に急進的な社会信用党のイニシアチブがアルバータ州にもたらした政治抗争に関するマロリーの研究は、以下のように記している。

普遍性をもたらそうとする政治目的及び政治理論は、次世代の国民が最も必要と思う事柄によって変わってくる。だが法制度の政治的な諸制度や組織はそれを通して国民の社会的必要を実現するものであるが、その変化はスローペースである。法律はこの点から著しく硬直的で、このような時代とのずれが政治的不均衡をもたらす。[*47]

そのような政治的不均衡は当然の事ながら大恐慌期のアルバータに見られた程劇的ではなかったが、一度州政府がその林業政策を忠実に実行に移そうとすると表面化した。過去のイデオロギー的遺産であるパルプ・シンドロームは州政府機関に根強く残ったが、先住民と環境保護活動家の自然保護運動連合からそのイデオロギーに対する挑戦が沸き上がった。こうした立場の人々の利害を政策決定に取り込めない政治システムは、与党保守党にも大昭和にも概して何の不都合もなかった。大昭和の主張する環境的影響の許容限度についての結論に疑念を抱いた唯一の省であったアルバータ州環境省は、会社から譲歩を引き出すためにこの新しい世論動向を味方につけることができたが、林業・土地・野生生物省はこうした改革派の影響が森林に及ばぬように取り計らった。森林はパルプ・シンドローム元祖とも言うべき林業省の排他的な管轄権を守った。

保守党政権と大昭和にとって、既存の法的枠組は、社会が何を受け入れるかという受容性と道徳性の縮図であった。両者にとって合法性、社会の受容性、道徳性は相互に交換可能なものであった。この立場を極端に押し進めると、大昭和が伐採権の法的な保持者は同社でなくキャンフォーであると言って批判と責任をそらそうとした世界遺産地域での伐採光景を目の当たりにすることになる。伐採が合法ならば、何故道徳的に受け入れられないのか？　ハイ・レベル工場での操業用の木材入手方法が合法的であれば大昭和を批判するのは公正性を欠くと言えるのだろうか？　ウッド・バッファローの場合は、すべての政府や企業が公共に対する義務を全うするために行動するよう期待されるべきであるということと、法律や協定の文字づらを尊重するということが同じであるという考え方の極端な例の一つにすぎない。大型産業プロジェクトに対する環境アセスメントのように、住民との協議が法令や政府のガイドラインで定められている場合、企業が開催しあるいは政府が要求する公衆との協議は量的にも最低限のものである。森林管理協定の交渉の場合のように市民との協議に法的根拠がなければ、開催されることすらなかった。環境保護団体が工場設計の個別案件に遅れて反対の意を唱えると、異議申し立ての期限は過ぎたと通告された。先住民が森林開発を更に進めるより以前に歴史的不正義を解決しなければならないと主張した時は、先住民が州の法的枠組そのものに疑問を発したために初期の段階では棄却されてしまった。州は企業に対しては尊重すべき法的義務を負い、別の木材供給源を伐採業者に割り当ててルビコン民族の権益を守ろうというのは、既存の慣行を破ることになるので、林業省の官僚には受け入れられなかったからであった。大昭和が自分たちの製品ボイコットに脅威を感じ紛争地域での操業を止めるべきと感じた時に、はじめて政府は大昭和にルビコン民族との係争地域外からの木材供給を提案した。

［原注］

＊1　Andrew Nikiforuk and Ed Struzik, "Letters," *Report on Business Magazine* (February 1990), 9.

＊2　Akira Nakamura, "Environmentalism and the Growth Machine: The System of Political Economy and 'Kogai' Control in Japan," *Governance*, 5 (1992), 192-93.

＊3　LeRoy Fjordbotten, "Letters," *Report on Business Magazine* (February 1990), 9.

＊4　H. A. Simons Ltd. and Pacific Liaicon Ltd., *Environmental Assessment Report Addendum: Public Consultation Program Documentation* (December 1987).

＊5　Alberta Environment, "Comparison of Effluent Standards for Pulp Mills," 30 September 1988, mimeo.

＊6　Mike Lamb, "A Man in His Element," *Calgary Herald*, 29 May 1988.

＊7　Alberta , Legislative Assembly, *Alberta Hansard*, 19 April 1988, 543.

＊8　*Environmental Assessment Report Addendum: Public Consultation Program Documentation* (December 1987).

＊9　The Alberta-Pacific Environment Impact Assessment Review Board, *Public Hearing Proceedings, For Chipewyan, November 9, 1989*, Volume II, 1461.

＊10　Pacific Liaicon Ltd., *Alberta Project Minutes of Meeting, Paddle Prairie, 4 November 1987*, 23.

＊11　Kerri Gnass, "Objections to Daishowa 'not appropriate'," *High Prairie Mirror*, 27 July 1988.

＊12　Dave Parker, "Efones and the Great Forest Sell-Off," *Environmental Network News*, No. 13 (January / February 1991), 27.

＊13　Jack Danylchuk, "Daishowa Mill Open on Schedule but in Dispute," *The Edmonton Journal*, 22 September 1990.

＊14　Pacific Liaicon Ltd., *Alberta Project Minutes of Meeting, Peace River, 5 November 1987*, 27.

＊15　同パネルは続けて次のように述べている。「だが、われわれとしてはＥＩＡよりも、住民参加を含む動的な森林管理評価および監視システムこそ必要と考えている。これにより森林管理が環境的にも経済的にも健全となるよう保証されるのである。このような森林管理は、審査、アセスメント、情報、規制、実施を一体として行なう継続的かつ協同作業によるプロセスであるべきである。」Alberta Expert Review Panel on Forest Management, *Forest Management in Alberta: Report of the Expert Review Panel* (Edmonton: 1990), 18.

＊16　The Alberta-Pacific Environment Impact Assessment Review Board, *Public Hearing Proceedings, Fort Chipeuyan, November 9, 1989*, Volume II, 1445.

＊17　H. A. Simons Ltd. and Pacific Liaicon Ltd., *Environmental Assessment Report (1987)*, 1-13.

＊18　将来的にはアルバータはＡＯＸ排出レベルを設定し、有機塩素化合物を規制するであろう。ＡＯＸとは吸着性有機ハロゲン化合物（absorbable organic halides）の略で、パルプ工場からの廃棄物に含まれる有機塩素化合物の含有量を指す。特に活性炭素に吸収されるハロゲン有機物含有量を言う。大昭和の建設許可基準ＴＯＣＬ（全有機塩素化合物）二・五キログラム／ＡＤＴ（風乾トン）は、ＡＯＸでは三・二五キログラム／ＡＤＴに相当する。これを他の例と比較してみると、オンタリオ州（一九九一年）、ブリティッシュ・コロンビア州（一九九一年）、スウェーデン（一九八九年）で設定されたＡＯＸキログラム／ＡＤＴ基準は、それぞれ二・五、二・五、二・〇となっている。日本では一九九三年に日本製紙連合会が一・五キログラム／ＡＤＴという自主規制を課すことになっていた。

＊19　「クラインはピース川に一トンもの塩素が廃棄されるのは歴史を揺るがす事態だと言った。」*The Mirror — Northern Report*, August 1989.

＊20　John Goddard, *Last Stand of the Lubicon Cree* (Vancouver: Douglas & McIntyre, 1991), 特にChapter 8, "The Master Strategy," 74-85.

＊21　Neil Waugh and Mindelle Jacobs, "Firm Gets 'Lubicon Land'," *Edmonton Sun*, 9 February 1988.

＊22　フレッド・マクドゥーガルと著者とのインタビュー、一九九一年五月二十一日。

＊23　C. B. Smith, assistant deputy minister, Alberta Forest Service. Letter to Chief Bernard Ominayak, 12 February 1988, 2.

＊24　Hugh Paxton, "The Warpath to Tokyo," *Japan Times Weekly*, 12 October 1991.

＊25　これらの相違点はレナーソンとキタガワの書簡のやりとりに見られる。F. M. Lennarson, letter to Koichi Kitagawa, 14 march 1988. K. Kitagawa, senior vice president & general manager, Daishowa Canada Co. Ltd., letter to THE MIMIR CORPORATION, attention F. M. Lennarson,25 March 1988.

＊26　Chief Bernard Ominayak, Lubicon Lake Band, letter to K. Kitagawa, senior vice president & general manager, Daishowa Canada Co. Ltd., 2 April 1988.

＊27　James P. Morrison, general manager, Daishowa Canada Co. Ltd., Edmonton Office, letter to Mr. David Hallman, Taskforce on the Churches and Corporate Responsibility, 8 January 1991.

＊28　LeRoy Fjordbotten, letter to A. S. Andrucson, 19 November 1990.

＊29　Memo to File from FL, 25 September 1990 re 24 September 1990 Meeting with Brewster Construction, mimeo.

＊30　CBC Radio News Broadcast, Wednesday 9 October 1991（のテープをおこしたもの）、また次も参照。Erin Ellis, "Daishowa Plans Not to Log Land Claimed by Lubicons," *The Edmonton Journal*, 13 October 1991.

＊31　Bryan Brochu, "Timber Sale Compromises Lubicon Negotiation Position," *Alberta Native News*, February 1989.

＊32　LeRoy Fjordbotten, letter to A. S. Andrucson, 19 November 1990.

＊33　ITV News Broadcast, 9 October 1991 のテープをおこしたもの。

＊34　こうした立場は以下の書簡の中で概要が示されている。Tom Hamaoka, vice president & general manager, Daishowa Canada Co. Ltd., letter to Her Worship, Jan Reimer, 23 September 1991; Jan Reimer, mayor, letter to Tom Hamaoka, vice president & general manager, Daishowa Canada Co. Ltd., 1 October 1991.

＊35　Rod Ziegler, "Daishowa Doesn't Deserve to be Goat in Lubicon Land Dispute," *The Edmonton Journal*, 10 October 1991.

＊36　キャサリン・ストークスによるエリック・ジェラードとのインタビュー（グランド・プレーリーにて）一九九二年八月三十一日。

＊37　Angelika Zirngibl, letter to Tom Hamaoka, vice president & general manager, Daishowa Canada Company Ltd., 28 August 1991.

＊38　John Goddard, "Daishowa Boycott Defends Lubicon Land," in *Save our Boreal Forests: The Mystery and The Heritage* (Western Canada Wilderness Committee Alberta Branch Educational Report), 11 (Fall 1992), 1.

＊39　Daishowa Canada Co. Ltd., News Release, 25 November 1992.

＊40　Daishowa-Marubeni "Fact Book — Daishowa Boycott" (no date).

＊41　Ed Struzik, "'Carmanah North' in Peril," *Edmonton Journal*, 16 December 1990.

＊42　ジェームズ・モリソン（大昭和カナダ、エドモントン事務所ゼネラル・マネージャー）は一九九二年五月九日の著者とのインタビューで以下のように述べている。「大昭和に関する記事では企業名の後に日本人所有と書かれたが、プロクター&ギャンブル社では、会社名の後にアメリカ人所有と書かれることはない。こうした人種差別のひどさに驚いている」。

＊43　Ed Struzik, "Canfor Says It Kept Lease to Avoid Scrutiny of Logging in Park" *The Edmonton Journal*, 23 October 1990.

＊44　Canadian Parks and Wilderness Society v. Wood Buffalo National Park et al., 55 F.T.R., 286.

＊45　Richard Helm, "Environmentalists Handed Gov't Legal Bill," 14 May 1992.

＊46　ＣＰＡＷＳのレイ・ラスムッセンはＡＷＡに対する州の助成金削減はこのように説明できると思っている。この点についてはR. V. Rasmussen, "Public Participation and Environmental Decision Making in Alberta," in Alberta Society of Provincial Biologists and Canadian Society of Environmental Bioligists, Alberta Chapter, *Seeking Consensus: the Public's Role in Environmental Decision Making* (Edmonton: 1988), 49.

＊47　J. R. Mallory, *Social Credit and Federal Power in Canada* (Toronto: University of Toronto Press, 1954), 196.

# 第五章　アルバータ・パシフィック社——成長の政治経済学

一頭の馬糞は百羽の雀を養う。

——ことわざ

メティス（白人とインディアンの混血民族）同様、インディアンにとっても真の自立への鍵となるのは安定した経済基盤を発展させた自給自足であることは、明白である。七〇年代の石油・天然ガス景気から我々が得るところがほとんどなかったことを忘れもしない。インディアンとメテイスは好景気に参画するはずであった。しかしそうはならなかった。我々にその準備ができておらず、またインディアンやメティスが好景気の機会を利用するための準備を確保する方法を見つけ出すべきだと主張しなかったためである。……九〇年代の林業景気ではこのようなことがあってはならない。

——アルバータ州のメティス協会とインディアン協会の共同声明。一九八九年十一月三十日のアルバータ・パシフィック社に対する環境評価アセスメント審査会にて

ブリティッシュ・コロンビア州クランブルックのクレストブルック・フォレスト・インダストリーズ[訳注1]社のスチュアート・ラング社長[*1]は夢想家で、三菱商事のカナダ西部での森林開発事業で大きな役割を果たした。われわれがアルバータ州北東部アサバスカ付近での一〇〇〇億円以上にのぼるアルバータ・パシフィック（ALPAC）パルプ工場建設計画を「誇大計画」だと不しつけに言うと、ラングは怒った。ラテン・アメリカで長年にわたって「誇大計画（ビッグ）」を練り続けたラングは、反対派にも支持派にもゲティー林業政策の王冠の宝石とも言うべきアサバスカ工場設立の天才的黒幕として知られている。アルバータ州の多くの地域で、石油景気が去ってからは「誇大計画」の売り込みが難

しくなった。州の都市部を中心とした環境問題に対する世論の関心の高まりもあって、森林皆伐、有毒廃液、大気汚染といったわずらわしい問題がつきものの大規模なパルプ工場は悪評である。四十年前にはそのような影響はほとんど見られず、議論の余地もなかった。というのも当時は多少の環境破壊なら経済発展の必然的代償と見なされていた。資本主義陣営も社会主義陣営も科学技術（軍事技術を含む）が自然を支配し、ロナルド・レーガンが昔のテレビCMで「進歩こそ人類の最も重要な製品です」と言ったセリフ通りの社会を作り出せるということに少しの疑いも抱いていなかった。ドン・ゲティーの進軍命令下にピース川とアサバスカ川沿いに紙パルプ工場を建設し、北方亜寒帯林を産業利用しようとした政治家や官僚は、成長と最新技術が恵み以外の何物ではないという五〇年代の思想に疑いを持たぬほど思慮が浅く、気前の良い楽天主義者である。こうした考え方をいまだに抱いている者は、少なくともチェルノブイリ事件を境にヨーロッパでも北米でもますます少なくなっている。アルバータ州の政策決定者が資源搾取による経済成長に好意的な先入観を抱いているのは、ケインズ経済学の説く雇用創出の必要性と政府の力による経済的あるいは社会的改善を信奉する考え方を学んだ世代が中心になっていることも一因である。すなわち積極的に介入する国家を支持していた。そして、より極端な環境保護主義者を都市部の宣伝好きロマンチスト、あるいはドストエフスキーの小説で風刺された十九世紀の無政府主義者同様に自分たちの主張を他人に押しつけて地域社会の経済をマヒさせる連中だと見なした（こうした見解は少数の者に関しては当たっていても、州の森林開発及びパルプ工場誘致戦略は北方の生態系保全に対して破滅的な影響があるかも知れないと考え、また、多くのパルプ工場が北方の大河川システムに与える影響について工場建設促進派の中には全く無関心な人たちもいると信じる人々の公平な人物像でないのは明らかである)。ともかくアルバータ州の経済開発計画立案者たちは、ゲティー政権下の森林開発及びパルプ工場建設政策に対する批判勢力があげた問題のほとんどは新しい技術で対処できると考えていた。そのためアルバータ州経済開発・通商次官は、「アルバータ州は水や空気といった共有財産を森林の収穫と加工に使いつくそうとしている」というわれわれの示唆に対して、次のような科学技術の力へ信頼を示す大変印象的な見解を述べた。

「七〇年代にそのような質問をされたら『全くだ。それは大変な問題だよ』と応えるだろう。だが九〇年代にはそうした問題は解決済みか解決に向かっているので何も問題はない。例をあげればヒントンのパルプ工場だ。最近その工場の近くを一〇回通っても何一つ臭わなかったろう。昔はどうだった? 三〇マイル(約四八キロ)先で臭ったか? 今やその工場もきれいなものだ。……われわれは世界一厳しい基準を設けている。最新技術とより厳しい規制のおかげで百倍は良くなった。昔は百万分の一単位での話してきたことが今や十億分の一単位だ。だから技術で解決できない問題はない。—中略—アサバスカ川はALPACができれば五年前よりきれいになるはずだ。[*2]」

アルバータ州の環境規制が「世界一」厳しいという神話はさておき(実際にはそうではないが)、河川浄化は技術改善よりもむしろ環境団体や一般市民からのたゆまぬ政治的圧力によってなされたというのがわれわれの言い分だが、州当局の発言にも一分の理がある。かつては悪名高かったヒントンのパルプ工場を始め多くの場面で、確かに新しい技術は環境への最悪の影響をやわらげてきた。つまり第二章で述べたようにホワイトコートにあるミラー・ウェスタン社の機械パルプ工場は漂白用塩素を用いなくてもパルプ生産ができ、一方で同社のサスカチュワン州メドウ・レーク工場ではゼロ排出工程を採用しており、近隣の水系に廃液を全く漏らさない。したがって、ともかく技術進歩により環境悪化を食い止めることはできる。しかし技術進歩の役割を認めるとしても、「われわれは全ての問題を解決した」という経済政策決定者の考え方は環境活動家やカナダ国民の大半には受け入れられておらず、過ぎ去った時代の「文化的遺物」でしかない。

アルバータ州で技術進歩への信頼が衰えて環境保護主義が高まったのは、八〇年代初期の不況時にエネルギー関連の巨大プロジェクトが破棄され、石油依存型の州経済が事実上マヒしたという苦い経験に負うところが大きい。アルバータ州民の多くが七〇年代の高度成長期にはオイルサンド・プラント建設や石油化学の合弁事業、新パイプライン建設計画を支持した。しかしＡＬＰＡＣのような巨大な資源開発事業は、政府の高額な支出による歯止めなしには赤字を出しがちで、国際的価格変動の影響を受けやすく、生態系にとって過酷すぎる、と憂慮する懐疑主義が新たに台頭してきた。四〇年代後半以来、アルバータ州の経済成長を維持してきた支配的な資源搾取経済全体がその批判者たちから見ると時代遅れで、少数の不安定な大規模資源プロジェクトに結びつき過ぎていた。しかし前章で述べた通りドン・ゲティー政権下の州政府は巨大プロジェクトに関しては懐疑論者と意見が異なった。経済発展に関するゲティー首相の見解はアルバータ州の過去の巨大プロジェクト成功に基づいた単純なもので、彼が大の競馬ファンであることも手伝って本章の冒頭に掲げた粗野なことわざにはわが意を得たりと思うのであろう。ゲティ支持者なら、アルバータのような資源に豊む周辺地域の開発に巨大プロジェクトは必要で、多国籍企業という「馬」の糞が地方のビジネスという百羽の雀に経済的波及効果をもたらすためには不可欠であると主張する。

一方でこうした大規模で技術力に負うところの多いプロジェクトは相対的に雇用創出は少なく、その仕事も大抵は訓練、技術、その他の手段を持たない地元の人ではとてもありつけるような代物ではない。そのために例えば地元の製材所や木材加工業者が（先住民族を含めて）六〇人から七五人ほど雇ったとしてもほとんどの者は機械化された伐採用具の操作に必要な資金も技術もないので、近代的パルプ工場ばかりか原材料供給源となる森林でも働けるだけの資格を持ち合わせていないのである。森林資源をより資本集約的で近代化されたプロジェクトに割り当てれば、地元の失業増大につながりかねない。「従業員はどこにいるのか?」というのがヒントンにあるウェルドウッド社のような新しい近代的パルプ工場を訪れた者に共通した疑問である。その答えは、優秀な機械によって不要になった労働者の多くは工場を去ったということである。工場は静かでエアコンの効いたコンピューター管理室に座っている一握りの職員が操作し、ハイテク装備の部屋と巨大で騒々しいパルプ製造機器とは物理的に無関係にさえ見える。われわれは技術進歩には反対ではないが、それには好影響ばかりでなく悪影響もあることを肝に銘ずるべきである。コンピューターを利用した技術は中立ではない。大昭和やALPACのように複雑な近代的パルプ工場で働く高度技術労働者数百人の仕事さえも、人件費節約の絶え間なき圧力に脅かされている。そのため州の政策として補助金を出して土地と資源を多国籍企業に割り当て、最も技術集約的な伐採とパルプ加工を明確に推進し加速しようと企てるべきかどうかは少なくとも議論に値する。

工場誘致の初期にＡＬＰＡＣのスチュアート・ラングが公然と自画自賛したように、提案されたアルバータ・パシフィック・プロジェクトは事実として世界最大のクラフトパルプ工場の一つであったが、こうした彼の言動が実際にはアルバータでの環境運動を活性化し拡大することになった。そして州北部の大河川の現状とゲティー政権が事実上永久に日本企業傘下の合弁企業であるＡＬＰＡＣに差し出そうとしていたＡＬＰＡＣの広大な森林管理地域[訳注2]（アルバータ州全土の一〇％、カナダ全土の一％に相当）の問題に一般市民の注意は引き付けられた。八八年七月にフレッド・マクドゥーガル州林業次官に宛てられた書簡の中で、日本の大手商社である三菱商事と大手製紙会社である本州製紙（当時＝現王子製紙）を主要株主とするラングのクレストブルック社は、計画中であった日産一五〇〇トンの工場を「紙パルプ業界特有の変動の激しい市場動向に対処し、単位当たりの生産コストを大変低く抑えた世界的規模のものである」[*3]と表現している。一生産ライン工場としては世界最大であり、アルバータ州史上「初」のものであった。だがラングはＡＬＰＡＣが必ずしも「誇大」ではないと言った。ラング自身が育ったニューファウンドランドに当時あったパルプ工場から見ると、カナダの他の近代的な巨大林業プロジェクトは小さく見えた。背が低くずんぐりした体型で矢継ぎ早に独演するラングは、自分の抱く夢想的な構想に何の疑いも持たぬ扇動者だった。そして日本企業による北米投資を雄弁に弁護し、アルバータ州政府が他の選択肢を差し置いて三菱支配下のＡＬＰＡＣ合弁事業を選択するよう説得するうえで中心的な役割を果たした。だがラングは彼を批判する環境運動に対し、尊大な態度をとったり、あるいは考慮の対象にもしなかった。それがＡＬＰＡＣの件では重大な過ちであり、明らかにラングはアサバスカ・パルプ工場を州政府と日系企業スポンサーに売り込み過ぎた。

スチュアート・ラングがクレストブルックに着地したのは一九七九年で、南米で「ルートウィッグ事件」という大事件に関わった後のことであった。それ以前、ラングはコーナーブルックにあるボウォーター[訳注3]・ニューファウンドランド[訳注4]社の化学技師からテュクステペック社技師としてメキシコへ転職し、その後はオリンクラフト社のブラジル副社長を十六年間務めた。そして七〇年代後半にはアマゾンでジャリ・フォレスト・プロダクツ[訳注5]の生産担当副社長を歴任し、ブラジルでジャリ川パルプ工場開設に関わった。この空想的な計画では、スチュアート・ラングが大金持ちのドイツ系アメリカ人で海運王ダニエル・ルートウィッグの夢の実現に一役買った。ルートウイッグはブラジルのアマゾンでパルプ事業を手がけて熱帯雨林で一儲けしようと考えてラングを採用した。結局一獲千金の夢はついえたものの、話自体は現実の出来事ながらハリウッドの脚本になるには充分な途方もないものだった。

「フィッツカラルド」という映画を見た者なら、一八九〇年代にアマゾン川上流に住むペルー人の間で「フィッツカラルド」という名で知られるアイルランド人がゴムで一獲千金の粗暴な計画を夢見たことを知っているだろう。フィッツカラルドはゴム農園主のだれもが開発の手を加えていない土地にたどり着こうと、河川航行用の大型船を分解してインディアン数百人に部品をアマゾン支流の長い道程を通って運ばせた。フィッツカラルドは信じられないような行程を経て部品を再び集めて組立作業を行ない、船でゴム栽培の処女地へ侵入した。

約八十年後に現代のフィッツカラルドとも言うべき億万長者ダニエル・ルートウィッグが似たような方法でブラジルのアマゾン川流域——アマゾン川本流の河口付近で合流するジャリ川で広大な人工林とパルプ輸出帝国を築き上げて富を成そうとした。最初にルートウィッグは成長が早く病虫害にも強く、パルプ原料や木材としても優秀な樹種を求めた。そしてルートウィッグのジャリ・フォレスタル・エ・アグロペキュアリア社はグメリナ・アルボジアというビルマおよびインド原産の樹種とカリビア・マツをジャリ川付近の八万一〇〇〇ヘクタールにわたる土地に植林した。次にルートウィッグはブラジル政府の支援を求め、七四年にはブラジルを世界の主要パルプ輸出国の仲間入りさせるべく国家的計画が着手された。ジャリ川での合弁事業完成のためにブラジル国立経済開発銀行はジャリ・フォレスタルへ二億ドルの外資導入を保証した。こうして文明世界から二四〇〇キロ、主要市場からは数千キロも遠くの人里離れたジャリ河畔で、ルートウィッグは年間生産量二五万トンのパルプ工場を建設できるようにした。十年後のアルバータ同様、産業動向予測の中で市場パルプが間もなく供給不足になり、価格も上がるという論理に基づいて、ブラジル政府はこの実現可能性の低い資源開発事業への補助金拠出を正当化した。疑うことを知らぬ政治家たちはこのジャリ川開発計画を気前よく支持して幸福の絶頂に立ったが、こうした考え方はもちろん間違っていた。八〇年代初頭の世界パルプ市場は供給過剰で、とても供給が不足する見込みはなく価格も低迷した。

ルートウィッグはジャリ川での新工場建設の代わりに、アイルランド人フィッツカラルドに匹敵する巨大な計画を公表した。まず日本輸出入銀行より二億五〇〇〇万ドルを借り入れ、日本のプラント会社（石川島播磨重工）に二億ドルで日本でのパルプ工場建設を委託した。そしてタグ・ボートで海を渡ってブラジルまでの二万五〇〇〇キロを曳航してきた。パルプ工場はアマゾン川からジャリ川まで引き上げ組み立てられたが、八〇年代初頭のパルプ供給過剰で計画は挫折してブラジル政府に買い取られた。[*4] ルートウィッグの言う「人生最大の無駄」は終わり、ジャリ川開発計画は一〇億ドルの損失となった。スチュアート・ラングの事業全体での役割は定かではないが、ルートウィッグが手を退く二年前にアマゾンを去り、ブリティッシュ・コロンビア州のクレストブルック社社長に就任した。どういうわけかゲティの林業政策担当者はこのエピソードを今だに引用し、スチュアート・ラングが「夢想家（ビジョナリー）」であり、世界最大のパルプ工場を人里離れた地に建設し、そしてどうにかして富を産み出せる能力の持ち主の証だとしている。

ＡＬＰＡＣはドン・ゲティ主導下でアルバータで建設された全ての新聞用紙・パルプ工場の新規および拡張事業の中でも最大のものだった。進歩を最新かつ最高の科学技術という観点からとらえる者にとってＡＬＰＡＣは最新技術による進歩の象徴であった。その巨大な漂白パルプ工場はアサバスカ川南岸でアサバスカより五〇キロ下流になるアサバスカとラック・ラ・ビッシュの中間地点に建設された。工場のパルプ原材料供給源となる広大な後背地は州北東部の大部分を占める州直轄地六一〇万ヘクタールで、ニューブランズウィック州[訳注6]全体より広い。ＡＬＰＡＣは木材需要の九割を公有地から、残りを農家やインディアンの私有地からまかなう計画だった。一日に乾燥重量一五〇〇トンのパルプ生産設備能力を持ち、その内七七％を広葉樹（主にポプラ）、二三％を針葉樹（主にスプルース）の混合物から生産し、森林と工場で一一〇〇人の常勤従業員を抱えている。ＡＬＰＡＣは八八年末に初めて州政府の暫定的な許可を受けたが、反対運動と環境公聴会（次章で扱う）のために何カ月も遅れたので一三億ドルの工場施設は九三年秋まで操業開始できなかった。ＡＬＰＡＣは前例のない規模で、アルバータ州北東部の総合的な工業化をもたらすだろうか？　以下に述べるように、ＡＬＰＡＣ社との交渉でゲティ州政権は資源の「完全利用」とパルプ生産からの二次的製造業の発展を保障しようと望んでおり、地元林業会社のプロジェクト参加によっていわゆるアルバータの産業利益の最大化を図った。ピース川での大昭和・丸紅のように、アルバータ州政府はパルプ工場が市場動向によっては上質紙生産に踏み切ると見込んでＡＬＰＡＣを承認した。九一年八月三十日に調印された森林管理協定の中にも、アルバータ・パシフィックは「パルプから製紙への二段階発展を目的とした合弁事業である」と記されている。しかしこの合弁会社がアルバータで製紙事業に踏み切るかどうかは、世界的規模の製紙工場（最低でも二億ドルの資本投下が必要で、生産能力は上質紙で年間一〇万～二〇万トン）に対する会社自身による採算性調査の結果次第であったが、多国籍企業がそうした結論を出すか否かは明らかでなかった。というのも州政府がどのように考えているかはさておき、上質紙生産の立地条件を考えるとアルバータのような場所は好まれないからだ。[*5] 市場原理任せでは、近代的製紙工場建設の立地点としてピース川やアサバスカは選ばれないであろう。

重要なことだがＡＬＰＡＣはアルバータ州の産業多角化開発リスク分担政策の副産物として登場した。このプロジェクトのコンセプトは州政府と多国籍林業会社の双方からもたらされた。こうしたコンセプトは州政府が日本企業に与えた優遇策が余りにも大きかったために実現されたが、その優遇策は以前の交渉でピースリバーのパルプ工場で大昭和に与えられたものをはるかに上回った。三菱商事、本州製紙、アルバータ州政府の間で初の会合が持たれたのは、ゲティ州首相の林業開発イニシアチブが東アジア歴訪中のアル・ブレナンら州政府高官から日本の主要企業に向けて示された時である。台湾、韓国、日本といった国々がその時の主な使節派遣先であった。アルバータ側は通商、投資、技術開発で日本を文字通り比類なく頼もしい相手と見ていた。アメリカは経済的地位の低下になす術もなく保護主義に傾く一方で、日本経済は順調で政策的失敗も見られなかった。アルバータにとっての問題は、日本の関心を引き付けることだけだった。ブレナン一行は投資家への宣伝用に「成長への余地」と題したビデオを用意した。そのビデオは日本のどこかの港から始まっている。ビデオの中で日本企業の重役は新しく到着した木材製品を目にする。どこから来たのかと部下にたずねると「アルバータです」と言う。「アルバータかい。それはいいねえ（Berry good!）」と重役は（日本語訛りの英語で）答えている。

日本でアルバータ使節団は王子製紙、大昭和、本州製紙の他に、丸紅（ブリティッシュ・コロンビアで大昭和と共同でパルプ・プロジェクトを行なっている）、三菱商事（多角経営では世界有数の多国籍企業）といった大手商社二社と会談した。日本最大の製紙会社である王子製紙[訳注7]とは交渉がまとまらなかったが、他の五社は次々とアルバータ北部での巨大資本プロジェクトに参画した。大昭和と丸紅が北西部に、三菱と本州製紙は北東部でＡＬＰＡＣ事業を手がけた。本州製紙を始め日本の紙パルプ会社はＡＬＰＡＣコンビナートでは余り重要な役割を担わなかった。ＡＬＰＡＣは事実上ほとんど三菱商事の事業であったためで、プロジェクトの分析を行なう際にはこのことを念頭に置く必要がある。とりわけ三菱はＡＬＰＡＣに対する銀行、投資家、保証人、技術提供者の役割を果たしたばかりか、唯一の販売代理人でもあった。三菱は環境基準の変化による、どのようなコストの上昇の負担もカバーすることを保証し、約束することで事業資金の確保を可能にしたのであった。三菱のＡＬＰＡＣ関与は、八〇年代末の余剰資金を抱え、為替相場も好ましい時期に北米における全般的な事業拡大戦略[訳注8]の一部であったように思われる。三菱はクレストブルック社支援によって、従来以上に魅力あるパルプ原料供給源をアルバータ州北東部に求めた。例えば大昭和とは違って商社である三菱は、世界規模のパルプ事業や統合的なシステムの中で製紙事業を行なうわけでもなかったが、他の商品と同様にパルプの流通、販売を行なっていたので紙・パルプも巨大商社の売り上げの一部を占めていた。[訳注9]三菱は自らの関わるどのような事業にも膨大な資金力、マーケティング知識、技術的ノウハウを持ち込むため（クレストブルック社を通じて）、アルバータの森林開発に乗り出すことは、ゲティー首相の政策の信頼性を著しく高めた。日本側から提示された条件は以下のようなものであった。州政府が合弁事業に政治的、金融的リスクを緩和し長期的な供給体制を支援する見返りに、三菱はグループ（＝合弁事業）への資金援助体制整備、巨大パルプ工場からの全製品購入、全世界にわたる製品販売を引き受けた。重要な決定は日本側が下した。しかし八七年の同時期にスチュアート・ラングは新任のアル・ブレナン州林産業開発部長とカルガリーで朝食を共にし、ニュー・ファウンドランド州出身者同士でラングのクレストブルック社が抱く野望とその日本側の巨大な親会社二社について話し合った。大企業支援下にありながら、カナダ林業界でのクレストブルック社の役割は未だに小さく、構想中の大プロジェクトを手がけるには小さ過ぎ、またローカル過ぎた。八八年に行なわれたプライス・ウォーターハウス社の調査によれば、株式を公開している（カナダの）木材会社中、クレストブルック社は販売収益で一八位を占めるに過ぎず、この部門の上位一〇社のどこと比べてもはるかに小さかった。クレストブルック社の創立は一八九八年のクランブルック・サシュ&ドーア社にさかのぼり、以来ブリティッシュ・コロンビア州南東部の東クーテニー地方[訳注10]を中心に操業してきた。一九六六年八月にクレストブルック社は本州製紙及び三菱商事との間で、日本側が同州クランブルック付近のスクーカムチャックで日産四〇〇トンのパルプ工場建設に融資するという条件で、合弁事業合意書に署名した。融資への見返りに日本側はクレストブルック社及びその生産ラインの実質的な支配権を得た。パルプ販売協定を通し、クレストブルック社は本州製紙と三菱に対してその工場でできたパルプを市場価格より安く販売するよう要求された。全製品の販売網確保は工場にとってもアルバータ州にとっても明らかな利益があったが、クレストブルック社は自社製パルプに支払われるべき価格の管理を放棄していた。この協定に見られるものは国際的な資源会社が行なう価格移転[訳注11]のための全く標準的な取決めであり、クレストブルック製品を年間数百万ドル割り引くというパルプ販売協定と同様にＡＬＰＡＣ製品日産一五〇〇トンのパルプのすべてを合意された割引き価格で購入することを保証する同様の協定が工場所有者企業（親会社）の間で協議され、これがアルバータ州外に利益を移転するメカニズムになる可能性があった。こうしてスクーカムチャック工場製品のマーケティングをカバーするクレストブルック社自身のパルプ製品の販売方法は、カナダ連邦歳入局と税務当局の調査と提訴の対象であり続けた。極秘調査によって得た価格情報によってカナダ歳入局はクレストブルック社の納税を八四年から八六年にわたって再査定し、販売協定によって価格が過剰に割り引かれてカナダ国外に利益が持ち去られたと主張した。クレストブルック社は連邦政府に対し四九〇万ドルを支払う必要があると申し立てられたが、評定が書かれていた当時は控訴中であった。[*6] 価格移転は、課税されるべき収益を同一企業内の他の組織へ移転するために多くの多国籍企業により様々な地域で使われているが、これに対する監視や防止は難しい。三菱商事は例えばパプア・ニューギニアなどで、ある伐採会社の唯一の購買者という地位を利用して大規模な価格移転や秘密裏のオフ・ショア利益移転を行なっていると非難されてきた。[*7] しかし繰り返し述べるが、アルバータ州高官から見ると工場製品の市場確保や地域安定の観点から、協定内容は州にとっても有益であった。三菱のような多国籍企業との商談における当初の決断の際には交換条件はつきものであり、その価格戦略においても彼らはコストと便益の両方をもたらすのだ。

スチュアート・ラングがアル・ブレナンとカルガリーで会ったさいに、ラングはクレストブルックがアルバータ州南部に小さな製紙工場を建設する可能性を示唆した。だがラングはもっと大きなことを考えていた（ブラジルでは失敗したかもしれないが、アサバスカはアマゾンとは違う。今度はきっと成功するはずだ）。ラングが本当にやりたかったのはアルバータ北東部での「巨大な」パルプ工場の建設であったが、後に彼の形容した単一工程としては世界最大のパルプ工場に対して、一方の日本側のスポンサーである本州製紙がアルバータでの事業に消極的なことを認めた。他方、三菱商事側は北米での事業拡大をもくろんでいたため、クレストブルック社の「事業目標」を支持した。その目標とはクレストブルック社年次報告書の中で、今や「北米両国におけるいくつもの州において林業から紙・パルプ製造に至る世界的規模の総合的木材会社としての地位を築き上げる」と説明されていた。同報告書ではクレストブルック社の利益の低さ、大規模プロジェクトの運営・建設の経験の乏しさについては巧妙に論評を避けた。だがアルバータの林業政策担当者は日本と三菱をその行間に見ていたため、これ以上力強い印象を与えたものはなかった。

クレストブルック社がブリティッシュ・コロンビア州の一地方企業から州外での事業発展を模索し始めたのは、いくつかの理由がある。同社の新たな森林資源へのアクセスは、いくつかの最前線において脅かされていた。スチュアート・ラングの言を借りると、ブリティッシュ・コロンビア州は利用可能なパルプ原料を使い尽くしてクレストブルック社の事業拡大の野心をくじこうとしていた。さらに米加針葉樹製材紛争[訳注12]における当初のアメリカ側業者の勝利を受けて、ブリティッシュ・コロンビア（BC）州政府は立木価格（stampage）あるいは森林使用料（ロイヤルティ）を引き上げたので、利用可能な樹木の費用は益々高騰した。八七年から八八年にかけてのクレストブルック社の全立木コストは五二〇万ドルから九二〇万ドルまで八〇％も上昇したので、ラングは州の課す森林使用料のために会社が財務的に圧迫されていると非難した。同社が安い立木価格で広葉樹資源を中心にアクセスを獲得しようとしていたアルバータではブリティッシュ・コロンビアより四〇％も木材価格が安い（一立方メートル当たりで二〇ドルに対してBC州は三五ドル）とラングは述べ、その多くの責任はBC州の規制当局にある、と主張した。[*8] そしてブリティッシュ・コロンビアの環境活動家も重要であった。環境団体はすでに隣の西クーテニーで林業用地の一部を伐採から守るのに成功した。バルハラ原生自然保護協会[訳注13]がバルハラ州立公園というスローキャン湖西岸を見下ろす原生自然公園の設立に成功したことで、林業会社の域内での年間許容伐採量（AAC）に制限が加えられた。伐採ライセンスに関する公聴会で声高に主張するバルハラ協会の存在感は、ラングをして「まるで知的文明を辱める動物園のようだ」[*9]と言わしめた。ラングは社員に対し、九一年夏の公開書簡の中で「わが州の資源基盤は州政府の行動、先住民の土地権請求、ブリティッシュ・コロンビアでの林産業廃絶を画策する過激派環境運動といった要因に脅かされている。端的に言って、木材供給が断たれれば林産業もクレストブルック社も事業縮小以外に選択肢はないのである。急激な木材供給源消失は我が社の終焉を意味する」[*10]と嘆いた。そして最後にブリティッシュ・コロンビアの悪名高き労働組合を忘れてはならない。同社はカナダの紙・パルプ・林業労働組合との関係は良かったが、八六年には米州国際木材産業労働組合による十八週間という創立以来最悪のストライキにみまわれた。ラングは州の「規制当局」や環境運動ばかりか、組合の賃上げ要求が事態を一層悪化させていると非難することが多かった。すなわち林産業の破壊を画策する勢力が余りにも多く、経営者にはほとんど責任がないと言うのである。夢想家ラングはクレストブルックと日本企業の合弁事業をブリティッシュ・コロンビアではなくアルバータで行なおうと考えた。自由な企業（free-enterprise）政策を採るアルバータなら、環境保護運動にも悩まされることなく、BC州より森林資源が豊富で広葉樹材も安いといった好条件がそろっていた。北東部でのアルバータ・パシフィック事業はアルバータに進出するための切符であった。

## 素通りした好景気

アサバスカ／ラック・ラ・ビッシュ地域はアルバータでも有数の貧困地域である。石油景気の最中でさえ住民はほとんど恩恵にあずかれず、アサバスカ地域の経済成長は芳しくなかった。アサバスカ地域はうっそうとした森林と数多くの湖のある過疎地で都市部はほとんどなく、人口では州全体の一％にも満たず、エネルギー資源にも肥沃な農地にも恵まれていなかった。アサバスカは作物の生育期間も短く地味も貧弱で、農業には不向きであった。就業人口の半数は農業と建設業で占められていた。教育水準と一人当たりの所得水準では州の平均をはるかに下回っていた。八〇年代半ばには人口の二四％が中卒以下で、七一年以来就学率は低下の一途であった。八九年の統計では、アルバータ州三一郡の中でアサバスカ郡の財政規模は最下位であった。アサバスカ地域にも周辺地域にも国立公園のような際立った自然景観もなく、歴史的に北方への交通路となっているアサバスカ川沿いにも観光客を誘致できるような場所はほとんどなかった。冬期にはアサバスカ川の水位が下がって工場排水のはけ口がなくなるので、タールサンドやパルプ工場による産業開発もままならなかった。主要都市を結ぶ高速道路（例えばエドモントン―フォート・マクマレー間）もアサバスカ地域を直接通らなかったので、衰退に一層拍車がかかった。アサバスカには湖が多く夏には別荘や山小屋でにぎわう所も多いが、湖水地での観光産業を支援するためのインフラは不備であった。域内先住民社会には、例えばコーリング・レークのように高い失業率や貧困、社会的病根に悩まされているものもあった。そして住民は福祉依存生活者の掃き溜めになってしまった。アサバスカ自体は小さい魅力的な町で、かつてはアサバスカ・ランディング[訳注14]の名で知られていたが、今世紀を通じて不安定な存在であった。南北縦貫高速道路に素通りされたばかりではない。主要都市エドモントンとの距離が近すぎるためにアサバスカ町やその他のコミュニティーにおける小売業やサービス業の収入が大都市の方に流出してしまう、ということになる。[*11]アサバスカ町は数十年にわたって人口二〇〇〇人を維持しようと努力を続けてきたが、若年層の多くが大都市への移住を選択したので公共投資にも支障をきたすほどに財政基盤が縮小してしまった。思いもよらなかった通信教育機関アサバスカ大学のエドモントンからアサバスカへの移転を州が決定したものの、八〇年代初頭の不景気でアサバスカは大打撃をこうむった。要約すると、一三億ドルにのぼるアルバータ・パシフィック計画をめぐる八〇年代後半の論争以前にも、アサバスカ／ラック・ラ・ビッシュ地域はアルバータ州内他地域に比べて経済が不振で地元政財界は新規投資の誘致に熱心であった。こうした状況下ではＡＬＰＡＣ計画への地元住民の支持も取り付けやすく、クレストブルックと日本企業が開発賛成派のネットワークを形成するのはいともたやすかった。

経済不振と人口減少の中で、八五年にはアサバスカ郡知事[訳注15]のビル・コスティウ主導下で同郡地域経済開発委員会は、フィンランドのＥＫＯＮＯ経済コンサルタント・グループに郡の資源調査と雇用と産業創出による経済改善のための戦略立案を依頼した。ＥＫＯＮＯの報告書の内容は詳細かつ現実的ではあったが、アサバスカの長期的見通しについては、やや楽観的であった。報告書はアサバスカの経済発展を阻害する病根に対する単一の治療を示すものではなかった。興味深いことに大規模パルプ工場や何らかの大型プロジェクトの誘致による経済開発がここ数年広まっているにもかかわらず、ＥＫＯＮＯの報告書では「巨大プロジェクト」頼みの経済政策には否定的であった。好景気と破綻を繰り返してきたアルバータ州とアサバスカ地域の歴史を振り返ると経済の安定と多様化が必要になってくるので、経済開発は多様化を中心に行なわれるべきだと言う。

「アサバスカ地域には多くの多様なニーズがある。概念的には、野球で言えば『ホームラン』よりも『連打』の方が必要である。どちらでも点は入るが、アサバスカ地域の場合には相互関連した開発イニシアチブの集積の方が一本の経済的『満塁ホームラン』を求めるよりも成功の見込みが高い」[*12]

単一の大規模プロジェクトを重視した開発の「満塁ホームラン」に対するＥＫＯＮＯの代替案は、小売業、観光業、高付加価値木材加工業（家具製造がこのタイトルで論じられている）などの産業育成や泥炭生産を通じた漸進的な開発であった。EKONOは多様化のためにアサバスカ地域はベンチャー資本のよりよい供給を拡大すること、適正なインフラ、公共投資のための課税基盤拡大や地域の目標や資源についての情報提供サービスの改善が必要であると主張した。だが報告書はほんのさわりにしか触れていなかった。EKONOは開発の概要を示して新たな投資と成長の可能な分野をあげたものの、民間企業がこれらの分野に投資するに当たっての困難に何の処方箋も与えず、ましてや特定の事業や企業に対する助言ともなると期待すべくもなかった。結局、報告書は雇用創出、道路建設、新しい富の蓄積を生み出すこともなく何も変えることはできなかった。長期的にはEKONOの助言に従えば運と努力次第でアサバスカ地域の経済は改善されるかもしれない。短期的には、報告書は戦略を示しただけで万能解決策を示した訳ではなく、貧困、不況、失業に即効性のある解決策を示さなかった。地元勤労者でアルバータの好況に取り残された者にとって、このコンサルティング・レポートは数年後にアルバータ・パシフィックの計画に関わるクレストブルック、三菱、本州製紙、その他多国籍企業がアサバスカ／ラック・ラ・ビッシュ地域にもたらすものの代替案には到底なり得なかった。ALPACは地元の森林資源の活用を通して、世界最大の単一工程パルプ工場、一〇億ドル以上もの投資、一〇〇〇人以上の常勤雇用、新たな公共投資、課税基盤その他を持たらすものだった。たとえALPACがより付加価値の高い工業開発をほとんど行なわない一発パンチの大規模資源収奪プロジェクトに過ぎないとしても、アルバータ経済の好況期の恩恵に浴すことのなかった生産地では間違いなく政治的にアピールした。特にEKONOに報告書を依頼したアサバスカ郡長官ビル・コスティウですら、ALPAC計画誘致と同事業からの税収で郡経済を潤そうという計画で重要な役割を果たした。このことはアサバスカ／ラック・ラ・ビッシュ住民が巨大プロジェクトへの環境上の批判に無関心であったという訳ではなく、物質的な利益と成長の約束は（正しかろうが、素朴であろうが）経済的に潤い、他に繁栄への手段を見い出せぬ地元住民には説得力があったということである。ALPACは競争者の不在によって住民の気持ちをつかんだと言える。つまり経済成長や希望をもたらす代替案を示す者がおらず、環境活動家も成長を促す代替案を示せなかったからである。そのような政治的現実の中で、現実的な経済的代替案がないことから、反対者によるALPAC阻止の努力は住民の怒りを買い、本来なら他の理由で反対に回ったかも知れない住民さえ計画支持に回った。

## 便益：企業とアルバータ州民

アルバータ州北東部に広がるラック・ラ・ビッシュの森林の独占的な伐採権の獲得をめぐり、ALPAC事業の推進者たちや競争相手の他の林業会社による激しいロビー活動の暗闘を経て、ゲティ政権は一九八八年十二月、最終的にクレストブルック社のALPAC事業を選択した。環境活動家やアサバスカ／ラック・ラ・ビッシュ選出の新民主党州議会議員が推すケミ・サーモメカニカル・パルプ事業案も含めた六つの案が検討されたが、州政権の短いリストには二つの多国籍企業が残った。アルバータ・パシフィックとアメリカの大手木材会社ウェアハウザー社である（同社ロビイストのピーター・ラフィードは元同州首相でカルガリーの企業弁護士であった）。ALPACは最有力候補で地元政財界からも強力な支持を取り付けていたが、アルバータ州政府官僚の全てがクレストブルック社の信任状に飛びついたわけではなく、ウェアハウザーの提案を支持する影響力のある人々もいた。例えばフレッド・マクドゥーガル林業次官はクレストブルックのプロジェクトに懐疑的で、ウェアハウザーの方に好意を示した（実際、マクドゥーガルは州政府がALPAC誘致を決定するとすぐにアルバータ州政府を去って、ウェアハウザーのアルバータ支社役員に迎えられた）。だがALPAC誘致の決め手となったのは、地場産業に最善の利益をもたらす最大の計画であったこと、マーケティングの方法において市場が不振でもパルプ工場の製品の売り先を保証したことが北部社会の不安定を懸念する地元政界には重要なポイントであり、ゲティー首相の多くの政治経済的優先課題、とりわけアルバータの産業利益に関わる問題に注意深く焦点を合わせてALPAC案がだされたこと、などの理由であったと考えられる。より一般的には、八〇年代後半に日本の多国籍企業が従来はアメリカ支配下にあった北米の産業に取ってかわりつつあったという事態から、ALPACが選ばれることになった。この時点で日本は余剰資金を抱え、短期的利益よりもパルプ原料の安定供給を求めていた。そのためアメリカ企業と比べより長期的で、かつアルバータ当局の要求を満足させるような観点から計画を作成できた。すなわち日本企業は少なくとも八〇年代初頭の前出のペーパーに見られるような通産省による行政指導以降、アメリカ企業以上にはっきりと林業への対外投資で「政治的」な視点を持ち続けていた。日本の製紙会社と商社の双方が絡んだリスク分散型の合弁企業を運営し、資源を所有する州政府と手を組んで長期的生産協定を保証し、アルバータ北部のような政治的に安全な地域からパルプ原料の安定供給が受けられるというシナリオである。ALPACの場合には州によるインフラ建設費用の負担と資金調達への参画、そして最も重要なのは広葉樹パルプ材への長期的なアクセスを保証する見返りに、日本企業側がアルバータ州の経済の多様化への関心と「アルバータの利益」に対応したことであった。プロジェクトが環境運動からの攻撃を受けるという弱点が明るみに出るまでは、ALPACは安定的な海外投資の通産省モデルの手本のようにすら見えた。

ALPAC合弁事業は八八年に立ち上げられた。所有権は日本企業管理下のリスク分担協定に基づいていた。三菱と本州の管理下にあるクレストブルック社自体は出資比率でALPAC合弁事業の四〇%を占め、MCフォレスト・インベストメント（三菱商事八五・七二%、北越製紙一四・二八%の株主構成）が三五%、神崎製紙カナダが残り二五%となっている。合弁事業を牛耳ったのは三菱商事であった。プロジェクトにかかる一三億ドルのコストをリスクと比べれば日本人が所有する企業にとっては大変魅力的であると著者は考えているが、アルバータ州政府と納税者にはそれほど魅力があったとは思えない。当初から州政府はALPAC計画のために交通インフラ全てへの資金拠出に合意し、最終的に七五〇〇万ドルを支払った。その他にクレストブルック社は州に対してまず一億五〇〇〇万ドルを州政府による直接株式投資か民間投資家に対する返済義務に優先権のある劣後社債[訳注16]によってまかなうように要求した。なぜか？　州政府は大昭和に対してはそのような優遇措置は行なわなかったが、実際に大昭和クラスの巨大で資金力のある企業にはそうした優遇措置は必要なかった。第一にそのような出資はプロジェクトに対する州の関与を深め、支持者と反対者の間の中立性というフィクションを拭い去り、プロジェクトの成功は政治的により強い関心事となる。すなわち、もしALPAC事業が失敗すれば州政府が同事業に直接関与している資金上の利害も同じ運命を辿ることになる。第二に銀行からの借り入れもしやすくなり、プロジェクト失敗時の企業側のリスクを低く抑えられる。

ＡＬＰＡＣはパルプ工場設立のために州から資金援助をたやすく受けられた。アルバータ州政府はプロジェクトに関しては公平な立場をとらず、最終的には二億七五〇〇万ドルをＡＬＰＡＣの合弁事業、すなわちクレストブルック、ＭＣフォレスト・インベストメント、神崎製紙カナダの管理下にある劣後社債に投資した。社債はアルバータ・ヘリテージ貯蓄信託基金が保有し、七億二〇〇〇万ドルにのぼる民間銀行のシンディケート抵当ローンの下位に置かれた。ということは、州がその貸し付けに対してびた一文受け取るよりも先に、銀行には全額を支払われることになる。州による直接の資金的関与は、プロジェクトの商業的な金融を「限定的償還請求権《リコース》」[訳注17]ベースで行なうことを許したのだった。すなわちこの意味は、多国籍企業各社は事実上、ＡＬＰＡＣに株式として投資した三億一〇〇〇万ドル以上のリスクを負わないことになった。債務不履行の場合には、銀行も州も多国籍企業各社が持つ他の資産の差し押さえを行なうような償還請求権《リコース》がなかった。[訳注18]株式所有者にとってはこの投資条件に関する合意は魅力があったが、それは何よりもアルバータ州政府が大きなリスクや収益の繰延を躊躇なく受け入れたことからである。よってクレストブルックはわずか一億二四〇〇万ドルの株式で一三億ドルのプロジェクトの所有権と利益の四〇％の他に、日産一五〇〇トンのパルプを得た。[*13]州はＡＬＰＡＣの道路や鉄道といったインフラ整備や劣後社債に三億五〇〇〇万ドルも投資したが、何らの株式も利益も得られず、わずかな立木代を得たのみだった。しかし納税者にとっては多国籍企業による私的投資のリスクの多くを自分たちが負担する結果になるのであった。それは「自由な企業活動」を合言葉にしたアルバータ州政府が数十億ドルにのぼる巨大石油プロジェクトの投資を惹きつけた七〇年代の戦略と変わらず、三菱商事と日本からの協力企業が世界各地のさまざまな産業分野で行なってきた戦略でもあった。しかしながら、大昭和がその前年に工場に対する州の資金的参画や納税者にリスクを負担させることなしにプロジェクトを実施する意図があったという事実は、ＡＬＰＡＣに対するこのような扱いが不可避である、という議論の根拠を弱めるものであった。大昭和の例は資金的優遇措置ではなく、パルプ原料の安定供給が日本企業をアルバータに引き込んだことを物語っている。ＡＬＰＡＣは実際に必要としたものを越える好条件を勝ち取った。もう少しましな州政府ならそのような結末を防ぐことができたであろう。

資源へのアクセスに関して言うと、ＡＬＰＡＣの日本側出資企業は九一年八月にアルバータ州政府と更新可能な二十年間の森林管理協定（ＦＭＡ）を結び、低コストの膨大な広葉樹材供給を長期的、独占的に確保した。これはＡＬＰＡＣへの投資に不可欠だった。多国籍企業にとっては州から得た財務上のコンセッション以上に木材供給に関する保有権（tenure）ははるかに重要で「銀行の担保にできる」資産であった。すなわち、パルプ原料供給に対する保有権が確保されなければ長期投資はなされず、銀行は貸し出しを行なわないであろう。ＡＬＰＡＣのＦＭＡはかなり長文で法律的にも詳細にわたっているためここでは詳細な分析を展開するスペースがないが、端的に言えば主な特徴は州と企業側の戦略に関わるものである。われわれの見るところ、ＦＭＡは全般的にＡＬＰＡＣの日本企業に甘く、特に企業側の州に対する義務の履行を要求するための関係政府部局が持つ権力は行使されそうもないと考えられるからだ。この木材会社グループはパルプ原料をおよそ六一〇万ヘクタールに及ぶ広大な州有地とＦＭＡの南側にある私有地から得ることになる。この公有林のうち半分が生産林であると思われる。ＦＭＡは例外も条件もほとんど課せられず、ＡＬＰＡＣに対して契約した全地域内において二十年間の恒久的な保続生産ベースに基づく落葉広葉樹と針葉樹の植林、保育、伐採を行なうため、企業側が契約条件を満足させる活動を実施し、かつ双方が合意する事を条件に二十年ごとに更新できる管理権を全域に与えた。ＡＬＰＡＣはこのＦＭＡの下で事実上全てのアスペン・ポプラ材の独占的な管理権を認められ、スプルースやジャック・パインといった針葉樹の管理権については、その多くが工場への木材供給業者となるような可能性の大きい現在の伐採クオータ保持者と分け合った。[訳注19]その代わりにＡＬＰＡＣ合弁事業の参加企業はＦＭＡの文言を借りると「当協定の下、合弁事業側が伐採した全ての土地に同事業側のコスト負担により再植林を行なう」義務を負っている。ＡＬＰＡＣはパルプ工場の材料供給のために、ＦＭＡの下で約二九四万立方メートルというどんな基準に照らしても非常に膨大な年間伐採許可量を勝ち取った。内二四四万立方メートルが広葉樹で五〇万立方メートルが針葉樹である（企業側は年間二五〇万立方メートルの伐採を意図していた）。九一年のＦＭＡでは企業側に対し針葉樹一立方メートル当たり二・〇九ドル、広葉樹一立方メートル当たり〇・四〇ドルの立木代[訳注20]が課されたが、立木代はアメリカの漂白クラフト・パルプの市場価格に基づいて毎年改訂され、しかも九一年以降価格は下落しつつあった（八九年のカナダ紙パルプ産業協会の数字によれば、アルバータの立木代はカナダでも最低で、ブリティッシュ・コロンビア、オンタリオ、ケベック州よりはるかに低い。サスカチュワン、マニトバ両州だけがパルプ用針葉樹にもっとやすい立木代を課している）[*14]。

　本研究全体を通じて、石油依存の経済基盤を多角化するためにアルバータ州政府がその森林資源の完全活用、林業部門の雇用増大、北部の開発、広葉樹林の二次加工による付加価値のある製造業の育成を支援しようとしてきたことを一貫して述べてきた。アルバータのアスペンポプラ資源は、特にパルプ、木質パネル、製材、特殊木材製品の原料としての利用に大きな潜在的可能性があると考えられていた。こうした事柄が、寛大な優遇措置と森林管理の権限をめぐって三菱商事やそのパートナーと（州との）の間で行なわれた交渉の目的であった。ＡＬＰＡＣは林業部門を手始めに、より広範な経済目標の達成を目指す州の戦略の中核の一つというより、おそらく中核そのものだった。それは同州のあまたの新聞用紙・パルプ工場中最大の計画であり、最も多くの雇用を創出する可能性を持ち、市民による徹底的な検討の対象にもなった。先行するいくつかのパルプ工場の建設が既に進んでいる時に、ＡＬＰＡＣ事業は大変遅れて着手されたため、先行の事業では取り入れられなかった政策を同事業に対し実施しはじめたのであった。ＡＬＰＡＣのＦＭＡ前文では、「高い質の森林環境を維持する一方で、木材の経済利用と木材資源基盤の価値を最大化することで森林管理地域内の可能な限り最大限の地域社会の雇用安定を実現させる」という州林業大臣の要望に触れており、七条（ｂ）では林業大臣が資源利用を不充分と見れば、合弁事業への補償なしに一方的に行動を起こす権限が与えられていた。ＡＬＰＡＣ参加企業は「当協定全体を通じて、エンジニアリングなどの専門的サービス、流通業者、建設労働者、機材、原料、その他消耗品については、どこでも利用できる限り州内から調達するという点を満足させる」という協定第三十九条に拘束されていた。また先に述べた通り、より付加価値の高い産業を発展させたいという州の要望はＦＭＡに強く反映されていた。

「合弁事業参加企業はアルバータ州グラスランド付近に日産一五〇〇風乾トンの漂白クラフト・パルプ工場を建設し、操業することに合意し、その条件としてそこに隣接して世界規模の上級紙（新聞用紙は除く）を製造する、最低でも二億ドル以上の資本（八八年のドル相場に基づく）で、生産能力年間一〇万トン～二〇万トンの製紙工場の経済的フィージビリティ調査を行なう……」

ALPACはパルプ生産にとどまらず工業化への起爆剤となるはずであった。八八年十二月にALPACが初めて承認されて以来、州政府はより付加価値の高い二次加工工場をこの大規模プロジェクトに加えることに熱心であった。経済開発省のある職員は三〇億ドルをパルプ工場への当初の投資に追加すれば、さらに二万人の雇用増加が見込めると熱狂的に語った。「ALPAC工場のパルプの品質の高さを考慮すれば、煙草紙、ゼロックス用紙、光沢のある雑誌用グラビア紙、紙箱用カートン紙に至るまであらゆる種類の紙の生産が可能だ。この投資はパルプ生産施設と同じ程度の規模になろう」[*15]。これはほとんど錯覚であった。一次加工用の資源利用に付加価値を加えるという七〇年代のピーター・ラフィード政権の強迫観念に近い政策は、パルプ工場建設と原料供給産業を設立させ連携させることで成し遂げられるはずであった。ゲティー政権はさらにパルプ生産と輸出のみならず財政支援と資源へのアクセスの管理権を交渉のテコに使って、消費地とリンクした「世界的規模」の上質紙工場をアルバータに建設しようと決意した。カナダ経済史上そのような政策の先例は多く、オンタリオ州の古い「製造業の条件」によってアメリカへの原木輸出が妨げられた例がおそらく最もよく知られているだろうが、ゲティー政権の政策は明らかに七〇年代の天然ガス資源による石油化学工業開発を規範とした。しかし我々の知るところでは、クレストブルック社も提携企業も上級紙工場の建設に関わる気は毛頭なかった。八八年の最初の交渉におけるスチュアート・ラングの立場は、州政府のアルバータ第一主義の開発目標にある程度合わせるものであった。つまりALPACはアルバータの専門技術、企業、財とサービス、原料を可能な限り利用し、そして「複合的な木材産業の拡大、成長そして現在の操業にとって不可欠な技術、専門知識、ノウハウを移転していく」ということであった。クレストブルック社は「最先端技術を当プロジェクトに導入し、製品の一定比率の引き取りを含めた工場の採算を保証する」ための販売協定を結ぶであろうと述べている。ALPACでは森林とパルプ工場に一一〇〇人の正規雇用が創出され、その他に（これはクレストブルック社による推定であるが）八〇〇人ほどの間接ないし派生的雇用、さらに州内他地域で八〇〇人ほどの雇用が生まれるであろう。また一〇億ドル以上の投資によって、特にサービス部門、備品供給、コンサルティング、輸送、ユーティリティ（電気、ガス、水道など）、小売流通部門などの分野でエドモントン、カルガリーの経済成長が刺激されるであろうと指摘している。スタンレー・アソシエーツ・エンジニアリングのような地元企業はALPAC工場の設計と建設において、H・A・サイモンズのような大手林業コンサルタント会社[訳注21]との共同事業に参加できるのである。クレストブルック社の年間二五〇万立方メートルの丸太伐採量の一〇％を私有地から調達するという計画は、地元農家、先住民、森林地主に五〇〇万ドルほどの利益をもたらすであろう（そして必然的にALPACの支持基盤も強化されるだろう）。もう一つの目標は独立製材所部門を系統だって拡大させることにより針葉樹材チップの供給を開発することだったが、製材所がALPACに組み込まれてからも「独立」であり続けるかどうかは議論されなかった。

「計画の一環として、クレストブルック社はまた……当該地域における独立製材所やその他小規模事業者の能力を向上させることを提案している。我が社は製材所や木材パネル・ボード工場を所有したり操業したりする意図は持たないが、これら木材加工業者による既存事業の改善や拡大、新たな木材加工施設の開発は奨励したい。このようなプログラムはわが社の提案の鍵である。これこそCFIが域内の経済と地域社会の発展を支援すると同時に、自身の長期的に持続する（原料チップ用）針葉樹残材供給にも役立つ方法である」[*16]

こうしたやり方でクレストブルック社とその提携企業は、彼らの提案とゲティー政権の産業戦略の優先順位との関連付けを図った。このことは確かに州がクレストブルック社を選択するうえで大きな役割を担った。「アルバータの利益」に原料供給産業や雇用を結び付けるという点で、クレストブルック社の計画は他社の計画より優れていると言われていた。だが上級紙工場の建設を約束したわけではなく、州が望んだようなスピードで早く計画を達成する気配は確実になかった。同社はこのアスペン・ポプラを利用するクラフト・パルプが「次の数十年間において、おそらくイベリア半島（スペイン、ポルトガル）やブラジルのユーカリ製パルプに匹敵する最も価値の高い印刷用紙の原料供給源となる潜在的可能性を持っている」と述べた。しかし付加価値部門に関してはクラフト・パルプ工場操業開始の二年後に付加価値の高い製紙事業への追加投資の経済的実施可能性調査を行なうことと、その結果を政府に報告することに同意しただけだった。[*17]

製紙工場をめぐる対立はさておき、州がアルバータの産業利益を強調したことは、ALPACと他のパルプ産業計画のタイミングに関して対立をはらんでいた。多くの開発事業が一挙に始まったため、このような州の利益の多くを実現することは不可能であった。アルバータ林業省はレロイ・フィョルドボッテンの下で八〇年代末に大規模な森林譲渡（Great Timber Giveaway）による開発の促進に取り組んだが、その性急さから資源開発からの潜在的な経済的利得やその他多くの便益が失われたと著者は考えている。独立製材業者、先住民族、その他の土地開発業者といった人々が余りにも多くの資源利用から排除され、これほど広大な地域の開発に単一のビジョンと計画を押し付けることにより彼らが本来参加する機会に得られるはずの便益が失われてしまった。その全てが明白とは言えない様々な動機により、州内閣は資源割り当てのスピードと林業プロジェクトのタイミングを大いに早めた。開発推進要因が州首相の四年という短い任期によるのか、それともゲティー首相が失業への即効的解決策を望んだためなのか、（より有り得そうなのは）森林開発計画者たちがパルプの国際価格がまだ高いうちに大型資本投資を確保すべきと主張したためか、動機はどうあれ政府の性急さは余りに思慮に欠けたものだった。ゲティー内閣は八六年初頭から八八年十二月の二年足らずの間に実に五つの新規のパルプおよび新聞用紙工場の建設と二つの既存クラフト・パルプ工場の設備拡張を承認し、事実上全ての亜寒帯林資源をパルプ産業に割り当ててしまった。これらの大型工場は全てアサバスカ川とピース川流域に位置したが、アルバータ州政府はこのような多数の開発事業が両水系に与える環境上の影響について何の知識もなかった。亜寒帯林への影響は知られていなかった。加えて急激かつ連続して実施されるこれら大型プロジェクトは、アルバータでも例えば下請け、設計・施行、消耗品、機材・設備備品などの州内調達にも支障をきたすことになった。ゲティー政権がこれら開発事業に着手した八六年にはアルバータにはパルプ産業への備品供給業者もいなければ一般的にパルプ産業に関する専門的知識を持つものもいなかった。よって必然的に、プロジェクト初期に使用される労働力と機械の多くは州外より持ち込む他はなかった。さらに州政府のアルバータ第一政策は企業の自主性に委ねられたもので法的裏付けは何もなかった。州は企業の善意を頼むしかなく、入札による契約がなされない場合は特に顕著であった。各企業に対する供給企業名はどこか、材料や機材の内どれほどがアルバータ産かカナダ産か外国産かを詳しく記した四半期の調達報告書は、市民がチェックできるように公開されることはなかった。ブリティッシュ・コロンビア州やアメリカの備品供給業者がアルバータ州に販売事務所を設立し、州内調達率を上げることは比較的容易であった。大型パルプ工場プロジェクトでは建設労働者ではほぼ一〇〇％がアルバータ州民で、エンジニアリングとコンサルティングでは五〇％、設備と材料では二五％が州内調達で占められているという話だが、これらの数字を確かめる術はない。後に行なわれるALPACのような森林開発プロジェクトにおける建設工事に関しては、アルバータの占める割合は設備と材料を除けば極めて高い。設備と原料（薬品など）に関しては州内調達の占める割合は低く、特により最新の技術開発では顕著であった。これはパルプ工場からの利益は短期的で、多角化を満たすような長期的利益は（パルプ工場に使用する化学薬品を供給する例えば塩素酸ソーダと硫化マグネシウムなど三つの生産プラント開発などを除けば）ごくわずかであろうことを示唆している。このような性急な開発よりも漸進的政策をとっていたら、より長期的な経済多角化のあり方を考えたりとパルプ工場の最悪の環境上の影響を分析し、緩和するような対策を実施する時間的余裕が持てたかも知れない。ともかく、州の産業誘致によって便益を得る州政府の計画はゲティーとフォルドボッテンが構想した森林開発ラッシュと一貫せず、成果と言えば大型資本プロジェクトによる短期的な経済刺激であって長期的な多角化ではなかった。

## 工場への支持

アルバータ・パシフィックは大型プロジェクトの中でも最大かつ最も高くついたが、ゲティー政権は計画が広範に支持されて規制機関も速やかに承認するものと明らかに思い込んでいた。州のアジア派遣使節は少なくとも内々に日本の多国籍企業にこのことを約束し、戦後の州の資源開発史から見ても政府や他の誰かが同プロジェクトへの大きな反対運動の出現を予想することはほとんどなかった。ブリティッシュ・コロンビアやアメリカの太平洋岸北西部と異なってアルバータでは（ある林業関係者がもらしたように）政治家はパルプ会社の両方の頬にキスしたうえに補助金まで与えた。にもかかわらずALPACは人気がなく、反対派によってあわや潰されそうになった。次章で述べるように八九年から九〇年にかけてALPACは林業及びパルプ産業開発戦略全般に対する効果的でよく組織化された環境運動の焦点となり、環境破壊のシンボルとなった。ALPAC問題は同州の環境保護運動を大きく発展させ、変身させたのだった。アサバスカ/ラック・ラ・ビッシュの大型パルプ工場の問題はアルバータでの資源開発推進論者と保護論者の論争は、スチュアート・ラングが公聴会のレベルまで「身を落とさねば」ならないともらしたように、閣僚たちを恐怖に陥れALAPAC社側を不快にさせた。ALPACでの経験からこれ以上の対立を避けさせるため、元来環境規制に不熱心だった州政府をして天然資源プロジェクトへの規制の枠組変更を余儀なくさせた。ALPAC問題はアルバータの政治を変えた。

ＡＬＰＡＣ推進のために闘った人たちについて語ることで本章を締め括りたい。その理由は何であったのか？　なぜ環境保護論者と争ったのか？　工場建設支持派は緩やかに組織された利益集団と個人から成り、八九年にプロジェクトが激しい反対運動にさらされてからＡＬＰＡＣのためにロビー活動を行なってきたが、当然のことながら雇用、産業発展、課税基盤拡大、道路整備、彼らの家族のためのより良い展望（あるいは単なる物欲主義）により動機づけられていた。ＡＬＰＡＣ推進派の人々はプロジェクトについての公聴会でこれらの点を訴え、彼らの大半は経済成長への支持と同等に良い環境の維持も支持すると強調した。だが彼らは同時に怒りと反感を抱く人たちでもあった。このことはおそらく、物質的要因だけを考えても理解できないであろう。アサバスカ／ラック・ラ・ビッシュ地域と他の北東部地域社会の住民はＡＬＰＡＣ反対運動の形成と拡大をいまいましく見ていた。そして政治的には強い地域主義や住民自決主義によって突き動かされ、また反対運動が都市部住民による農山村部への侵害であり、とりわけ彼らが自分たちの問題と考えている事柄に対する中産階級の環境活動家、自然科学者およびその他の学者による「干渉行為」に対する反感によって突き動かされた。ここでは階級対立や都市部対農村部といった対決図式が見られた。ＡＬＰＡＣは都市住民の支配や彼らの考え方が自分たちの生活を牛耳ることへの農村部の反乱を後押ししたとも言える。確かに林業問題はゲティーの保守党を都市住民から引き離した。フィョルドボッテン林業相自身は南部の牧場主であったが、八〇年代末に林業相自身と彼の政策に対して都市部、特にカルガリー市民の間に熱狂的な反対が沸き上がったことに戸惑いと怒りをあらわにした。カルガリーの中産階級の生活はＡＬＰＡＣに代表されるような現在主流の資源収奪経済によって成り立っているのではないか？　エドモントンとカルガリーがＡＬＰＡＣや大昭和のような事業の主要な受益者であるため、いくつかの主要な経済団体がパルプ工場建設を支持したものの、都市住民の支持が得られないことに対し、フィォルドボッテンと彼の同僚にとっては当惑すべき事態として感じられた（ＡＬＰＡＣ建設支出のうち、六億ドルがエドモントンに落ちたと報じられている）。大都市と北部農村との間の緊張は、日系企業と対立するルビコン・クリー民族を支持する社会民主主義者のエドモントン市長ジャン・ライマーと大昭和製紙の公然たる敵対関係に象徴された。森林開発か自然保護かをめぐる農山村部と都市部の対立はもちろんアルバータに限ったことではない。ヨーロッパ、北アメリカ、日本の都市における環境保護運動の高まりは同様の問題と結びついている。

この論争で農山村や保守側の言い分を切り捨てるのはいとも安易である。環境保護主義者は「政治的に正しい」選択をしたとしても、提案されたプロジェクトに対する攻撃と経済成長の必要性に関する限り必ずしも賢明ではなかった。ＡＬＰＡＣへの批判者たちは、地域の貧困や失業よりも大気や水質に関する科学論争に集中することを選んだ。このことが地域の社会状況を改善しようとする工場建設賛成派の怒りを買った。地元の人たちは環境問題の学者たちが全てを知っているかのような傲慢な態度を嫌っていた。両陣営とも科学者を擁して闘った。どちらの知識、どちらの科学を広めるべきか？　都市部マスコミはＡＬＰＡＣ側の科学者たちが自分たちの利益に基づいた見解を抱いていると決めつけているが、それではＡＬＰＡＣ批判者たちの科学は偏見や利害から無関係と言えるのか、と工場建設支持者たちは問うた。プロジェクトへの科学的批判は狭く専門的で、学術用語が濫用され、地域の慢性的な社会問題には無関心だと彼らは見なした。メティスの指導者はＡＬＰＡＣの環境問題公聴会で怒りを込めて「きれいな空気や水は無為に過ごす人たちにはほとんど意味がない」と語った。それはきれいな空気や水への無関心を示したのではなく、社会問題も同様に重要だと言いたかったのである。人によっては、科学的批判は先祖代々千年以上も地元に住み着いている住民が自分たちの環境について、川や森林、動物について無知であると暗に言っているものと受け取った。住民たちも環境の一部ではないのか？　環境保護派は、環境について独自の考えを持つ先住民社会との同盟形成を求めたが、先住民たちの科学不信のために困難であった。元工場建設支持者でありながら後にＡＬＰＡＣに幻滅したフランソワ・カーディナルというコーリング・レークの罠猟師は、先住民が環境保護主義者や科学的批判勢力に懐疑的である点を強調した。「環境活動家はよその人間で、ここに来たこともないし、わしら地元の人間が何を知っとるか、何が起ろうとしているのかを聞こうともせん。わしらは動物や土地がどうなるかわかっとる。『アサバスカの友』も『北部の友』も全くここを訪ねずに本や科学に頼っとるが、わしらの知識は経験に基づくもの……だが連中ときたらわしらの言うことには耳も貸さず自分の方が先住民より偉いと思っとる。だが連中には常識がない」[*18]。反対派は代替経済政策をほとんど提出せず、先住民族さえ五〇年代の石油産業と福祉の到来で死滅してしまった伝統経済に回帰するという考え方を拒絶した。[訳注22] コーリング・レークのクリー民族出身で八九年以降はアサバスカ／ラック・ラ・ビッシュ選出の保守党州議会議員（後に家族社会サービス相も歴任）となっているマイク・カーディナルは[訳注23]、ＡＬＰＡＣに対する政治的な支持勢力の組織化において中心的な役割を果たした。林業開発が福祉に依存し、人口の八〇～九〇％が失業あるいはよそへの流出を余儀なくされているという事態の唯一の救済策と考えたことも、彼の行動の動機となった。マイク・カーディナルはわれわれに北東アルバータの真の選択肢に対する「都市部の理解の欠如」を穏やかに語った。[*19] ALPAC推進運動の組織化に大きな役割を果たしたもう一人の人物ビル・コスティウは「パルプ工場の管理された環境の下で働く方がスモッグと汚染の街へ子供をやるよりはましだ」[*20]と発言した。

ALPAC推進派は、都市部のマスコミは取り返しがつかないほど工場建設反対に偏ってしまったと信じていた。八九年六月には一二〇〇人の工場建設賛成派がデモを繰り広げたのであるが、マスコミがALPAC反対派に肩入れして自分たちのデモを無視したと不満をぶちまけた。主としてアサバスカ／ラック・ラ・ビッシュ地域に集中していた賛成派は、ALPACに代わる現実的な雇用創出手段をほとんど見い出せず、どんなに現実性があるとしても「エコ・ツーリズム」[訳注24]は反対派によるエリート主義的発想と受けとめられ、地元の支持はほとんどないと見ていた。すなわち推進派の人々は反対派の人々を、パルプ工場建設が流産しても何ら痛手を被らず、誠意はあっても極めて幼稚な人たちだと描いていた。ある発言者はアルバータ・パシフック環境影響アセスメント委員会で「反対派はこの地域を経済不振のままにしておいて、自分たちがハイウェイを降りて訪れる時のために自然を残しておいて満足だろう」と辛辣に述べた。[*21] 人口流出は経済的理由であり、工場建設支持派は工場ができれば離村者たちは戻ってくると考えた。工場周辺に広がる人口数百人規模のほとんどクリー民族の集落であるコーリング・レイク地区協会は、ALPACによる効果について「若年層を就学させ上級学校への進学の動機づけとなるであろう。現時点では初等教育を終える必要性さえ理解されていない。もっとよいキ地元での雇用可能性はほとんどなく、そのような状況下では高等教育は必要なかった。もっとよいキャリアを求める者や単に生活の安定を求める者は大都市に出て行かざるを得なかった。このことは家族および地域社会の生活とともにわたしたちの文化的発展の妨げとなった」と言って期待の大きさを示した。しかし工場に木材を納入するためのトラック運転手の職を得ることを希望する大半の者にとっては自費で必要な装備を購入するという大きな制約があり、[訳注25] さらに高卒以上（十二学年）というALPACの採用方針は「効果的にコーリング・レークの雇用可能な労働力を排除した」[*22] のである。一九八八年にフランソワ・カーディナルは工場建設を支持したコーリング・レークの先住民に対して「全ての者は、馬さえもALPACのために働く」と言った。無論現実はこのような展開にはならなかった。

［原注］

＊1　クレストブルック・フォレスト・インダストリーズ社は一九九四年三月、スチュアート・ラングが一九九四年五月五日をもって最高経営責任者兼社長を退任すると発表した。ラングは同社で新設された副会長に就任することになった。ラングは十四年にわたって同社の最高経営責任者兼社長として君臨した。

＊2　アル・マクドナルドとのインタビュー、一九九二年八月十二日。

＊3　クレストブルック・フォレスト・インダストリーズ社よりアルバータ州政府F・W・マクドゥーガル再生資源省次官へ一九八八年七月二十九日付け書簡。

＊4　ルートウィッグ事件とラングの役割については *Financial Post*, 29 September 1979, 30; *Pulp and Paper*, March 1979; Chemical Week, 3 August 1977; *The Economist*, 9 July 1983を参照。

＊5　Government of Alberta, Forests Act, Forest Management Agreement of 30 August 1991 between Her Majesty the Queen in right of Alberta and Crestbrook Forest Industries Ltd. et al. 特にp.1及びAppendix "F"を見よ。

＊6　価格移転については多国籍企業の多くが課税対象となる収益を同一企業の別部門に移転するためにさまざまな地域で行なっているが、実態の把握と防止はきわめて困難である。クレストブルックに対するカナダ政府の課税については、Crestbrook Forest Industries Ltd., *Prospectus* for a share offering on or about 12 November 1991, 25; *The Globe and Mail*, 29 February 1992, B5。

＊7　そうした批判については The Activities of Mitsubishi in Papua New Guinea, 9 November 1992 (George Marshall, London Rainforest Action Group)。

＊8　*Financial Post*, 18 May 1988, 22; *Kootenay Advertiser*, 27 March 1989, 4; *Cranbrook Daily Townsman*, 22 March 1989.

＊9　*Kootenay Advertiser*, 27 March 1989, 4.

＊10　Crestbrook Forest Industries, *The CFI Log*, Summer 1991, 5.

＊11　EKONO Consultants, *Economic Development and Resource Utilization Study*, Regional Economic Development Committee, Athabasca, Alberta, 1985.

＊12　同Ⅳ—3。

＊13　資金繰りについてはクレストブルックの*Prospectus*脚注6及びAlberta Heritage Savings Trust Fund, *Annual Report*, 1991-92, 51の脚注bを参照。

＊14　The Edmonton Journal, 16 July 1989.

＊15　このような発言は枚挙にいとまがない。この引用は*The Edmonton Journal*, 23 December 1988。

＊16　"Crestbrook's Proposed Forest Development Program For North-East Alberta"＝スチュアート・ラングよりアルバータ州政府F・W・マクドゥーガル再生資源省次官に宛てた一九八八年七月二十九日付け書簡に付属する文書。

＊17　同右。

＊18　フランソワ・カーディナルとのコーリング・レイクにおけるインタビュー、一九九三年五月二十六日。

＊19　エドモントンにてマイク・カーディナルとのインタビュー、一九九一年十月二十三日。

＊20　At V.19, Proceedings, 2602.

＊21　Tim Juhlin, 3 November 1989, ALPAC EIA Review Board, Proceedings, V. 6-7, 978.

＊22　Six Calling Lake Community Association Members, 2 December 1989, EIA Review Board Public Hearing Filed Document 0-78, 6 pages.

# 第六章　アルバータ・パシフィック社——環境保護派の反撃

「私の哲学は、人々が常に主人公であるということだ。政府はほとんどの場合『我々はこれこそ人々に必要だと考えている』と言い、そうした考えに基づいた施策を実施しようとする。そして、政府がそれを実施しようとするとトラブルが発生する。政府は人々が真に望んでいなければ、人々の必要について政府の勝手な考えを押し付けてはならない。政府は、人々の正当な必要、願望、希望に応えるべきである」

――ラルフ・クライン環境大臣

（カルガリー・ヘラルド、サンデー・マガジン一九八九年十二月三十一日）

「ここ（アサバスカ）の住民代表数人がアルバータ環境省担当者と会い、こう言われた。「空気と水は工場反対派であるが、住民はそうでない」と述べた。そこでわれわれは科学的な側面に議論を集中することになった」

――ウィリアム・フラー（アサバスカの友一九九二年五月二十八日）

亜寒帯林の春は素晴しい。アルバータ北部やカナダの北部地方では、ガチョウやアヒル、その他の水鳥たちが子育てのために北に向かって飛び立っていく。群れ飛ぶ鳥たちの下の森と湖には、新しい生命が満ちあふれている。森に営巣するキツツキや他の鳥たちは、森林官には不健全な森林の象徴と見られる枯れ木や倒木に新居を求める。カナダ北部の大きな湖の主である「アビ」という鳥もこの地に戻り、寒い夜を絶え間ない鳴き声で満たしてくれる。蚊やクロバエといった嫌われものたちは、まだ姿を見せていない。五月末にもなると、太陽はこうした森林、湖、川、泥炭湿地や沼地のモザイクを、日に十七時間近くも照らしている。水はけの悪い泥炭地では、発育の止まったブラック・スプルースやアメリカ・カラマツなどの樹木が、ラブラドル・ティーやハエジゴクといった食虫植物の生えるスポンジ状のコケの上にそびえ立っている。やや乾燥した場所では、芽ぶき出したアスペン・ポプラやホワイト・スプルースの混合林があり、このタイプの森林はパルプ会社に好まれている。現在はALPAC工場から南西二四キロにある一エーカーの土地で引退生活を送っているアルバータ大学動物学科のウィリアム（ボブ）・フラー名誉教授[訳注1]にとって、こうした初夏の美しい自然への愛着は「世界最大級のパルプ工場」に頑強に反対する十分な動機となった。彼の住まいを訪れる野生生物や彼自身も会員である「アサバスカの友[訳注2]」などの話題を語らっている間にも、無数のヒワやアメリカ・コガラ、その他の野鳥たちが、カナダスギの丸太で作られた居間の前を飛び交っていた。その昼下がりの邸宅は、まるでナチュラリストの天国のようだった。この素晴しい環境の中に引き籠って幸福な隠居生活を送ろうとする人物が、どうして巨大なパルプ工場が自分の庭先に建設されるのを指をくわえてながめていることができようか？

　このインタビューの四年前には、ソングバードの旋律やカンムリキツツキ以外の音が亜寒帯林にこだましていた。その頃このアサバスカ／ラック・ラ・ビシュ地域において、少なくとも一つ以上の巨大パルプ開発計画のうわさも「ささやきの丘」にあるアスペン・ポプラの茂みの間から響わたっていた。アサバスカ町、アサバスカ郡議会、同商工会議所とアサバスカ地域経済開発協会は、産業誘致に熱心であり、ゲティー政権と保守党議員に対して誘致のためのロビー活動を展開していた。雇用創出、人口流出の歯止め、新規インフラ整備、公共投資の資金源となる事業税収入増加を期待する住民は、パルプ工場を歓迎した。開発推進派の中にはある程度環境問題を考慮する人々もいたが、その場合には工場立地の問題のみを重視していた。つまり工場がアサバスカ町から下流で、風下の位置にあればそれで十分だった。パルプ工場による汚染に関しては、より荒っぽい見解も見られた。地元の製材工場の所有者で工場推進派の一人は、「川について心配する人が多いが、俺は全く気にしないね。川が一体何をしてくれるというのかい？　魚一匹獲ったこともないね」と著者のインタビューに対してその感情を表現した。[*1]

その一方で、フラーたちは工場建設のうわさに戸惑った。八八年夏の事件は、アサバスカ地域住民の中に、河川の将来とパルプ工場による環境影響の問題に関心を抱くものが増えていることを示した。七月末の地元紙には、建設が差し迫った漂白パルプ工場をアサバスカに建設することへの疑問を述べた記事が紙面を飾った。地元実業界は、相変わらずアサバスカが工場立地の最適地であると熱心な誘致キャンペーンを繰り広げたのに対し、他の住民たちは（パルプ工場への）反対運動を組織し始めた。この台頭し始めた反対運動の中心は、七二年にエドモントンに設立され、八四年にアサバスカに移転した州立の高等教育機関であるアサバスカ大学の教職員が多数を占めた。フラーは、反対運動で指導的な役割果たしたのは、大学であることは疑いないと述べた。[*2]　フラーに加えて、マイク&ジェイン・ギスモンディ[訳注3]夫妻、ロバート・ホームバーグ、バリー・ジョンストン、ルイス・シュミットロスといった人たちの亜寒帯林の紙パルプ事業開発への盲進に憂慮を表明する手紙や投稿記事が、八月終わり頃のアサバスカ地方紙に集中的に掲載された。八月も終わりに近づこうとする時、州林業次官のマクドゥーガルが事業認可を発表しようとした矢先に、フラーたちの反対運動は本格的に組織されはじめたのだった。この時点では、バリー・ジョンストンとルイス・シュミットロスが大きな指導的役割を果たした。バリーは大学の社会学者であったが、後に大学との契約要件を満たさなかったためか、あるいは激しい反対運動のためか、教職を追われることになる。ルイスは大学で働く前は、牧羊のためにアサバスカに住み着いたが、後に自らのコンピューター・モデル作成能力を駆使して、工場が河川の酸素レベルに及ぼす影響について、ALPACの主張を批判することになる。バリーとルイスの音頭取りで開催にこぎ着けた八月二十五日の結成大会には、二〇〇人以上もの住民の参加があり、ここに「アサバスカの友（FOTA：Friends of the Athabasca）」が結成された。ゲスト団体代表たちからは、パルプ工場の環境影響や地域の経済開発の代替案が示され、一般市民がより積極的に自分たちの環境問題に関心を持つようアピールした。その夜の集会の終わりには、開発計画を徹底調査するための公聴会と環境アセスメントの実施の要求が、大多数の出席者によって決議された。

バリーとルイスは、この機を逃さなかった。「アサバスカの友」の設立者たちは、大昭和の一件では、ピースリバーの環境保護派による反対運動の組織化が遅すぎて、計画を中止させることができなかった、という思いから、強い危機感を持って行動を起こした。

九月半ばには、彼らは「アサバスカの友」を州の社会団体法（"Alberta Societies Act"という民間のボランテイア団体に関する法律）により登録し、その設立趣意書を法に適合するよう改めた。その趣意書によれば、FOTAはアサバスカの水源地域の環境保全の確保、持続可能な発展の実践、経済開発と意思決定における市民参加の促進に寄与することを目的としていた。FOTAの登場と一般市民への環境アセスメント参加アピールで、地元の工場誘致派は警戒を強めた。アサバスカ郡の高官であるウッドワード・カウンティ・マネージャーは郡議会に対し、「一般住民を恐怖に陥れようとする少数派」による「開発計画を頓挫させようという集会」の開催に手をこまねくことなく、パルプ工場誘致への支持決議を繰り返し行なうよう要請した。[*3]

ウッドワードはFOTAをこのような団体と決めつけ、「経済成長と環境保護」の関係に関して創設期の同グループが掲げた主張を馬鹿にしただけであった。同年十二月の入札での原則的なクレストブルック社の事業承認の決定にいたるまで、FOTAは地元や州の政治家たちに対して、アサバスカでのパルプ工場主導の開発の夢を完全に破棄するように要求していなかった。むしろ、彼が問題視したのは、漂白クラフトパルプ工場とそこから排出されるダイオキシンやフランなどの有機塩素化合物による汚染であった。クレストブルック社とウエアハウザー社が、政治の裏舞台で巨大漂白クラフトパルプ工場計画の推進をもくろんだが、FOTAはより小規模なケミ・サーモメカニカル・パルプ[訳注4]（CTMP）工場の選択を公然と主張した。九月にはFOTAは、地元の新民主党州議会議員のレオ・ピケットと彼の押すノーザン・フォレスト・インダストリー社の関係者らとも会合を持っている。この時期には同社のCTMP工場案は、州政府には真剣に受け止められていなかったが、FOTAはこの案に飛びついた。同工場案では有機塩素化合物は発生しないので、環境影響は軽減されると見ていた。このような有機塩素化合物とCTMP工場推進という論点が、抗争本格化前の八八年段階では、FOTAのロビー活動で一貫したテーマであった。つまり十二月まではダイオキシン／フラン問題が論争の中心であった。

シュミットロスは、八八年九月にイアン・リード州環境大臣に対し、FOTAの集会決議を掲げて、クラフトパルプ工場への反対の説得工作を行なった。FOTAは、計画中の工場が有機塩素化合物を排出しない保証がなければ、塩素を使用する工場を認可しないよう、働きかけた。[*4] その代わりに同会は州有林の多角的利用を果たすために、CTMP工場を推奨した。同様の意見書がアサバスカ町議会にも送付された。十一月には、FOTA代表団がアサバスカ町議会を訪問し、どのような工場でも受け入れようとする議会の見解を再検討するよう迫った。しかし同議会は、町がCTMP工場のみを支持すべきであるというFOTAの要請を一蹴した。同会がさらに大きな成果をあげるのは、後に環境アセスメントにおける市民参加の拡大に向けた運動を繰り広げるまで待たねばならなかった。

様々な条件から、FOTAのような団体による森林開発問題への批判に力点を置く新たな運動が台頭した。アメリカの歴史学者、サミュエル・ヘイズによれば、一九四五年以降のアメリカの環境保護運動の多くは、コミュニティの保護をめぐる闘争であり、先進技術による大規模な開発事業をもくろむ巨大企業から、自分たちの生活を守るためのものであった。これは人間の健康を工業生産の副産物である有害物質から守るという問題とも深く関わっていた。この二つの問題は、創設期のFOTAの主張を理解する上で重要である。漂白クラフトパルプ工場の代わりにCTMP工場を支持するという考え方は、同会がより小規模な産業開発を求めているということを反映していた。漂白クラフトパルプ工場の健康への危険性の問題は、環境上の観点から政府の林業戦略に対する反対運動を組織する上で重要な触媒となった。FOTAが健康問題だけに取り組んだというのは誤りであるが、にもかかわらずアルバータ州北部のこの新設団体は以前からの環境団体以上に人間の健康問題を重要視していた。

クレストブルック社および紙パルプ業界誌によれば、これらの環境保護団体の主張が、人間の健康問題に向かうか生態系の問題に向かうかは、定かではなかった。同社は環境保全に関しては特別な配慮を行なっている、と主張していた。[*5] 当時、同社が所有する唯一のクラフトパルプ工場は、ブリティッシュ・コロンビア州東クーテニー地域の中心地クランブルックから三五キロ北方の小さな町、スクークムチャックに立地していた。同社はこの工場を日量五八〇風乾トン（ADT）のパルプを生産する工場から排出される大気および水質汚染を削減またはなくすために会社が献身してきた証拠であると紹介した。また同社が「洗練された環境対策技術」を駆使していると自画自賛していた。同州の林業会社の重役たちにつきつけられた「皆伐は最悪のものだ」という非難に対して、同社は伐採「前・後」の写真を提示して自分たちの事業を正当化した。皆伐直後の写真と数年後の同じ場所の写真と並べて展示し、森林を再生可能資源として取り扱う姿勢を誇示した。同社のスチュワート・ラングは九一年の株主総会で、「わが社は森林を否応なく伐採する略奪者でも強奪者でもない」と述べている。

東クーテニー地域の先住民や環境保護団体の方からはこれとは全く逆の話が聞こえてきた。こうした人々の印象からすれば、同社の環境問題の歴史ははるかにひどいものだった。ALPAC事業計画案を評価するために設置された環境影響評価審査委員会が主催した公聴会で委員の目の前にこうした人々が登場した際、環境問題ではクレストブルック社を全く信頼できないと評した。彼らにとって同社は市民から情報を隠したり、会社をよく見せるために情報をねじ曲げるような卑劣な会社であった。彼らはこのクレストブルック社の合弁事業であり、またその経営者が同社のスクークムチャック工場で経験を積んできたALPAC合弁事業に対して、環境保護上の争点に関して具体的かつ明瞭で法的拘束力のある約束を明記した書類に同意署名を迫るようアルバータの住民に忠告した。

彼らの証言によればクレストブルック社は、世間の批判を避けようとして同社に打撃となるような情報を何度となく隠し、住民を安心させるために誤った情報を与え、伐採作業の改善を行なうという口約束を連発する、のであった。ＥＩＡに関する数々の公聴会の席上で環境保護団体は、同社が環境保護主義者ではなく破壊者であるという主張を裏付ける十数件にのぼる証拠を明白につきつけたのであった。同社が作り上げようとした輝かしい環境保護の評判をくつがえすために押しかけたブリティッシュ・コロンビア州側の環境保護団体が示した数々の具体的事実のほんの一例としては、山岳地域の河川を守るための緩衝区域すら残すことのない皆伐、慢性的な大気汚染基準違反、工場用飲料水をトラック輸送せねばならないほどの地下水汚染などがあった。隣州の環境保護派と木材業界との戦争状態とも呼べるような関係を考えれば、同社の環境対策へのこのような歯に衣着せぬ評価は驚くに値しない。木材業界が繰り出す言葉巧みな説明の矢の一つ一つに対して、環境保護側も彼ら自身のレトリックを用いて確信を持って反撃するかも知れない。しかしそんな論争には関心のない聴衆にとっては、双方の論争の背後にある動機が疑わしく感じられ、こうした言葉の空中戦にはうんざりさせられるかも知れない。こうした論争は、森林はどう利用されるべきかという問いに対する私たちの態度が、相当程度置かれている立場によって変わるという基本命題を不明瞭にしてしまう。アサバスカ地域で失業中の建設労働者は、こうしたよくある論争のアルバータ版で提起された雇用と森林保護をトレード・オフの関係にあると見なすが、在任期間の保証（テニュア）がある大学教授や罠猟で生活する先住民とは大変異なる視点を持つ。結論的には、林業会社のバラ色の構図も、環境保護主義者の厳しい評価も注意深く解釈する必要があることになる。

ＡＬＰＡＣ合弁事業を構成する三菱商事や本州製紙のブリティッシュ・コロンビア州外での事業に関して環境保護派が集めた証拠は、確かに手厳しいものである。これらの日本企業は、環境保護のために企業利益を進んで犠牲にするようなことはしていない。政府規制が緩やかであったり、汚染対策や再植林義務の回避を容認するような場所では、当然のごとく環境への配慮を怠っていると報告されている。森林を文字通り「採掘」[訳注5]してしまうというのである。例えば三菱商事は南米（ブラジル）で永大・ド・ブラジル・マデイラスというアマゾン河口最大の合板工場の株式を四九・五％も所有している。同社を同地域における再植林活動の先駆者と評価する環境活動家ですら、同事業による再植林が長期にわたる持続可能な操業を維持するほど徹底したものであるかどうか疑っている。さらに同社はこうしたやり方とは別に、伐採規制で明文化された木材の最低サイズを無視して操業するような独立の契約伐採業者からの木材購入を求めている。この事実は、熱帯木材資源に飢えているこの合板会社が、森林の自己更新能力を蝕んでしまうのではないかという環境保護主義者の懸念を裏づけるものである。またチリの温帯原生林[訳注6]での三菱商事の森林管理も疑問だらけである。同社の現地法人は、もともと存在していた沿岸の原生林を木材チップとユーカリ人工林に変えてしまった、と非難されている。[*7]

しかしながらこれまでの三菱商事に対する最も強烈な批判は、東南アジアにおける熱帯林の収奪、とりわけマレーシアでの伐採事業に向けられたものであろう。八〇年代を通して、日本におけるマレーシア産木材の需要は伸び続けた。八〇年代末には、ボルネオ島北部のサバ、サラワク州だけで、日本の熱帯木材（原木）需要の約九〇％をまかなっていた。その十年間の間にサラワク州からの日本の木材輸入は三倍に伸び、同州の木材生産を記録的な水準にまで引き上げた。政府が持続可能な森林管理を要求しないような国では、三菱は他の日本企業とともに熱帯林地域の伐採を危険なまでに加速させた。八九年までに、同州では総面積の二五%に当たる三〇〇万ヘクタールの地域を伐採した。この異常な伐採のペースが続けば、西暦二〇〇四年までには同州のすべての原生林は消滅に近づくであろうと、予測する専門家もいる。三菱は総合商社として、マレーシアの熱帯木材貿易のすべての段階に関与してきた。同社はサラワクで伐採、輸送、木材販売を行なうダイヤ・マレーシア社の六〇%の株式を所有していた。また他の関連企業は木材生産全体における同商事の役割を強化した。同社は九万ヘクタールもの伐採権を取得し、またマレー半島部では二つの合板工場のパートナーであった。系列会社である明和商事（六六・八%の株式が三菱系で占められている）と合わせると、三菱商事は一九九〇年の時点でのマレーシアの熱帯木材（原木）と製材の一〇大輸入企業の一つとなっている。[訳注7]

　世界最大の熱帯木材輸入国という日本の地位に加え、マレーシアのような国における熱帯林の急速な枯渇は、八九年における環境保護団体の世界的なネットワークによる「バン・ジャパン・フロム・ザ・レインフォレスト＝熱帯雨林に日本を入れるな」キャンペーンが展開されるきっかけとなった。とりわけ「三菱」の日本及び世界経済上の地位から、同社（商事および三菱グループ）は、世界の環境保護グループの標的となった。こうした攻撃に対する三菱側の対応は、最近の米国のＲＡＮ（熱帯雨林雨行動ネットワーク）が先頭に立って行なった「三菱ボイコット」キャンペーンなどへの対処方法に見られるように実質的な内容よりも象徴的な行動に傾いている。[訳注8]三菱（商事）は「地球環境部」を設置し、マレーシア産木材の輸入の段階的な削減策を公表した。またサラワク州における熱帯雨林再生試験事業を行ない、短期間であるが、同州で日本語講座を開設した。これらの一連の行動も、環境保護派を満足させるものではなかった。地球の友オランダは、三菱はマレーシアからの原木および製材の供給をインドネシア合板の輸入に切り替えただけであり、サラワク州における五〇ヘクタールの植林事業にかかった割高な費用から見て、同社が過去に関係した数百万ヘクタールの伐採地の植林、再生は試みることすらないであろう、と主張した。[*9] 熱帯雨林伐採批判をかわそうとする同社の傾向は、日本の学童の見識をねじ曲げようとする非常識な策謀において明白に示された。一九九〇年の末頃に、「ガイアへ」という漫画が日本の学校に配布された。漫画の主人公の日野は三菱が森林破壊を行なっている、という環境保護派からの非難に困惑し、東南アジアで現地調査を行なう。そして物語ではこれらの森林は、伐採による痛手を受けていないのを目撃し、主人公は安心したことになっている。この漫画の中では商業的伐採でなく、地元の焼き畑民が森林破壊の元凶とされている。九二年には日本の文部省は「企業の宣伝物」である、という理由で、「ガイアへ」の学校への配布を差し止めた。[訳注9][*10]

## 本州製紙

もう一方のクレストブルック社の株主である本州製紙（当時）の操業に関するより学術的な評価によれば、この会社もまた熱帯雨林を破壊してきたことを示している。多くの北米市民にとってより馴染みのある日立、富士、カワサキ、いすずなどと同様に、同社は第一勧業銀行の系列に属している。パプアニューギニア（PNG）の熱帯雨林地域において、同社は世界的にも数少ないパルプ原料チップを生産するための熱帯雨林の皆伐を行なっている。[訳注10] パプアニューギニアとの関わりは、一九六九年末に国内チップの供給が落ち込み、またアメリカが原木輸出規制をしくという国内外の環境下において、日本のパルプ業界における激しい国内競争に対応した事業拡大を目指すため、同社が原料チップの新たな供給先を真剣に探す必要に迫られたことがきっかけであった。一九七一年に結ばれた協定によれば、本州製紙の子会社であるＪＡＮＴ（Japan and New Guinea Timber Company Ltd.）社はパプアニューギニア北東部の低地熱帯林をパルプ用原木として、二十年間にわたって伐採する権利を得た。その見返りに同社はチップ工場の建設、日本の同社工場までパプアニューギニアの木材を輸送するための港湾施設や原木搬送のための林道などを建設した。[訳注11] さらに現地政府が願っても実現できなかったような、他の潜在的な産業開発による利益をもほのめかした。しかしながら約束の合板工場建設はとうとう実現されなかった。合板市場の不振、同社の債務、合板工場建設にともなう資金上の困難などが、名誉ある公約が達成できない理由として取り上げられた。また同地でのパルプ材の皆伐に関する調査によれば、ＪＡＮＴ社がマダン港にパルプ工場を建設することの妥当性を検討するという約束を実施しようとした形跡は見られなかった。[訳注12]

森林管理に関する重要な公約も守られなかった。同社は皆伐した自然林の復原を行なう、という約束を実施しなかった。七〇年代後半には、紙パルプ業界は業界史上最悪の不況に見舞われていた。本州もこの時期を通じて収益は停滞し、そして減少するに至った。苦しい財務事情に加えて、同国政府がさらなる皆伐可能な原生林を提供するにおよんで、再植林の熱意は消えうせてしまった。パプアニューギニア政府もこの点では責任を免れない。また同政府は本州製紙を引きつけるため長期にわたる土地保有権（land tenure）を保証することが可能であると約束したが、実際にはその後そのような保有権（テニュア）を与えることはできなかった。これらの政策上の失敗は、結果として残りの自然林の皆伐を促進することになる。八六年には、デイビッド・ラムが報告しているように、「人の行き着くところは、数年以内にすべて切り尽くされてしまうかに見える」状態であった。時間の経過とともに、パプアニューギニア政府は改善のための措置を何も取らず、同社の森林伐採のやり方は、この本来再生可能なはずの森林をますます再生不可能な資源にしてしまった。「しかしながらさらに悪いことには、同社は初期に受け入れた伐採基準の多くを反故にしてしまった。一つの伐採区域（林区＝クープ）は、以前より拡大し、長く連続的な帯上の伐採跡地をつくっている。河川沿岸の緩衝地域も残されず、伐採によって発生する土砂や廃材などの河川への流入に対する予防措置も取らなかった。実際のところ、当初残されたこれらの緩衝地帯も後には伐採されてしまったのであった。州当局はＪＡＮＴ社の伐採事業に対する監督責任を全く果たさず、同社もそれまでの伐採基準を放棄してしまった、というのが調査結果を通じての印象である[*11]」。

このように森林管理のやり方が破壊的になるにつれて、この地域の熱帯雨林の回復可能性も低下していった。

ここまで批判的ではない情報源を検討しても、クレストブルック社と親会社の環境保護への取り組みに関する評価はよくならなかった。同社のブリティッシュ・コロンビア州の環境規制に対する対応の内容は、クーテニィ川に排出する同社のパルプ廃液の脱色効果の削減に向けた州政府の長期にわたる奮闘に顕著に示されている。スクークムチャックの北側のクーテニィ川の青緑がかったミルク色の水は、カナディアン・ロッキーの氷河を起源とするこの川の水質とは相容れないものだ。この川が、東にロッキー山脈、西にパーセル山脈をもつロッキー山溝を南に向かって削りながら織り成す景観は、人々に安らぎを与えており、東クーテニィを観光地として売り込むためには重要なものであった。このクーテニィ地域の美しい景観を保護するために、州政府は一九七一年十月、同社に対して七五年八月までに工場廃液による河川水の色の変化を減少させる対策を講じるよう命じた。クレストブルック社は、この要求に当惑した。ありとあらゆる行政手続きを通して、同社は州に抵抗し、汚水管理システムの導入を十年も遅らせた。まず最初に同社は工場の拡張が終了するまで汚染対策は棚上げされるべきだと主張した。州はこれを拒絶し、クレストブルック社の汚染軽減計画を「早急に」提出するよう要求すると、同社は財務状況の問題から河川水の色の問題には八三年まで対応できないと応じた。再び州はこの延期要請を却下し、八一年十月三十一日までに汚染管理対策を実施に移すよう命じた。クレストブルック社は、再びあわてた。同社は州環境汚染規制委員会に対して、州の汚染規制が「非現実的」であると訴えた。委員会が異議申し立てを却下すると、州政権閣僚に接近した。しかし社会信用党の政治家たちに無視されると、同社はついに当初の政府の命令に服し、汚染対策を実施したが、内閣への異議を撤回することはなかった。[*12] クレストブルック社はスクークムチャック工場での環境問題抗争では常に好戦的で、環境保護よりも採算ラインを守ることに懸命であった。八〇年代後半に環境保護への配慮の象徴として好んで誇示した汚染管理システムは、当局の執拗な追求の結果初めて実現したものであり、決して同社の環境保全に対する十分な配慮から実施されたものではなかった。同社の意のままにしておけば、クーテニィ川の汚染問題に関しては依然として何らの対策も打たれなかったであろう。ブリティッシュ・コロンビア州や世界各地で本州製紙と三菱商事の行なった国際事業を考慮すると、ALPACが環境対策や再植林の規制を尊重することを保証するためには、州の規制当局が警戒を怠らず、執拗に監視するという健全な対応をとる必要があるだろう。

## アルバータ環境省と技術フィックス（Technological fix）

アサバスカの友（FOTA）の知らないところで、アルバータ州環境省は既存の工場群に追加されるパルプ工場のアサバスカ川への環境影響についてFOTAと共通する憂慮を抱いていた。噂されていた同社の開発計画が公表される数カ月前の一九八八年四月、環境省高官は同社幹部と会い、新工場の環境影響への懸念を伝えた。彼らの憂慮は、FOTAが当初指摘したものよりもさらに多面的なものであった。同省は河川への単に有機塩素化合物の排出だけでなく、既存パルプ工場と新規工場がアサバスカ川の生命維持能力におよぼす累積的な影響を問題にしていた。これらの工場廃棄物が河川の溶存酸素量を危険なまでに低下させるおそれがあった。すなわち多くの水生生物がこの地域周辺の河川において窒息死する事態を招きかねないのであった。こうした憂慮に応え、同省内の環境保護サービス局に報告するため、同社はエドモントンのスタンレー・アソシエイツ・エンジニアリング社（工場建設計画に商業的利益を強く持っているコンサルタント会社）に最初の河川環境への影響評価を行なうよう委託した。スタンレー社はいかなる結論を下したか？　それはある一定の条件の下では、五つのパルプ工場は、同州の溶存酸素量の基準に違反することなく操業することが可能、というものだった。*13

しかし環境省は、この結論に疑問を抱いていた。このスタンレー報告書が採用した主な仮定条件の正確さを疑ったのであった。同省水質管理課[訳注13]は、クレストブルック社の最初の調査レポートの提出を称賛する一方、同社が計画するパルプ工場の排水がフォートマクマレー地域の飲料水の水質に悪影響を及ぼす危険性について、あるメモの中で警告した。同局の意見は、スタンレー社の仮定はクレストブルックの計画に都合の良いように操作されている、というものだった。またこの仮定が正しいものである場合でさえ、この条件ではたった一つの工場の運転ミスも、水位の通常以上の低下も、また他のBODを増加させるものの投棄も、許されなかった。さらに一般には最も問題視されていたダイオキシンに関しては、この報告では全く触れられていなかった。最後のポイントは、同社工場排水がアサバスカ川に与えると予測される汚染物質の増加量自体は、ウエルドウッド社のヒントン工場が排出するものよりも低いものである一方、水質管理課のスタッフは、「他の計画中の工場排水との累積を考えると、溶存酸素量を含む多くの水質に関するパラメーターに適合できない可能性が高い」[*14]として工場排水の累積的な悪影響を憂慮していた。環境問題の素人にもわかりやすい表現を使えば、この新たなパルプ工場が操業を開始すると、この地域のアサバスカ川の水生生物は、全滅しないまでもかなりの被害を受ける可能性が強い、ということになる。

州環境省の他の部局でも、同川にもう一つの新たなパルプ工場が建設されることが環境上の健全性を保てるかどうか、疑問視していた。同省計画部は、この計画が進められれば、その影響で汚染物質が河川の浄化能力を越えてしまう危険があることを憂慮した。同省計画部長代行はそのため、「わが省は、当計画部が取りまとめ中のアサバスカ川流域の環境計画調査が終了するまでは、大量の廃棄物を出す新規パルプ工場の認可の一時停止を検討すべきである。」と勧告した。彼は下流域の水質に新規パルプ工場が及ぼす影響を評価するため、溶存酸素量に関して同部が評価モデルを確立するまでは、事業認可を延期することが最低条件であるべきである、と考えていた。また、同部は有機塩素化合物への憂慮を払拭し、工場排水の質を改善するために、「この工場は漂白工程において酸素漂白技術を採用すべきことを主張すべきである。」とも勧告した。[*15]

また同省環境保護サービス局環境基準・認可部長は、スタンレー報告に対して厳しい留保が必要だと考えていた。「この報告書は、端的にいってわれわれの必要を満足させる内容ではない」のであった。アサバスカ川流域における新規のクラフト・パルプ工場計画を検討する前に、クレストブルック社の提出した工場の設計においては、一一以上のパルプ製造工程や排水中の物質について検討が加えられる必要がある。例えば、同社は有機塩素化合物の排出量を排水一トン当たり、一・五キログラム以下に抑えるべきである、というように同局が示す数々の憂慮は、クレストブルック社にとっては大変厳しい、おそらく耐え難い負担を課すことが予測された。

この同省の最初のアセスメントには、クレストブルック社の開発計画を評価するための二つの異なるアプローチが採用されていた。第一のアプローチは、この会社の野心を助けるために、技術的側面だけに光を当てるやり方であった。これは技術がすべてを解決する、という信仰に基づく考え方であった。このアプローチの場合、工場の設計において「入手可能な最善の技術」を導入し、河川水位が低下する冬季の数カ月間排水を放出しないで保持するために十分な容量をもつ排水保管設備を配置することによって、クレストブルックはアサバスカ川中の有機塩素化合物や溶存酸素量に関する環境省の憂慮に対応することが可能になるはずであった。第二のアプローチでは、技術的問題よりも、河川生態系に焦点を当てている。この考え方は、アサバスカに巨大な漂白クラフト・パルプ工場を建設するという計画には都合が悪く、より厳しい影響をもたらす可能性があった。したがってより適切な情報のベースが確立されるまで、いかなる事業の検討も延期されるかも知れなかった。クレストブルック社も他の事業申請者もアサバスカ川の生命維持能力におよぼすパルプ工場による汚染のインパクトに関するよりよい展望が形成され得られるまで、待たねばならなくなる可能性があった。

八八年夏から秋にかけて、クレストブルック社に対する州環境省の態度は軟化していった。環境省はより迎合的な姿勢を取るようになったのである。それは技術的な対策で、パルプ産業の発展と環境保護との調和を図ることが可能である、というものであった。クレストブルック社は、工場廃液に対する環境省の懸念を払拭するために、その当初の計画を変更するであろうか？　同社は、その秋の終わり頃までに、予想された有機塩素化合物の排出量を半減させ、他の廃棄物も同様に削減するための工場設計基準の変更を提案した。この変更提案も環境省を満足させなかった。技術指針に従うという
この方針に沿って、同省は排出量削減が技術的に可能な部分で、さらなる削減を求めた。

環境省は、この方針に沿って、全浮遊固形物[訳注14]（ＴＳＳ）の削減を求めた。ダイオキシンやフラン類を含む化学物質グループである有機塩素化合物に関しては、同省は完全削除を望んでいた。しかしながら漂白クラフト・パルプ工場には、このような目的に合致するような技術が存在していないことから、同省はこの問題をそれ以上取り沙汰しなかった。[*16]

十二月初旬には、州環境省は紙・パルプ産業の規制におけるこのような技術主義的アプローチを正

式に採用し承認した。アルバータ環境審議会において、イアン・リード州環境相は新しい工場建設と既存工場の拡張に際しては、「利用可能な最良の技術」をその設計計画に盛り込むことが要求されるであろう、と表明した。同環境相は、アルバータの河川は紙パルプ工場の採用すべき技術を特定することで適切に保護されることになると約束した。建設許可と操業ライセンスは、依然として重要な規制の手段となるはずであった。短期的には、既存工場と新規工場および計画中の工場を区別するということは、州政府の排水規制は工場ごとに異なるものとなりうることを意味していた。ウエルドウッド社のヒントン工場のような古くから操業している工場に適用される排水規制は、新規工場と比較すると余りにも甘すぎた。後の環境アセスメント委員会の公聴会においては、このようなやり方による環境規制の重大な欠陥が大きく取り上げられることになった。技術的観点による代替案は、アサバスカ川のような水系が、ある程度は汚染物質を無制限に受け入れられるとの前提に立つものであった。ある時点においては、「適用可能な最善の技術」でさえも、汚染物質の累積効果によって水生生物システムを破滅させることもありうることは考慮されなかった。技術に依存するだけでは、アサバスカ水系全体において計画されているパルプ工場の数を考慮すると、その水質を保証することはできなかった。

## 環境影響アセスメント：単なる形式か？

一九八八年十二月始めには、このまがい物の闘争は劇的に幕を閉じた。一週間の間にゲティー首相は、五つの森林開発事業を認可した。これには、グランド・プレリーにおけるP&G社、クラフト・パルプ工場の三億六五〇〇万ドルの拡張計画（この拡張事業はその後も実施されることがなかった）、スレーブ・レイクにおけるアルバータ・エネルギー社の一億八二〇〇万ドルのCTMPパルプ工場[訳注15]、マニングにおける三五〇〇万ドルの木材加工工場、ラック・ラ・ビッシュにおける一六〇〇万ドルの製材工場などがあった。また十二月十三日には、このリストに王冠の宝石とも言うべき、アサバスカでの州政府肝いりの事業が加わった。そして、ゲティー首相の他に同内閣の森林相、環境相、地方政治家、アサバスカ／ラック・ラ・ビッシュ選出の新民主党の州議会議員も同席して、クレストブルック社の一三億ドルにおよぶALPAC合弁事業を原則として受け入れる方針が発表された。最終的な認可は、まずALPACが州の「地表保全および開墾法」に基づく環境影響評価（EIA：Environmental Impact Assessment）を首尾良くクリアし、満足のいくFMA協定を勝ち取らねばならない。しかし首相の記者会見に出席した記者の何人かは、これらの段取りは単なる手続きにすぎず、州が北東部に「世界最大の単一工程パルプ工場」を建設しようという意図を変更することは有り得ないという印象を抱いて会場を去っていった。この地域の最初の入植者の息子であるピーター・オプリシュコが、あえてこの決定の妥当性を問うと、ゲティー首相は「君のような不平分子の相手をしている暇はないね」と、この批判者の質問を一蹴した。首相の発言は、このアセスメントを原則に基づく認可手続でなく認可のための形式であると受け止めているという姿勢を、参加者により鮮明に見せつけた[*17]。

クレストブルック社は確かにEIAプロセスを単なる手続き以上のものとは考えていなかった。この事業に関する環境アセスメントがそれほど長くかかるとは思いもよらず、十月末の時点では、同社の事業スケジュールにおいて、ＥＩＡには二カ月間だけしか予定していなかった。このようにＥＩＡを軽んじる姿勢は、この会社の単なる傲慢さ以上の問題を反映しており、州が長年にわたって大型プロジェクトの環境影響に対してうわべだけの配慮しか払おうとしない傾向を持っていたことに根差していた。数年前、こうした傾向はアサバスカ州のタールサンドから石油を採取する事業提案を熱心に推進しようと試みた時にも見られた。森林開発においてもラフィード政権が、一九七九年にアルバータ環境審議会が、その環境影響についてまとめた調査報告書を同政権が黙殺した例に見られるように、環境への配慮は、政治的意思決定の重要な部分を占めることはなかった。ＥＩＡの過程に至っては、環境問題軽視の姿勢はさらに顕著であった。「地表保全・開墾法」に基づく環境影響評価は、大規模な資源開発事業の環境影響を評価し、その環境への被害を軽減する方策を具体的に示すことを義務づけていた。ひとたび当該企業が「環境影響評価書[訳注16]（見解書とも言う＝訳者）（EIS = Environment Impact Statement）」を完成させると、ただちにそれは、討議、意見聴取のために市民（公衆＝パブリック）に公開される（パブリック・レビュー過程という＝訳者）。パブリック・レビュー（=public review）とは、通常当該企業が主催する「オープン・ハウス」や当該事業の近隣地域における住民集会などを通じて行なわれる。形式的には、そのＥＩＳ報告書が州政府に提出される前に、市民からの意見や懸念は評価書作成者により取り上げられることになっている。州環境省は、アセスメントの内容の州政府機関による評価をするため、関係省庁間での検討をリードすることになる。この段階で情報に不十分な点があれば、事業者側は補足情報を出すよう要求される。こうして事業はこれらの必要とされる情報を満足させた後に始めて認可されることになる。

これらのプロセスは、多くの点で環境保護団体を憤慨させた。ＥＩＡにおけるパブリック・レビュー条項は、偽善以上の何者でもないと見なされた。開発企業が主催する「オープンハウス」とは、環境団体の言葉を借りれば「企業の宣伝ショー（show and tell session）」に過ぎず、精力的な討議を行なう独立した公聴会の貧弱な代用品でしかなかった。反対派のグループはしばしば、環境アセスメントに対する自分たちの反論に割り当てられた時間が余りにも短く、公益団体（public interest groups）としては、彼らは企業側の計画を検討するために必要な専門家を確保するための資金ももっていないと不満を表明してきた。こうした政治的意思決定過程は、明らかに州政府や企業にとって有利であった。こうした状況を救済するための「アサバスカの友（ＦＯＴＡ）」の提案は、これまでの政治的論争に対する彼らの不審感を物語っている。彼らが求めたこれまでの環境アセスメントプロセスに代わる方策は、同州エネルギー資源保全委員会[訳注17]（ＥＲＣＢ：Energy Resource Conservation Board）のやり方をモデルとする公聴会であった。半ば司法的な性格を持つこのＥＲＣＢの公聴会のやり方は、ＦＯＴＡにとって、こうした意見の対立の解決に希望の持てるアプローチであると思えた。ＦＯＴＡの見解では、環境保護団体と企業との対立する見解について環境問題の専門家だけから構成される独立の委員会が検討し、意思決定を行なうべきであった。[*18]

州政府もこうした意見にある程度理解を示したように見えた。一九八九年二月における王座演説[訳注18]において、ＡＬＰＡＣ計画に関心のあるものは誰でも意見表明と参加の機会が与えられると約束した。リード州環境相は、「ＡＬＰＡＣ問題は、環境保護に関する一般市民の懸念を受け止めるための特定の審査手続が必要とされる」と公開書簡の中で約束した。この書簡は当該地域の多くの政治家や先住民の指導者らに送付されたが、環境保護団体には送られなかった。同書簡においてリード環境相は、審査過程では地方自治体が大きな役割を果たすこと、またEIA審査会のメンバーとして当該地域住民から少なくとも三人が選ばれることを約束した。さらにこの地域の指導者たちは、委員会に参加するメンバーの候補者を推薦するよう求められた。

アセスメントのプロセスが、効果的な市民参加を阻んでいるという批判に対する政府の最初の反応は、五人の市民による審査会の設置であった。ALPAC社にとっては、このような新機軸の委員会は、単なる象徴的なジェスチャーに過ぎなかった。つまりこれが彼らの事業認可の大きな障害になるとは見なしていなかった。クレストブルック社が八九年四月二十八日に州環境省の基準・認可局の担当者と会合を行なった時点では、すべての環境関連事項の承認を確実なものにして、七月には工場建設を開始する予定であった。

一方、提案された「市民審査会」は、従来のアセスメント・プロセスを修正するものではあったが、「アサバスカの友」はこれに満足しなかった。FOTAの重要メンバーの一人は、この委員会は開発推進派の代弁者に過ぎない、と見ていた。ビル・フラーは、「このメンバーは、環境影響には何らの考慮をせず、いつでも開発を優先する地方政治家の助言によって選ばれた地域社会の代表に過ぎない。これはわれわれが要求している『独立性』は存在しない」[*19]と述べている。しかもこの審査会のメンバー構成には、地域住民が数において多数を占めているため、企業の提案や見解に対する独立した科学者による企業の提案や見解に対する検討というFOTAの要望にはそぐわなかった。

イアン・リードが八九年三月の選挙で敗れると、ゲティー首相は環境大臣およびALPACの環境アセスメント問題を新人の州議会議員で、カルガリー市長として人気のあったラルフ・クラインに託した。九年間にわたる同市政においてクラインは市庁の扉を市民や地域団体に開き、ポピュリスト市長として鳴らした。カルガリー市民との対話は彼の強みであり、市長室は石油会社や不動産開発業者のものでなく、彼らのものだという市民感情にアピールした。市長時代のクラインは、十一年間の市政テレビ・レポーターという経験を生かして、マスメディアを巧みに利用して、飾り気のない庶民的イメージを築き上げた。昼食に市庁舎の階段でホットドッグを食べたり、飲み仲間とセントルイス・ホテルでビールジョッキで祝杯を上げたり、ボー川で有名なニジマス釣りをしたり、という行動は、すべてこうしたイメージづくりのために計算されたものであった。市長としてのクラインは魅力ある生活を送った。大酒飲みは、他の政治家なら評判を落とす代物だが、クラインはこれで市民に親しみを持たれた。[20]公衆の面前で感情をむき出しにするような醜い面もさらしたものの、それによって彼のイメージが損なわれることはなかった。一九八二年のエネルギー景気のピークでは、彼はカナダ東部から油田に職を求めてアルバータにやってきた人々を「ムカつくたかり集団」と罵り、アメリカの西部フロンティアの指揮官よろしく、彼らにカルガリーから出ていくように警告した。こうした人々はカルガリーでは歓迎されなかった。こういう慈悲心に欠けたクラインの発言に反対した人々も、彼を許したばかりか、次の市長選挙では彼の再選を支持し、クラインは大勝した。一九八六年の市長選挙では九二％という前代未聞の得票率で当選した。こうしたカリスマ性と選挙における人気の高さは、クラインを「ラルフと呼ばれたがる陽気な政治家」から八〇年代後半における大きな需要のある政治商品へと変身させた。彼は進歩保守党には強力な政治基盤を持たないにもかかわらず（彼は州のリベラル派のリーダーになりたがっているとうわさされた）、トーリー（＝進歩保守党）の長老たちから閣僚のポストとゲティー首相のアルバータ南部における党のナンバー2のポジションを与えることを約束された。クラインはこのくら替えの誘惑に抗しきれず、一九八九年三月の州議会選挙においてカルガリー・エルボー選挙区から進歩保守党の候補として出馬した。[訳注19]

州議会選挙は市長選挙から見れば接戦で、わずか八二三票差の勝利の後、政治批評家はクラインが今後どのような環境政策を打ち出すのか、また他の閣僚が彼をどのように受け止めるのか注目した。州都エドモントンでもポピュリストとして振る舞うのであろうか？　閣僚の間にもこの新米の保守党政治家の力を疑問視するものもあり、こうした人たちは彼にポピュリストとして行動する自由を与えるであろうか？　当初はまさしくポピュリストとしてのクラインがエドモントンに乗り込んできたように思われ、環境保護活動家も彼のアプローチに勇気づけられた。彼の前任者とは異なり、彼は環境保護団体にも手を差し伸べた。リードなら電話で話すことさえなかった団体ともクラインは個人的に会い、これらの団体の陳情を受け付けた。「北部の友（Friends of the North）」という団体との会見の後、クラインは工場反対派が六〇〇ページに及ぶ環境影響評価書を理解し、詳細に検討する時間を与えるために、ALPAC社がこの事業計画の討議のために主催するオープンハウス集会の延期を要請した。[訳注20]さらに重要なことは、クラインは同州の環境影響評価手続きに対する批判を受け入れ、それに応えようとしたことである。彼は市民参加を拡大するようにEIAプロセスを修正しようとし、またこのALPAC環境アセスメント審査会に出席する意思のある者には、少額の助成金を提供する約束を行なった。さらにエドモントン・ジャーナル紙のインタビューにおいて、クラインは、首相がこの事業の熱心な推進論者であったことを考えると、驚くほどこの事業には厳しい立場をとり、「もしも本当にこの事業がフォートマクマレーの飲料水を危険にさらすことが事実であれば、そしてそのことによって人々の生命や健康を脅かす危険性があるのであれば、この工場は建設されるべきでない」と表明した。[*21] その一月後、彼は議会において、反対派寄りの立場に立って仮に首相と直接対立するようなことになっても、彼は環境保護の立場に立つ、と繰り返し発言した。もしもALPACの環境アセスメントの結果が環境への脅威であることを示すならば、彼はゲティー首相に立ちはだかるというのであった。

しかし政治家のリップサービスは、「安っぽい」ものである。クラインの強行発言から数週間もすると、彼自身の約束を閣議で伝える意志はあっても、実際には環境大臣は大した発言力がないことが判明した。この環境アセスメントの進め方をめぐっては多くの船頭がいた。だがどう進めるべきかに関しては意見の一致を見なかった。専門家による徹底的なアセスメントを求めるものもいた。連邦政府関係機関、北西準州[訳注21]と環境保護団体は、このような立場に立った。われわれはすでに環境保護団体が専門家による科学的な審査を重視していたことを述べてきた。北西準州政府は、ピース・アサバスカ水系下流の水資源利用者として、パルプ工場廃液が河川の水質におよぼす影響について大きな関心を抱いていた。オタワの連邦政府がアセスメントの範囲を拡大しようとしている点は驚くべきことであった。三年前の八六年には連邦政府と州の間で環境アセスメントに関する合意が成立し、両者の重複を避けるために連邦と州双方の管轄下にある事業に関しては、憲法上の権限の優越する方が審査することになった。紙パルプ事業に関しては州が優越権を主張し、連邦がそれに合意したため、大昭和や他のパルプ事業に関して連邦は介入を控えた。しかしALPACの審査に関しては、オタワ政権が突如として積極的に介入を始め、アセスメントに直接参加を認めるよう要請してきたのであった。この劇的な転換は、連邦裁判所の判決に刺激されたものであった。八九年四月に、連邦裁判所は対立していたサスカチュワン州南東部のラファティ・アラメダ・ダム問題に関して、連邦環境法は連邦政府によるレビューを行なう義務を課している、というカナダ野生生物連盟の訴えを承認した。この判決は連邦政府は開発計画案が連邦の管轄する問題に影響をおよぼすおそれがある場合には、連邦法による環境アセスメント審査手続きを踏まねばならないことを示唆したのである。この連邦裁判所の判決は、連邦と州政府の間で、環境アセスメントの関する責任を委任する、という八六年の連邦とアルバータ州の合意に対して疑問点を投げかけた。そしてこの判決によって問われた法的な不確実性のために、八六年合意はその期限が切れる八九年五月において、更新されないこととなった。そのため、もし同州が連邦のアセスメントが州とは別個に行なわれることを望まないならば、州はそのアセスメントに際して、連邦政府代表者の参加を求め、より厳しい連邦アセスメントに近い方式で、公聴会の開催などを行なう必要があった。

このオタワの介入は、ALPAC審査手続きの環境アセスメントの審査の範囲（スコープ）を拡張するようクラインを後押しした。一方他の勢力は、主として当該住民を中心とした限定された審査を行なうことを望んだ。アルバータ州環境省は、当該パルプ工場の影響を審査するためのこれまでなかったようなユニークな審査会を設置するという最初の提案において、委員会は「主として当該事業により影響を受ける地域社会の市民によって構成される」とした。リロイ・フィヨルドボッテン林業相とフレッド・マクドゥーガル林業次官は、実施されようとしているアセスメントの範囲を狭めようと躍起であった。このALPACレビュー委員会が、その調査、評価範囲に関して独自のタームズ・オブ・レファレンス（＝TOR。仕事の範囲、目的などの合意事項を文書化するもの）を定めるような独立性を与えようとするクラインの考え方は、フィヨルドボッテンやマクドゥーガルにとっては、余りに寛大すぎ、方向性を見失うものであった。フィヨルドボッテンは、ALPAC問題が生み出した反対運動勢力に驚愕し、公聴会が州民の高い注目を集め、パルプ工場反対派によって森林割り当て、森林伐採、再植林に関する林業省の意思決定に対する批判に使われるような事態だけは避けねばならないと考えた。とりわけ連邦がその漁業法[訳注22]を適用して、州政府とALPACの森林管理協定に対する環境アセスメントを実施するよう要求してくることを最も恐れていた。[*22] 彼はアルバータ政界における政治的成功のための昔からの秘訣に従い、林業分野は連邦と州の合同環境アセスメントの対象から除外される、という主張を正当化するために憲法を持ち出した。森林は州に管轄権のある資源であり、オタワはその森林に関して州政府がどうすべきか、口出しする権限はない。もしもフィヨルドボッテンにとって、森林管理問題を公的な集中審査（Public Scrutiny）の対象から隔離しようという努力を正当化する他の理由が必要であったならば、森林開発の環境影響に関する一九七〇年代の研究の中にそれを見い出すことができたであろう（これらの点は、第一章四八～五五頁の環境審議会公聴会に関する記述を参照のこと＝訳者）。一九七九年のアルバータ州環境審議会の報告書の中の主要な勧告を州政府が無視したという事実は、明らかに重要ではなかった[訳注23]。彼の考えは明白であった。この事業の森林伐採に関する環境影響の問題は、林業・土地・野生生物省の森林管理計画のプロセスにより取り扱われるべきであるという立場であり、これは環境保護団体にはアクセス不可能なプロセスとして悪名高かった。

## 第一次アルバータ・パシフィック環境アセスメント審査会：森林をどう扱うのか？

一九八九年七月、アルバータ・パシフィック環境影響アセスメント審査委員会は、連邦政府とアルバータとの合意により発足した。この委員会は、過去三カ月の間に出された多くの対立する要求を飲み込んだ形で出発した。同委員会の構成は、連邦政府側がそのメンバーを指名すべきである、という連邦環境省の考え方を反映していた。八人のメンバーの内の二名は連邦による指名であり、議長は連邦と州の共同任命の予定であった。四名のメンバーはクラインの州環境省が指名し、残りの一名は北西準州政府により選ばれた。アルバータ州政府側の任命は、以前の「市民レビュー委員会」のロジックを踏襲したものであり、クラインが指名した四人はすべて当該地域住民であり、誰一人として特別の科学的あるいは環境問題に関する専門知識を持つものはなかった。環境問題に関する専門的助言は、連邦任命委員から出されることになった。ビル・ロスとデビッド・シンドラーという二人の環境学者が連邦環境省より指名されていた。シンドラーの任命は、彼の科学者としての名声を知る環境保護派にとっては、大成功であると見られた。ウッド・バッファロー国立公園のバイソン（アメリカ野牛）保護問題を検討する連邦環境アセスメント審査委員会の委員を勤めた「アサバスカの友」のビル・フラーは、この時のバイソン・レビュー委員会の議長であり、現在連邦環境アセスメント審査局の高官であるボブ・コナリーから、ＡＬＰＡＣ審査会の連邦任命の候補者について相談を受けた。コナリーがシンドラーの名を挙げると、フラーは全面的な賛意を表明した。

ＡＬＰＡＣに関する調査項目をより広くするか、制限するかについての抗争は、委員会自身により起草される職務内容合意書（terms of reference）の検討に委ねられることになった。同委員会が広範囲な権限を持つべきだと考える者は、ピース・アサバスカ水系に排出されるパルプ工場汚染物質の累積的影響を考慮する、というクラインの指示にある程度満足を得た。しかしながら、この職務確定文書の起草作業は、「いつも民衆が主人公である」という自身の哲学をクラインが実践する意思がないか、もしくはその力も持ち合わせていない、という兆候を初めて具体的に示した。ＡＬＰＡＣ計画が州経済多角化の要であり、そしてフィヨルドボッテンらより上級の閣僚たちは、そうした方針を変更させるようなクラインの態度を許さなかった、という現実の前に「市民の声に耳を傾ける」というクラインの公約は挫折し始めていた。閣僚に名を連ねてはいるものの、クラインの置かれている現実は、多額の補助金を使っても経済開発を環境保護に優先して進められるべきだ、と考える内閣の中にあっては依然として他所者であり、若輩の下級閣僚以外の何者でもなかった。クラインは、委員会に詳細な指示を与えることにより、委員会の任務確定文書を委員会自身が起草する、という当初のクラインの公約を後退させてしまった。そしてこの審査会が公聴会を開催し、あるいは委員会が適切であると考えるどのような手法や形式をとることも採用し、このプロセスを全うする機会をクラインが保証する、という市民審査会に関する議論における当初の彼の宣言を破棄してしまった。[*24] 加えて、フィヨルドボッテンは、森林管理に関わる問題は、この公的な審査過程では取り上げない、という彼の努力がほぼ全面的に成功した、と主張できそうな状況にあった。森林に関する問題は、林業、土地、野生生物省の所有物である、という原則はフィヨルドボッテンによって守られた。クラインの同審査会職務範囲文書により、このパネルがＡＬＰＡＣの工場の木材供給活動による環境影響を審査する道は断ち切られたのであった。森林伐採の環境影響を検討できる唯一の分野は連邦管轄である先住民の居留地に限定された。ニュー・ブランズウィック州よりも広大な地域を覆うＡＬＰＡＣの森林管理協定（ＦＭＡ）がパネルの討議から除外されたことは、公聴会に参加した環境保護団体や先住民グループを憤慨させた。このレビュー委員会の前に姿を現わした全ての環境保護団体は、この委員会の職務から森林伐採による影響の問題をはずしたことは、「生態学的な視点から受け入れられない」、という州環境審議会自身が持っていた考えを繰り返し主張することになった。

一九八九年十月三十日、連邦・州合同審査会は、フォートマクマレーにおいて、ＡＬＰＡＣ問題に関する最初の公聴会を開催した。同年十二月半ばに公聴会が終了するまで、合計二七回の公聴会が一一のコミュニティ（ＴＯＲ）において開かれた。この政策決定のプロセスの中で意見を表明する機会に対しては公衆の圧倒的な関心が寄せられ、概してこの事業には敵対的であった。七五〇通の意見書が寄せられ、七週間の公聴会期間中に二五〇人の市民による意見表明があった。その大半は、この事業への反対意見であった。審査会のメンバーは、日に日に増加する市民の批判を受け取った。公聴会終了間近の十二月中旬、スチュワート・ラングは、批判の嵐にうんざりしていた。ある日のクレストブルック社における昼食会においてラングは、環境保護派と彼の会社がこうした公聴会をも受け入れねばならないという考え方をこき下ろした。クレストブルック社の社長（ラング）によれば、この公聴会による事業の遅れにより、会社はすでに一億六六〇〇万ドルの損害を受けており、公聴会で繰り広げられた『叫び、歌う環境保護ショー』に払う金額としては高くついたのであった。「われわれは公聴会のプロセスなるものに引きずり出されるほど、身を落とさねばならないことを、非常に不愉快に思う。このような批判は恥知らずにもほどがある。」と、ラングは述べた。[*25]

すでに審査範囲が狭められている中で、クラインはレビュー委員会に対して、アサバスカ川へのパルプ工場による汚染物質の排出が最も対立する問題となっていると、中心課題を提示している。

公聴会における発言者たちは、会社の社会経済的アセスメントを批判し（「地域社会へのインパクトに関するうわべだけの分析」というのがFOTAの観察である）、また大気中への二酸化硫黄[訳注24]の排出、工場立地点の問題、事業への州政府の資金援助問題などを取り上げたが、最も発言が多かったテーマが河川への影響であった。毎日排出される何トンもの汚染物質が、アサバスカ川の水質や漁業にどのような被害を及ぼすのか？　アサバスカ水系に飲料水や食料を依存している人々や他の動物に（将来）どのような健康上のリスクがあるのか？　環境保護派たちが、こうした問題を提出するに当たっては、「科学」に大きく頼っていた。一九七〇年から八〇年代にかけて環境保護派の活動が成果をあげるためには、科学的知見が何をおいても重要であった。ＡＬＰＡＣのケースでも環境保護団体は、科学的な情報の不適切さを問題にした。どのような問題であれ、環境保護派は、ＡＬＰＡＣの「科学」の質に疑問符を投げかけ、また政治的意思決定者にとって判断根拠となるような情報が十分得られないこと、またアサバスカ川の汚染の許容限度の推定のためのモデルに関する疑問などである。こうした主張を最も極端に押し進めると、長期的に見て、これらの汚染物質が水系に対して害を与えないことを会社が証明すべきである、つまりグリーンピースの言葉を借りれば、「無実を証明できるまでは有罪」という考え方である。こうした考えは、政府や企業にとっては、全く異星人のような発想であった。

これほど劇的ではないが、より穏健なものとしては、野生生物の生息状況やアサバスカ川に関する十分な基礎データが収集されるまで、事業のモラトリアムを行なうべきだ、という主張があった。多くの環境保護派の間で支持された「追加的な科学的知見が求められている」という意見は連邦および州の関係部局からも強調された。

連邦環境・漁業・海洋省の科学者らは、とりわけALPAC社の環境影響評価審査における情報の欠陥に批判的であった。彼らは、こうした欠陥が正されるまでは、同事業への認可を与えるべきでない、と主張した。こうした戦略への信頼は、審査会の中の少なくともメンバーの一人であるデビッド・シンドラー博士の資質によるところが大きかった。彼は一九七〇年代半ばに急激に台頭した影響評価のスペシャリストと呼ばれる一群の科学者たちを「大量の、解釈されていない不完全な記述的データを使って分厚い報告書を書き、ある場合にはそれらのデータ・ベースの質とは無関係に予測モデルをつくり上げる」と言って批判した人物であった。[*26] ALPAC事業の環境影響を判断するのに必要なデータ・ベースが適切でないことに加えて、連邦の関係部局は、ピース・アサバスカ両水系とウッド・バッファロー国立公園に対する既存および計画中のパルプ工場群の累積的な影響を非常に憂慮していた。連邦当局は同水系システムにおける溶存酸素量のレベルについて大変憂慮したため、アサバスカ川の支流であるレッサー・スレイブ川に建設されたアルバータ・エナジー社のCTMP工場の認可を考え直すべきだ、とアルバータ州政府に迫った。

アサバスカ・トライバル・コーポレーションなどのよく組織され、資金力もある先住民族の政府[訳注25]も、この委員会が要求する科学的専門性の戦略に対応した。彼らは、ビッグ・ストーン・クリー民族の言葉を借りれば「先住民の心をもつ白人たち」と呼ばれる専門家を動員して、ALPACの科学者に対抗し、この科学者ゲームにおける決闘で十二分に闘った。もしレビュー委員会や政治家が科学的情報を求めたならば、先住民もそれを提供する必要な専門家を探してきたであろう。ピース・アサバスカ水系における健康問題に対する先住民の憂慮は、最新の科学技術用語をちりばめて表明された。

環境保護団体が委託した専門家のように、先住民側の専門家のアプローチは、「スター・トレック：次なる世代」というSFテレビ番組シリーズの主人公であるアンドロイドのミスター・データのために書かれた会話を引用したかのように見えた。キャプテン・ピカードは、こう尋ねるかも知れない。

「ミスター・データ、どうやってアサバスカ・デルタ地帯の沈殿物におけるダイオキシンやフラン類の存在範囲とその起源を検出できるだろうか？」

「そんなこと、わけないよ、キャプテン」ミスター・データはこう答える。

「僕はコンピュータを使った『イオン噴霧型誘導結合プラズマ分析技術[訳注26]（Nebulizing Ion Induced Coupled Plasma analysis techniques）』を用いるだけさ。そうすればすぐ結果は出てくるさ[*27]」

この公聴会ではアサバスカ川の問題が主要なテーマとなったが、他方環境保護派は別の角度からもALPAC事業を攻撃した。大気汚染、地球温暖化、リサイクル、絶滅に瀕する野生生物種、生態学的保護区、森林伐採、プロスペリティという小さな農村の中心部という工場立地上の問題などは、すべて公聴会の期間中に提起された。クラインが事業の経済上のフィージビリティ、市場問題や事業に関わるその他の環境問題を取り上げることを禁じたため、経済的な予測に関わる禁じられた分野に、あえて言及する団体はほとんどなかった。しかしながらこの禁じられた分野に、軽くはあったがあえて踏み込んだ団体もあった。アサバスカ・トライバル・コーポレーションは、経済と森林管理問題を除外した委員会の職務範囲規定（terms of reference）の目的を問いただした。このグループに発言を依頼されたアサバスカ大学の経済学者であるマイケル・パーシーは、州政府は森林割り当てに関して、何らかの形で市場メカニズムを利用することを考慮しなかったため、このような資源から、もしあるとすればアルバータ州民がどのような経済的利益を受け取る可能性があるかを計測することを不可能にした、と指摘した。先住民の精神的な価値観に土台を置いて環境問題を捉える「マザー・アース・ヒーリング（母なる地球を癒す）協会」[訳注27]もまた、性急にパルプ生産へと走る経済的仮定の妥当性に関し、どうして政府はパルプ会社が示すバラ色のパルプ需要シナリオをそれほど熱心に信じ、受け入れることができるのか？　と疑問を投げかけた。

アルバータ原生自然協会は、パルプ会社に注ごうとしている補助金問題に対する砲撃を試みた。同州の納税者は、パルプ部門が産み出す直接雇用一人につき、三四万ドル（約二七〇〇万円）もの補助金を負担させられる。同協会は、さらに事業の費用・弁益分析を要求したが、同協会のプレゼンテーションにおいて経済的側面を取り上げたのは、ビビアン・ファリス[訳注28]が主張したように、「政治家たちが経済のことばかり考えているのであるから、われわれも彼らと共にそうした議論がどこに行き着くかを議論すべきである」という理由からであった。[*28]

「経済について考える」ということは、しかしながら多くの意味がある。ファリスは州の政治家たちが、市場の論理を信奉している、と見なしている。しかし、実際にアルバータ州の保守党政治家たちが崇めている神は、市場の論理ではなく経済成長であり、開発のペースを遅らせるような市場の状態には苛立ちを深めていた。市場は多角化を干上がらせていた。もっとストレートに表現すれば、この州の進歩保守党の基盤の中でも最も忠誠を誓ってきた建設業界やコンサルタント業界その他の業界に対し、市場は新たな仕事の契約を配給するような忠誠心を持ち合わせていなかった。フィヨルドボッテンは、北部アルバータの開発の展望を与えるような、費用・便益分析の核心部分においては、市場の論理に何の信頼も持っていなかった。

「しかしながら率直にいって、私は完璧な費用・便益分析をすることで、この事業を成功させることができるとは思っていない。林業大臣になる前に林業審議会のメンバーであったが、バーランド地域の開発問題の公聴会を開催した。公聴会でも、費用便益分析でも[訳注29]、グランド・カッシェ町における製材工場の建設は、採算ベースに乗らないという結論しかでなかった[*29]」

このフィヨルドボッテンの過去の経験は、市場経済に頼むことは、北部アルバータの産業開発においては無意味だということを教えていた。「北部の友」が、この費用便益分析の問題をさらに追及したとき、あるメンバーはフィヨルドボッテンの答えに唖然とさせられた。「神が費用便益分析をお求めになったら、世界を七日間で創造することはできなかったであろう[*30]」彼は、こう発言した。例え小声ではあっても、ALPAC反対派の環境保護団体が試みたように、市場経済を語ることは、この事業の推進派の保守党政治家にとっては、端的にいって全く理解できないことであった。彼らは開発事業の実施をあせっており、市場は開発を遅らせるだけだ、という考えに凝り固まっていた。

州政府が工場に原料を供給するための森林伐採の環境影響に関して、審査委員会の検討を拒否したことは、パルプ工場建設の反対を表明するために北部アルバータ全域のコミュニティ・ホールで開催された公聴会に参加した先住民グループの批判を封じ込めることになった。彼らは河川の水質問題を憂慮していたが、森林は、彼らの狩猟採集経済の中心であったため、河川以上に森林に親近感を感じていた。こうした先住民たちの中には、世界的な反毛皮キャンペーンによる毛皮価格の下落で打撃を受けたことを批判し、環境保護主義者には懐疑的な人々もいた。[訳注30] 依然伝統的な生活を送る人々は、森林生活に未来はなくＡＬＰＡＣのような森林開発事業こそが生活の向上につながる、という先住民族出身の政治家のマイク・カーディナルの見解を否定した。彼らの発言の中には、例えカーディナルの見解を受け入れてパルプ工場を歓迎しても、コンピュータ化された工場では、先住民族にとって雇用を得るチャンスはほとんどない、と議論する人々もいた。また伐採における大規模な機械化の導入も先住民から雇用の機会を奪うことになる。すなわちその場合、機械化林業において仕事を得るために必要とされる新品のフェラー・バンチャー[訳注31]（亜寒帯林伐採用の特別な巨大木材収穫機械）に四五万ドルも投資できる経済的ゆとりのある先住民は、ほとんど存在しないからだ。こうした人々の見方によれば、パルプ工場は彼らに生活向上を約束するものでなく、逆に葬送の序曲となるだけであった。

「専門家が言うほど、土地は早く回復しない。われわれは何世代にもわたってこの土地で生活してきたからここの自然のサイクルは良くわかる。木々を取り払ったら、簡単には元に戻らないことを良く知っているからだ。この事業による破壊によるツケは、戦争のようにわれわれに重くのしかかるだろう。戦争がなくとも、われわれは破壊されていくのだ。われわれ先住民を殺すのに、戦争はいらない。ただブッシュを取り払い、木々を切り倒すだけで十分だ。それはわれわれを破壊する。後に残るのは金だけだ[*31]」

ビッグストーン・クリー民族[訳注32]（Nation）のメンバーの一員であるルイス・カーディナルは、こうしたアルバータ住民の典型的な存在であった。カーディナルはアサバスカから二四〇キロ北方のピアレス湖にある寒村でこれまでの全生涯を過ごした。そしてその五十五年間を罠猟師として生きてきた。ブッシュは彼の人生であり、その生涯にわたる経験は森林やそこに生息する野生生物に関する膨大な知識を彼に与えた。ビッグストーン・クリー民族の土地利用に関する調査をしていたある研究者に対し、カーディナルが「彼ら（政府）は、ここにわれわれが住んでいることを知っているのだろうか？」とたずねた時、政府が、この事業が彼らの生活にどうのような影響を与えるかに関して、まっさきに先住民の意見を聞くこともなく、その伝統的な生活を破壊するような事業を支持する立場にたっていることに、彼は大きな戸惑いを表明した。ルイス・カーディナルのような人々にとって、狩猟経済（bush economy）は単なる過去の記念碑ではなく、ダイナミックな、価値ある、そして今後とも続けていくことを誇りを持って推奨できるものであった。資源計画調査もこの見解を支持していた。公聴会におけるビッグ・ストーン・バンドが依託した調査者の証言によると、ブリティッシュ・コロンビア州北東部のカスカ・デナ民族は、その総収入の半分を狩猟採集経済から得ていた。このバンド（＝先住民の個別集団を指す）の依頼で同民族のための資源調査を行なった研究者は「ＡＬＰＡＣの開発地域の原生林を除去することは、ムース（ヘラジカ）や毛皮の取れる動物の数が激減し、それとともに、狩猟採集経済のすべてが崩壊する」と、述べている。環境アセス審査委員会メンバーは、伝統的な生活を維持したいと望むこうした人々が直面する状況に深い理解を示したが、同委員会の任務範囲文書（ＴＯＲ）の制約のため、政府やＡＬＰＡＣが、こうした人々の憂慮に沿ってその森林伐採計画を立てるよう要請する以上のことはできなかった。

同審査会がこの連続公聴会の幕を閉じたとき、環境保護団体によって準備された厳しい科学的な批判が、反対勢力に配当を与えるように見えた。クラインもまた、そうした印象を作り出した。レビュー委員会は、当該地域をくまなく回り、数多くの証言を聞くことができた。クラインは、同委員会がどのような勧告を提出するにせよ、この政治状況から、政府がそれを尊重するようことが求められるだろう、と述べた。さらにクラインは、こう続けた。

「勧告に政府が従わないのは、政治的愚行だ[*32]」

しかし林業・土地・野生生物省の立場から見ると、審査会の勧告に従うべきだというクラインの見解は危険であった。それはＡＬＰＡＣ事業の将来のみならず、より全般的には政府の経済開発政策の意図をも脅かすことになるのであった。とりわけエドモントンやカルガリーにおける世論は、ＡＬＰ

ACに対する厳しい対応を支持していたため、フィヨルドボッテンはこのクラインの発言を深刻に受け止めた。[*33] このクライン発言の趣旨からすれば、一九九〇年三月初めに発表した審査会の報告書は、環境保護派が祝杯を上げても良い内容であった。同審査会がクラインに提出した勧告は、この州の資源収奪政治の歴史ではついぞ見ることがなかったような内容であった。「ALPAC工場は現段階では認可されるべきでない」というものだった。委員会のメンバーたちは、これ以上多くのパルプ工場の建設がもたらすアサバスカ水系における有機塩素化合物や溶存酸素量の変化の影響を憂慮したのであった。審査会はALPAC計画を推進する代わりに、この開発事業がアサバスカ・ピース川水系の生物や下流地域の水や野生動物の利用者たちに深刻な打撃を及ぼさないためには、この両河川システムに関するより一層の研究を積み上げるべきと勧告した。[*34] 同審査会メンバーの目には、この日は環境保護論者の勝利の日であるように見えた。

## 移動されたゴールポスト——第二のALPACレビュー

こうして科学的批判を展開した環境保護運動と州および連邦環境省の両者が勝利をものにしたように見えた。アサバスカにおいて、クラインは州は勧告に従い、アサバスカ川の現状について追加的な調査がまとまるまで、事業認可を延期するべきであると表明した。クラインの傍らに立っていたゲティー首相は、この時は環境大臣のメッセージを繰り返すかに見えた。首相は、この公聴会は「非常にユニークでかつ重要」であり、この州では環境上健全でない事業を推進されないであろう、と発言し

た。もし環境保全と事業遂行を望むＡＬＰＡＣ側の双方に適合するような妥協案はあり得るか、と問われたゲティー首相は言下に、

「ノーだ。環境保護に一つの妥協も許されない。[*35]（"Not a compromise on environment. No."）」

と、答えた。首相のこの発言は、多くの賞賛を獲得した。ゲティー発言に対するマスメディアの反応は、彼が以前、ルビコン・クリー民族のオミナヤック首長に会いに出かけた努力への賞賛を思い起こさせた。翌日の新聞紙面は賞賛の記事で埋め尽くされた。州政府の対応は、「州政の新しい時代の幕開け」を告げるものだ、という新聞もあった。別の記事では、「勇気ある決定」と賛えた。ビジネス・コラムニストでさえ、委員会は健全な勧告を下した、と看做した。しかしアサバスカ／ラック・ラ・ビッシュ選出の保守党議員で、ＡＬＰＡＣの忠実な支持者であるマイク・カーディナルは、この勧告に強く反発し（とりわけ勧告の中の先住民たちの憂慮に関する項目）、さらなる調査を要求することは、ＡＬＰＡＣ事業を廃止に追い込むものだとおそれた。

しかし反対派が互いに祝福を交わしていた間にも、政府内の推進派は反撃の準備に怠りなかった。その影響力を行使し、まず州政府はＡＬＰＡＣ事業のモラトリアム条項をはずしにかかった。このモラトリアム勧告は、ＡＬＰＡＣの背後にある日本企業の投資計画に対する州政府の約束のすべてを台なしにし、さらにこの大型プロジェクトが失敗すれば、それに続くすべての投資企業を遠ざけてしまうだろう、というものであった。フィヨルドボッテンは、この委員会の勧告の公表を座って待ってい

たが、発表後ただちに後者のポイントを指摘して、こう反応した。「今後、わが州にいかなる工場進出を望んでも、実現するまでには、長く凍てついた金曜日を過ごすことだろう。今後長期にわたって諸君たちは、こうした投資計画にお目にかかることはないと思う」[*36]

審査会報告に対するゲティーの反応をマスメディアは熱狂的に歓迎したが、首相はまた審査会の結論に対し、省庁のたて割り行政のわくを超えることと、かつ独立であることの両方を求めていたという事実への言及を怠っていた。一九九〇年三月後半、クラインがバンクーバーに出かけて不在であった時に、フィヨルドボッテンはパルプ工場推進を支援、強化するための会合を持った。この時ALPACのトップらは、ゲティー首相、フィヨルドボッテン、（マイク）カーディナルらに加えて、ピーター・エルジンガ経済開発相と会見した。この会合の時点から、首相の考えは一変し、審査会報告には花束でなく、煉瓦の破片を投げつけるようになった。ゲティーが一度は「非常にユニークで重要」と賛えた公聴会も、いまや欠陥だらけの片寄ったものと酷評された。審査会は、独立した判断を下したものでなく、公聴会において発言を求めたものたちの大半が反対派で占られていた、という事実を反映しただけに過ぎない、というのであった。反対派に対しては、もっと厳しい疑問が投げられるべきであった。カーディナルのイニシアチブに従い、ゲティーは先住民族の政治団体、とりわけメチス協会やジャンビール・インディアン・バンドなどがALPAC事業を支持していた、ということに対する考慮が十分でなかった、と述べた。今や首相は、バランスという名において第二次パネルを設置する、と宣言した。この新パネルは、州政府自身の選定による科学的専門家によって構成され、「審査を審査する」、というものだった。首相は、新しい生活への期待を林業プロジェクトに託していた北部州民に対し、この第二次レビューによって報いたのだった。

このゲティーの発言は、審査会の多くのメンバーから手厳しい批判を受けた。最も辛辣な批判は、アルバータ大学の動物学、キラム記念教授[訳注33]であったデビッド・シンドラー博士から出された。一九九一年春、シンドラー教授の長年にわたる北部の湖沼におけるリンと酸性雨の影響に関する研究により、スウェーデン科学アカデミーから国際的な評価を受けた。シンドラーはノーベル賞の選定機関でもある同アカデミーから「水の研究に関するストックホルム賞（"Stockholm Water Prize"）」を受賞した。これは一七万五〇〇〇ドルの賞金が同時に与えられる国際的な学術に関する賞であった。その前年の春から夏にかけて、シンドラーは、ダイオキシンによる環境および健康リスクを軽減しようとする州政府の努力に対して、非常にあからさまな批判を加えた。ゲティー首相への批判をやめるべきだという要求を拒否したシンドラーに対して非常に立腹したため、翌年春に州議会においてこのシンドラー教授の名誉ある受賞を賛える決議案が出されたときに、これを拒絶した保守党議員もいたほどであった。

より重要なことは、最初の審査会の結論に手厳しい評価を下した州首相の第二次パネルに対して他の閣僚からも、保守党からも厳しい異論がでなかったことである。ゲティーの発言は、クラインを驚かせ、かつ非常に不愉快な立場に追い込んだ上に、彼のこれまでの数多くの意見表明とはくい違う結果となったが、それでもクラインはゲティーに抵抗することはできなかった。クラインは、環境保護のためには、首相にも立ち向かう、という当初の公約を捨てさった。彼には閣内においても党内においても首相やフィヨルドボッテンらに抵抗する権力基盤を持ち合わせていなかった。さらに仮にクラインが、他の閣僚に影響力を及ぼすことを好んだとしても、彼が大いに頼っていた足元の環境省スタッフが審査会の見解を盾に大臣が立ち上がって内閣の中で闘うよう主張することはなかった。ＡＬＰＡＣ事業は詳しい調査が行なわれるまで延期されるべきである、という審査会の勧告に関する州環境省のコメントと見解は、クラインには三月末近くに提出された。それは概ね委員会の見解に沿うものであった。しかし州環境省内部では、審査会の「大々的な勧告」は、広範に過ぎ、その実施は困難であること、そのため調査の完成には時間がかかりすぎる、という点で、意見の一致を見ていた。その後、クラインの大臣見解が発表されたが、そこには調査が終了するまで、事業認可は保留されるべきであるという立場は明確にされなかった。明らかに環境省は、追加的な調査を完成させる必要を感じていたが、同省高官たちは大臣に事業認可の留保を主張させるほどには大胆でなかった。かくして州環境省は、有機塩素化合物問題に関してＡＬＰＡＣが、技術的解決策を提案するための門戸を大きく開いてしまった。

二週間にわたるレビュー委員会批判の季節を経過して、ゲティーは同州の進歩保守党の年次総会において、ＡＬＰＡＣ問題に対する彼の立場への圧倒的な支持を獲得した。この総会では、カルガリー・フィッシュ・クリーク選挙区協会代表から、建設中の工場を含むすべてのパルプ工場の公的な審査を求める動議が出された。しかしこの提案は農村部から、とりわけパルプ工場の影響の大きい地域代表から攻撃された。農村部代表は、カルガリー提案を偽善的であると非難した。なぜパルプ工場だけなのか？　なぜ天然ガスや石油化学事業のようなカルガリーやエドモントンの成長にとって重要な産業を除外するのか？——カルガリー代表の提案は、こうして圧倒的多数で否決され、このことは党がパルプ工場建設を支持していることを白日の下にさらした。また進歩保守党の支持基盤が都市部より農村部で拡大していることをも強く示唆するものであった。

州政府が審査会の結論に対する独立したアセスメントを、パルプ産業側にたって遂行できる会社を見つけ出すのに、長い時間を必要としなかった。フィンランドの林業コンサルタント会社、ジャコポリ社[訳注34]が仕事を委託された。ジャコポリ社とは、一九八三年において、アサバスカ地域における漂白クラフトパルプ工場建設が、「広葉樹を主体とする森林資源の産業利用において利益を挙げる潜在力を最大に引き出すもの」であると州政府に助言した当の会社であり、また八八年七月にスチュアート・ラングが林業次官のマクドゥーガルにALPACの最初の事業計画提案を提出した際に、「きわめて著名で優秀なチーム」として社外助言者リストに乗せていた会社でもあった。このジャコポリ社とクレストブルック社との深い結び付きと、先にアサバスカにおける漂白クラフトパルプ工場建設を熱心に推薦した事情を考慮すれば、クラインの次に引用する議会での発言は、多分フロイト的な過ちから誘発されたものであったろう。

「確かに2、3、7、8TCDDは、非常に毒性の強いダイオキシンである。これは隠れもなき問題である。しかしながら有機塩素化合物全体に関してはまだ調査が必要であり、そのためにこそわが省は、世界で最も著名な会社に有機塩素化合物全体の問題について、過小評価を……いや総合評価を委託するのであります[*39]」

ジャコポリ社による「補完的な」審査会は（もしダイオキシンに関連するリスクについて理解がなければ）、

確かにALPACの支持者たちに同社工場に伴うリスクが許容範囲内にあることの根拠を与えるものであった。本来のレビュー委員会と同様に、ジャコポリ社もアサバスカ水系に関する追加的な調査の必要性を述べていた。ある州環境省スタッフは、「前回のパネルが指摘したのと同様に、この水系におけるダイオキシン類／有機塩素化合物の環境影響は、十分わかっていない、ということを示しただけで、一秒間に四〇万ドルも稼いだ」と皮肉を込めて書き留めている。

しかしながら重大な違いは、ジャコポリ社の見解では、このようなリスクに関する不確実性は、潜在的に重要な危険ではなく、従って当該事業に対して障害と見なすべきでない、という点である。それどころか、人体へのリスクの不確実性が、低いレベルの有機塩素化合物からもたらされるものであるから、ジャコポリ社はこの工場の設計において、有機塩素化合物を大幅に削減させるように厳しい規制の枠をはめることの合理性は疑わしい、と主張した。さらにジャコポリ社は、この事業を批判するにあたって科学的な情報を用いた人々を攻撃した。ジャコポリ社は環境影響アセスメントの公聴会において環境保護団体が引用したダイオキシン／フラン類の毒性に関する重要な研究の科学的方法に対して疑問を投げかけた。提案されているALPAC工場に伴うアサバスカ水系に与える打撃が、回復不能なものであるかどうかに疑いがあり、河川の魚を重要な食料源としている先住民の場合でも、連邦健康福祉省の一日当たりのダイオキシン摂取許容量を上回るようなリスクは、想定できそうもない、と結論づけている。

このジャコポリ社による補完的なレビューは、ALPAC計画に対する審査会の勧告がもたらした脅威を除去するための州政府の戦略の最初の「のろし」であるに過ぎなかった。政府も明確に認めていたことだが、ピース・アサバスカ両河川システムの現状に関してわかっていることはわずかしかなく、このギャップは埋められねばならないことは明らかであった。そこで、第二の戦略として、この問題を解決するために、連邦と州政府は審査会が勧告したピース・アサバスカ・スレイブ川水系の調査を実施するために一〇〇〇万ドル（約八億円）の予算を投入すると表明した。

第三に、そして最も重要なことは、政府が将来のＡＬＰＡＣ審査の実施に関する条件を変更したことである。一九九〇年夏、ＡＬＰＡＣ社は、工場の設計を変更した。同社は審査会の有機塩素化合物に関する主要な憂慮に応えるために、パルプ製造工程を変更することができたと報告した。これはパルプ漂白工程において塩素ガスの（純塩素）使用を除去することで、有機塩素化合物の排出を大幅に削減する、というものであった。もしこれが実現すると、工場廃液の毒性は劇的に減少するはずであった。同社は、この新しい技術の導入を、環境保全における技術的ブレークスルーであるとして宣伝した。

「ＡＬＰＡＣは、環境保護との調和を実現するための方法が完全に確立された、という結論に達した。まさしく環境的な視点から見て、改善された原料の蒸解（cooking）、酸素を使用するリグニン除去（oxygen delignification）、漂白工程の改善などを採用した近代的パルプ工場と旧来のパルプ工場との違いは、現代の自動車工場とＴ型フォードモデルとの違いと同様、全く異なるものである[*40]」

州政府の見方によれば、ＡＬＰＡＣ社が環境との調和を実現したと主張することは、リスクが大きすぎた。環境問題に焦点を当てることが、最初のレビューの政治的アキレス腱であることは明らかであった。環境保護が改訂したＡＬＰＡＣ提案の障害とならないために、クラインはこの視点を審査からすべて除外してしまった。このＡＬＰＡＣの改訂されたパルプ工場の設計を検討するために選ばれた三名の科学検討パネルの委員は、同提案の技術面に限定した検討を行なうよう指示を受けた。すなわち「ＡＬＰＡＣによって今回提案された工場は、技術的に建設および操業が可能か？」という問題は「工場排水中の有機塩素化合物を大幅に削減するか？」であった。「事業による環境影響」は公聴会開催を促した原テーマであり、科学審査パネルの任務からはすべて除去された。

このような第二次審査会に与えられたマキャベリズム的とも言える職務範囲文書(terms of reference)の変更は、忠実に実施された。連邦・漁業海洋省がＡＬＰＡＣの新技術は、当該河川における漁業資源の保護可能な水準まで有毒物質の排出を削減できるかを新委員に問う文書を提出し、前回の憂慮事項を再確認しようとした。しかしながら、新パネルが主催した三日間の公聴会において、連邦漁業省の新たな見解の提出は拒絶された。連邦漁業省の提出文書を無視する理由を、パネルの座長は「工場排水のインパクトに関してはパネルの検討の対象ではない。これらは環境問題であり、このパネルはそのような任務を与えられていない[*41]」と説明した。またパネルは、アサバスカ水系における有機塩素化合物の排出の集積による影響がＡＬＰＡＣ工場を追加する場合および追加しない場合においてすでに許容できないほど危険なレベルにあるかどうか、というような問題も考慮しなかった。クラインによるこの大変狭い科学審査パネルの職務規定は、ＡＬＰＡＣの環境や健康問題に関連する批判を全く受け付けないものであった。クラインが創造したこの世界では、そうしたことは筋違いであった。

第一次審査会の期間中に開催された広範囲の公聴会で取り上げられた環境保護問題が、この開発事業の政治的アキレス腱となった主な理由は、六週間以上にわたって繰り広げられた公聴会は、市民がこの事業計画について意見を表明する絶好の機会を与えたことであった。これらの市民による意見表明の圧倒的多数が反対派によるものであったことから、政府はこの新提案に関する公的な検討における市民参加を最小限のものにするよう企てた。公聴会は三日間だけ予定された。その上、この再審査では「科学的」な性格という観点から、この期間中、「専門家」による口頭での発言と「科学的根拠」に焦点を当てた反対尋問だけが許された。このようなＡＬＰＡＣの新提案の審査は、結局のところ二人の工学者と一人の有機化学者で構成される三名の「科学」審査パネルによって行なわれることになるのであった。この変更された工場設計に関する意見表明は、これらの科学者と同等の専門的な知識を持つものだけが許された。このパネル・メンバーの一人は、「これ（ＡＬＰＡＣの改訂された提案）についてコメントする資格をもつものは、ここには余り多いとは思えない」[*42]と発言したことがエドモントン・ジャーナル紙に掲載されている。

こうして環境面ではなく、ＡＬＰＡＣの改訂提案の技術面の実施可能性（フィージビリティ）というおそろしく限定された科学審査パネルがこのＡＬＰＡＣ提案に認証スタンプを与えたことに驚く理由は全くなかった。

## アルバータ・パシフィック計画へのゴーサイン

九〇年十二月、ＡＬＰＡＣの建設を止めようとする闘いは、公的に敗北した。プロレスのタッグチームが最後の勝利を祝うように、ゲティー首相とマイク・カーディナルは、アサバスカの数百人の群衆の前で、手に手を取り、腕を高く突き上げて、州は工場建設を認可したと宣言した。工場推進派は歓喜の声をあげ、環境保護派と反対派の先住民は激怒した。夏になると「母なる地球を癒す会（＝Mother Earth Healing Society）」の事務局長であるロレイン・シンクレアは、このＡＬＰＡＣの審査のプロセスは、煙幕以外の何者でもない、と評した。彼女の見方からすればこの過程における公衆参加とは、単なる名目上のものに過ぎなかった。つまり「過去数年間の出来事の結末を見れば、この事態は何から始まったかがわかるだろう……彼らが展開したプロセス、つまり住民協議のためのワークショップのような偽物のプロセスは、始めからある特定の結末を想定して仕組まれたものであった」[43]からであった。ジャコポリ社による審査、科学審査パネル、そして政府による最終的な事業承認のすべてはシンクレアの皮肉な見解の信頼性を高めるばかりだった。

ＡＬＰＡＣに対して州が正式にゴーサインを出すまでには、クライン州環境大臣に対する州内の環境保護団体の信頼は地に墜ちていた。最初の審査会の結論の権威に対する州政府の攻撃の共謀者となったことから、彼は自身のポピュリストの名声に背を向けることになった。ＡＬＰＡＣ論争における主要なライバルであったフィヨルドボッテンが冷笑した政治的リーダーシップに関する野心[44]もおそらく彼の翻意の理由であった。しかしクラインが首相になろうという夢は、彼の内閣における無力さから、誰も注目しなかった。クラインは大型パルプ・プロジェクトがまだ閣内、党幹部会そして党員の間で依然として強力に支持されていた時期に閣僚に抜擢された。フィヨルドボッテンは、世論の支持を求めるべきである、という他の閣僚からの助言を一般的には無視したが、ＡＬＰＡＣや他の大型林業プロジェクトのためのロビー活動に関しては党内の林業委員会の大半のメンバーを当てにすることができた。その上、一九九〇年の保守党年次総会で、すべてのパルプ工場計画は、公的審査手続が終了するまで延期するべきである、という提案が出された時に見られたように、進歩保守党の重心は、依然としてこれらの巨大プロジェクトの固い支持に傾いていた。加えて保守党内部の政治的バランスが、大規模林業プロジェクトを支持する方向に強く傾いていたとすれば、州の官僚機構内におけるバランスも同様であった。クラインの率いる環境省は、林業・土地・野生生物省が管轄する林業計画のプロセスにおいては、けして重要な役割を持っていなかった。すなわち森林とその伐採に起因する環境問題は、大規模林業プロジェクトを追及する官僚機構のチャンピオンである林業省の独占事項であった。さらに水質に関しては、主として州環境省の管轄範囲であるが、彼らは技術的対応に自信を示していた。同省は「利用しうる最善の技術」を導入しなければならない、と宣言することにより、ALPACの改善案を受け入れる立場で自らの意思決定規準の重みづけをしていた。

ALPAC工場が操業を開始すれば、そこから出る廃棄物は全カナダのどの漂白クラフトパルプ工場のものよりもきれいなはずであった。同プロジェクトに対する水質面からの挑戦において唯一残されたアプローチは、生態系保護の視点であった。つまりピース・アサバスカ川水系は、もはや新しいパルプ工場を受け入れられる状況にはない、という主張であるが、同省は八八年に当初のクレストブルック社の計画に関する審査を終了した後、その視点を放棄してしまった。

環境保護派はALPAC認可の決定に裏切られた、と感じていたが、彼らの批判はいくつかの点で重要な結果をもたらした。「アスバスカの友」や他の環境団体および先住民団体からの批判がなければ、もっとひどい環境汚染をもたらす工場が認可されていたであろう。彼らの批判は、より厳しい水質規制をALPAC工場に適用しようとする州環境省の後ろ楯として利用された。さらにこのピース・アサバスカ水系問題に対する市民の情熱的な運動の結果、政府は「天然資源保全委員会（NRCB：Natural Resources Conservation Board）」という森林開発や他の資源開発事業を調査し、社会、経済、環境上の影響を評価し、これらの事業が公益に適うかどうかを審査する権威を持つ機関を新たに設置することになった。しかし皮肉にも、州の森林の大部分がこのNRCB発足以前にすでに木材産業の手に渡ってしまったのである。最後の重要な点は、この環境保護派による反対運動により、連邦と州政府に対して、北方河川システムに対する工業発展の累積的影響に関する長期にわたる調査を行なわせることに成功したことである。

政治と官僚機構における様々な要因が、ALPAC工場の最終的認可への道を開いたが、ことを押し進める政府の力は、環境保護団体や先住民団体が主に採用した科学的批判の本質的な限界を浮かび上がらせた。このエピソードにおける科学的批判の重要性は主として、ウルスラ・フランクリンが「信仰（faith）」と呼び、スタン・ローウェが「ヒューマニズムにおける主要な宗派」と評するように、二〇世紀においては科学が神格化された、という事実に起因するものである。[*45] そのような背景を伴って、そうした「科学」、「科学者としての資格＝クレデンシャル[訳注35]（scientific credentials）」や「科学情報」というものが、公共政策に関する論議においてそれらを利用する人々に対して、重要な正当性と象徴的な力を付与してきた。シンドラーによれば、例えば環境影響評価審査会の結論に多くの影響を与えた意見表明は、連邦政府や省政府内部の科学者が提出した文書であり、「専門家の資格を持たない環境フリークのおとぎ話し」ではなかった。科学審査パネルが短期間の公聴会の中で自らの科学者としての血統を問われたときでさえ、科学の旗印を掲げてALPAC問題に関する科学者としての体裁を保った。委員会はALPACの修正提案が、公聴会の議論において期待される純粋な実験科学的な検証に耐えるものでない、という批判に対しても、科学パネルは科学的方法で任務に取り組んだと主張して事態を乗り切った。同パネルの検討課題であった、ALPAC修正案の技術的妥当性と廃棄物の性質という二つの問題は、「主として工場設計という文脈における科学的問題」であった。異なる装いではあったが、ここでも科学は正当化のための重要な手段として利用された。

これらの大型プロジェクトを主として科学的文脈から評価することには、根本的な限界が数点あげられる。第一に生態学者のスタン・ローウェの言葉を借りれば、「科学には力（権力）を与える、という隠された使命がある」ということだ。ローウェ自身が科学研究の助成金の審査員をしていた経験から、政府による科学研究の支援に関しては、人間の世界支配に利用できるより大きな力をもたらすことを約束する研究であるかどうかが評価のポイントになることを学んだ。このような力を約束するような科学は、そうでないものよりも強力な後押しを受ける。このような見方に関連して重要な点は、ALPACの事例においてわれわれが見たように、こうした文脈においては科学論争というものが「技術的な解決策」を与えるために企業が書類を提出し、政府はそれを認定する、というやり方を誘導したことである。つまりテクノロジーとは科学が人間に支配力を与える重要な手段だからである。多くの環境活動家が熱心に参加した科学的討論は、結果的にクレストブルック社に技術問題に限定した対応を誘発することになった。こうした技術的対応は、一般的には好意的に受け止められ易く、それは、テクノロジー（ローウィの言うビッグT）[訳注36]は進歩と同義語である、という信仰をわれわれの文化が持っているからである。

　ある特定の様式における科学論争と技術の結合に対する政府の熱情は、これまでいくつかのケースで示された。アルバータ州環境省が「利用しうる最善の技術」による産業規制を支持したことをわれわれはすでに見てきた。またこの前章で見た通り、この展望と信念が、州経済開発省次官をして、アルバータの経済成長に対する環境的制約への疑問を提示させている。環境保護派が技術の美徳に基づく楽観的な提案をしばしば誘発するような類の科学論争に執着したことは、同時にクレストブルックのアルバータ・パシフィック・プロジェクトの停止運動の失敗をも招いたのだった。

［原注］

*1　コーリング・レイクにおけるフランク・クロフォードとのインタビュー、一九九二年五月二十八日。

*2　アサバスカにおけるW・A・フラー博士とのインタビュー、一九九二年五月二十八日。

*3　*The Athabasca Advocate*,19 September 1988.

*4　イアン・リードに宛てたルイス・シュミットロスの書簡、一九八八年十月二十三日。

*5　*Pulp and Paper Canada*, March 1990.

*6　East kooteney の諸団体の意見表明は、Alberta, The Alberta- Pacific Environment Impact Assessment Review Board, *Public Hearing Proceedings*, 20, 2732-2790.

*7　三菱商事のブラジルにおける投資活動の検証は、Yuta Harago, "Mitsubishi's Investments in Brazil: A Case Study of Eidai do Brazil Madeiras S.A." (paper prepared for Rainforest Action Network: September 1993). チリ

に関しては、Japan Tropical Forest Action Network (JATAN),"Report on Eucalyptus Plantation Schemes in Brazil and Chile by Japanese Companies" Tokyo: JATAN, May 1993)。

＊8 E. Wakker, "Mitsubishi's Unsustainable Timber Trade: Sarawak," *Restoration of Tropical Forest Ecosystems*, H. Lieth and M.Lohmasnn, eds.(Netherlands : Kluwer Academic Publisher,1993).

＊9 Eric Wakker, "No Time for Criticism? An Evaluation of Mitsubishi Corporation's Tropical Forest Policy and Practices," (report prepared for Friends of the Earth Netherlands/ Millieudefensie, May 1992).

＊10 同右五ページ。このレポートは、さらに熱帯木材に対する工業国による需要という森林破壊の異なる原因を指摘した三菱総合研究所の報告について記している。

＊11 D.Lamb, *Exploiting the Tropical Rainforest : An Account of Pulpwood Logging in Papua Newguinea* (Carnforth: Parthenon Publishing Group Ltd.,1990), 218.

＊12 British Columbia, Environmental Protection Branch, letter to author, 26 July 1993.

＊13 Peter L. Timpany, letter to K.R. Smith,3 June 1988.

＊14 L. Norton, memorandum to Fred Schlte, 15 June 1988.

＊15 Bruce MacLock, memorandum to Fred Schlte, no date.

＊16 Minutes of a meeting of November 1988. Crestbrook; Alberta Environment; Forestry, Lands and Wildlife; and Stanley Engineering.

＊17 引用は、Mark Lisac, "Getty's Bulish Reply Difficult to Accept," *The Edmonton Journal*,15 December 1988.

＊18 Friends of Athabasca Environmental Association, letter to Ian C. Reid, 8 January 1989. Reproduced in Friend of Athabasca, *The FOTA File*.

＊19 W. A. Fuller, "The EIA Process" (February 1989), reproduced in *The FOTA File*,6.

＊20 クラインのある人物スケッチは「彼の飲酒癖は都市住民の間で流布された民衆的神話となり……」Don Gillmor,"The People's Choice," *Sarturday Night*,104 (August 1989),34と、述べている。

＊21 Scott McKeen,"Klein Says He'll 'Dig for Truth' Over Pulp Mill Threat," *The Edmonton Journal*, 5 May 1989.

＊22 著者との非公開のインタビュー、一九九四年二月一日。

＊23 フラー博士とのインタビュー、一九九四年二月一日。

＊24 Ralph Klein, in Alberta Legislative Assembly, *Alberta Hansard*,5 June 1989,35.

＊25 Catherine Galliford, "Crestbrook Head Frustrated with Public Criticism," *Kootenay Advertiser*,11 December 1989,4.

＊26 *Science*,7 May 1976.

＊27 この"Nebulizing Ion Induced Coupled Plasma analysis techniques"という語句は、アサバスカのチップウェイ・バンド（先住民グループ）のために行なったアサバスカ川デルタの沈殿物の研究から引用した。

＊28 ビビアン・ファリスとのインタビュー、一九八九年六月十日。

＊29 エド・ストルツイクによるレロイ・フィヨルドボッテンとのインタビュー、一九八九年八月二十四日。

＊30 ロレイン・ベッチと著者とのインタビュー、一九九二年六月九日。

＊31 "Bigstone Cree Band Elder's Senate Statement" in Mother Earth Healing Society, "Bigstone Cree Nation Position Paper," presented to the Al-Pac Review Board, Wabasca/ Desmarais,5 December 1989,1.

＊32 Brian Laghi , "Klein Faces Uphill Grind Inside Tory Caucus," *The Edmonton Journal*,24 December 1989.

＊33 著者との非公開インタビュー、一九九四年二月一日。

＊34 The Alberta-Pacific Environmental Impact Assessment Reiew Board, *The Proposed Alberta-Pacific Pulp Mill:Report of the EIA Reiew Board*, Executive Summery, March 1990.

＊35 Mark Lisac,"Tories' Conversion Signals a New Era," *The Edmonton Journal*,3 March 1990.

＊36 Christopher Donville,"Minister Defends Proposal for Controversial Alberta-Pacific Mill," *The Globe and Mail*,22 January 1990.

＊37 この情報は、アルバータ・パシフィック環境影響評価審査会の勧告に関する同州環境省のコメントと観察

所見を記した題名のない文書によるもの。この文書は、一九九〇年三月二十七日に同大臣に提出された。

*38 Roy Cook, "Credibility of Pulp Mill Review Doubted," *The Edmonton Journal*,19 April 1990.

*39 Alberta , Legislative Assembly of Alberta, *Alberta Hansard*, 24 April 1990,745.

*40 Alberta-Pacific Forestry Industries Inc., *Mitigative Response to Concerns Regarding Chlorinated Organic Compounds* (July 1990),52.

*41 Scott McKeen, "Critical Report on Pulp Mill won't Be Heard by Al-Pac Panel," *The Edmonton Journal*,29 August 1990.

*42 Erin Ellis and Ron Cook, "Mill Review Panel Expects Few Public Submissions," *The Edmonton Journal*, 13 July 1990.

*43 リン・カバーによるロレイン・シンクレアとのインタビュー、一九九〇年七月。

*44 著者との非公開インタビュー、一九九四年二月一日。

*45 Urusla Franklin, "Let's Put Science Under the Microscope," *The Globe and Mail*, 20 August 1990; Stan Rowe, "Beauty and Botanist," in Stan Rowe, *Home Place: Essays on Ecology* (Edmonton: NeWest Press,1990), 92.

*46 Stan Rowe, "The Boreal Forest in the Global Context," in Boreal Forest Conference Committee, *Boreal Forest Conference: Proceedings* (Athabasca University: 1991), 115.

# 結論　将来に向かっての後退

すべてのメンバーは、過去およそ十八カ月においてカナダ全土のパルプ産業が、二五億ドルもの損害を被ったことを知っている。これはホワイトコートの問題ではない。アルバータ北部の問題でもない。アルバータの問題でも、カナダの問題でもない。これは国際問題なのである。

——ケン・コワルスキー経済開発・観光相（アルバータ）、一九九四年三月一日



アルバータ・パシフィックのパルプ工場は、「単一生産ラインでは世界最大のパルプ工場」という、うたい文句によって想像上、神格化された存在である。ＡＬＰＡＣのすべてが巨大である。その工場はプロスペリティという小さな村の近くの田園地帯に居を構えている。快晴の日には一六キロ遠方からも、二〇階建てビルほどの高さのある茶色とベージュ色の煙突を見ることができる。パルプ工場の原料を供給する木材置き場は五〇〇メートルほどの長さがあり、そこには一三階建ての建物ほどの高さの巨大なクレーンが二台動いている。そのクレーンは、木材を満載したトラックを、ものの三分くらいで空っぽにする。その木材運搬用トラックは、「トラック・ネット」というコンピューター・ネ

ットワークにより監視されている。[訳注1] ある者はこれを見て、ジョージ・オーウェルの「ビッグ・ブラザー」を思い出すかもしれない。

これは衛星技術を利用しており、木材運搬トラックの輸送隊や積み荷が今どこの地点にあるかについて正確な情報を一日二十四時間、工場に休みなく送っている。工場のオープニングは、この工場の「巨大主義」が失われた数少ない場の一つであった。一九九〇年に開催された大昭和製紙ピース・リバー工場の公式オープニング行事の際に見られたような、ファンファーレや盛大な催しは、一九九三年晩夏のALPACの操業開始時には見られなかった。大昭和の時とは異なり、ALPACの落成式は非常に静かで密やかに取り持たれた。

日本の神主による酒樽を割る壮観な光景は、新しい始まりや目覚めのシンボルであり、大昭和のオープニング・セレモニーにゲストとして招待された一四〇〇人もの参加者により見守られていたが、そのような光景はALPACの場合には見られなかった。こうした違いは倹約とは何の関係もなく、表向きは歓迎されている巨大パルプ事業に伴なう政治的リスクを同社が気遣っているということなのだ。一九九三年には、これらの巨大事業に対する住民の評価は、以前と比べ冷めていた。目の前の猛烈で法外な存在は、今や環境保護主義者という招かれざる客をひき付けるものになっている。ALPACは、仇敵がマスコミにアピールするこの絶好の機会を与えたくなかったのであった。——自ら落雷（非難）の標的になろうという者があろうか？　ALPACの広報担当者は、巧みな比喩で説明した。アサバスカやエドモントンという最も活動的な多くの環境保護主義者を輩出する町にごく近いためか、こうした感情はことの他ALPAC関係者には強かった。このようなALPACのオープニングは、三年前の大昭和ピースリバー工場で取り持たれた日本の伝統儀式に乗っ取ったものとは極めて異なる目覚めを象徴している。それは環境保護運動の目覚めであり、政府も財界もそれを深刻に受け止めているのであった。

これまでの章で述べてきたように、別の面での変革の約束が、当初からの紙パルプ産業の途方もない拡大への情熱の爆発を刺激した。巨大な紙パルプ事業は、新規雇用や地域社会の安全と安定を公約した。これはアルバータのような「にわか景気と破産」を繰り返す天然資源採掘経済にとっては、希少価値のある公約であった。これらのパルプ開発事業は、とりわけその建設段階において、かつてのエネルギー・ブーム時代が素通りしてしまったり、あるいはその後のバブル崩壊によって損害を被った人々にささやかな救いをもたらした。大昭和・丸紅の場合、数多くのアルバータの下請け会社、エンジニアリング会社や関連製造業が工場建設時期に一儲けし、ピース・リバー地域では何にも増して求められていた雇用を創造した。一九八九年の夏には、一三〇〇人の建設労働者がこの事業のために働いた。建設予算の五七％は、アルバータ州にある会社からの財とサービスの供給のために使われた。大昭和・丸紅の建設事業の一滴により、この地域の失業率は、一九八八年の八・五％から一九九〇年には六・七％に下がった。ＡＬＰＡＣ事業が認可された後でも、これまでスポイルされてきた人々が同様に殺到した。エドモントンのコンベンション・センターは推定一五〇〇人の溢れるような群衆で牛詰めとなり、ＡＬＰＡＣが産み出す仕事の契約にありつく算段を探し求めた。建設作業のピークには、およそ二五〇〇人の労働者が、プロスペリティ町に位置する工場敷地で仕事についた。

しかしながら、工場における恒久的な熟練技術を要するような良い仕事の多くにありつけるかも知れないという地域住民の希望は、実現しなかった。現代のパルプ工場の環境は、労働者ではなく、シヨシャナ・ズボフが形容するような、「賢い機械」によって占められている。[*1] 一九八〇年代後半に起こったカナダの紙パルプ産業の構造改革においては、雇用を犠牲にした工場近代化がやってきた。新しいパルプ工場は、より少ない雇用者で、より多くのパルプを生産するよう設計され、また機械化された伐採事業においては、より少ない伐採労働者で、より多くの木材が生産されるようになった。加えて、最新のパルプ設備はより少ない労働者しか必要としないばかりか、高度にコンピュータ化された工場では、コンピューターに精通した特殊な熟練労働力が求められた。この労働環境のハイテクの香りは、ALPACの求人広告中に見られる同社の管理情報システムの説明に余すところなく伝えられている。読者にわかりやすい言葉で書かれた広告とは以下のようであった。

「最新技術のネットワークは、およそ二〇〇のPCによって構成され、Novell Net Wares LANsが八つの建物のキャンパス・ネットワークにおいて整備されている。IPX' LATとTCP/ITコミュニケーション・プロトコール、ルンバ・ネットウェア／SAAとサーベル接続；Ascom Timeplex/Synepticsルーターとハブ；一〇の基礎イーサネット；建物の内部にはレベル五の銅配線と建物間は光ファイバー（で接続されている）；エドモントンと工場敷地を接続するのは56KBのメガルートWAN。[*2]」

アサバスカとピースリバーの住民のほとんどは、こうした雇用機会を摑むために必要な教育を必要とする熟練も、長期間のコンピューター操作の経験もなかった。より一般的には、この地域の失業中の住民の多くは、基礎教育すら受けておらず、ましてや会社が提供する完璧な社内トレーニングを受ける資格として必要とされる求人の条件が、大昭和・丸紅の場合は第十二学年（高卒以上）か、それと同等の学力でありALPACの場合は中学卒業後二年以上の高等教育修了者であり、多くの住民はこうした学歴を持っていなかった。

またALPACの森林管理地域（FMA）から原木を工場に搬入するための伐採用トラック業務で仕事を得るには、一四万ドルの専用トラックを購入する資金（または借金する能力）を必要とするが、そんな住民はわずかだった。紙パルプ部門でしばしば採用されるNLKコンサルタンツは、こう説明している。——事務職を除けば、「紙パルプ事業においては、技術を就得しない限り、多くの失業中の人々に直接雇用機会を提供することはないであろう[*3]」。

NLK社は、またパルプ産業間における熟練労働者獲得をめぐる競争は激化するであろう、と正確に事態を説明している。新しいパルプ工場は、遠距離にある既存のパルプ工場の熟練労働者をヘッドハンティングしようとしたり、石油ガス部門の労働者プールから引っ張ってきたりした。こうした人事活動の状況は地元住民の雇用機会をさらに困難にしたのであった。それゆえ、大昭和・丸紅は、工場の雇用者の五〇％が地元住民である、と言っているが、おそらく最も熟練を要する仕事への応募者の多く（大半でなければ）はピースリバー地域の外部の人々であった。短い建設ブームの終了、人手の要らない機械化された近代パルプ工場、高い熟練労働力の不在などの多くの要因がもたらした結末は、この地域の失業率の増大であった。一九九二年には、ピースリバー地域の失業率は、九％と元に戻った。しかもより小規模の製材所やその他の木材製品工場は、すでにアルバータの森林資源の大半が割り当て済みであるため、こうした失業者数を減らすことに貢献できそうもないのである。

われわれの意図は、パルプ工場が北東および北西アルバータにおいて創出する雇用数が重要でない、ということを議論することではない。明らかにそれらは重要であり、もしこれらの工場が来なかったなら、ピースリバーやアサバスカ地域の失業率はもっと高かったであろう。むしろわれわれの主張のポイントは、失業率を減少させる、という視点からすれば、ただ単に巨大プロジェクトを地域社会に落とすだけでは、構造的な問題の解決にならない、ということである。すなわち、そうした巨大事業が来る場合でも、そうした雇用の機会をつかむために必要な教育とか職業訓練などがまず必要であると言うことだ。われわれはこうした産業開発に住民が十分参加するための必要な教育やトレーニングに政府が資金を投入することを希望するが、楽観してはいない。

われわれが第三章で述べたように、アルバータ州の紙パルプ産業の成功は、グローバル市場におけるライバルに対して、競争力を維持できるかどうかにかかっている。アルバータ州民に提供される工場の雇用の安定性は、構造的な変化が進行中の、このおそろしく周期的で不安定な産業が、どのようにしてうまくやっていけるか、ということにかかっている。一九八九年のバブルに浮かれた時期に、パルプ価格がトン当たり八四〇ドル（約六万七〇〇〇円）まで上昇した時は、急激で長期的なパルプ価格の下落がすぐそこに来ているとは思えなかった。事実、価格下落の直前に、大昭和カナダの最高経営責任者であるK・キタガワは、紙パルプ産業の安定した、右肩上がりの成長を予測していた。「長期的なパルプ需要の予測を見ると、二〇二五年までは二〜三%の成長を期待できる。そのため、毎年多くの新しい設備が必要になる」と述べていた。[*4]

こうした過剰な自信は、伝染していく。それは企業や政府の判断を染めていくのである。その結果、多くの企業が近代的なパルプ工場建設に必要な巨額な資本投下のための資金調達を行ない、ある場合には、政府がそれを助けるのである。こうして産業界も政府も同様に、古代ギリシャ人が「ブブリス(bubris)」と呼んだような、破滅的な自己陶酔劇を演じているのであった。

この業界における過剰な設備能力が拡大し、八九年後半の景気後退とともに始まったパルプ価格の下落を悪化させたのである。最新のパルプ工場を建設するために必要となる資本投資の巨大さは、大昭和を含む多くの企業を債務危機に追い込んだ。一九九〇年においては、この業界は、安定した収益の高い成長の代わりに、赤字の海の中を泳ぐことになった。紙パルプ会社からの寒々とした財務報告が、各ビジネス紙を飾った。一九九一年には、アメリカ木材産業の巨人、ウエアハウザー社が、最初に財務報告を出し始めた一九三〇年代以来、初めての損失を記録した。同社のスタッフによれば、こうした状況は、一九九一年後期を通じた、史上最悪のパルプ価格の低下と関係している。一九九二年には、予期されていたブリティッシュ・コロンビア州における同産業の労働者のストライキのために、パルプ価格は短い間回復したが、一九九三年にはさらに下落していった。九三年十月までに、最上級の針葉樹パルプ価格は、トン当たり四〇〇ドルまで落ち込んだ。[*5] 過剰設備や激化するグローバルな競争に伴う価格の下落との格闘の中で、カナダの紙パルプ業界全体で、一九九三年には七億五〇〇〇万ドルの損失を出したと推定され、これは一九九一年から九三年の四年間における同国産業界全体の事業損益、四〇億ドルのかなりの部分を占めている。

カナダの紙パルプ業界が直面する変化しつつあるグローバルな競争の性格は、アルバータの新規パルプ工場の長期的な採算性を脅かしている。七〇年代後半以降、スカンジナビアと北米企業の支配下にあった世界の紙パルプ市場は、南米やイベリア半島諸国におけるユーカリ・プランテーション（パルプ用造林）をベースとした新しいパルプ輸出国による挑戦を受けている。ある種のパルプの品質は別として、これらのユーカリ造林の経済的利点は、その成長の早さにある。七年から十一年の短いユーカリ植林のローテーションは、相対的に少ない土地／森林面積で、大規模なパルプ工場の原料供給をまかなえるのである。市販パルプ産業界における生産能力やパルプ価格に対する成長の早いユーカリのストックがもたらす潜在的影響の予測は確かに不確実性が高いが、しかしながら南半球におけるユーカリ植林地からの低コストのパルプ生産の増加は、広葉樹パルプ価格を引き下げる圧力となり、大昭和・丸紅やアルパックなどのアルバータ州のパルプ工場の競争力の維持をさらに困難にさせるおそれがある。

パルプ投資ブームの期間中には、これらの新工場に導入した最新技術は、アルバータの紙パルプ事業を特色づけるものであり、それらは将来の景気後退やグローバルな競争激化のクッションになるであろうと見なされた。しかしながらこのような最新設備にかかる巨額なコストを考慮すると、リスクをむしろ増大させるかも知れないのである。紙パルプ価格の下落の深刻さと技術／設備の高コスト化がはらむリスクを併せて考えると、こうした工場の閉鎖を早めるかもしれないのである。BC州では、バンクーバー島西海岸に超近代的新聞用紙工場建設を計画していたアベノア社（前カナディアン・パシフィック・フォレスト・プロダクツ）の場合、価格の下落により銀行債務の利子および元金の返済不能に追い込まれた。この工場は九三年に閉鎖され、アベノア社社長は、同工場の再開は近い将来には可能性が薄い、と述べている。[*6] 一九九四年春には、同工場と二百人の従業員の将来は、債権者である銀行団の手中に落ちている。アルバータ州においても少なくともいくつかの超近代的な施設が、同様の圧力の下にある。継続するパルプ価格不振のため、すでにこれまで一億二〇〇〇万ドルの社債によって州のヘリテージ貯蓄信託基金から支援されているミラー・ウエスタン・パルプ社は州政府にさらなる資金支援を求めるような状況に追い込まれている。しかしこの要求は同基金から拒絶されている。現在アルバータ州副首相兼経済開発相であるケン・コワルスキーは、この決定を経済界に対する資金支援を避けるという新しい政策の例であると説明している。その代わりに、政府はカナダ帝国商業銀行(Canadian Imperial Bank of Commerce) およびその他の主要なミラー・ウエスタン・パルプ社のホワイトコート工場に対する融資銀行に、同社に対するローンの内容を再編し、マック・ミラーの事業に三〇〇〇万ドルを前貸し (advance) するよう説得した。[*7] これによって州政府は将来より多くの追加投資を期待できる。

大昭和・丸紅も（生き残りをかけて）苦闘している兆候がある。漂白広葉樹パルプ価格がトン当たり四三〇ドル台まで下がるという状況下にあって、年間生産量三四万トンのピースリバー工場設備からの販売収入は同社の期待値である二億二〇〇〇万ドルに到達できていない。[*8] 紙パルプ部門への依存度がかなり大きな総合木材会社と同様に、大昭和のカナダにおける事業は一九九〇年以降、利益ではなく損失を計上し始めている。同社の九一会計年度における収益はさらに低下し、五二〇〇万ドルの損失を計上している。日本において、スキャンダルにまみれた親会社の大昭和製紙は、紙パルプ価格の下落により、非常に厳しい状況にあり、経営危機に直面している。この親会社の二つの債務削減対策は、同社が持つピースリバー工場の株式を大昭和・丸紅インターナショナルに売却し九〇〇〇万ドルの新株を斎藤了英が購入する、というもので、しかも同社の四億一五〇〇万ドルの債務の削減はわずかであった、と言われている。[*9] 過剰設備により大昭和製紙がはまり込んだ債務の泥沼と価格低迷のため、同社のアルバータ子会社は別の種類の支援を受けることになった。

九三年十二月中旬に、州政府は大昭和・丸紅の森林管理協定（FMA）を改訂し、当初の協議で政府に示した追加投資の決定期限を五年間先延ばしすることに合意した。この約束した追加投資とは、ピースリバー工場の生産能力の倍増と年産二二万トンの製紙設備投資、あるいは日産五〇〇トンのCTMPパルプ工場の建設であった。これと似たような付加価値条項、すなわちもし採算がとれる見込みがあれば、製紙工場の建設を行なうという条文が、ALPACのFMA協定にも見い出すことができる。そして将来、大昭和と同様の期限延期申請がALPACから出されると見て間違いない。

パルプ価格の下落以外に、これまでよりも低コストの生産方式の出現による新たなパルプ産業の発展も、このアルバータ州最大のパルプ工場（＝ＡＬＰＡＣ）の安定性に対する潜在的な脅威となっている。欧州における塩素漂白パルプに対する環境保護団体の反対キャンペーンは、この産業の活動に変化を強要しつつあり、これもアルバータのパルプ工場への脅威になりうる。ドイツのグリーンピースは、塩素漂白パルプ反対運動の先頭に立ち、彼らが主導する消費者ボイコット運動は、多くのドイツの出版社や製紙会社に全塩素フリー・パルプ[訳注2]（＝ＴＣＦ＝Total Chlorine Free）への転換を促している。今やＡＬＰＡＣのような二酸化塩素漂白を用いたパルプよりもＴＣＦパルプの方が水性生物への影響は少ないかどうかということがほとんど問題にもならないくらい、欧州では環境保護運動が政治的影響力を拡大している。グリーンピースやその同盟グループの力は、すでにこの産業分野の構造に、インパクトを与えているのだ。第四章で言及したグランドプレリーにおけるプロクター＆ギャンブル社のパルプの販売政策は、欧州における反塩素漂白キャンペーンへの対応を意識していた。またこの環境保護団体のキャンペーンは、多くの北欧のパルプ工場に、ＴＣＦパルプ生産への転換に必要な高額の投資を促した。紙パルプ産業界の中には、こうしたＴＣＦパルプへの動きを、やがて通りすぎる流行のように見なして、無視するものもある。ＮＬＫコンサルタンツは、欧州におけるＴＣＦパルプ需要は、一九九六年までには全パルプ需要の二五％に達すると予測している。これは一九九三年における需要の二倍に当たる。[*10] カナダの紙パルプ製造業者の中には、こうした欧州市場からのシグナルに対応して、より「グリーン」な企業イメージをつくろうとするものが出始めている。例えば、日本の王子製紙と合弁事業を行なっているキャンフォー社は、一九九一年にブリティッシュ・コロンビア州において塩素漂白工程を除去したクラフト・パルプ生産のために、一一億ドルの設備投資を行なっている。

アルバータ州のパルプ産業にとってのもう一つの潜在的脅威は、環境保護団体が発展途上国（主として熱帯雨林）における森林伐採会社に対して行なったのと同様のレッテルをカナダの森林伐採会社に張り付けようとしていることである。今日まで、こうしたキャンペーンは、クラクワット・サウンド（バンクーバー島）における温帯雨林の将来のための闘争として、ブリティッシュ・コロンビア州の伐採会社、とりわけマクミラン・ブローデル社をターゲットにしている。[訳注3]

英国においては、グリーンピースが消費者によく知られているスコット・ペーパー社[訳注4]とグリーンピースが取りあげている「カナダ温帯雨林の破壊」が関係していることを取り上げた意見広告キャンペーンを行なうと迫ったため、スコット社は、マックミラン・ブローデル社とのおよそ五〇〇万ドルに及ぶ市販パルプ購入契約をただちにキャンセルするよう追い込まれた。スコット社の契約キャンセル発表の二週間後、キンバリー・クラーク社[訳注5]英国支社も、二五〇〇万ドルにおよぶブリティッシュ・コロンビア州のマックミラン・ブローデル社からのパルプ購入契約をキャンセルする、と発表した。将来において、こうしたブリティッシュ・コロンビア州の木材、パルプ会社に対して起こった運動と同様のボイコット戦略が、TCFパルプを生産せず、また亜寒帯林を皆伐しているアルバータ州のパルプ産業に対して、とられないという保証はない。[訳注6]

アルバータ州にとって、避け難い皮肉な事態が存在している。同州経済が、予測不能な国際的な一次産品市場の動向に依存しているため荒々しい経済の浮き沈みに対抗し、その安定化を図るための手段として、州の森林開発戦略が設計された。しかしながら一九八九年以降、紙パルプ産業における雇用も同じように、不安定な国際一次産品需要の動向に依存していることを、苦痛とともに知ったのである。紙パルプ産業開発計画に関して、州政府はあまりにもがむしゃら、かつ性急であったため、ブリティッシュ・コロンビア大学のピーター・ピアスのような人々の警告を無視して突進してしまった。著名な林業経済学者であるピアスは、産業の多角化戦略を承認した上で、「林産業も少なくとも他産業と同程度に、気が付かないうちに景気停滞に陥っていくものである」と、警告した。[*11]九〇年代初頭における国際パルプ価格の下落の状況を見た時、皮肉なことに、この時すでに州の林業戦略の結果として州民には既になじみ深い国際商品市場の変動の激しさとリスクを伴うもう一つの不安定な産業が導入されていた。同州経済の将来は、恐ろしい過去の経験と類似した状況をはらんでいる。

こうした点に関しては、環境保護団体は過酷な過去の失敗を再現させないためのアルバータ経済の代替案の青写真を提案しなかった。環境保護における永続可能性は重視されたが、経済的な持続可能性の側面については弱く、彼らの批判は北部アルバータ住民にとっては重要な経済成長や雇用を提供しなかった。今後、アルバータ州において環境保護運動が拡大していくためには、巨大開発に対する環境保護の視点からの単純な批判だけでなく、アルバータ農村部の人々や政治家が夢見る経済成長モデルへの代替案の追及に、一層力を入れる必要がある。むろん、これは容易な仕事ではない。今日まで取り上げられたいくつかの代替開発案は、紙パルプ産業の雇用に対して、短期的な個々人への経済的な報酬をもたらすようなものではないからだ。例えばいくつかの環境保護団体が好んで主張するエコツーリズムに関しては、パルプ工場や森林伐採において得られるかも知れない収入に比べて、ごくわずかなものしか与えない。そのため、アルバータ州における環境経済（環境により配慮した経済）が農村部の経済発展との結び付きを強めるまでは、環境保護主義者と農村部住民との政治的連合を形成するのは困難かも知れない。

低迷した市場や低コストパルプ生産者との国際競争が紙パルプ事業の新世代の将来に暗雲を投げかけていることに関して、われわれが何か言えるとすれば、今後の数年間において紙パルプ産業部門から資金、規制、投資に関する優遇措置などに関するより多くの要求がでてくると予想される。アルバータ州政府は、こうした場合に産業界のために政策的な介入をするであろうか？　一九九二年十二月に、ラルフ・クラインが進歩保守党のリーダーとなった時、ドン・ゲティーの首相時代の最後の数年間と同様に、州経済の財政の均衡を図る（赤字を減らす）と公約した。首相になって最初の数カ月間において、そしてその後の九三年の選挙戦において、クラインは成功裡にゲティー時代の政治の歴史的経過から自らを切りはなし（自身がその一員であったにもかかわらず）、州税を上げずに負債の削減対策を行なうと公約した。九三年六月十五日の州議会選挙において、その九カ月前には不可能だと思われていた進歩保守党の勝利（やや議席を減らしたが）をもたらした。アルバータの右派系雑誌である「アルバータ・レポート」は、この選挙はクラインに「何よりも優先して政府の事業計画や支出の大幅削減を行なうことに対する大きな責務」を与えた、と書き立てた。選挙以来、クラインは彼の任務をまさしくその通りに理解した。彼は州の赤字問題に取り組み、またわれわれのような「ネガティブな思想家」の表現を使えば、他への影響を考慮することなしに政府支出の削減に専念した結果、貧困世帯や高齢者その他のアルバータ社会の中の弱者階層に対してそのしわ寄せを押しつけることになった。この予算削減の季節の中で、政府は補助金、融資、融資保証などの削減に取り組んだ。経済介入政策はもはや政府の愛顧を失った。これらはもはや重要な産業政策手段ではなくなり、むしろ予算カットの大なたを振るう際の正当な標的となり変わった。経済介入政策がもたらした予期しなかった州財政への負担の重さは、こうした政府の心変わりを早めた。一九九二年までに、州政府の融資、政府保証、投資金額は、一二〇億ドル（約一兆円）にも上り、そのうち一四億ドルが林業会社に与えられた。これは財務当局にとっては大きな負担であった。八五年から九二年にかけて合わせて二一億ドルにのぼる不良債権の帳消しや新たな融資や政府信用保証を供与した。クラインがその新経済政策において、産業界への政府支援の削減または削除を公約し、そして例外的な事情とその成功に公的支援が欠かせない場合にのみ、直接的な市場介入を行なうと主張した。

しかし、もし紙パルプ業界におけるトラブルが継続する場合、クライン政権が傍観することは困難であろう。州はすでにこれらの工場の経営に深く関与し、直接の利害関係者となっている。政府がこれらの開発事業と手を切るためには、州はそうした事業の産みの親であるという役割を否定しなければならない。すなわち八〇年代中頃以降、アルバータ州北部におけるこうした大規模パルプ工業開発においては中立ではなかった、という事実を無視しなければならない。政府はその大判ぶるまいを通じて、このようなタイプの北部の経済成長を強要してきた。産業界に対する支援を削除するというレトリックは、政府による経済生活への介入を証明する歴史的経過を無視するものである。もし政府の過去の贈答品の受取人が経営危機に陥ったり、産業界の失敗が政権の中核的な選挙区に脅威を与えるような場合、最初の介入は、新たな介入を産み出すものである。アルバータ州民にとっては、このようなパターンを考えるときには、石油産業に対する過去の税金の扱いを思い出すだけでよい。アルバータ州の隠しようのない政治力学は、紙パルプ産業の現在の危機が継続すれば、介入再開への強い圧力の下に置かれることになろう。進歩保守党党首選挙と九三年六月選挙におけるクラインの勝利は、カルガリーと州農村部における支持票に支えられていた。クライン政権は、この二つの重要な選挙区を無視しては存続できないし、彼の政治的将来性もこうした地域の支持如何にかかっている。将来、紙パルプ産業界のトラブルに対して、その支援を拒否するとなると、農村地域住民が与えてきた進歩保守党の重要な政治的な基盤を脅かすことになるだろう。北部紙パルプ産業の将来を市場に任せることは、もしかしたら経済的にもあるいは環境保全の面からも意味があるかもしれないが、それは農村部の票に依存するクライン政権にとって受け入れ難い政治リスクを伴う選択である。

## 持続可能性《サステイナビリティ》、警鐘と新しい政治の探究

紙パルプ産業部門に対する資金支援の側面だけに焦点を当てるのは、政府がこの産業を支援するために提供するであろう他の介入の道から目を閉ざすことになる。すでに大昭和・丸紅のケースで行なわれたような、森林管理地域（FMA）の改訂により当該企業の約束の実施を引き伸ばすことは、紙パルプ会社の資金的負担を軽減し、州との契約上の義務を軽減するための代替手段である、環境汚染の規制緩和は第三の手段になる。これらの新しいよりグレード・アップした紙パルプ工場が操業を開

始して以来、州政府は河川生態系への影響に関する警告や、州が持つ操業ライセンスの許認可権を使って、適切な規制を行なうことを無視してしまった。

ALPAC公聴会の努力の結果誕生し、進行中の「連邦・州合同北部河川流域環境調査」により取りまとめられた予備的データは、公聴会において環境保護側が提出した多くの科学的な見地からの憂慮をさらに強めるものであった。これらのデータは、まだ調査の初期段階のものではあるが、急激な紙パルプ産業の拡大がアサバスカ川の水棲生物の生存に必要な溶存酸素量の不足をもたらすのではないか、という疑念を支持するものであった。パルプ工場からの廃液がこうした状況を生み出す主要な原因であることを示すデータに照らして、この調査委員会は政府に対して、北方河川で操業する工場の操業ライセンスを、同委員会による追加的な調査と分析がまとまるまでの短期的なものとすることを考慮するよう主張した。この研究の科学諮問委員会の議長は、今や規制当局はパルプ工場廃液の河川投棄を完全に禁止する、というより抜本的な選択を考慮すべき時が来ている、と示唆した。パルプ工場の健全性（河川の健全性でなく）を脅かすこれらの示唆に対する州政府の反応は、容易に予測できるものであった。アルバータ州政府は、追加調査の完成までの短期ライセンスを各工場に出す代わりに、北方河川にパルプ廃水を投棄し続けることを認める通常通りの五年間の操業ライセンスを更新してしまった。州政府が規制を行なうために保持している行政権をこのような形で行使したことは、こうした政策展開が環境の持続可能性を保証できるのか、あるいは果たして健全な環境の維持と、こうした過激な紙パルプ産業開発の促進が両立できるのか、などの重要な問題を提起した。こうした州政府のやり方は、すなわち、伝統的にはこうしたタイプの巨大開発を加速するために確立されてきた州政府における環境規制行政が、環境的な永続可能な発展とは両立しない、という議論を支持するものであった。産業界の意見に耳を傾けると、州政府の規制担当部局は、環境保護の熱心な推進者である、という全く違った印象を得るであろう。こうした見方からすれば、州政府の寛大な環境規制は、過去の遺物でしかない、ということになる。環境アセスメントに関する公聴会の開催期間におけるALPACの広報部長であったゲリー・フェナーは、こうした見解を示して水質汚染を恐れていた商業的な漁業従事者たちを静めようとした。

「諸君たちのような西海岸からやってきた人たちは、過去のパルプ工場をよく知っている。私自身も、この業界で三十年間も働いてきたから、紙パルプ工場のことをよく知っている。だからわれわれが過去どのようなことを行なったかもよく知っている。実際われわれは悪名高き汚染者であった。われわれが生み出した工場廃水や大気汚染物質を管理するシステムを工場の生産過程の中に持っていなかった。そして沿岸地域のすべてのパルプ工場は、われわれがオープン・パイプと呼んでいる排出口から（廃棄物を）放出してきた。何もなかったのだ。しかしながら新しい工場は、全く違う。これは環境保護運動や技術、政府の規制の成果なのだ[*13]」

ある点ではアルパックや大昭和のパルプ工場の認可は、こうしたフェナーの見解を反映したものである。環境保護運動が、これまでと異なる（より環境を配慮した）技術の導入やより厳しい環境基準の設定を州政府に主張させたことは確かである。しかしながらこの最終的な証明は、こうした規制の実施を待たねばならない。この強力な実施は、まず第一に政府の政治的意志にかかっている。この政治的意志というものは、アルバータ州や他の地域においては、大規模資源開発事業にその政治的将来を賭ける政府を支える政治勢力によりその力をそがれているのである。環境の持続可能性を真剣に受け止め規制を強力に実施するには、知識、技能や、この問題に集中的に取りくむ人員面での政府の能力が同様に重要になる。この点もしばしば欠けていることが多い。アルバータ州において、北方河川流域研究チームが組織された理由は、端的に言えばこうした河川に関する州政府全体における知識の欠如にあった。これらの河川やそれが育む生物に関する基本的な情報が収集されねばならなかった。しかし、第六章で述べたように、アサバスカ水系に大規模なパルプ工場を建設するというＡＬＰＡＣ事業に関して見解を求められたとき、州環境省はこのような知識を持ち合わせていなかった。

州の森林に関しても同じようなことが言えるであろう。北部の亜寒帯林に関しては、野生生物や木材資源に関する基礎的な情報は、これまで集められたことがなかった。アルバータ北部のいくつかの地域において政府が木材の割り当てを過剰に約束していることや、そうした重要な木材資源の供給が、政府の調査記録の書類の上にしか存在しないのではないか、と産業界も環境保護団体も、同様に憂慮した。同州の森林管理に関する専門家パネルは、アルバータ・フォレスト・サービスが、その資源管理の任務を遂行し、森林開発会社の伐採事業が環境保全の目的を尊重して実施されることを、環境を重視する世論に確約できるだけの人材も予算も持ち合わせていないのではないか、というフォレスト・サービス自身が抱く疑問を繰り返し述べた。

このように必要な情報の集積や規制の実施に必要とされるスタッフを揃える前に、巨大な開発事業が先行するような状況の中で、一体どのようにして環境の持続可能性を保証することができるだろうか？

森林の招来をめぐる最近の産業界と環境保護団体の間の論争からは、その永続可能性の問題に対する答えはなかった。われわれが、二十一世紀の入り口でつまづいている時に、大衆メディアは、人々の気持ちを代弁して木材産業と環境保護団体の闘いを大々的に報じた。この二人の主役は、扇動的な表現のプロであり、彼らが人々に大量に配布した教育的資料の健全な部分は、我が方の主張がより正しいというラベルをつけた宣伝合戦に使われた。林産業側は、ウッドランド・カリブー、マダラフクロウや毛皮のとれる動物など、ある種の野生生物は、オールドグロス（老齢林）を必要とする、という事実を都合よく隠して、皆伐は野生生物の生活に便宜を提供する、と賛美した。これに対して環境保護団体は、彼ら自身の攻撃的な宣伝で対抗した。記者会見において彼らは樹齢が同じロッジポール・パインやアスペンの森林では皆伐がある一定の条件下では最も適切な伐採方法である、という点には触れずに、皆伐の恐ろしさだけを強調した。[訳注7]

本書で述べているような経済と生態系保護の間のジレンマは、少なくとも今日成立しているようなアルバータ州の政治システムからは、その解決策は現れそうもない。社会信用党政権とアメリカ石油資本がアルバータ州をテキサス州のヒューストンの豊かな裏庭であるかのように運営した自己満足と息苦しさに満ちていた一九五〇年代以来、一九九〇年代ほど、企業優先主義の風潮が州の政治家の考え方を完全に支配した時代はなかった。圧倒的にアルバータ農村部と、当然ながらカルガリーの選挙民に支えられていたラルフ・クラインの右翼的ポピュリズムの下で、プレストン・マニングを党首とする連邦改革（リフォーム）党[訳注8]のアルバータ州の兄弟党であるかのように保守党を変身させた。そのプレストン・マニングは、アルバータがヒューストンの裏庭となった輝ける時代の同州の首相を務めたアーネスト・マニングの息子であった。ラルフ・クラインはALPACとの闘いにおいて、環境保護に関する彼自身の一貫性を保つために立ち上がった時の短い栄光の瞬間から、次の瞬間にはその立場を捨ててしまったが、アルバータ州政界の熱い注目の星となった。すなわち、立派な目的を持ってスタートを切り、結局最後はさらによい成功を納めた（結果首相に昇りつめた）という点で、マニング家の人々と異なるところのない男であった[訳注9]。クラインの保守党政権は減税措置を実施する一方で産業界が主張したようなやり方で歳出カットによる赤字削減を断行したが、そうした政策に対抗するような信頼のおける代替政策は現われなかった。クライン政権は、石油・天然ガス、森林開発などの資源収奪型産業に代表される農村や都市経済界の利権の影響下にあり、数十年間にわたる無分別な経済成長により脅かされた環境を保護しようという、必要ではあるが相対的に人気のない政策は採りにくい。クラインより大企業に弱腰な野党の自由党に多くを期待することはできない。

もしもアルパックや大昭和・丸紅インターナショナルによって代表されるような多国籍企業による支配に対する答えがあるとすれば、それは現在のアルバータ州で支配的な政治文化とは異なるものから生まれてくるであろう。それはゲティー、クライン両首相らによって作られたシステムからではなく、民衆運動に起源をもつものであるべきだろう。

これまでわれわれが見てきた環境保護運動は、森林開発と紙パルプ産業開発問題によって活発になり、圧倒的な力の差にもかかわらず多くの成果を上げたのであるが、その後勢力はかなり弱まった。運動は分断され、萎んでしまった。環境保護運動は何らかの方法で再組織化と再建の必要があるが、そのためには経済成長やまともな雇用、よりよい生活を求める個々人や集団に本当にアピールするような戦略を持つべきである。巨大木材会社と闘うためには、アルバータの環境保護運動は信頼できる経済の代替提案が必要であるとわれわれは議論してきた。こうしたオルタナティブを先住民社会や地域のより小規模で独立した林業会社などのそれほど巨大でもなくそれほど破壊的でもない森林利用者との連合形式で、見つけることができたかも知れない。しかしそのような連合は結成にいたらず、そのすきを突いて多国籍企業が勝利を収めた。われわれにとっての教訓は、物質的な環境と政治経済は、同じ現実の一部分であるということである。われわれは片方を再建することなしに、もう一方を救うことはできないのである。

[原注]

＊1 Shoshana Zuboff, *In the Age of the Smart Machine: The Future of Work and Power* (New Yoke, Basic Books Inc.,1988).

＊2 *The Edmonton Journal,* 9 October 1993.

＊3 Nystrom, Lev, Kobayashi and Associates (NKL), "Training Needs Associated with Major Forest Projects in Alberta," April 1988,24.

＊4 "Japan in Canada," *Pulp and Paper Journal* 42 (September 1989),31.

＊5 Casey Mahood,"Wood Pulp Prices Picking Up," *The Globe and Mail,* 20 January 1994.

*6 Ann Gibbon,"CP Forest mill reopening doubtful," *The Globe and Mail*, 19 March 1994.

*7 Alberta, Legislative Assembly, *Alberta Hansard*, 1 March 1994,333.

*8 James P. Morrison,"Case Study One: Daishowa—A Successful Diversification Initiative," *Focus Alberta: A Global Trade and Investment Forum* (1979),78.

*9 Yomiuri Shimbun,"Saito Arrested Clouds Daishowa Prospects," *The Daily Yomiuri*,13 November 1993.

*10 Christopher Brown-Humes,"Run-of -the-Mill Debates," *Financial Times*, 20 October 1993.

*11 Henry Cybulski, "Forest for Sale," *Calgary Herald*, 5 March 1989.

*12 Alberta, *Seizing Opportunity: Alberta's New Economic Development Strategy* (1993), 4.

*13 Alberta, The Alberta-Pacific Environment Impact Assessment Review Board, *Public Hearings Proceedings 6* (1989),7.

# 日本語版へのエピローグ……新しい世紀・変わらぬ現実？

「アルバータ州亜寒帯林の南部地域における森林破壊は、相対的にこれまでのアマゾン以上のペースで進んでいる」

――リチャード・トーマス、英国エコロジスト誌一九九八年十一月



大昭和・丸紅のピースリバー・パルプ工場が正式に操業開始してから十年が経とうとしている。この十年は、アルバータの亜寒帯林と亜寒帯林の住民の行方に重要なものであった。ここでは簡単にその後の動きを振り返りたい。二〇〇〇年の春を迎えてエピローグを書くのは、何とも複雑な気持ちである。本書を最初に出版した六年前に私たちが指摘した問題点や関連性がその後のアルバータ州政府や大昭和・丸紅（DMI）、王子製紙、三菱商事といった主要な多国籍企業がその後にとった行動により裏付けられたことは、林産業の分析家としては喜ばしい。しかしながら事実としては喜ぶべき話ではなかった。つまり、政府の表向きの言動はともかく、亜寒帯林の管理思想においては「パルプ・シ

ンドローム（症候群）」が依然として支配的であるということである。また、州政府は相変わらず公的資金を補助金として、三菱商事、王子製紙、大昭和・丸紅といった金持ちの多国籍企業へ注ぎ込もうとしているということである。それは、ルビコン・クリー民族が何十年にもわたって要求し続けている連邦との条約は結ばれなかった、いうことをも意味するのであった。

## アルバータの亜寒帯林の現状……憂慮の理由

一九九〇年代には、カナダの亜寒帯林が地球生態系で占める重要さがわかってきた。カナダはロシアを除けば世界の他のどの国よりも多くの「フロンティア林」を有している。[*1] そうしたフロンティア林のほとんどは亜寒帯林である。エコロジーの観点から見ると、亜寒帯林は「生物多様性の維持や地球環境の維持に重要な二酸化炭素の貯蔵庫といった大切な役割[*2]」を提供している、と言える。だが各州政府はこうした見解には耳をかさない。それどころか彼らの管理下では北方亜寒帯林の産業利用が一層押し進められるであろう。森は急速な勢いで、紙パルプの原料にされたり、牧場として切り開かれている。アルバータ州では、州政府のあるコンサルタントが指摘した森林破壊の状況の劇的な変化には目を止めようともしない。アルバータ州環境保護省の環境問題顧問を務めているリチャード・トーマスは、一九九八年に州政府に対して「亜寒帯林で現在行なわれている人為的変化の規模とスピードはこれまでにないもので、こうした変化の多くは潜在的に取り返しのつかない結果を招く[*3]」と警告している。トーマスによれば、アルバータ政府は何十年にもわたって北部の原生林を切り開いて農地に転換してきたが、そのスピードは一九七五年から一九八八年の間のアマゾンにおける森林破壊に匹敵するものだった。[*4]そうした彼の報告書の結論は州政府によって公表を妨げられたと言われている。一九八〇年代末から一九九〇年代初期にかけてパルプ工場が建設されるにおよんで、森林破壊は一層ひどくなった。トーマスはアルバータ・パシフィック工場が建設されたアサバスカ／ラック・ラ・ビッシュ地域について述べる際に、新設のパルプ工場には膨大なアスペン材が必要であったのでアルバータ州北東部の森林破壊は「劇的に拡大」したと論じている（年間森林破壊のペースはすでにアマゾンを上回っている）。[*5]世界資源研究所（ＷＲＩ）も同様に厳しい評価を下している。今後十二年間で樹齢百五十年以上のオールドグロス林全てが切り尽くされ、また四十年間で樹齢百二十年以上のオールドグロス林が同様な運命をたどると予測している。[*6]こうした傾向は、一章で述べた「パルプ症候群」で州政府が示した継続的な熱意がもたらす当然の帰結でもあった。他のすべての州有林と同様、亜寒帯林も紙パルプや製材原料として利用されるのが最良の道と考えられた。

われわれの主張は、現在アルバータ州政府の森林管理に関するレトリックの多くに表面的には採用されている。森林の管理責任者である政治家は、持続的開発、統合資源管理、生態系管理などの考え方に忠実であることをアピールしている。演説や記者会見の際に、森林の将来を包括的な観点からアプローチすることに異を唱える政治家はいない。こうしたアプローチでは、木材以外の森林の価値評価と住民参加は良い林業政策決定に不可欠の要素である。だが、アルバータ州の政治家が実際にとる行動には失望させられる。アルバータ・パシフィック計画があれほど激しい抵抗にさらされたにもかかわらず、アルバータ森林法は森林の将来の決定への積極的な住民参加の採用という点には口を閉ざしている。政府は林業政策の根幹とも言うべき森林管理協定（ＦＭＡ）の策定過程における住民との協議を要求せず、あるいはそれを望まないのである。ＦＭＡが結ばれた後の森林管理計画作成に関しては定期的な住民参加を求めるかも知れないし、求めないかも知れない。アルバータ・パシフィクの場合、そのＦＭＡ協定は「森林管理計画の住民への提示と評議」を求め、こうした計画作成は「住民の懸念」に対応することを期待している。だが、森林管理計画作成作業が行なれる過程では、この種の協議を必ずしも継続的に行なう必要はない。実際に、アルバータ・パシフィック社の森林管理詳細計画の改定期限である二〇〇七年十一月直前まで、住民との協議は行なわれないかも知れない。

持続可能な開発やエコシステム管理が何を求めているかについての忠実な解釈に関するクライン政権の誓約の弱さは、樹木が古傷から朽ちていくようにその行動全体に浸透していた。「アルバータの森林遺産：持続可能な森林管理の実施の枠組み」という政府文書でこの点を検討してみよう。このパンフレットには環境省が九三年三月のワークショップで公表した「アルバータ森林保護戦略」[*7]という報告書への州政府の対応が示されている。環境省の「戦略」とは、「森林の多様な価値と利用方法」の尊重を州政府の将来の政策において確保させようという試みであった。しかしながらこの「森林遺産」というパンフレットの内容の曖昧さには失望させられる。この冊子の「実施の枠組み」の中には、「森林保護戦略」を反映するために制定法、規制、規則、政策および現場実践などを改訂するという「戦略」の第一勧告に従うという政府の誓約はどこにも見あたらない。われわれの批判的な視点から見ると、「アルバータの森林遺産」は実質の伴わない政治的パフォーマンスとでも言うべきである。当時のタイ・ルンド州環境保護大臣に余り多くを期待はできない。ルンドは、保護地域が「産業開発などの地表を撹乱する活動から守られるべきである」[*8]という森林保護戦略の前提を公式に拒否している。ルンドにとって、縮小されつつあるアルバータの自然の一部は開発の手から保護されるべきである、という考え方は思いもよらなかった。それどころか、景観の「凍結」すなわち保護区域での産業活動の全面的禁止には頑として異を唱えた。[*9]

こうしたルンド大臣の原生自然保護への反感を知るなら、グランド・プレーリーから二〇〇キロ北の地点にあるチンチャガ地域（序章の森林管理地域を参照＝地図の左上にチャンチガ川がある）がなぜあのような運命をたどったかもよく理解できる。ここでも、州政府の産業開発優先主義が森林保護の目的を危険にさらしたのであった。チンチャガ地域はハイイログマ、ナキハクチョウ、森林カリブーの貴重な保護区である。[*10] 同地域はアルバータ州北部の他の地域ほど開発の影響が及んでおらず、この地域は「広大で手つかずの山麓丘陵地帯における保護区」をつくる絶好の機会を提供していた。[*11] そのため、「特別（保護）地域計画」によってチンチャガ地域のうち五〇〇〇平方キロを保護区域に指定するよう環境保護団体からの働きかけがあった。これほどまでの広大な保護区域が指定される動きに、開発推進派の政府とグランド・アルバータ・ペーパー社は恐怖感を抱いた。同社のグランド・プレーリー付近での軽量コーティング紙工場建設の青写真は、チンチャガの森林から原料供給が得られるかどうかにかかっていた。州政府とグランド・アルバータ・ペーパー社による保護区化への反対は功を奏した。[*12] 政府は最終的に八〇二平方キロを条件付き保護区に指定しただけであった。[*13] 林産業界にとって商業的価値があるのは、該当地域の三分の一だけである。チンチャンガ公園の面積は狭く、同地域の自然の多様性を代表するには不十分であり、「エドモントン・ジャーナル」紙は『特別地域イニシアチブ』

が偽善的な茶番劇にすぎないことを証明する悲しい事例だ」[14]と社説で糾弾した。

チンチャンガの例は、条件さえ整えば大昭和・丸紅でも広大な保護区の設立を支持するであろうということを示しているという理由から注目に値する。ＤＭＩもアルバータ・パシフィック同様に新しいより革新的な森林管理の実施を望んでいると誓約している。同社は、何世紀にわたって亜寒帯林に影響を与えてきた自然的かく乱（主として山火事）を模した管理アプローチの開発を模索している。ＤＭＩはこうしたアプローチを実施するために、アルバータ州北西部一帯を生態系上の基準(benchmark)地域に指定するよう望んでいる。これらの基準は、ＤＭＩは山火事によって起こされる自然への攪乱を模倣する森林管理技術がどの程度成功しているか、という判断を手助けするのである。チンチャガについて、ＤＭＩの重役は「理想的には、こうした基準地域は広ければ広いほど自然のプロセスが継続する最良の機会を提供することとなろう。当社では地域の生態系を代表する基準を示すことは保護区の重要な意義の一つだと考えている」[15]と記している。ＤＭＩにとって最終的に選ばれた保護区予定地は、有用な生態系基準を提供するだけの十分な広さがなく、また地域の自然生態系を十分代表するものではなかった。ＤＭＩはより広く（二〇〇〇平方キロまで拡大）、地域の自然生態系を代表するによりふさわしい保護区を設けるよう主張した。

しかしこうしたＤＭＩの立場は、彼らが保護区の設立を無条件に歓迎するよう変身したことを示すわけではなかった。該当地域での利権を守ろうとして、保護区の設立を支持しているにすぎない。ＤＭＩは、チンチャンガの自然保護のために伐採権が制約されるなら、アルバータ州北西部に別の伐採地域をあてがうよう州政府に要求した。政府は要求を拒んだ。実際上、アルバータ州北西部では全ての森林がすでに林産業界の支配下に置かれている。その結果、ＤＭＩは伐採クォータの補償を受けられず、チンチャガ自然公園設立と引き換えに伐採権の一部を破棄することに合意した。[*16]

アルバータ州北部の河川の水質に目を向けると、事態は一層わかりにくくなっている。一九九〇年から一九九八年にかけてアルバータの七つのパルプ工場のパルプ生産高が二倍以上（一一九％）増加した一方で、アサバスカ、ピース両水系に流された工場廃水量は大きく減少した。これは汚染管理技術が改善されて、ＤＭＩをはじめとするパルプ工場から廃棄されるダイオキシン、フラン、その他の汚染物質の量が減少したことを意味する。[*17]こうした良いニュースも河川が健全であることを保証するものではない。実際には、北部の河川に流されるパルプ工場廃棄物の量は減少しているものの、河川の水質は改善されていない。[*18]さらに水質汚染物質の間にはトレードオフの関係があるようだ。例えば、ある汚染物質の廃棄量を抑制してアサバスカ川の溶存酸素量を増加させることに成功すると、リンによる汚染量が増加してしまうように見える。

### 激しさを増す国際社会からの挑戦

われわれは六年前に、紙パルプ業界の国際的な構造の変化によって、アルバータの新規紙パルプ・プロジェクトの将来が脅かされていると論じた。アルバータの紙パルプ工場は、将来パルプ価格の激しい変動と南半球諸国の低コスト生産者とのよりきつい競争にみまわれるであろう。そのような厳しい状況では、財務上の優遇措置を企業側が要求するか、あるいは政府側が提示するようなことが予測された。またＡＬＰＡＣやＤＭＩにおける製紙工場など、約束されていた拡大計画は延期ないし破棄されるであろう、と主張した。われわれの見通しは正しかったのである。

一九九〇年代はアルバータの紙パルプ業界にとって惨めな時代であった。一九九五年のみが、パルプ事業投資から収益を上げることができた。こうした厳しい状況は国際的な政治経済の状況に深く根ざしている。政治経済面で、特にアルバータの広葉樹パルプ産業に打撃を与えた二つの重要な特徴――一つの事件の影響と長期的で構造的な問題――があった。一つの事件とは、一九九七年から一九九八年にかけて韓国や東南アジアで起きた金融危機である。通貨と株式の急落により、アジア諸国でのカナダ産紙パルプの需要も落ち込んだ。アジア危機がカナダの林産業にどれほど影響があるかをはかろうとして、紙パルプ業界は数多くのアナリストに助言を仰いだ。[*19]

アジアにおける金融危機は大きな打撃を与えたが、アルバータの紙パルプ業界が直面する厳しい状況の第一の原因ではなかった。アジアの市場がまだ健全でカナダ産パルプの需要が伸びていた一九九〇年代初期においても、結局のところ苦境にあえいでいたのである。近年の紙パルプ業界の不振がアジア金融危機によるものだと考えてしまうと、国際パルプ市場の構造的変化から突きつけられる問題を見落としてしまう。一九九〇年代に入ると三章で述べたような生産コストの安い競争相手の台頭が、国際市場で一層重要になってきた。あまりにも多くの工場が、市場の需要以上にパルプを生産し、すでに生産過剰に陥っていた業界に対して、新興紙パルプ生産諸国がさらに追加的な紙パルプ供給を行なった。新興諸国の中には、インドネシアのように積極的な市場シェア拡大政策をとる国もあった。ある国際的アナリストが述べたように、一九九〇年代のインドネシアの林産業は「爆発的成長」[*20]の最中であった。一九八六年から一九九七年にかけて、インドネシアのパルプ生産高は三七万トンから三九〇万五六〇〇トンへと、一二〇〇％を超える伸びを示した。[21] インドネシアの悪名高きコモドドラゴン（コモド大トカゲ）のように、同国のパルプ業者は巨大で攻撃的で、機を見るに敏である。ＤＭＩやアルバータ・パシフィックのような広葉樹パルプ生産者にとっては危険な競争相手である。

アルバータ州政府の依頼でＫＰＭＧコンサルティングがまとめた報告書は、「パルプ産業界の龍《ドラゴン》」とも言うべき南半球のパルプ会社がアルバータの紙パルプ業界にとって大きな脅威になるだろう、というわれわれ結論を改めて強調している。[22] ＫＰＭＧは、アルバータの漂白広葉樹パルプ生産者はブラジルやインドネシアの同業者に比べて競争力が劣ると結論を下している（インドネシア産の広葉樹パルプは、アルバータ産のものより三〇％も安い）。新興諸国の競争力が高いのには、多くの理由がある。インドネシアの木材価格と労働賃金は世界でも低水準であり、ブラジルがそれに次ぐ低コストであることは論証可能である。これは一般に信じられているような技術的後進性のためではない。実際に北米にも低賃金の競争相手もあれば、ブラジルやインドネシアにも技術の優れた競争相手もある。ブラジルやインドネシアでも最新技術を導入すれば、企業の業績を好転させられるばかりか、環境保護措置でも北米の業者に対抗できる。さらに、両国の企業は日米欧の紙パルプ業者と戦略的提携関係を結び、国際市場での立場を強化している。こうした企業からの競争圧力は、強まれこそすれ弱まることはない。

これらの構造的問題から、カナダの業界は「政府主導でカナダの紙パルプ業界の競争力を向上させるための公共政策イニシアチブを導入すべき」と訴えている。[23] そのようなアピールが行なわれた時期には、アルバータの政界では市場経済を称賛し、「政府を実業界の仕事から締め出せ」という主張が高らかに叫ばれていた。だが政府の林産業多角化の夢の落とし子であるいくつかのパルプ会社の直面する問題の深刻さを考えると、州としても自由経済の題目を外さざるを得なくなった。本書が最初に出版されてから、州政府は納税者のドルを投入して、アルバータの紙パルプ産業が債務を再編して競争力を改善するための支援に乗り出した。

そうした支援の二つの例をあげておく。一九九七年四月一日、アルバータ州財務局は州政府がミラー・ウェスタン・パルプ工場の株式を売却するとの声明を出した。ミラー・ウェスタン・パルプ工場は、林産業多角化への補助に熱心なゲティー政権から初めて支援を受けたプロジェクトである。州は一億二〇〇〇万ドルを融資し、パルプ工場建設費の大半をまかなった。[24] 操業から最初の十年間で利潤をあげられたのは一九九五年だけで、州の融資に対する返済は一銭も行なっていない。財務局が州の債権をカナディアン・インペリアル銀行に二七八〇万ドルで売却したとの声明を出した頃、ミラー・ウェスタンは州に二億七二〇〇万ドルの債務を負っていた。州は、この融資で二億四四二〇万ドルの損失をこうむった。州政府は二億五〇〇〇万ドル近くになろうというこの債務免除により、ミラー・ウェスタン社の長期債務の六割を削減することによって、株式市場において資本を獲得できるよう同社を支援した。

州政府は苦境にあえいでいた日本企業にも同様に寛容であった。一九九八年三月には、州はアルバータ・パシフィックの救済に乗り出した。先にも述べたように、州政府はプロジェクトに必要な二億五〇〇〇万ドルを融資し、道路鉄道網整備には七五〇〇万ドルを投じて、アルバータ・パシフィックの支援を行なった。[*25] 州の融資への返済条項は、遠回しに言えば、非常に緩やかなものである。融資条件によれば、融資からは利子が発生し一九九七年二月二十八日まで資本化された。一九九七年三月の初め、利子は継続的に融資に追加された。パルプ工場から十分なキャッシュ・フローがあれば、アルバータ・パシフィックは毎月追加の利子の支払を行なうことになっていた。アルバータ・パシフィックはパルプ価格の低迷を口実に、その月また翌月と月々の利子の支払を拒否している。一九九七年を通じ、クライン首相とストックウェル・デイ財務大臣は州民に融資は全額返済されると保証した。首相は「最後にわれわれは自分たちの金を得るであろう、というのが単純な事実なのだ」[*26]と断言した。一九九八年二月にはアルバータ・パシフィックが利子の支払いを拒否したので、アルバータ州民はおよそ四億ドルのつけを負わされることになった。同社の業績が思わしくなかったために、当プロジェクトで最大の協力業者であるクレストブルック・フォレスト・インダストリーズも資金難に陥った。世界最大のクラフト・パルプ工場建設というプロジェクトはクレストブルックへの投資を正当化するものとしてビジネス誌などに鳴り物入りで宣伝されてきたが、今やクレストブルックの株主とアルバータ州の納税者にとって重荷となった。[*27]

一九九八年三月、クレストブルックはアルバータ・パシフィックからの撤退の意向を表明した。同社が保有するALPACの株の四〇%は、合弁事業のパートナーである三菱商事と王子製紙[訳注1]に売却された。クレストブルックの経営陣は、パルプ市場の悲惨な状況から、同社にはアルバータ・パシフィックに注ぎ込んだ四億三九〇〇万ドルの債務を引き受けるのは無理だと判断した。[*28] 偶然にもクレストブルックがパルプ工場の持ち株を三菱商事と王子製紙に売り払い債務の肩代わりをさせる代償として一〇〇〇万ドルの現金を得た日に、アルバータ州がアルバータ・パシフィックとの融資問題に決着をつけた。クライン首相とデイ財務大臣は州民との公約を守ったと言えるだろうか？　とてもそうとは言えない。アルバータ州は三菱商事と王子製紙に二億六〇〇〇万ドルで融資（債権）を肩代りさせた。[*29]デイ財務大臣は「手の中の鳥一羽は野にいる二羽に匹敵する。今、政府債のようなほとんどリスクを伴わない投資先にこの二億六〇〇〇万ドルを運用すれば、二〇一〇年頃には二億五〇〇〇万ドルの収益をあげているだろう」[*30]と自慢げに述べた。愛想の良い財務大臣が見落としていたのは、一億四五〇〇万ドルと推計されるこの融資による政府の損失によって三菱商事と王子製紙がアルバータ・パシフィックの債務の再編をし、工場の競争力を向上させるような努力を支援した[*31]ということであった。

こうしたミラー・ウェスタン、三菱商事、王子製紙への支援だけが、アルバータ紙パルプ業界の競争力強化のために州と企業が同意した戦術ではなかった。アルバータ州のパルプ業界は、東南アジアや南アメリカの競争相手からの挑戦さえも利用した。パルプ業界は、インドネシアやブラジルの同業者に比べてコスト面での不利を克服すべく優遇措置をとるよう、州に圧力をかけた。州有地での伐採権に対して企業が州に支払う立木代に関して、紙パルプ生産者は州の立木代レートは補償的なものであるべきであると主張した。すなわち、アルバータのパルプ生産コストが、米国南部、ブラジル、インドネシア、チリより高いという事実を相殺できるだけの立木代レートを設定すべきだ。言い換えれば、パルプ価格が低迷している時はアルバータ州は立木代金を下げて、木材、輸送、労働力が安価な同業者との競争力を向上させるべきだ、というのである。[*32]企業の言い分を聞いている限り、アルバータ州は大変厄介な立木代金や税金を課したように思えるかもしれない。こんな馬鹿な話はない。ＫＰ

MGの推計では立木代金は紙パルプ業界の平均的生産コストの一％を占めるにすぎない。税金は五％である。言い換えれば、アルバータの森林の経済価値のうち、州政府に分配される割合は絶望的に小さなものであった。広葉樹に関して言えば、米国南部、スウェーデン、インドネシアなどの政府から要求されるシェアより低いものだった。

にもかかわらず、州政府は業界にとって厳しい時期が来れば立木代をさらに下げようという議論に傾いていた。一九九九年初頭には、州政府はパルプ材の立木代システムを改訂し、パルプの市場価格に連動するように立木代金を設定した。このほとんど気付かれていなかった州の伐採管理規制の変化は、経済環境の厳しい時期において州の紙パルプ業者が落葉広葉樹材に支払う立木代を劇的に減少させた。広葉樹材パルプの価格が七五〇加ドル未満であれば、企業が支払うのは一立方メートル当たりで〇・二〇ドルにしかならない。アルバータ・パシフィックの場合、こうした政策変更によって同社の支払う立木代金は一九九九年四月から八月にかけて五〇％以上も削減された。だが一九九九年九月から二〇〇〇年三月にかけて、パルプ価格は一気に上昇したのである。[*33] アルバータで新たに導入されたシステムは広葉樹パルプの市場価格に敏感に反応するので、アルバータ・パシフィックが支払う立木代金は六倍にも跳ね上がった。[*34] これほどの価格急騰にもかかわらず、アルバータの立木代金は依然としてブラジルやインドネシアより安かったのである。実際には、DMIとALPACがいわゆる「遠隔地広葉樹パルプ材伐採地域」で広葉樹材伐採を行なう場合、実質立木代は五〇％削減されるであろう。[*35] パルプ価格が高騰した時期に、この特別伐採地域において両社にかけられる立木代は、アルバータ・パシフィックとDMIの森林管理協定で設定されている価格に近いものになろう。

## ルビコン民族の闘い

「悲劇的（tragic）」、「絶望的（desperate）」、「耐えがたい（intolerable）」これらの言葉はJ・C・マクファーソン判事が一九九八年四月、ルビコン・クリー民族の苦境について述べるために使用した言葉であった。一九九〇年代も一九七〇年代や八〇年代同様、ルビコン民族には厳しい状況が続いている。二十世紀が幕を閉じようとする現在、ルビコン民族の悲劇は一層深刻になっている。ルビコン民族の未解決の土地権請求問題の解決に向けた足取りが停滞している間に、ルビコン領内での資源収奪のペースは猛烈に加速されていった。エネルギー関連企業はルビコン領内で引き続き石油や天然ガスの探査と採掘を激しいスピードで行なっていた。二十年前には、アルバータの森林地帯（＝グリーン・エリア＝序章地図参照のこと＝訳者）で三七万八〇〇〇キロを超える地震波探査ライン（震探測線）が掘られた。現在ではピース・リバー地域だけで、このうちの三五万キロ以上にわたってこれらの回廊が石油探査のためにエネルギー関連企業に利用されているかも知れない。同地域には伝統的なルビコン領がある。ここ数年間の石油ガス産業によるルビコン領への侵入の中で最も重大な問題は、サワーガス精製プラントの建設である。一九九五年に州政府の認可を受けたユノカル社の同工場では、天然ガスから致死的な硫化水素を除去している。[訳注2] 少なくとも、このプラントはルビコン居留区の境界線上にあり、リトル・バッファロー付近での大気汚染物質を増加させた。

林業ではなくエネルギー部門がルビコン住民の健康および彼らが主張している領土に最も重大で直

接的な脅威をもたらしている、という事実は、「ルビコンの友」が大昭和に対して行なったボイコット運動が成功したことの直接的な結果でもあった。[訳注3] ボイコット運動から三年たった一九九四年、「ルビコンの友」はカナダ全土四三〇〇を越える小売店舗を代表する四七社に大昭和の紙製品を購入しないよう説得することに成功した。こうしたごく少数のルビコン支持者が収めた成功は、オンタリオ地裁の判事を仰天させた。

ボイコットに対する大昭和の態度は、同判事より敵対的であった。一九九五年、同社は「ルビコンの友」を訴えた。大昭和は連邦法廷で、このボイコット運動を永久に禁止するよう要求した。同社の言い分では、「ルビコンの友」が行なったボイコットによりすでに五〇〇万ドルの損失を被り、今後も運動が継続されればさらに毎年三〇〇万ドルの損失を計上するということであった。裁判において「ルビコンの友」は、ルビコン民族の土地権請求を進めるための手段としてボイコットを用いる権利が合法的なものであるという判決を勝ち取った。マクファーソン判事は「ルビコンの友」による運動の組織化やキャンペーンの実施方法に感銘を受けた。同判事は「端的に言って、『ルビコンの友』が行なったピケやボイコット運動は、民主主義社会においてどのような方法でこうした運動が行なわれるべきかを示すモデルである」とその判決文に記している。だが「ルビコンの友」が大昭和製品不買を企業に呼びかける運動の一環としてあげた要求の中には、同判事の賛同を得られないものもあった。彼らが掲げた、ルビコンの土地での大昭和による皆伐計画は「ルビコン・レーク民族へのジェノサイド行為（民族大量虐殺）」であるという主張には特に厳しかった。同判事は、ジェノサイドという単語自体が「大昭和に対して侮辱的でありかつ極めて不当である。また、中傷的でもあった」と主張している。マクファーソン判事は、「ルビコンの友」が対大昭和ボイコット運動を続ける権利は支持すべきだが、いかなる場合にも「ジェノサイド」という語を彼らのキャンペーンにおいて使用することを禁じた。また、一九八八年三月七日に大昭和とルビコンが達した合意により、ルビコン、連邦、州政府の間で土地問題が解決するまで、ルビコンが誰にも譲渡していない土地だと主張する領土では、大昭和は伐採できないという「ルビコンの友」の主張は認められなかった。大昭和は、カナダ国民による言論の自由と消費者ボイコットを組織するための言論の自由権の行使を止めさせることに関して司法当局を説得することはできなかった。しかしながら、ここで記したような「ルビコンの友」による二つの中傷行為から受けた損失に対しては、一ドルの補償を得ることになった。[訳注4]

マクファーソンの判決直後、「ルビコンの友」は大昭和に対しボイコットを再開する準備ができているとの警告を発した。大昭和が事態の悪化を未然に防ぐ方法は、「ルビコンの友」が一九九一年十一月に出した要求に応えることであった。そこで、「ルビコンの友」の幹事の一人、ケビン・トーマスは大昭和のトム・ハマオカに以下のような書簡を宛てた。

「私たちはルビコン民族の土地権問題が解決し、同民族の野生生物や環境に関する利害を考慮したルビコンとの伐採協定の協議が終わるまで、ルビコンが譲渡したことのない領土と主張する地域での伐採や伐採された木材を購入しないという明白かつ確固たる公的な約束（public Commitment）をあなたがた大昭和から、頂けることを期待している」

大昭和は、再度の国際的ボイコットに直面することを求めるのかどうか、十日をかけて検討した。九八年四月二十四日、大昭和幹部との会談を実りなく終えたトーマスは、日本での行動を含めたより広範なボイコットがただちに開始される、との声明を発した。それから一月もたたぬうちに、大昭和は白旗を上げた。同社は長年にわたる要求を受け入れたのである。同社はルビコン民族の土地権請求が解決するまで彼らの「重要地域」とされた一万平方キロの土地での伐採も木材の購入も行なわないことになろう。この決着においては、木材、漁業、野生生物に対するルビコン住民の利害にも配慮する必要があった。

この勝利は、大昭和が一方で「ルビコンの友」に約束を与えながら、マクファーソン判決に対して控訴したことにより薄められてしまった。控訴審は二〇〇〇年五月四日に開催される予定であった。その前日に、大昭和と「ルビコンの友」は法廷外で問題解決の合意に達した。「ルビコンの友」はボイコットの中止に同意した。大昭和は、二〇〇〇年四月七日にDMIのトム・ハマオカが書簡で行なった、ルビコンのバーナード・オミナヤック・チーフとの以下の公約を尊重することに同意した。

「私は一九九八年五月二十日の書簡に書いたあなた方に対する最初の約束をDMIが守ることを再確認致します。合意内容をさらに明確にするために、以下の件を確認できればと思います。ルビコン民族と連邦および州政府との間で木材収穫権、漁業、野生生物問題を含めた土地問題が解決するまで、DMIはルビコンが権利を主張する地域（Lubicon area of Cconcern）での木材収穫を行なわず、またそうした地域で生産したパルプ原料を購入しないこととする。さらに大昭和はルビコンが権利を主張する地域からのチップを購入しない（not purchase）ことを明確にしたいと考えます。この購入しないという意味は、当然のことながら、ブルースター工場の新しい所有者がいかなる人物であれルビコンの伝統的な土地からパルプ材をとってくることを提案するかも知れないからです」

「ルビコンの友」と大昭和の法廷論争は、カナダにおける言論の自由という観点からは重要な意味のある勝利であった。だが、法廷での勝利は、一連の紛争でのルビコン民族闘争を助けるものになるだろうか？　マクファーソン判決から数週間後にＤＭＩのＦＭＡは改訂され、ルビコンが自分たちのものと主張する土地と重なるＦＭＡ内の土地の一部を返還した。その代償として、州政府は大昭和・丸紅に対し、ルビコン領から数キロ離れた土地での落葉広葉樹伐採権を気前良く与えた。ルビコンが権利請求している土地のいくつかをＤＭＩが州政府に返還したからといって、土地請求（ランド・クレーム＝ルビコンVS連邦）問題が解決するまではこれらの土地が伐採から守られるという保証はない。この点は、ハマオカの書簡で「ブルースター工場の新しい所有者がルビコンの伝統的な土地からパルプ材をとってくることを提案するかも知れない」と記しているところから読み取れる。この文言の暗示するところは、大昭和がルビコンの土地から出て行っても、他の企業がルビコン領で伐採することはできるということである。州の林業省高官は、これらの土地に伐採業者の斧が入ることを熱望している。大昭和がアルバータに進出してからというもの、ルビコンの権利請求を配慮しようとしない態度は常に見られた。マイク・カーディナル林業担当副大臣[訳注5]（Associate Minister for Forestry）が述べるように、彼の管理下にある官僚機構は「産業の代弁者」となるよう期待されている。こうした中でカーディナルは、大昭和が州に返還した森林はすぐにも木材産業が利用できると宣伝した。[*36] 州政府が将来これらの土地を租借する企業が大昭和に倣うよう要請すると考えるのは馬鹿げている。このようなことはマイク・カーディナルにとっても林産業開発局にとっても悪夢である。それはアルバータの森林管理のやり方ではないのである。

春は楽観主義や新たな始まりを象徴するものである。だがルビコンの将来を考えると、とても楽観的にはなれない。土地問題の早期解決の見込みはほとんどない。連邦政府の対ルビコン交渉代表は今年（＝二〇〇〇年）の初め、包括的請求については二～三年かかり、「さらに長い時間を必要とするかも知れない」[*37] と述べている。誰がルビコン民族のメンバーで誰がそうではないか、をルビコン民族自身で決めることができる、という一九九九年の合意はかすかな希望をもたらした。しかしながら、必ずしもその合意がより広範な協定に向けての触媒になるというわけではない。ルビコン民族の要求の核心に触れる部分での合意形成となると、非常に難しい。それ以外の問題は、一九九九年の冬の終わり頃に長年ルビコンの顧問を務めるフレッド・レナーソンが述べたように、「技術的かつ経済的性質の問題」[*38] にすぎないのである。そうした核心に触れる問題とは、アルバータの根本的な政治経済的問題に他ならない。過去五十年にわたってルビコンの土地から採掘した資源から生じた全ての富への賠償としてルビコン民族が一億二〇〇〇万ドルを請求したことは公平であるように思える。しかしながらルビコンの要求を受け入れてしまえば、州政府と産業界が築き上げ、また利益を得てきた長年にわたるパートナーシップを根本から揺るがすことになる。このような賠償の要求を受け入れれば、州政府と産業界にとって悪しき先例を作ってしまうことにもなりかねない。他の先住民族も自分たちの土地での長年にわたる資源収奪に金銭的賠償を請求することが可能になるであろう。ルビコンが掲げる野生生物の管理や土地利用の決定への参加という要求も、同様に州のシステムを揺るがしかねない。われわれの政治の地平においては実現困難に見えるアルバータの政治の方向に関する根本的な変化、そして、あるいはまた、そうした行動に駆り立てる国際的圧力がなければ、ルビコン民族と彼らの住む亜寒帯林の健全な未来はやってきそうもないのである。

［原注］

＊1　世界資源研究所は、フロンティア林とは広大で手つかずの天然林生態系で、比較的人手が入らず生物多様性の維持に十分な広さがある森林と定義している。この件についてはDirk Bryant, Daniel Nielsen, and Laura Tangley, "*The Last Frontier Forests: Ecosystems and Economies on the Brink*", (Washington: World Resources Institute, 1997)を参照。

＊2　Wynet Smith et al, "*Canada's Forests at a Crossroads: An Assessment in the year 2000*", (Washington: World Resources Institute, 2000), 16.

＊3　Alberta Environmental Protection, "*The Final Frontier: Protecting Landscape and Biological Diversity within Alberta's Boreal Forest Natural Region*", Protected Areas Report No. 13 (March 1998),9.

＊4　"Ecologist urges government to respect natural forests", *Edmonton Journal*, 4 November 1998.

＊5　Alberta Environmental Protection, "*The Final Frontier*", 159. トーマスの主張する森林破壊は、州政府や林業界には受け入れられていない。彼のレポートに対する州や林業界の反応は"Zoo opens glimpse of wild north: New Display focuses on boreal forests," *Calgary Herald*, 26 June 1998 及び"Alberta losing its forests at a 'frightening' rate," *Edmonton Journal*, 24 June 1998 に見られる。

＊6　Smith et al, *"Canada's Forests at a Crossroads"*, 54.

＊7　Alberta, Environmental Protection, *"The Alberta Forest Conservation Strategy: Report of the Initiating Workshop March 10, 11, 1993"*, (1993), 22.

＊8　Alberta, Alberta Forest Conservation Steering Committee, *"Alberta Forest Conservation Strategy"*, (1997), 17-18.

＊9　Andrew Nikiforuk, "Oh, Wilderness: The Promise of Special Places 2000 Betrayed," *Alberta Views*, No. 4 (Fall 1998). ランドは持続的開発について、経済開発・観光省と同様の懸念を抱いていた。一九九四年には森林保全戦略について同省の高官が以下のようなメモを残している。「戦略の根幹をなすのは生態系の持続可能性である。この原則は明確に定義されておらず、そのため、この原則の適用が予め投資や経済開発を排除するものでないことを確認するための監視が必要になるだろう」。

＊10　二〇〇〇年五月、カナダにおける絶滅危惧野生生物種の地位に関する委員会は亜寒帯林の森林カリブーを「絶滅危惧種（"species at risk"）」のリストに加えた。"Woodland caribou join species at risk," *The Edmonton Journal*, 6 May 2000.

＊11　Alberta Environmental Protection, *"Selecting Protected Areas: The Foothills Natural Region of Alberta"*, (Edmonton: Government of Alberta, 1996), 59. あるいはIan Urquhart (ed.), *"Assault on the Rockies: Environmental Controversies in Alberta"*, (Edmonton: Rowan Books, 1998), 180-190.

＊12　グランド・アルバータ・ペーパー社はおそらくこうした結論には反論するであろう。同社はチンチャガ伐採地の選定に関して、自分たちの言い分は考慮されていないと主張している。詳細はhttp://www.gapaper.com/chinchaga.html.に掲載された一九九九年一月のthe Local Special Places Committeeでの発表を参照のこと。

＊13　これまで自然保護として選択された地域における企業の約束は全て尊重されるので、この地域がどの程度の保護を受けられるかは不明である。詳細はAlberta, "Two new Special Places protect 1,000 square kilometres in foothills and grassland regions," (news release 99-084), 15 December 1999.を参照のこと。

＊14 "Chinchaga protection is a joke," *The Edmonton Journal*, 27 December 1999.

＊15 Urquhart, *"Assault on the Rockies"*, 185.

＊16 "Special Places' growing," *The Calgary Herald*, 16 December 1999. 自然公園の設立によって、大昭和・丸紅は三万六〇〇〇立方メートルの伐採クォータを失った。——エワ・アーディール（大昭和・丸紅インターナショナル社）との個人的意見交換（二〇〇〇年五月九日）。

＊17 Northern Rivers Ecosystem Initiative, *"First Progress Report (November 1999)"*, 10-11.

＊18 Ministry of Environmental Protection, *"1997-98 Annual Report"*, 32.

＊19 "Asian crisis blow to forestry, Noranda says," *The Globe and Mail*, 14 November 1997; Alberta Forest Products Association, "Forest Product Markets Uncertain as Asian Crisis Continues," (news release), 28 January 1998; Crestbrook Forest Industries, "Press Release," 23 October 1997; Canadian Pulp and Paper Association, "Press Release," 30 January 1998.

＊20 D. A. Neilson and Robert Flynn, *"The 1997 Edition: The International Woodchip and Pulplog Trade, 54"*.

＊21 一九八六年の数字については AAP Newsfeed, "Profile - Indonesia's Pulp & Paper Industry," 18 February 1998.から取った。一九九七年の数字は "Profile - Indonesia's Pulp and Paper Industry," *Asia Pulse*, 15 July 1998.による。

＊22 Kelvin Mak and Rod Simpson, "Draft: A Review of Pulp Stumpage in Alberta," (Edmonton: KPMG, 1997). 環境保護大臣は著者に対し企業秘密の保護を盾に、最終レポートの公開を拒否している。

＊23 Canadian Pulp and Paper Association, "Canada's Pulp & Paper Industry Posts Record Shipments; 1998 Focus on Restructuring and Cost Competitiveness," (press release), 30 January 1998.

＊24 二億四五〇万ドルの工場にミラー・ウェスタン・インダストリーズが投じたのはわずか六五〇万ドルである。この他に銀行の定期融資が七〇〇〇万ドル、操業融資が八〇〇万ドルとなっている。詳細は、Millar Western Industries, "Millar Western Industries Ltd. Responds to Alberta Government's Announcement," (news release), 3 April 1998.を参照のこと。

＊25　実際には行使されなかったが、社債にはさらに二五〇〇万ドルの費用超過条項があった。

＊26　"Another government loan in doubt," *The Edmonton Journal*, 25 April 1997. この前日、ストックウェル・デイ出納官の「絶対に抜け道は許さないし、すべての元金と利子は支払われる事になろう」という発言が報道されている。"Treasurer admits goof over Al-Pac loan," *The Edmonton Journal*, 24 April 1997.を参照のこと。

＊27　アルバータ・パシフィック・プロジェクトを推進したクレストブルックの事業家としての慧眼は "Crestbrook wagers on a brighter pulp future," *Financial Times (of Canada)*, Vol. 81 (39), 24 April 1993.で賞賛されている。

＊28　Crestbrook Forest Industries, "Crestbrook Announces Sale of Al-Pac Mill and Results for the Year Ended December 31, 1997," (news release), 3 March 1998.

＊29　Alberta Treasury, "Alberta Sells its Stake in Al-Pac for $260 million," (news release), 3 March 1998.

＊30　二〇一〇年はローン元金とその後発生した利子が全額返済される予定の年であった。

＊31　アルバータ・パシフィックは傲慢にも、この融資から発生した利子の全額をアルバータの納税者に返済できなかった事態をそのホームページの中で以下のように記している。「一九九八年三月、アルバータ政府からの融資は利子とともに返済された」——http://www.alpac.ca/ap_story.htmlを見よ。

＊32　紙パルプ業界の立場はPaul McLoughlin, *"Alberta Political Scan"*, Issue 209, (December 5, 1997), 7-8. に簡潔に記されている。

＊33　一九九九年八月時点では広葉樹材漂白クラフト・パルプの平均価格は七六一加ドルであったが、二〇〇〇年四月には九六二加ドルへと上昇した。

＊34　政府が落葉広葉樹材について元の木材管理規制率を守り、ALPACにも適用したならば、同社に課される立木代金は少なくとも現行の一・三三ドルの三倍になろう。

＊35　Alberta, *"Timber Management Regulation (Alberta Regulation 60/73)"*, section 87 (5).

＊36　二〇〇〇年五月時点で、ルビコンの請求と重複する土地については「後日、伐採に割り当てることもでき

る」ということである。Joanne Rosnau, Alberta Resource Development, との個人的会見、二〇〇〇年五月十六日。

＊37 "Settlement of Lubicon claim years off, says chief federal negotiator," *The Edmonton Journal*, 12 January 2000.

＊38 "Lubicon claim one step closer to a deal," *The Edmonton Journal*, 26 February 1999.

# 訳注

## ●序章　ザ・プライズ──亜寒帯林という宝物

1

カナダ：本書はカナダのプレリー（中央平原）地域の西側、西部カナダに属するアルバータ州の森林、人々と日本企業に関する政治学的な分析の書である。本書を読む上でその背景となるカナダおよびアルバータ州に関して、最初に簡単に補足しておく。カナダの首都はオタワで、行政的には一〇州と三つの準州により構成する連邦制度をとる。ロシアに次ぐ世界第二位の広大な国土を持つ（アメリカ、中国、ブラジルより大きく、およそ九九七万平方キロメートル、日本の約二七倍）が、一方、人口は約二七〇〇万人とアメリカの一〇分の一にすぎない。人口のほとんどは国土の南側、アメリカとの国境のベルト地帯に集中している。森林面積もロシアについで大きく、国土の北部は亜寒帯林やツンドラ地帯で、イヌイット民族などの先住民族やハンターらの居住地が点々と見られるだけである。

㈠カナダとアルバータの歴史：十五世紀末以降、フランス人の探検が始まり、一五八三年には英国がニューファウンドランドを領土として宣言した。一六七〇年、ハドソン湾会社が設立され、カナダ北部および中部を領有した。一七一三年のユトレヒト条約においてフランスを打ち負かした英国はハドソン湾、ニューファウンドランド、および東部の大半の領有を宣言する。一七四四年のケベック法において英国統治下のフランス系カナダ人の政治的権利と信教の自由を保証した。十八世紀後半には、アレクサンダー・マッケンジーがマッケンジー川を中部カナダから北極海沿岸まで探検し、十九世紀初頭には西部のブリティッシュ・コロンビアの探検が行なわれた。一八一二年の米英戦争を経て、一八四〇年にはオンタリオ、ケベックがカナダの州に編入され、議会が設置される。一八六七年、ノーバスコシア、ニューブラウンズウィック、ケベック、オンタリオが結束し、カナダ連邦の基礎を作り、サー・ジョン・マクドナルドが初代カナダ首相となる。また一八七〇年にはマニトバ、七一年にはブリティッシュ・コロンビア州がカナダ連邦に参加する。一九〇五年にはアルバータ州とサスカチュワン州がカナダ連邦に参加、一九三一年のウェストミンスター憲章（Statute）において英国からの完全な独立を果たした。

㈡カナダにおける連邦政府と州政府の関係：その歴史的経過から最初に成立した各州が、土地、森林、鉱物資源などを管理する権限を持ち、連邦政府は各州を超える領域の仕事を分担している。すなわち、軍事、外交、海外援助、国立公園の管理などの他、州をまたがる河川の管理など。こうしたシステムはかつての大英帝国の植民地であった英連邦に参加している諸国、地域においてかなり共通して見られる制度である。

㈢カナダの政治システム：カナダ連邦政府：カナダは連邦制で独立後も英連邦に参加し、エリザベス女王を国家元首と認める立憲君主制と議会制民主主義をその政治制度の中核に置いている。各州はそれぞれ首相（Premier）のもとに内閣を構成し、また州議会（立法機関）を持っている。連邦においては英国王室との関係を象徴するカナダ総督（Governor General）が置かれている。総督は連邦首相が指名し、英国元首（国王）が任命する。総督は英国王室を代表し、任命される連邦上院議会、選挙で選ばれる下院議会とともに、連邦議会の三つの機関の一つ。総督はカナダが常に首相を持つことに責任を持ち、議会会期の開会と閉会あるいは選挙時における解散を宣言する。また通過した法律に「王の同意」を与え、署名する。象徴的な存在ではあるが、時に首相、閣僚と異なる見解を持つことがあり、議会の解散を拒否した例（一九二六年）がある（しかしながら一般的には総督や英国女王の役割は象徴的、形式的であり、実質政治への介入はしない）。

㈣アルバータ州政府：副総督（The Lieutenant Governor）：副総督という地位は一八六七年三月、英国の北アメリカ法により設置され、連邦政府管轄でない問題を統括するため、その［州などに］立法部を保持する役割を持つ（本書における州と連邦の間の政治的関係はすべて実質的な政治関係であるため、こうした総督や副総督などの立憲君主制の形式的な制度は（王座演説以外は）出てこないが、とりあえずこうした制度が存在していることを補足しておく）。アルバータ州では自治領議会（Dominion Parliament）の決議により北西準諸州からアルバータ州を作った時、副総督が設置された。副総督は王冠の代表者で、アルバータ州における君主の力および権威を表現する。即ち副総督は連邦政府の代理人であり、連邦法の意図について州政府に助言し、連邦法と州の立法が一致することを保証することになっていた。しかし州の立法と権限が増加し、連邦の代理人としての役割は消滅していった。副総督の最重要の責任の一つは州が首相を常に持つことを保証することで、辞職や死去などで空席になる場合、そのポストが満たされることに責任を持つ。副総督は立法府、行政府における重要な要素で、立法府を召集し、また閉会、解散を宣言する（議会の王座からスピーチを行なう）。また立法府が可決した法律に国家元首（英国王）の同意を与え、法律以外にも多くの重要公文書に署名をする。副総督はアルバータ・オーダーやエジンバラ公賞など多くの賞を授与し、王立救命協会その他の組織を統括する。副総督は州首相の推薦により、総督によって指名され、五年以上の任期を勤める。政治的役割は持たないものの、総督、副総督は「カナダの王冠」を代表し、カナダの歴史的遺産や特徴の本質を表現する、国民的統合と理想のシンボルとなっている。

(五)アルバータ州の州議会：アルバータ州議会は全員選挙で選ばれ、その選挙区は八三に分けられている。七〇年代までは全員がパートタイムの議員であったが、州政府や議会の役割がより重要になるに連れて仕事が増え現在の議員はフルタイムの仕事になっている。九三年の立法により法案の投票では一部党幹部会（コーカス）の決定に従わず、自由に投票できるようになった。常任委員会としては、「財政計画」「農業と農村開発」「天然資源と持続可能な開発」「地域社会サービス」の四つがある。州議会の進行手続きは、州議会選挙後、副総督が政権党の党首に内閣組閣を要請、議会は最低一年に一回以上開催され、通常晩冬に開始し、秋に再開する。議会開催に当たっては、副総督がその会期における政府の計画を説明するための開会演説を行なう（王座演説）。その後数日かけて質疑討論を行ない、州の財務大臣は政府税収と予算計画を説明し、討議される。法案の多くは首相と各大臣から提案され、法案が通過した後、英国王の同意が必要でその署名を持って立法行為は完成する。

2

亜寒帯林（タイガ＝Boreal Forest）：森林分類には様々な方法があるが、主として年平均気温、降水量などによる森林気候帯分類が一般的。亜寒帯林とは月平均気温が一〇～二〇℃の月が四カ月、その他の月の平均

カナダ連邦政府の構造

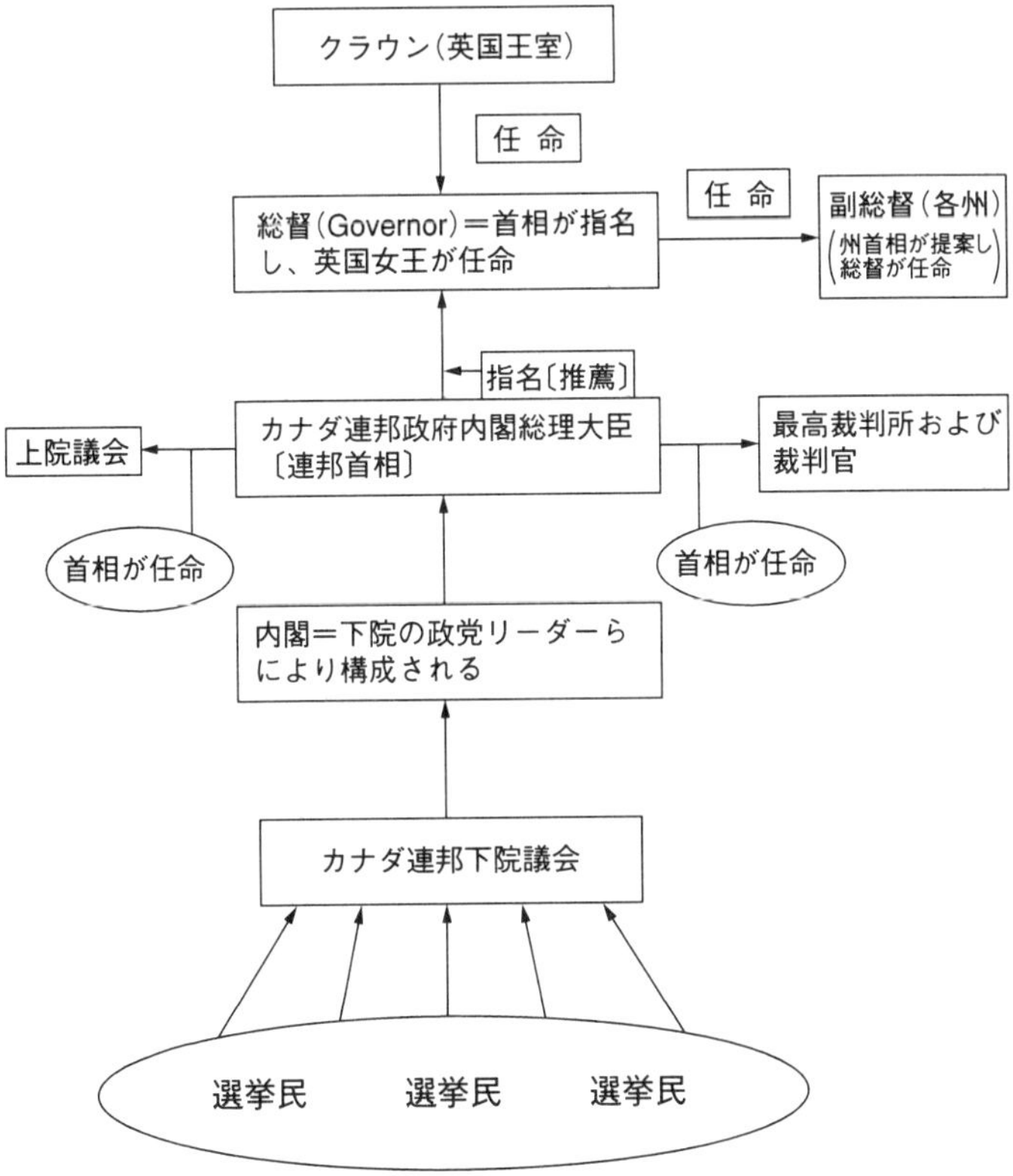
クラウン（英国王室）
任 命
総督（Governor）＝首相が指名し、英国女王が任命
任 命
副総督（各州）
（州首相が提案し総督が任命）
指名〔推薦〕
カナダ連邦政府内閣総理大臣〔連邦首相〕
上院議会
最高裁判所および裁判官
首相が任命
首相が任命
内閣＝下院の政党リーダーらにより構成される
カナダ連邦下院議会
選挙民
選挙民
選挙民

気温がそれ以下の地域を指し、一般に針葉樹が発達し、広葉樹との混合林を形成することが多い。世界的にはシベリア、北欧、スコットランドの高地、バルト海諸国、アラスカ、カナダ北部の大半の森林を含み、日本では北海道の大部分と内地の亜高山帯の森林地帯を指す（日本の場合、シラベ、トドマツ帯とも呼ばれる）。ここに出ている亜寒帯林総推定面積の一六〇〇万平方キロメートル（一六億ヘクタール）はカナダの著名な生態学者のスタン・ローウェの講演に出てくる数字で、亜寒帯林問題の世界的なNGO連合組織のタイガ救援ネットワークによれば一三から一五億ヘクタールとなっている（ちなみに熱帯林地域はFAOなどによれば推定約九億ヘクタール、世界全体の森林面積は閉鎖林で約三四億ヘクタールとなっており、亜寒帯林がその半分近くを占めることからも、その大きさがわかる）。

カナダの亜寒帯林：カナダは陸地面積でロシアに次ぎ、森林でもロシアの八億ヘクタールに次ぐ四億九〇〇〇万ヘクタールで、そのうち亜寒帯林が約八割を占める。ちなみに森林総面積ではロシア、カナダ、ブラジル、アメリカ、ザイール、オーストラリア、中国、インドネシアなどが上位を占める（一億ヘクタール以上の国）。

ちなみに世界の木材（産業用材）の生産量＝伐採量を比較すると、一九九六年で第一位はアメリカの約四億立方メートル、第二位のカナダは一億八〇〇〇万立方メートルでロシアの六七〇〇万立方メートル（一九九三年では一億三六〇〇万立方メートル）に対し二〜三倍のスピードで伐採が進んでいることがわかる。またカナダで生産される木材、林産物の最大の市場はアメリカ（世界最大の木材、紙消費国）で、二番目がカナダ国内、三番目が日本である。しかしカナダ西部においては日本市場の比重がかなり高くなっている。日本のカナダからの木材製品輸入（紙・パルプを含む）は伝統的にはブリテッシュ・コロンビア州の比重が高いが、九〇年代に入ってからアルバータ州からの輸入も増えてきている。

3

アスペン・ポプラ：ポプラは、ヤナギ科に属する落葉広葉樹の高木で、ヨーロッパ、北米、西アジア原産。枝は垂直に伸び、樹形は美しい円錐形で、街路樹などに用いられる。アスペン・ポプラ（Populus tremuloides）は、アルバータではホワイト・ポプラとも呼ばれるが、西アジア、欧州原産のホワイト・ポプラ（Populus Alba）とは異なる。アスペン・ポプラはアメリカ北部内陸部、五大湖周辺以北の北米全域に見られ、北米で最も広く分布する落葉広葉樹。樹高は一二～二一メートル、胸高直径は〇・三～〇・五メートル、樹皮は白っぽく、スムースで薄い。大きく育つとやや濃いグレーになる。ブラック・ポプラはアスペンとともに同じくアルバータ州の亜寒帯林に見られ、バルサム・ポプラ（Populus balsamifera）とも言う。このポプラも五大湖以北の北米に広く分布し、水流付近、氾濫原などの湿気の多い土壌を好む。樹高は一八～二四メートル、直径〇・三～〇・九メートル、樹皮は薄い茶色で縦に溝が見られる。両樹種ともこれまでカナダでは一九八〇年代に入るまであまり工業用には利用されていなかったため、「雑草」などと呼ばれていたが、近年、パルプやOSB（木質ボードの一種）などへの利用技術が開発され、急速に伐採が盛んになってきた。

4　スプルース〔ホワイト・スプルースなど〕：スプルースは日本では「トウヒ」とも呼ばれるが、広くはマツの仲間である。日本の木材業者に好まれるシトカ・スプルース（Picea sitchensis）は、沿岸性〔アラスカ南部から北カリフォルニアまで〕であるが、本書の舞台のカナダ亜寒帯地域にはホワイト・スプルース（Picea glanca＝樹高一二～三〇メートル）およびブラック・スプルース〔Picea mariana＝樹高六～一八メートル〕が主で、これらはアラスカ内陸部からBC州、ラブラドルに至るカナダ全土に広がる北米で最も広く分布する針葉樹である。特にホワイト・スプルースは古くからパルプ材として好まれるが、最近日本にはやや大径のホワイト・スプルースがアルバータなどから製材として輸入されている。これはパルプ産業による亜寒帯林での伐採が急激に増えたため、その中の直径の大きなものが製材用として集材され日本に送られているためである。

5　アルバータ州概観：㈠州都エドモントン（都市圏人口八六万人：一九九六年調べ）。カルガリー（都市圏人口八二万人：同年調べ）、㈡面積：六六万一一九〇平方キロメートル（カナダ全体の六・六％・日本の国土の二倍弱）、㈢州人口：約二七〇万人（カナダ全体の約九・三％）、㈣気温（エドモントン）：一月最高気温マイナス八・七℃、最低気温マイナス一九・八℃、七月最高気温二二・五℃、最低気温九・四℃、㈤主要地方紙：エドモントン・ジャーナル、カルガリー・ヘラルド、㈥州政府ウエッブサイト：www.gov.ab.ca、㈦アルバータ州の名の由来：英国ビクトリア女王の四女、アルバータ王女の名を取って一九〇五年に誕生した。(八)土地と自然：アルバータ州の半分以上が森林で、州の大半は北米内陸平原地帯〔プレイリー〕に属する。州南西部の約半分はロッキー山脈とその山麓で深い森林地帯に覆われている。とりわけバンフ、ジャスパー国立公園は有名。平原部には天然ガス、石油、オイルサンド、山麓には天然ガス、石炭などの豊富な地下資源があり、農業も盛んでカナダ全体の年間生産高の二割を占めている。(九)アルバータの経済：同州の最大の産業は石油、天然ガス部門で、農業、林業（林産業）観光業などが続く。一人あたりのＧＤＰ、平均所得ではカナダの政治経済の中心地であるオンタリオ州に次ぐ、豊かな州である。北部の農村、森林地域ではそうした資源経済の恩恵に与れない地域も多く、地域格差が大きな問題になっている。またカナダ全体の傾向でもあるが資源採掘産業に経済の多くを依存していることから、住民や先住民族、環境保護団体と州政府、企業との間での紛争が近年増加している（アルバータの政治の特色については訳注15参照のこと）。

6　地震探査ライン（震探側線＝seismic line）：石油、天然ガスの探査に使用され、地表または海上で人工的に発生させた地震波が地層境界面で反射して地表に戻ってくる時間を測定するのが地震探査法である。バイブロサイス法（バイブレーターを使う）、ダイナマイト法などがあり、コスト的に安いダイナマイト法がよく使用される。震探側線とは五〜二〇キロメートル幅で地震波を測定するために格子状に側線を設置したもの。側線の間隔は対象構造、目的により異なる。こうした探査活動のため、ルビコン民族などの先住民族の罠猟に用いるトラップラインなどが破壊された。

7　カナダの先住民族：カナダの先住民族の歴史は、アイヌを含む他のほとんどの先住民族同様、白人らの入植者たちによる武力征服、強制移住、同化政策などにより土地や資源を奪われ、生活や文化を破壊されつづけた歴史である。カナダでは、一九八二年の新憲法において初めて（そして先進国で初めて）先住民族の権利（あるいは先住民権）を公式に憲法上で認知した。同憲法第二部三五条は、カナダ先住民族の先住民権（aboriginal rights）および条約権（treaty rights）を確認し、カナダの先住民族を、インディアン（認定インディアン＝Status Indianと非認定インディアン＝Non-Status Indianにわかれる）、イヌイット、およびメティス（第四章訳注11参照）と規定している。しかし先住民権の内容に関する合意はなく、各地の現場で激しく争われている。白人侵略以前の先住民族の人口は三〇万人とも、その数倍とも言われるが、一九三一年には一二万人まで減少し絶滅するとまで言われた。しかしながら五一年に約一六万人、八一年に三〇万人、九一年のセンサスではメティスを含むと一〇〇万人を超え、認定インディアンが約四九万人、イヌイットが約四万人、メティスが約二一万人などとなっている。言語としては、アルゴンキン系、イロクォイス系、アサバスカン系など一一の大きな言語集団があり、文化としては、平原州地区、東部森林地区など六のグループがあるが、これらの境界は一致するとは限らない。

「インディアン」：カナダにおける先住民の定義は豪州が「主観主義」（自分を先住民族と考えるかどうかが重視される）を採用しているのに対して、「法定主義」の立場に立ち、例えば「インディアン」は一九五一年に改正された「インディアン法」により定義され、その法的地位は父系を通して継承されるとしている。一七六三年、英国王ジョージ三世は北米大陸における英国行政の基礎として「国王宣言」を発布し、先住民との条約締結の基本理念を盛り込んだ。北米大陸の内陸部の広大な土地をインディアン居留地―狩猟地として規定し、インディアンの土地の収用とその補償として与える権利を英国王とインディアンの「条約」と総称した。条約を締結したインディアンを「条約インディアン」、しなかったものを「登録インディアン」とし、その両者を「認定インディアン」と規定した。それ以外の非認定インディアンは法定上、一般カナダ人と同様に扱われる。現在のインディアンの人口は四五万人ほどと推定され、総人口の一・七％、二二八四カ所の居留地（インディアン保留地）に分属している。条約は地域ごとに第一から第一一条約まで結ばれたが、カナダ全土で結ばれたわけではなく、主として東部、オンタリオ、中西部に限定されている。ケベック、ブリティッシュ・コロンビア、ニューファウンドランド州などでは結ばれておらず、現在新たな交渉が進行中の地域も多い。イヌイットも連邦政府の管轄下に置かれたが、インディアンに関しては一八七六年の「インディアン法」による統治を行ない、イヌイットの場合は連邦政府の条例による直轄統治が行なわれ、メティスは各州政府の管轄で州法の適用を受けるというように異なる制度による分割統治が行なわれた。

その独自の存在としての認知が遅れ、メティス人の組織による様々な権利獲得運動が行なわれてきた（第四章訳注11参照）。

イヌイット：かつてはいわゆるエスキモーと呼ばれたが、現在ではその呼称は使用されない。イヌイット民族による大規模で包括的な土地権請求（aboriginal land claims）は七〇年代中頃以降、ジェームズ湾（北部ケベック州）、北西準州のヌナヴット（Nunavut）などで起こされ、それぞれジェームズ湾・北部ケベック協定（一九七五年）、イヌイアリュート最終合意（＝西部北極圏＝一九八四年）、ヌナヴット土地権請求協定（一九九三年）が結ばれた。これは金銭補償、土地権、狩猟権、経済開発などを包括する合意であった。最後のヌナヴットの土地権の認知に関してはかれらを北西準州から分離独立させ、自治政府を設立することを認めることを含み、九九年四月一日、ヌナヴット自治政府は正式に発足した。この試みはカナダの先住民族の将来に関わる重要な問題として注目されている。ラブラドルのイヌイット協会は現在カナダ政府及びニューファウンドランド州政府と土地権問題などの包括交渉にあり、北部ケベック州のマキヴィック・コーポレーション（イヌイットを代表する会社）も沖合いの漁業権請求についてカナダ政府と北西準州政府と協議中である。

インディアン法：一八七六年成立。従来のインディアン政策をまとめて法制化した。一九五一年の改正によってインディアンの文化や自治権を認めたものの、白人のルールをインディアンに押し付けることで問題は複雑になっている。

カナダ・インディアン問題北方開発省（ＤＩＡＮＤ＝Department of Indian Affairs and Northern Development）：一九六六年設立された連邦政府の行政組織。認定インディアンの保護を行ない、居留区での福祉や経済の行政サービスを行なう。近年は、先住民自治政府論や土地返還問題で批判されることが多い。

先住民権：一九八二年に制定されたカナダ憲法では、米国の最高裁判決で適用されたマーシャル理論に基づいて先住民権の保障が盛り込まれている。具体的には、自治権、独自の慣習法、土地権、狩猟・漁労権を認めることとされているが、連邦政府がこうした権利をせまく限定しようとし、一方、先住民側はより広く解釈しようとしている。

先住民〔ファースト・ネーション〕会議（Assembly of First Nations）：一九八〇年にオタワ会議で成立。新憲法への先住民権の挿入に成功を収めた。一九八七年にケベック州が独自の地位を認めさせたミーチ湖憲法協定では、先住民にも同様な地位を求めたが認められなかった。先住民の運動も一致団結したものではなく、条約インディアンと非条約インディアンとの足並みの乱れもあった。一部のバンド（政府が法律の中で規定した先住民族集団を指す行政用語）はこうした先住民族の統一運動よりも、関係政府機関との直接交渉によって自分たちの土地権等の先住民権を享受しようとしている。現在のAFNのチーフはクリー民族大評議会の議長を務め、ゴールドマン環境賞など数々の賞を受賞しているマシュー・クーン・カム（Matthew Coon Come）であり、カナダにおいても国際舞台でもカナダの先住民族の権利の拡大のために様々な発言、活動を行なっている。例えば現在大きな問題の一つが先住民族居住地にある鉱山跡地における産業廃棄物投棄問題がある。

先住民族の抱える社会経済問題：多くの先住民族社会に共通する問題として、貧困、アルコール中毒、学校教育の問題などがある。多くの民族、バンドが入植者や開発企業により土地を奪われ、あるいは破壊される中で、伝統的な経済基盤を失い、貧困と文化的な誇りを奪われるという状況に置かれてきた。一方白人の近代社会システムを押し付ける学校教育では先住民の人々とその子供たちは適応できず、十分な教育を受けることもできなかった。そのため、自立した経済を営むことができず、就業もできないため、貧困と社会福祉による生活保護の対象として、生きる誇りとアイデンティティを失いがちで、アルコール中毒が蔓延するという社会的な病気が巣食っている。

学校教育の矛盾：先住民族社会に学校制度を導入した政府の動機は「同化政策」であり、都市での低賃金労働者として送り出すことであった。従って先住民族社会の考え方とは全く異なる白人社会の価値観、世界観を先住民族に強いるものであり、多くの葛藤を生み出した。まず言語は先住民の言葉でなく英語であった（政府の学校や教会の学校など）。先住民の世界観と異なる科学的世界観を強要した（=世界観の葛藤）。また文化価値の葛藤（平等、対等でなく競争を強いる）や家族関係の葛藤（先住民族の子どもを家族から引き離し、ヨーロッパ文明の優越を教え、先住民社会やその知恵の集積である長老を馬鹿にするようになる）などから、先住民社会では子供たちが学校教育の効果が上がらないように妨げるようになりがちで、学業成績は上がらず、ドロップアウトする子供が多くなる。本書でも亜寒帯林地域での多国籍林業会社の進出と地域社会の雇用問題が後半で取り上げられている。

経済的自立の問題：白人社会の侵略と開発経済の導入で、先住民社会の経済活動はその基盤を奪われ、あるいは破壊されたり、その意味を失っていった。北極圏地方で広大な土地を利用し、狩猟や漁労を今でも継続しているイヌイットでさえ、犬ぞりからスノーモビールに移動手段を切り替えると、もはや漁労は経済行為としての意味を失ってしまった。スノーモビールにかかる経費のほうが漁労行為によって得る収入をはるかに上回るものになった（文化の維持や楽しみとして漁労活動は継続されている）。先住民族の自治政府を確立しても経済的には資源採掘権を持つ多国籍企業による鉱山や石油収入あるいは亜寒帯林地域における伐採、パルプ生産などと比べるとなきに等しいという現実の中で、いかに先住民社会として経済的、政治的、文化的に自立していくのか、大きな課題と苦悩に直面しており、その解決策、突破口を見い出すための様々な努力が行なわれている。

8

アルバータ州の先住民族：同州の先住民族の人口は推定約一六万四〇〇〇人（総人口の六％）で、北米先住民族一一万七〇〇〇人、メティス（混血人）四万六〇〇〇人、イヌイット一六三〇人でその四八％は都市に居住している。

罠猟：北米（とりわけカナダ、アラスカ）やロシアなどの狩猟民族が多く用いる狩猟方法で、毛皮取引の拡大とともに発達したと考えられる。つまり毛皮を極力傷つけないような工夫が凝らされている狩猟法である。同じ狩猟民族でも例えば東南アジアなどの狩猟民が主として自給用に行なう狩猟とはやや方法や意味合いが異なるように思える。なおこの罠猟は石油開発や林業開発によって大きな被害を受けたが、それとともに欧米の「環境保護主義者」による反毛皮キャンペーンによっても大きな経済的打撃を受けており、白人の

カナダ全図（各州と先住民地域）

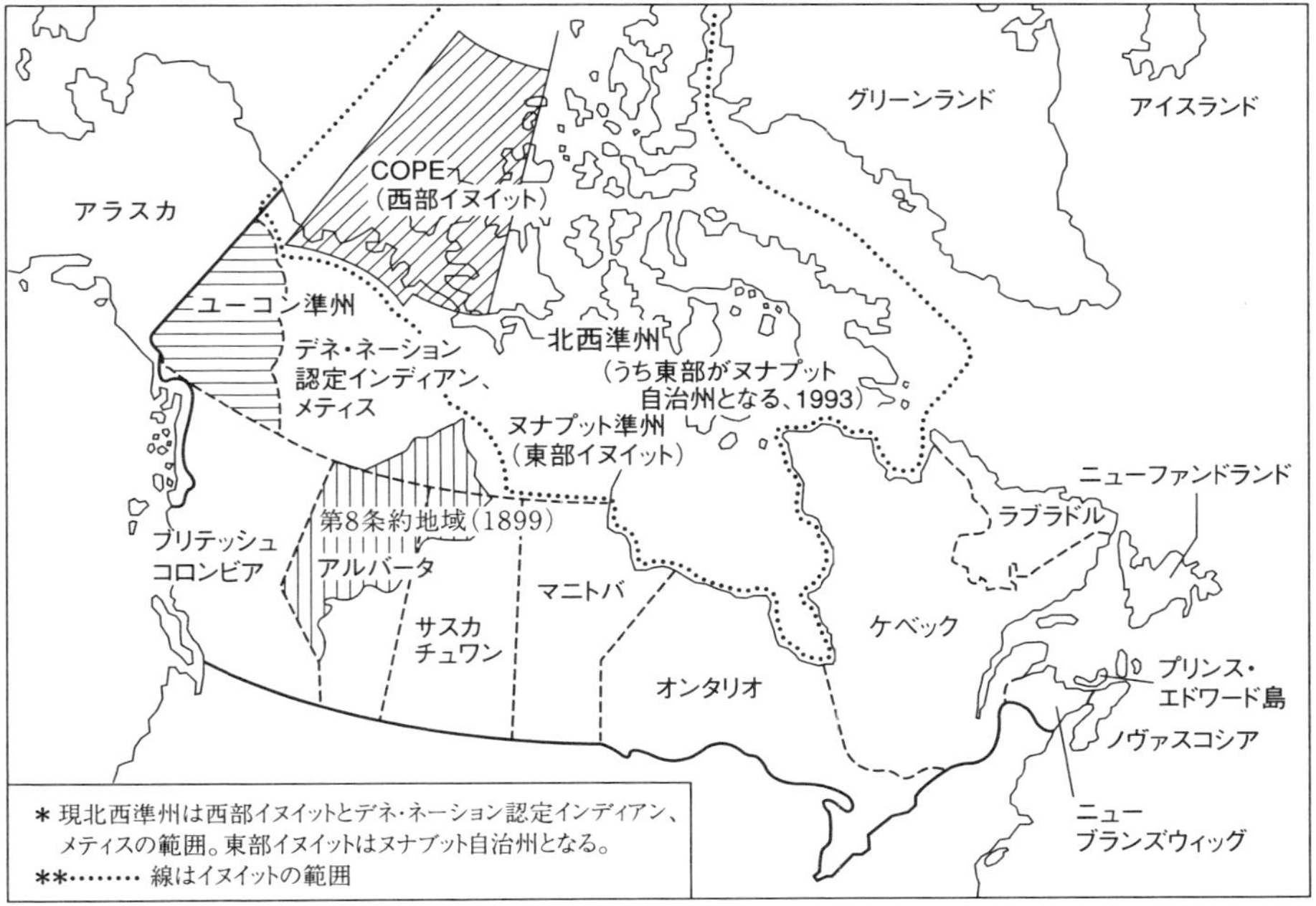


本図では条約インディアン地域に関してはアルバータ州を中心とする第八条約地域のみを示した。北部先住民族の包括土地協定に関しては、ユーコン準州のユーコン・インディアンの包括協定は一九九三年、北西準州では、デネ民族（サートゥ・デネおよびメティスのグレートベア湖地域）が一九九三年、イヌヴィアリュート〔西部イヌイット〕で、一九八四年、ヌナブットが一九九三年に成立した。河川の汚染問題で争点となったアサバスカおよびピース川は下流でマッケンジー川となり、こうした先住民族地域を通過して北極海に注いでいる。

環境保護運動に懐疑的になっていた先住民族が多かった（本書の第六章（二八六頁）に記述されている）。

9　クリー民族：カナダ中央部平原地帯に広く居住する民族で、アルバータ州からケベック州あたりまで広がっているカナダ最大の先住民族集団（一部はアメリカにも居住）。本書の主役の一人であるルビコン・クリー民族もその中のひとつの集団（バンドと呼ぶ）で、ケベック州ではジェームズ湾地域のダム建設で大きな反対運動を起こした。クリー民族大評議会（Grand Council of Cree）を組織している。

10　日本のパルプ会社の海外パルプ原料チップの開発輸入：日本は明治時代二十年代に近代木材パルプ工業を導入して以来、パルプ原料確保に悩まされてきた。明治三十年代後半からは北海道の針葉樹を利用したが、アクセス可能な資源量に限界があったため国内需要を賄えず、日清、日露戦争の勝利とともに大陸進出を果たし、南樺太、満州、朝鮮半島、極東シベリアなどの針葉樹をパルプ原料として利用した（戦前は針葉樹からしかパルプを生産できなかった）。広葉樹パルプを生産する技術は一九三〇年代、豪州、日本などで開発され、日本では戦後ブナ林を中心に広葉樹が広くパルプ原料にされた。しかし高度成長経済下で急激に増大する戦後の紙パルプ需要を賄うためには国内資源では不足したこと、戦後主として依存したアメリカの針葉樹チップの価格がアメリカの大手木材会社の支配下にあったため、パルプ原料供給の多角化をはかり、一九七〇年代以降、豪州、PNG、ブラジル、八〇年代後半から九〇年代にかけてチリ、さらにカナダ亜寒帯林地域、アメリカ南東部、タイ、インドネシア、ベトナム（東南アジアでは主としてユーカリ人工林）などから広葉樹チップやパルプの開発輸入（＝通産省の資源政策）や買付けを拡大していった。伐採や輸入の規模が大きいことと、多くの地域で日本の主要パルプ会社が総出で開発や輸入ラッシュに走ることから、地元先住民族や環境保護団体、住民などとの対立、紛争が多発している。

11　アメリカ太平洋岸北西部の森林とマダラフクロウ問題：アラスカ南部からワシントン州、オレゴン州、北カリフォルニアにかけて分布する世界最大の一大針葉樹原生林地帯。北カリフォルニアからオレゴン南部のレッドウッド（セコイア＝世界で最も樹高の高い樹木）や日本の大量に輸入されたダグラスファー、ヘムロックなどを中心に、針葉樹の巨木が分布し、古くから木材産業が発達した。そのため百年以上にわたって自然保護運動と木材産業の対立が起こり、とりわけ八〇年代のレーガン政権時代以降、伐採量が急激に拡大した時代に対立は頂点に達した。シマフクロウ、マダラフクロウ、ウミスズメ、サケなどが絶滅危惧種法などを武器とした、環境保護団体によるキャンペーンや訴訟活動において紛争の象徴的存在となった。多くの国有林地域でアメリカの連邦フォレスト・サービスの林業計画が裁判所により停止された。

12　カナダ太平洋岸温帯雨林：訳注11と同じタイプの森林地帯でカナダではブリティッシュ・コロンビア州に属する。アメリカ側より遅れて開発が進み、そのため最後まで多くの原生林が残っていたが、伐採の進行とともに森林保護運動が台頭し、八〇年代後半以降、紛争が深刻化した。プリンス・シャーロット島のサウス・モレスビーにおける紛争（八〇年代）を皮切りに九〇年代のバンクーバー島（カマナー渓谷、クラクワット・サウンドなど）で大きな紛争が起こり、現在では本土の中部沿岸地域の森林保護運動が盛んである。米国と異なり、絶滅危惧種法など保護側に立つ法制度がなく、運動は激しい体を張った闘争に傾く傾向がある。〔クラクワット・サウンドは一時に八〇〇人の逮捕者を出したことで知られる〕

13　進歩保守党（Progressive Conservative Party＝本書では単に保守党＝Conservative＝と記述している場合が多いが同じ政党。トーリー党とも言う）：一八五四年にマクドナルド・カルティエがケベック、オンタリオの保守層、米国独立革命の王統派、ケベック・カトリック教会などの勢力を結集して創立。連邦主義者（＝州権抑制）の色彩が強い。戦前は親英国、帝国主義、大企業優遇、保護貿易、反社会改革などの政策を掲げた。一九一七年に自由党が仏語系を取りこんだためケベック州での地盤を失う。戦後は都市事務職、知識人に代って西部農民を基盤とし（および保守的な英語系プロテスタント）、外交的には親米政策を採る。

14　社会信用党（Social Credit Party）：英国のダグラス陸軍少佐の提唱した理論に基づく政党。二十世紀初頭よりアルバータ州農民は二大政党（進歩保守党と自由党）支配下、東部への経済的従属に反発する気運が高まり、大恐慌時代の農産物価格の下落や社会信用理論を導入したエイバーハートらの活躍でアルバータ州を担う政党に発展した。社会信用理論とは、現代の技術革新で大量の生産物や余暇が生み出されたにも拘わらず大企業や金融資本ばかりが潤い、社会全体にその恩恵が行き渡らない状況を批判し、革命を起こさずにも、

15 それらの恩恵を社会に再配分して行き届かせることができるというもの。

ドナルド（ドン）・ゲティー首相（Donald Getty）：進歩保守党の政治家で一九八五年から九二年までアルバータ州首相を務めた。参考までにアルバータ州の歴代首相と所属政党を紹介すると、

フレデリック・ホーテン（北西準州＝ノースウェスト・テリトリーズ＝首相、所属政党なし）一八九七～一九〇五

アレックス・ルーサーフィールド（自由党）一九〇五～一〇

アーサー・シフトン（自由党）一九一〇～一七

チャールス・スチュワート（自由党）一九一七～二一

ハーバート・グレンフィールド（統一農民党）一九二一～二五

ジョン・エドワード・ブラウンリー（統一農民党）一九二五～三四

リチャード・ガビン・リード（統一農民党）一九三四～三五

ウィリアム・エイバーハート（社会信用党）一九三五～四三

アーネスト・マニング（社会信用党）一九四三～六八

ハリー・ストローム（社会信用党）一九六八～七一

ピーター・ラフィールド（進歩保守党）一九七一～八五

ドン・ゲティー（進歩保守党）一九八五～九二

ラルフ・クライン（進歩保守党）一九九二～

〈アルバータ州政治の歴史的特徴〉マクファーソンらのカナダの政治学者が指摘しているように、アルバータ州では東部に見られるような二大政党制が機能してこなかった。『アルバータの民主主義』（一九六二年）などの著作で知られる政治学者のC・B・マクファーソンは㈠アルバータ州が歴史的に東部の植民地的な状況にあったため、東部で発展した政党に不信感をもち、政府や議員は本来人々の代理人にすぎず、人々に対して直接的な責任関係があるという考え方が強いこと、㈡強い野党の伝統がなく政権交代がゆっくり起こら

ず、政権交代は人々の選択の結果突然起こり、それも大差となってあらわれる、と分析している。一九二一年にはアルバータ農民組合が突如として政治舞台に登場し、選挙で大勝して旧来の政党をほとんど全滅させ、十四年間政権の座についた。一九三五年には社会信用党がほとんど無の中から現われ、全議席の八九％を占め、一九七二年まで政権についていた。七二年の選挙では復活した進歩保守党が大勝し、現在まで政権党となっている。マクファーソンによれば、アルバータはこれまで消費物資の生産者からなる同質的な社会で、政党政治の背景にある階級対立の要素が弱く、またアルバータの主要産業である農業社会は経済的に東部の産業資本に対して半植民地的状態にあり、そのため同州の政治は階級対立の調整であるよりも、東部資本を代表する連邦政府や資本の圧政に対して州民の権益を防衛する役割が期待された。一九三〇～四〇年代でみると、アルバータ州では農業人口が大きな比重を占め、非農業労働人口比率は五〇％以下であったが、東部のオンタリオ州では七〇％を超え、商工業者の割合が高かった。またカナダではアメリカ型の（企業的）大農場経営は発展せず、機械化時代に入っても家族農業が中心で農業の資本主義化は進まなかった。近年では北米自由貿易協定（ＮＡＦＴＡ）により、アメリカからの穀物輸入が一層増加し、カナダの農業・農村部経済の危機は深刻化している。こうした状況も本書の背景となっているといえる。農業は今日でも依然として同州の政治経済の上で重要であるが、農業人口が激減し、石油天然ガスなどのエネルギー産業（最近ではこれに林産業が追加された）などの原料、中間原料を生産する製造業やそれに関連するサービス産業が州経済の主役になった現在でも、保守的な政党による一党独裁的な支配という構造は変化が見られていない。隣州でおなじく平原地域の州であるサスカチュワン州では、おなじく連邦政府、東部資本に政治的に対抗する意味で社会主義政党（協同連邦党）が政権を担ったという異なるコースを歩んでいる。こうしたカナダ中西部の政治と政党の歴史はおなじく二大政党政治が根付かない日本の政治状況を理解するのに多くの示唆があるかも知れない。

16

新民主党（New Democratic Party）：第一次大戦後の農業不況により、西部農民が二大政党以外の候補者を立てるために農民協同組合運動を組織したことを起源とする。一九三二年に少数の労働者、インテリ層も加わり、協同福利連合（ＣＣＦ）を創立、六一年には労働組合も取り込み、新民主党に発展。当初掲げていた社会主義イデオロギーは形骸化し、現在は都市事務職や労働組合を基盤に労働者など富裕層でない人々のための社会改革を目指している。ブリティッシュ・コロンビア州では政権党である。

17　自由党（Liberal Party カナダの二大政党の一つ）：一八七八年頃、アレクサンダー・マッケンジーがジョン・マクドナルド保守党政権が起こしたパシフィック・スキャンダル（太平洋鉄道建設に絡む汚職問題）への批判勢力を結集し結成。オンタリオの独立自営農民、カトリック教会と対立した自由主義者（赤色党）らの支持を得た。対英主権拡大、親米、自由貿易を掲げ、資源産業従事者に支持を受けた。またケベック・カトリック教会と和解し、ケベックの地盤を確立。二言語主義に積極的で仏語圏、カトリック系の支持を得た。大恐慌時代には新民主党、社会信用党の台頭で、西部での基盤を失った。現在は都市事務職、知識人、新移民などに支持基盤を持つ。

18　大昭和製紙：日本第三位、紙生産高で世界第二三位〔九四年〕の巨大製紙会社。一九三八（昭和十三）年、斎藤家により創業され、日本製紙との事業統合直前の二〇〇〇年三月決算では同社資本金三一七億八四〇〇万円、従業員三三六九人、売上高二七三〇億円。国内生産拠点は本社のある富士市を中心とする静岡県にあり、国内に六つのパルプ工場と四五台以上の製紙機械を持ち、パルプ、紙・板紙、パーティクル・ボードなどを総合的に製造販売している。昭和三十年代に商社などの協力で北海道進出は果たしたが、先発組である財閥系大手企業に比べ、国内基盤が弱かったため、他企業に先駆けて積極的に海外事業を展開、原料チップ輸入や北米を中心に企業買収、工場建設を行なった。そのため豪州、カナダなどで現地環境保護団体、先住民族などとの紛争が発生し、国内でも汚染問題で住民運動の標的となった。長年斎藤一族支配が続き、業績悪化や亮英会長の不祥事などで銀行、商社の影響力が強まったが、最終的には日本製紙との合併が発表された。しかしながら二〇〇〇年三月二十七日、両社は合併ではなく新たに設立された持株会社「〔株〕日本ユニパック・ホールディング」社による事業統合という形で再出発すると発表され、世界第七位の紙パルプ会社が誕生した。また両社の洋紙営業本部は共販会社となる。この結果、海外子会社を含め大昭和グループと会

大昭和製紙の事業系統図

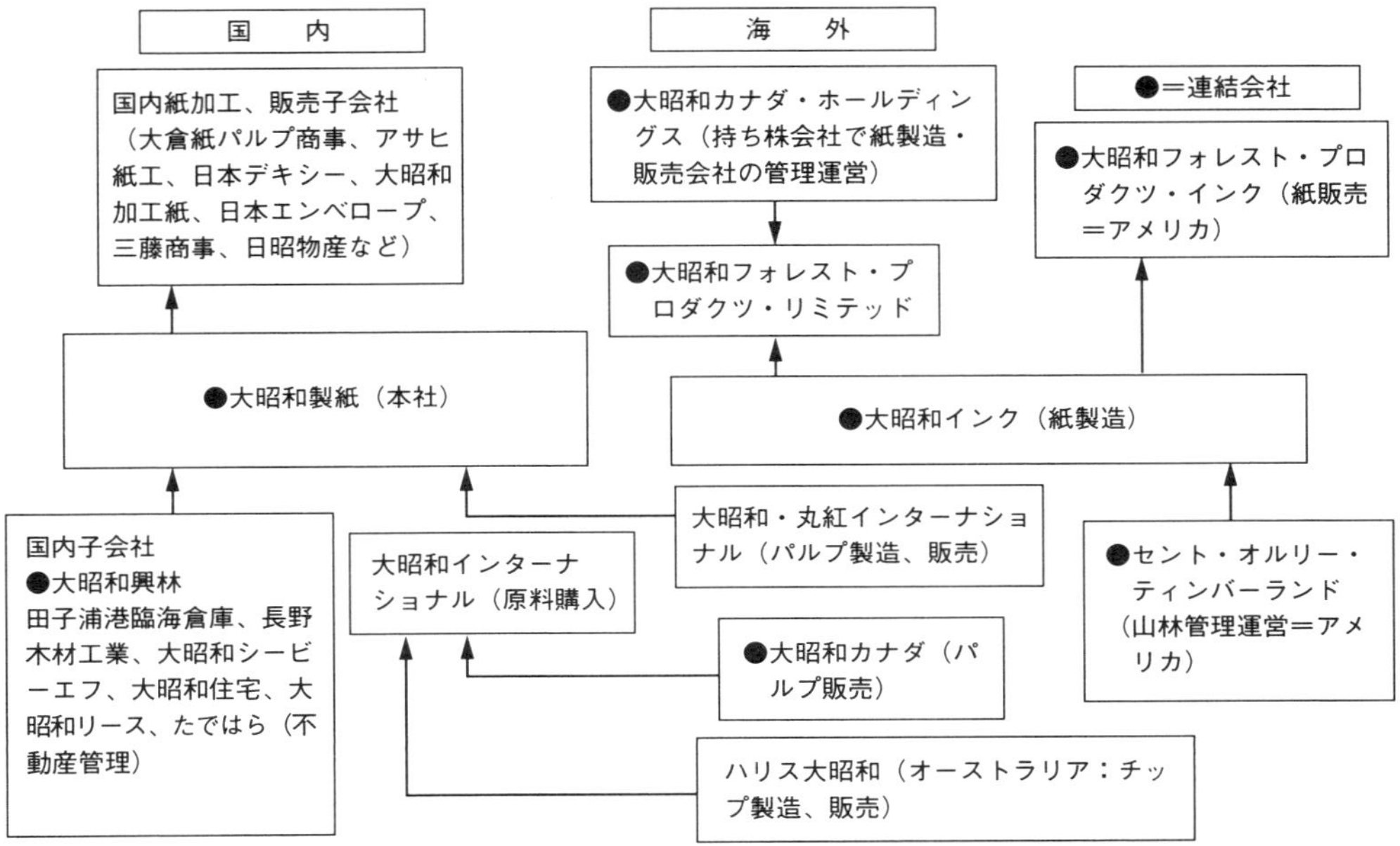


出典：『大昭和製紙有価証券報告書総覧 平成７年』同社事業系統図から作成。

社名は新しい持株会社の管理の下に残ることになった。さらに二〇〇一年四月六日、独禁法規制への対応として、日本製紙は大竹紙業（上質紙、塗工紙年間二六万トン生産）、大昭和製紙は富士コーテッド・ペーパー（塗工紙二四万トン）の株式の第三社譲渡を二〇〇一年〔平成十三年〕度中に確定することを公表した。この両社の合併が事業統合に変更されたことに関し、日本製紙は、世界の紙パルプ業界における大型合併（M&A）が進む中で、戦後の財閥解体時に禁止され、九七年に解禁された持株会社制度を利用することでこうした統合を容易に進めることができると説明している。なおその前年、豪州と日本の環境保護団体は日本製紙に対して大昭和製紙の豪州ニューサウスウェールズ州エデンのハリス大昭和チップ工場の閉鎖を要求していた。

19 アルバータ・パシフィック（ALPAC合弁事業）：アルバータ・パシフィック合弁事業は、第五章で説明されているように、ブリティッシュ・コロンビア州のクランブルックに拠点を持つクレストブルック社（三菱商事と本州製紙＝当時＝が主要株主）およびMCフォレスト・プロダクツ、神崎製紙カナダなどを主要株主とする合弁事業であるが、事業全体は日本の製紙会社よりも三菱商事が大きなリーダーシップを持った。九六年の本州製紙と王子製紙の合併やクレストブルック社の経営上の問題が発生し、九八年には、クレストブルック社は株式を手放し、ALPACの株主構成は三菱商事七〇％、王子製紙三〇％という構成に変わった。

20 三菱商事（Mitsubishi Corporation）：日本の総合商社の一つで、巨大な三菱グループを背景とする世界的に最も知られた典型的な多国籍企業。同商事の起源は一八七〇（明治三）年、土佐藩から分離独立した事業を監督した岩崎弥太郎の事業活動（九十九商会）に遡る。明治六年、三菱商会、同八年、郵船汽船三菱会社と改名を重ね、同二十六（一八九三）年、資本金五〇〇万円で三菱合資会社に改組され、同三十二（一八九九）年商事部門の発展を図るために営業部が設置され、これが三菱商事の前身となった。大正七（一九一八）年、三菱商事株式会社が設立されたが、一九四七年、連合国総司令官の指令により解散・清算された。その後昭和二十九（一九五四）年に再び大合同し、今日の三菱商事の発足となった。一九六三年、売上が一兆円を突破。六八年には燃料、金属、機械、食料、繊維、化学品、資材（木材、パルプを含む）の七本部が発足し、七一年、英語名をMitsubishi Corporation（名前からして「ザ・ミツビシ」とも言うべき名称）とする。七九年には一〇兆円を突破。本社千代田区丸の内の「三菱村」の中心地にあり、従業員七五五六名、売上における貿易（輸出入）の比率六一％、資本金一二六六億円、年間総売上高約一五兆円、国内事業所四四、海外事業所一一六、その他数百に及ぶ現地法人、系列子会社を持つ。重化学や燃料分野には特に強い。しかし重化学工業の斜陽化から売上高競争では他商社にトップの座を譲るようになったが、ブルネイの天然ガス事業など高い収益性を誇っている。

21

ルビコン・クリー民族：訳注9のクリー民族の項で述べたクリー民族の一グループで、州都エドモントンから北西約四〇〇キロ、ピースリバー町から六〇キロメートル余りの地点にあるリトルバッファローに約四十年前にルビコン湖畔から移り住み、現在三〇〇人程度の集団を維持している。本書ではルビコン・クリー民族と訳したが、現著ではLubicon, Lubicon (Lake) Bandなどと記述している場合が多い。バンドという言葉は人類学では先住民集団を指し、カナダでは連邦インディアン法により規定されるインディアン集団の行政単位である。州政府は何度となく彼らを町の近くに移住させようとしたが、ルビコンは伝統的な生活を変えることを拒否してきた。主な狩猟の獲物はヘラジカ（moose）で食糧の他、皮をなめして衣服や儀式に必要な太鼓の皮に、また骨は装飾に使った。罠猟で捕らえるオオヤマネコやビーバーの毛皮から現金収入が入った。しかし七〇年代以降の石油、天然ガス開発で狩猟経済は破壊された。

インディアン・ネーション（あるいはファースト・ネーション）という場合は、白人の国家、政府とは独立した主権（sovereignty）を持つ先住民族という政治的な主張が込められている。カナダの場合は主権者である連邦政府とのみこれらの先住民集団は土地権請求（land claim）などに関して、条約交渉を行なう（交渉は各バンドがそれぞれ交渉を行ない、条約を結ぶが、歴史的に一定の広域地域においていくつかの民族がまとまって条約協議を行ない、合意文書を作ったケースが多く、十九世紀後半から二十世紀初めにかけて、ニューファウンドランド、北西準州、ケベック州などを除く地域で一一の条約が結ばれている。ただしルビコン民族の場合、連邦の先住民族との交渉担当官が西部を訪問したときにその存在を見落とされ、条約協議

(ルビコンの場合「第八条約＝Treaty 8＝」) から取り残された。そのため二十世紀に入ってから長期間に渡って連邦政府との条約交渉や対立などを繰り返し、いまだに連邦との合意が図られていない。石油天然ガス、森林などの重要資源の中心地に居住していることから、その土地権請求(ランドクレーム) が容易に認められず、悲劇の民族として知られ、また強固な抵抗活動を行なっていること、カナダ全土のみならず、世界的にも支持者グループが存在し、カナダの先住民運動の一つの中心であり、最も世界的に知られたグループでもある。

22

ケミサーモメカニカル・パルプ (CTMP)：パルプの種類―パルプは木材パルプおよび非木材パルプに分類でき、人類史上における紙生産の多くは動物の皮、アシ、アサ、楮、ワラなど現在のような木材を原料としたものでなく、木以外の動物、植物の繊維を利用して紙を作っていた。日本は明治時代に西洋紙を生産するために近代パルプ製造技術を導入したが、当初はやはりボロ布やワラなどを使った紙パルプ生産が行なわれていた。歴史的には木材パルプは紙をより大量に消費する社会の出現により、従来の原料では大量に原料が集まらなかったために木材パルプ技術が開発され、次第に主流になっていった。木材パルプには機械パルプと化学パルプがあり、その中間を半化学パルプという。機械パルプ (MP) は木材を機械的な摩擦などで摩砕して作る。化学パルプ (CP) は木材を化学薬品で蒸煮するなどの化学処理を行ない、繊維を取り出してパルプにしていく。機械パルプはさらに摩砕パルプ (グラウンド・パルプ＝GP)、RGP (Refinier Ground Pulp) およびこのRGPを加圧、加温条件下で製造するサーモメカニカル・パルプ (＝TMP) がある。木材の成分をほぼそのまま利用するので木材原料からパルプへの収率は九五%にのぼるが、強度が出にくいので繊維の長い針葉樹を原料とする。また摩擦のために大きな電力を必要とする。白色度は得られないが薄く不透明な紙ができるので、新聞用紙などの原料になる。一方、化学パルプは薬品処理で着色するリグニン (木材の成分の一つで広葉樹には特に多く含まれる) を除去するため、木材収率は四五〜五五%にしかならない。除去されたリグニンは焼却して薬品とエネルギーを回収するため、工場運転用に有り余るエネルギーが得られる。しかしそのため機械パルプなどの倍以上の木材が伐採されることになる。現在の日本のパ

## 主なパルプの種類と特徴

| 原料別 | 製造方法 | | 特徴・問題点 |
|---|---|---|---|
| 木材パルプ | 機械パルプ(MP)<br>機械パルプの漂白：機械パルプはリグニンを除去しないので、リグエンを除去せず、できるだけ収率を維持するような漂白を行う。漂白用薬剤は過酸化水素かハイドロサルファイト（あるいは併用）が使用される。白色度は化学パルプのように高くなく、日光により変色しやすい。 | 砕木パルプ(グラウンド・パルプ=GP) | 回転砥石に丸太を押付け、摩砕してパルプ化するもので、この機械をグラインダーと呼ぶ。最も古い木材パルプ〔19世紀半ば〕。強度を保つには、針葉樹に原料が限られるため、日本では限られた生産。不透明度が高くクッション性のよい紙ができ、新聞用紙などに向く。 |
| | | リファイナー・機械パルプ(RGP) | 丸太からでなく製材所の端材からパルプを製造するため、リファイナーでパルプを製造する方法（1960年代以降)。 |
| | | サーモメカニカル・パルプ(TMP) | このRGPを加圧下、加温して行う。不透明度を損なわず、より強度の高い機械パルプとして高速輪転機の使用でより強度を要求される現在の日本の新聞用紙原料の主流となる。欠点は電力使用量が大きいこと。原料は針葉樹チップ。このTMP工程の初期に亜硫酸ソーダや苛性ソーダを加え、さらに強度の強いパルプにするのがケミサーモメカニカル・パルプ（CTMP)あるいはケミカルTMPである。 |
| | 半化学パルプ(SCP) | セミケミカル・パルプ(SCP) | |
| | 化学パルプ | クラフト・パルプ | 日本でも世界でも現在主流のパルプ製法。原料チップ（針葉樹でも広葉樹でもよい）を余熱の上、化学物質の混合液（白液=蒸解液）と混合して高温加圧下で蒸煮、セルロース繊維とリグニンを分離。取り出した繊維分は除塵され漂白工程に（あるいは直接紙製造工程に送られる。一方リグニンが溶けた黒液は薬品回収ボイラーにまわされ噴射燃焼され、回収エネルギーは通常パルプ生産に必要な蒸気、電力をすべて補い、一部紙製造工程にも回されるほど大きな物。 |
| | | 亜硫酸パルプ | 亜硫酸液で繊維を蒸煮 |
| 古紙パルプ | 離解パルプ | | 日本では、木材パルプと古紙パルプが紙の原料として全体の平均で約1:1となっている。 |
| | 脱墨パルプ | | |
| 非木材パルプ | 一般量産パルプ：わら、バガス、葦（あし）、竹 | | |
| | 高級原料：亜麻、マニラ麻、綿リンター、三椏（みつまた）など | | |

ルプ生産の八〇％は化学パルプのうちのクラフト・パルプである。ケミサーモメカニカル・パルプ（CTMP）はサーモメカニカル・パルプ（TMP）に亜硫酸ソーダ、苛性ソーダなどの薬品をさらに加えて製造するものである。

23 漂白クラフト・パルプ（BKP）：クラフト・パルプ（KP）は現代の代表的な化学パルプで、世界のパルプ生産の六割、日本では八割以上を占め、その比率はなお上昇している。一九四二年に二酸化塩素漂白法が開発されて以降、亜硫酸パルプに代わってKPは化学パルプの主流を占めるようになった。繊維の長い針葉樹クラフト・パルプは主として未晒および半晒パルプとして、強度が必要な包装用紙、新聞紙に、また広葉樹クラフト・パルプは主として漂白パルプとして、印刷情報用紙、衛生用紙などに用いられる。

24 大昭和カナダ：大昭和カナダは昭和五十二年四月（一九七七年）に設立されたブリティッシュ・コロンビア州のバンクーバーに本拠を置く現地法人。ウェストフレイザー・ティンバー社との合弁によりケネル・リバー・パルプを設立、昭和五十六年十一月からサーモメカニカル・パルプの現地生産を開始。

25 丸紅：日本の大手総合商社。戦前は関西五綿の一つ。総合商社化したのは戦後。創業は一八五八（安政五）年五月。一八七二年、紅忠と呼称、大阪本町を本拠とする呉服商社として出発。大正十（一九二一）年、丸紅商店、一九四九年に丸紅株式会社（現在の丸紅の設立）、五五年には高島屋飯田を合併して丸紅飯田と改称、七二年に再び丸紅株式会社となった。資本金一九四〇億円、従業員五三四四人、国内事業所二七、海外七六カ国一五四事業所を経営。富士銀行グループの中核企業だが、大株主は富士銀行、安田海上火災などの他、住友信託銀行、三菱信託銀行、チェースマンハッタン銀行など。伝統的には繊維部門に強い他、食品、パルプなどにも強く、大昭和のピースリバー工場の株式を取得し、そのパルプ販売権を取得した段階で世界最大のパルプ流通商社となった。熱帯林問題キャンペーンの世論が強かった八九年にはサラワク（東マレーシア）からの熱帯木材輸入や西パプア（インドネシアのイリアン・ジャヤ）におけるパルプ原料のため広大なマングローブ林の伐採、チップ輸出事業などの理由で市民団体の熱帯林行動ネットワークから「熱帯林破壊大賞」を受けた。チリにおける南極ブナ林伐採やユーカリ植林事業に関してチリの団体から批判を浴びたこともある。マルコス独裁政権時代のフィリピンでは政権と癒着して事業を拡大し、「マルベニコス」と呼ばれた時代もある。

26 軽量コート紙（light weight coated paper）：紙は用途によって大変種類の多い商品であるが、大別するとまず紙と板紙（ダンボールなど）に別れ、その紙は新聞用紙、印刷用紙、情報用紙（コンピュータ、ファクス用感熱紙など）、衛生用紙（ティッシュ、トレペなど）などに大別される。印刷用紙は、塗工紙、非塗工紙などに大別される。塗工紙は、アート紙、コート紙、軽量コート紙などに別れる。コート紙とはカラー印刷などの印刷効果を最大限発揮させるため、より均質な表面をつくるために紙の表面に塗料を塗ってより平滑なものにした紙のこと。軽量コート紙とは、このうち塗工量が一平方メートル当たり一五グラム以下のものを指す（近年需要が増大）。

27 未解決の土地権請求（ランド・クレーム＝outstanding land claim）：カナダ政府は一九七二年まで先住民族の土地権を否定しつづけてきた。百年以上にわたる法廷闘争の結果、七二年二月、ブリティッシュ・コロンビア州北部のニシュガ民族（the Nishga）の土地権がカナダ最高裁判所で認められるに至って、カナダ政府は先住民族の土地補償請求に対応せざるを得なくなった。このランド・クレームには二種類ある。第一のケースは、ユーコン州、北西準州、ケベック北部など非先住民人口比率が低く、先住民族が実際に広大な土地を使用している場合で、この場合、先住民族とカナダ政府が交渉し、先住民族の土地権と付帯条件を認知する手続きを取る。第二番目は、先住民族が伝統的に利用していた土地に非先住民族が進出し、実際に土地権を回復することが困難となる場合で、先住民族とカナダ政府が交渉し、補償金を支払うケースである。これまで決着がついている事例で歴史的に著名なケースは、一九七五年の北ケベックにおけるジェームズ湾のケース（the James Bay Settlement）および一九八四年のイヌヴィアリュートのケース（the Inuvialuit Settlement）などである。

28 伝統的罠猟経済：訳注8参照。ヨーロッパからの入植者や商人の北部カナダへの最初の関係は毛皮取引が中心でこの時代に毛皮経済、狩猟経済が発展した。しかし白人経済の利害関係が毛皮以上に石油、ウラン、その他の鉱物資源開発に比重が移り、また西欧諸国における環境保護、動物保護の視点からの反毛皮キャンペーンの展開で毛皮・罠猟経済は破壊され、衰退していった。

29

フラン（furan）：dibenzofuran＝ジベンゾフランまたはダイベンゾフランのこと。ダイオキシンと類似する化学物質で、ゴミ焼却やパルプ工場、石油精製、鉄鋼生産、金属精錬、農薬などダイオキシンとほぼ同様の過程で生成し工業生産や焼却過程から出る副産物。異性体の種類は一三五あるが、毒性は最も強毒の二―三―七―八ダイベンゾ・ダイオキシンと比較するとその一〇分の一以下であるが、広義のダイオキシンの一種（ダイオキシン類という）。なお日本ではドイツ語読みでジベンゾフランと読むが、英語読みではダイベンゾフランであり、ほとんどの国際会議が英語で行なわれる今日では化学物名の表記は英語読みに従うべきではないかと訳者は考えている（例えば農薬のジクロロボスは「ダイクロロボス」、ＰＣＢはポリ塩化ビフェニールと覚えると、国際会議などで「バイフェニール」と言わなければならないので、最初は混乱することが多いと思う。

30

皆伐（clearcut）：材木を一時に全部または大部分を伐採すること。伐採および跡地の造林の技術が簡単で実行が容易である反面、公益的機能が損なわれやすい。皆伐に対して樹種などを選択して収穫する方法を択伐、一斉林で母樹を残して周囲を一様に伐採する傘伐（さんばつ）などがある。樹種が比較的限られ、木材利用の研究や技術が発達している先進国の近代林業の場合、多くは皆伐を採用してきたが、環境・生態系破壊などに関する批判から一時に伐採する面積を規制したり、皆伐地に隣接するブロックを残すブロック状の皆伐をするなどの変化を経ているが、多くの地域で批判は続いている（特にカナダは現在原生林を最も活発に伐採している国であるため、対立はより深刻化している）。熱帯諸国の場合、樹木の種類が膨大であるため、製材、合板用原木の伐採では択伐を採用してきた。しかし近年パルプ生産やボード工業の導入やプランテーション開発の拡大で皆伐される森林が増えてきている。戦後日本の拡大造林（ブナなどの自然林を伐採し、スギなどの人工林に転換した）は典型的な皆伐。

1　作物（原文ではcrop）：cropとは農作物のように周期的に繰り返し収穫ができるものを指している。木材をcropという言い方は英語圏の林業専門家の間で時として見られる。むろん自然保護関係者や先住民族の一般的な見方とは大きな対立を含んでいる。

2　レデューク（Leduc）：エドモントン市〔州都〕の南側にあり、一九四七年に大規模な油脈が発見されてアルバータ州における石油産業発展の出発点となった。その後新しい油層が次々と発見され、同州の油田はカナダの軽・中質原油の七八％を産出し、原油残存埋蔵量はカナダ全体の約七七％と推定されている。また天然ガスに関しては一八八三年に州南部メディスン・ハット付近で地下水用井戸の採掘時に噴出したために発見された。一九一二年までに当時としては世界最長の天然ガスパイプラインが完成したが、本格生産は一九〇四年のこと。アルバータ州の天然ガスはパイプラインを通じて、カナダとアメリカ全土に送られている（こうした石油天然ガス資源のため、同州はカナダでも有数の豊かな州といわれる）。

3　タールサンド（オイルサンド＝油砂＝ともいう）：オイルサンド＝タールサンドは土、砂などが混ざった形で埋蔵しているタール状、あるいは重質の粘度の高い原油を多量に含んだ砂あるいは砂岩を指す。世界のオイルサンドの約七一％がアルバータ州に存在していると言われる〔他にはベネズエラ〕。その量はサウジアラビアの石油埋蔵量よりも多く、これだけで向こう三百五十年間カナダ全土の石油需要を満たすほどの量がある（アルバータ州政府による）。しかし地中からオイルサンドを回収し、土、砂、硫黄などの不純物を取り除くためには通常の石油生産以上の労力、コストがかかる。このため、州政府と石油業界はオイルサンドの回収、精製技術の開発に多年にわたって研究資金、労力を投入してきた。その結果、近年新しい低コスト生産技術が開発され、日本やアメリカ企業も多くの投資を行なっている。日本からの投資会社としては「日本カナダ・オイルサンド社」「日本カナダ石油社」がある。

4 パルプ・シンドローム〔症候群〕：原文ではファイバー・シンドローム（"The Fibre Syndrome: A History of Forest Use in Alberta"）で、ここにいうファイバーとは繊維のことであるが、英語圏ではパルプ原料のことを一般に「ファイバー」と呼ぶことが多い。つまり「紙」と呼ばれるものが基本的に植物あるいは動物などの「繊維」から作られるものであることに由来する。ファイバー症候群とは、現代社会における紙の大量需要、消費に合わせて大量のパルプ生産、森林伐採が発生することを背景に、森林をそうしたパルプ産業の「原料供給源」と考え、北部の未開発の森林を（それ以外の考えを持っている生活者、住民らの考えを無視し）そうした産業開発のために使おうと言う考え方を指している。「紙」そのものは中国の後漢時代の西暦一〇五年に蔡倫により発明され（樹皮、麻のボロ、古い魚網が原料）、シルクロードを通じてアラブ世界を経由し、欧州に伝播、日本にも七世紀に伝わった。紙は人類の文明社会に様々な革命をもたらす出来事であった。近代製紙産業が発生したのは、一七九八年、フランスの紙すき職人のルイ・ロベールの長網抄紙機という紙すき機械を発明したことを起源とする。しかしその時点でも原料の中心はボロ布などであった。現在主流の木材パルプが登場するのは、さらにその半世紀後、十九世紀の中ごろになる。紙需要の拡大でボロ布などでは原料供給に限界があったことから木材パルプ化技術が開発されていった。日本に近代西洋紙の生産技術が導入されたのは明治初めであるが（百三十年ほど前）、当初の原料はやはり木材ではなかった（ボロ布など）。実際に木材パルプによる紙生産が開始されたのは明治二十年代からである。現在では森林資源や保護問題から木材以外の繊維原料の見直し始まっているが、紙の大量消費・生産に合わせるような繊維資源の大量供給には木材と同様多くの問題を抱えると考えられる。こうした大量消費社会の問題を含め「繊維〔ファイバー〕」問題を見つめる必要がある。

5 アルバータ・フォレスト・サービス（Alberta Forest Service=AFS）：フォレスト・サービスとは森林管理を行なう行政部署のことで日本で言えば林野庁に当たる。この名称の起源は今世紀初頭のアメリカにおいて有名なギッフォード・ピンショーがアメリカ連邦政府内に森林局を開設し（森林部が格上げ）、さらに一九〇七年にフォレスト・サービスに改称された時に遡る。ピンショーが命名したこのフォレスト・サービスの意味は、公共の森林を国民の財産として管理することによって、国民に奉仕する〔サービス〕するのが連邦森林局の使命であるという考え方に由来する。ピンショーはその仕事に携わる専門職員をフォレスターと呼んだ〔後にたびたび本書でも出てくる〕。アメリカでは農務省（ＵＳＤＡ）の中のフォレスト・サービスという位置付けであるが、カナダの場合は、アメリカと異なり連邦有林というものがほとんどなく（国立公園など一部の例外を除く）、森林は主として州政府の管轄になる。カナダ連邦政府内にもフォレスト・サービスという部署が存在するが、州のそれと比べ役割は小さく、主として海外の林業援助事業などを受け持つ。アルバータ州では石油産業などが州の政治経済に占める割合が大きく、森林部門は余り発達しなかったため、時代時代で異なる省、大臣の間を転々とした。

6 チャンピオン・インターナショナル社：本社、コネティカット州スタンフォード。アメリカの大手林業・パルプ会社で年間パルプ生産量で世界第九位（一九九四年）、森林所有面積で全米第三位（二二二万ヘクタール＝一九九七年：第一位、インターナショナル・ペーパー社＝二五五万ヘクタール、第二位、ウエアハウザー社二二二万ヘクタール）、インドネシア、ブラジルなどでユーカリ・プランテーションや工場を持ち、ブラジルでは紙生産で第四位、パルプ生産で第六位。

7 アーネスト・マニング首相：一九四三〜六八年の二十五年間にわたってアルバータ州の首相を務めた。社会信用党の大物政治家。

8 森林管理協定（Forest Management Agreement）：詳しい説明は本文中にあるが、アルバータ州において一九五〇年代に導入された制度で、森林の所有者、管理者である州政府が、その利用、開発にあたって、民間企業と協定を取り結び、一定期間〔通常二十年間〕その管理を依託する。アルバータ州の場合、本文中に説明があるようにパルプ、ボード、合板、大型製材工場などの大型の加工設備に投資を行なう企業にのみ、与えられるとされている。協定文書の署名代表者はアルバータ州側は形式的には英国エリザベス女王であり、実際はその代理人として当該担当相大臣＝最初のＦＭＡ協定合意時は、林業・土地・野生生物省大臣、九〇年代の改定時では環境保護省大臣になっている。また大昭和側は八九年時のオリジナル協定には大昭和カナダ、現在は大昭和丸紅インターナショナル社が署名している。その協定文書は法的文書として強い拘束力があり、政府とＦＭＡを取り交わした企業はその森林に関する強い保有権＝tenure＝を持ち、それを担保に、銀行などの金融機関からの融資を受けることができ、その協定の有効期間はその森林は企業の資産として見なされる。例えば大昭和製紙（大昭和カナダ）とアルバータ州政府との当初のＦＭＡには、Government of The Province of Alberta, Forest Act Forest Management Agreement (Between: Her Majesty of Queen in the right of the Province of Alberta as Represented by the Minister of Forestry, Lands and Wildlife and Daishowa Canada Co. Ltd. とタイトルが表記されている。

9 立木（りゅうぼく）価格（stumpage Value）：本来の意味は立木のままの木材価格をいい、木材の市場価格から素材生産費用、輸送費用などを差し引いた逆算価格であるが、カナダでは森林所有者である各州政府が伐採会社に課す立木代をスタンページと呼んでいる。アルバータ州のように森林が公有〔州有〕で、かつ伐採された木材が市場を経由せずパルプ工場に直行する場合、こうした木材〔立木〕税などが実質的に立木価格（stumpage）とほぼ等しくなるかもしれない。この箇所で説明している立木価格とは州政府がＦＭＡ保有企業に課す立木料金で一種の税金のようなもの。同じ事柄を著者は“timber due”〔木材料金あるいは税〕と表現しており、この方が実態に見合った表現かも知れない。

10 針葉樹と広葉樹：針葉樹（softwood = coniferous wood）：樹木を葉の形態で分類した名称で、広葉樹（hardwood）に対応する用語。日本で言うとスギ、ヒノキ、マツ類、モミなど細く尖った形をしている（ただしイチョウも葉は扁平であるが針葉樹に分類）。常緑樹と落葉樹に別れる。針葉樹を主として構成される森林を針葉樹林という。建築材〔古代から〕、パルプ材（最近百五十年くらい）として古くから利用されてきた。

11 森林保有権（forest tenure/ tenure over the forests）：“Tenure”（テニュア）という言葉は英国では（従って

12

カナダでも）ある不動産を一定の奉仕に対する恩恵としてその上級保有者から貸与されるもので、最終的には唯一の保有者である国王から貸与されるものとなる。従ってFMAの州側の代表は英国女王となっている（実際にはその代理人である州政府）。それに対して日本やアメリカでは保有者と所有者は同一である。従ってカナダなどでは同じ森林利用（伐採など）の権利を獲得しても、その森林に関して法的にテニュアがあるか、ないかが投資企業にとって長期安定的な森林資源の確保ができるかどうかの保証になるわけである（テニュアなしに一時的な伐採権、木材利用権だけを持つ場合もあるわけである）。カナダと同じ英連邦に所属する国でも森林に関する制度はまちまちで、例えばマレーシアに所属するボルネオ島北部の東マレーシア・サバ及びサラワク州は州政府が森林の管轄権を持つことではカナダやオーストラリアなどと一緒であるが、FMAのような制度は持たず、州政府から企業家や政治家がコンセッションという形で伐採権を与えられるが、そのプロセスは非公開で誰がコンセッション所有者であるのかすら公式には明らかにされていない（州林業大臣＝首相の独占事項で任意に与えられ、どのような法的文書が出されているかも不明）。同じこの「テニュア」という言葉は転じて、例えば大学などで教授や助教授などが一定期間その役職、身分を保証されていることを大学に「テニュアを持つ」というように表現する。

伐採権の入札：本文にあるように、FMA制度以前によく行なわれた制度で、この場合政府が伐採権を発給する対象となる森林の区域がある程度限定されているため、効率的な操業を行なうためには、極力隣接する伐採林区をまとめて獲得し、大きな一つながりの森林を確保する必要があり、そのため伐採会社が競争することになる〔細切れでバラバラの伐採地域を多く持っていると伐採・輸送コストなどが高くつく〕。日本の例でいうと、戦後パルプ原木不足が深刻であった戦後にパルプ資本がブナ〔日本の自然林の中で最も資源量が多い〕などの広葉樹をパルプ化する技術が実用化され、中部地方（信州、北陸など）を皮切りに、全国的に大手パルプ会社がブナ資源確保のために入札競争などがあった〔国有林および私有林〕。昭和三十年代半ば以降、各社はバラバラだった保有林区を合理的に統合するため談合を繰り返し、各流域ごとに交換するなどしてまとまった伐採林区を確保していったと言われる（資源分割のための談合）。

13 ロッジポール・パイン（Lodgepole pine=Pinus contorta Dougl.）：アメリカ、カナダの沿岸部から西岸内陸部にかけて分布するマツで、樹高は一二～二一メートル、胸高直径〇・三～〇・八メートルになる。木理は通直、肌目は精、軟軽材。用途は建築、土木、枕木、車両、パルプなど。

14 スプルース（アルバータで多いのはホワイト・スプルース）：序章の訳注4を見よ。

15 ストラ社（Stora）：スウェーデン最大で、世界第五位のパルプ会社。一九九四年で年間紙生産量五六〇万トン、売上高五七億米ドル（約六三〇〇億円）。スウェーデンで約一五〇万ヘクタール、カナダで約六〇万ヘクタール、ポルトガルで約二〇万ヘクタール（ユーカリ植林）、チリで約一五万ヘクタール（ラジアータ・マツの植林地）の林地を支配し、世界九カ国で紙パルプを生産している。カナダ（東部）では皆伐と除草剤散布（人工林管理のため）に関して環境保護団体の批判を浴びている。

16 皆伐（clearcut）：序章訳注30参照。

17 インターナショナル・ペーパー社（International Paper Company）：世界最大の木材会社。紙パルプ生産で世界第一位で所有する森林も世界最大（二五〇～二八〇万ヘクタール＝アメリカ以外にニュージーランド、南アフリカ、チリなど）。紙生産量八五〇万トン〔推定〕、売上高一六五億米ドル〔推定―いずれも一九九四年〕。世界各地で環境汚染問題などを起こしていることから"International Polluter"という良からぬ別名をもらっている。

18 保続収穫（sustained yield）：一定地域の森林から毎年一定の用材（産業用木材）を収穫すること。通常森林の成長量を伐採量が超えないように収穫する、とされるが、理論的には木材生産だけに限ればそうした持続的な伐採管理は可能であるが、木材以外の要素（野生生物など生物多様性の保全、水資源、土壌その他様々な森林の機能や景観保全などを考慮すると、保続収穫（または保続管理）イコール持続可能な森林経営（sustainable forest management＝ＳＦＭ）の方法とは必ずしも言えない。

19 林業省次官補（assistant deputy minister of the Alberta Forest Service）：実際には林業・土地・野生生物省〔当時〕のアルバータ・フォレスト・サービス＝ＡＦＳ＝（あるいは林業）担当次官補という意味。なお本訳書では、この省名を略して林業省とする場合がある。序章の訳注でも記したが林業部門はアルバータ州では歴史的に地位が低かったため、他の大きな部門と合わせて一つの省を形成した。大昭和、ＡＬＰＡＣ問題が持ちあがった八〇年代後半から九〇年代初めは「林業・土地・野生生物省に属した（アルバータでは省をdepartmentと呼ぶが内容はministryと同じで内閣を構成する担当大臣をministerと呼ぶ。また次官は官職の最高位で、次官補はそれに次ぐ役職である）。

20　震探側線（seismic line）：序章訳注6

21　土地・森林大臣（minister of Lands and Forests）：五〇年代前半、フォレスト・サービスがエネルギー・天然資源省に組みこまれる以前には、土地・森林省に属していた。

22　ハリー・ストローム首相：首相在位、一九六八年～七二年。一九三五年以降のアルバータ州社会信用党政権の最後の首相。

23　マックミラン・ブローデル社（MacMillan Bloedel or MacBlo=マックブロー社）：カナダ最大の木材生産地であるブリティッシュ・コロンビア州の最大の木材会社の一つ。バンクーバー島に生産拠点を持ち、ＢＣ州を中心にカナダ、北米で一〇の製材工場の他に多くのパルプ、ボード工場を所有。近年、バンクーバー島における森林保護運動がグリーンピースの参加で急速に国際化し、欧米におけるボイコット・キャンペーンなどによる影響で原生林の皆伐から撤退する意向を表明したり、株式をウエアハウザー社に売却するなどの大きな変化を見せている。パルプ部門では世界三四位（一九九四年、年産一五〇万トン）であったが、その後同部門を売却。

24　統合的木材工業複合施設（integrated forest products complex）：産業において様々な部分を全体として統合するシステムがintegrationであるが、木材産業（または林産業）の場合は、森林伐採によって産出される産業用原木を製材、合板、ボード、パルプなどの生産に割り当て、また製材や合板工場などから出る残材をチップにしてパルプ工場で利用するなどの効率的な木材利用を行なうシステムを持っている大規模な木材会社を統合型木材会社（あるいは統合企業）と呼んでいる。ただしすべての施設が一箇所に集中しているわけではなく、離れている場合もある。また紙工場など消費者向けの最終加工工程は大消費地である大都市に近いところに立地する場合が多く、一次加工（原木生産から製材、パルプなど第一次加工を行なう施設）は森林周辺に、高度加工部門は消費地付近にと立地が分かれるのが普通である。ただし日本の木材一次加工工場〔パルプや大型製材工場、合板工場など〕は原料の多くを海外に依存しているため、港湾付近に立地しているが、これは世界的に見てやや例外的特別なケース。一方途上国などで輸出専用のパルプ工場などは港湾輸出港に隣接して立地する場合が多い。

25　アラバマ州：一九八〇年代に入るとそれまで林業の中心地域であったアメリカ西部沿岸諸州の支配的な地位は次第に後退し、南部、南東部地域がそれに変わって木材産業、とりわけパルプ産業の中心地域になっていった。アラバマ州を中心に南東部のミシシッピー川流域（アラバマから北カロライナ州まで）では南部マツの利用によるパルプ生産のみならず広葉樹の二次林を盛んに伐採し、マツの植林地に転換しつつ、パルプ産業が拡大していった。こうした木材産業開発に対してアラバマ州政府の果たした役割も大きかった。広葉樹二次林とは、放置された農牧草地などに元々の植生が復活した自然林で、二次林ではあっても人工林とは異なる豊かな生物多様性を持つ。南部では西海岸諸州と異なり、民有林の割合が大きく（約八割）、公的な伐採規制はこれまでほとんどなかったが、広葉樹林の伐採、人工林への転換が急激に進む中で、九〇年代に入ってからは景観保全などを含め、この地域の森林生態系の保全は大きな争点になるに至った。日本には八〇年代末から急速に広葉樹チップの輸出を拡大し、同州を含むアメリカ南東部は、今や豪州と並ぶ広葉樹チップの日本への輸出地域となった。

26　プロクター＆ギャンブル社（Procter & Gamble=P&G）：世界最大の消費者向け商品の製造販売を行なう多国籍企業。洗剤などの他にティッシュ・ペーパー、紙オムツなどパルプを使用する製品ラインを持つ。当初は米軍の要請に応え、パルプ部門にも進出したが、その後の世界的な環境保護運動の標的になって以降、パルプ部門を売却したことは本書の後の章で説明されている。

27　長繊維パルプ：広葉樹に比べ繊維の長い針葉樹を使い製造されたパルプ。

28 カナダ連邦地域経済開発省（Federal Department of Regional Economic Expansion=DREE）：連邦政府が農村部などの地域経済開発を支援するために創設した部門で、投資企業に補助金支出などを行なったが、その後廃止された。

29 ボードフィート（board feet）：北米における木材の材積単位。ボードメジャーとも言う。一ボードメジャー＝ボードフットは厚さ一インチ、幅一二インチ（一フィート）長さ一フィートの板の材積で、メートル法換算では〇・〇〇二三六立方メートルである。

30 針葉樹チップ（softwood chips）：木材チップとは木材をチップ生産機械（チッパーという）で切削し、小片化したもので、パルプ、パーティクル・ボード（削片板）などの原料となる。そのうち針葉樹のものを針葉樹チップ、広葉樹を原料とするものを広葉樹チップ（hardwood chips）という。パルプ工場などが森林地域に立地する場合（世界的にはこれが普通）、伐採された原木を枝などを落してそのまま工場に搬入する場合が多い。一部は製材工場の残材や現地チップ工場などでチップとして搬入される。日本のパルプ工場の場合は大幅に海外からの輸入チップに依存しているため、原料のほとんどすべてがチップの形で搬入される。日本では国内生産の原木もチップにしてから輸送され、パルプ工場に運ばれる。アルバータ州における大昭和やＡＬＰＡＣの工場では広葉樹は原木で工場に納入され、針葉樹は製材工場からチップとして搬入する。

31 Ｐ＆Ｇ社は、ＢＣＦＰ社などのグランド・カッシェにおけるパルプ工場建設が行なわれると、針葉樹チップの需給関係において競争が激しくなり、チップ価格が値上がりすることをおそれ、自社工場の採算性を確保するため、他社の新規投資事業に反対した。

32 エネルギー・天然資源省（Department of Energy and Natural Resources）：八〇年代前半のラフィード首相時代は、アルバータ州の主力産業である石油、天然ガス、石炭などのエネルギー産業、鉱山開発と森林などの再生可能資源部門を合わせた行政組織になっていた。本書ではこの時代のフォレスト・サービスを担当する次官を「再生資源次官（deputy minister of Renewal Resources）」などと記述しているが、これはエネルギー・天然資源省の中の林業、漁業などの再生可能資源を管轄する部門全体を指している。正確にはエネルギー・天然資源省再生資源部門担当次官という意味である。この時代、フォレスト・サービスはここに属する。

33 アルバータ・アスペン・ボード会社（Alberta Aspen Board Limited）：この会社名の中のボードとは、パーティクル・ボード（削片板）、ファイバー・ボード（繊維板―軟質、中密度、硬質などに別れる）、配向性ストランド・ボード（ＯＳＢ）など、木材を削片や繊維などに分解してから熱、圧力、接着剤などを使って新しく板に加工したもののことで、これらを総称して木質ボードと呼び、そうした木材工業をボード工業という。以前は製材としてムクの板を使用していた部門が、森林開発が進んで大径木が減少し、大きな板が製造しにくくなると、木材を接着剤などで張り合わせて小さな原木から大きな板に加工する技術が開発されてきた。日本では合板が多用されてきたが、世界的には合板に代わってＭＤＦ＝中密度繊維板〔欧州〕、ＯＳＢ〔北米〕などの利用が進んでいる。ここで重要なのは、これまでアルバータのような大市場（アメリカ東部）から遠隔地にあり、亜寒帯林であるゆえに、大木が少なく直径の細い針葉樹と広葉樹の混合林であるがゆえに森林開発が進まなかった地域において、パルプや木材ボード工業のような木材の材質や樹種、直径などを選ばないような木材工業が進出する条件が出てくると、急速に開発が進むことである。この会社自体は採算が合わず短期間で撤退してしまったが、より規模の大きいウエアハウザー社などはカナダの亜寒帯林地域に多くのボード工場を操業させている（アルバータ、サスカチュワン、マニトバ州など）。問題点としては森林生態系への影響はもとより、ボード工業は機械設備投資額が大きく、エネルギーも大量に消費することから、地元の小規模な資本ではなく、外部の大手資本が入ってくること、森林資源利用などをめぐって競争が起こり、地域に根ざした小規模資本が駆逐される危険があること。またエネルギーや接着剤などの大量使用で環境汚染問題が深刻化するおそれがあることなどで、実際マニトバ州などのようにそうした問題で紛争が発生している地域も少なくない。

34 アスペン・ポプラの利用と木材工業投資の採算性：訳注30に記したような木材工業の展開は最近の出来事であり、一九七〇年代ではこうした動きは少なかった。北米ではその当時、例えば太平洋岸北西部〔パシフィック・ノースウェスト〕ではもっと条件のよい大径木の針葉樹の原生林がまだ比較的豊富に残っていたし、パルプ生産もまだまだ針葉樹パルプが主流で、広葉樹パルプは多くなかった。新しい樹種の利用や技術開発には時間とコストがかかり、市場との関係も考慮すると投資リスクが大きいと考えても不思議ではなかった。八〇年代後半の大型パルプ投資の時代でも広葉樹パルプ投資を最も積極的に行なったのは、資源確保が至上命令であり（そのため利益率以上に資源確保に惜しげもなく資金を投入する傾向がある）、すでに広葉樹パルプを大規模に生産し技術的蓄積もある日本企業であったことは単なる偶然とは言えない。

35　一次加工（primary form/ primary processing）：一次加工とは資源を加工してもそれは最終消費者製品ではなく、中間原料的なもの――すなわちパルプや簡単な加工をした製材などを指す。そうした製材やパルプはアメリカや日本などの大消費地でさらに高度加工され、住宅部材や最終的な紙製品にされることが多い。木材産業の場合、一次加工部門（製材、パルプなど）は森林地域〔資源に近いところ〕に立地しやすいが、最終製品を製造する高度加工品工場は、大消費地に近いところに立地するのが普通である。中間原料としての製材やパルプは同じような一定の規格品を大量に生産するものであり、最終製品としての紙や建材、住宅部材などがおびただしい種類の製品を中間原料に比べればはるかに少量、多品種生産することになる。消費者の傾向、流行などに敏感に反応する部門であるため、大都市に近いほど消費地の情報も得られやすい。カナダは政策として資源の加工（できれば高度加工）を進めるために原木のままの輸出を規制しているが、その輸出品は第一次加工のものが多い。日本やアメリカとの取引でもそうした傾向が出ている。アメリカや日本にとってはカナダは資源採掘現場となっている。

36　木材クォータ制度（timber quota）：森林管理協定（ＦＭＡ）が森林経営計画、伐採、造林などを総合的に行なう権利と義務を伴うものであるのに対して、クォータ制度は主として伐採に関する制度で、定められた伐採可能地域の中で当該企業にどのくらいの木材を割り当てるかを指定する制度である。

37　林業労働者、とりわけ熟練労働者を確保するためには、進出してくる大手企業との競争に勝たねばならず、通年雇用の確保が死活問題となった。

38　コーカス（caucus）：コーカスとは幹部会というような意味であるが、カナダの政治においては、政権政党の州議会議員（ＭＬＡ）だけが所属できる議員団あるいはその会議や委員会を指す。林業コーカスとは林業問題に関する重要な政策、立法的課題が議論される議員団の委員会である。また公聴会に出席する州議会議員（市民、公衆の質問に答える側あるいは聞く側として）はすべて政権党の議員である。従ってそこに出席して進歩保守党の林業コーカスの議員に対して発言した。ブリティッシュ・コロンビア州では新民主党が政権党であるから、そこでは新民主党だけがコーカスを持っている。

39 林業次官（原文では再生可能資源担当次官）：この時代は林業、フォーレスト・サービスはエネルギー・天然資源省に所属しており、その中の再生可能資源に関してはフォレスト・サービスを含め四つの局があった。マクドゥーガルはそれらの担当の次官であった。

40 フォレスター（forester）：日本には明確に存在しない制度で、欧米などでは基本的な資格は大学における林学（forestry）の専門教育過程修了者で、フォレスターとして登録することでその資格を得る。フォレスト・サービスなど連邦や州の政府機関で森林管理の行政や現場の管理に携わる場合と、パルプ会社など民間企業における森林管理に携わる場合とがある（伐採、造林、管理計画の作成と現場指導・管理など）。「森林官」と訳すと行政官以外のフォレスターを表すことができないので、フォレスターとした。ただしこの箇所では公聴会に出席した森林局（フォレスト・サービス）の高官を主として指していると思われる。

41 パルプ材収穫地域協定（Pulpwood Harvesting Area Agreement）：ブリティッシュ・コロンビア（ＢＣ）州の制度で、沿岸部の針葉樹原生林地域で最初に発展した製材業が原生林材（オールドグロス）を求めて内陸に進出した。内陸部への鉄道の開設とともにパルプ工場の内陸進出が始まり、一九六〇年代には製材とパルプ生産を統合した工場がつくられた。六一年には「パルプ材伐採地域」制度が導入され、パルプ原料が製材工場の残材だけでは不充分な場合、製材に向かない木材をその地域から伐採するライセンスを与えるものであった。ＢＣ州では沿岸部を中心に発行される「ツリーファーム・ライセンス（ＴＦＬ）」と内陸部に多い「フォレスト・ライセンス」、「ティンバーセールス・ライセンス」「パルプ材地域収穫地域協定」などがある。ＴＦＬは州有林の経営管理を私企業に全面的に委譲するもので、伐採権を認める一方、地域経済への貢献、ない。アルバータのFMA制度はBC州ではTFL制度と類似している。

42

伐採できる材積を指定した伐採権を与えられるが、同一地域における長期的な伐採権の継続は保証されてい

バー・サプライ・エリア（TSA）」と呼ばれ、ここの管理責任は州政府であり、ライセンスを得た企業には

再造林などの管理の責任を負わせている。TFLは大手企業に集中している。TFL以外の地域は「ティン

　広葉樹〔ポプラ〕への樹種転換のインセンティブ：一般に製材業の歴史の多くは針葉樹製材の発展の歴史であった。とりわけ針葉樹が優勢樹種である北米大陸西岸ではそうであった。世界の製材生産量を見ても、針葉樹製材は三億七〇〇〇万立方メートル（そのうち北米で半分近くを生産）、広葉樹製材は一億三〇〇〇万立方メートル（共にFAO林産物統計年間一九九〇年の数字）と半分以下である。北米だけでいうと広葉樹製材は二割程度しか占めていない。その理由は、針葉樹の原生林は広葉樹に比べ大径木が多いこと、まっすぐ伸びるため、製材を効率よく得やすいこと、加工しやすいこと、伐採後の植林を行ないやすいこと（育てやすく、成長も一般的に広葉樹より早い）、針葉樹は一定地域における樹種が限られており、特定樹種の製材を大量に生産できるが、広葉樹は樹種の種類が多く、量的に限定されること、従って広葉樹利用は伝統的には製材利用に適する材を選択的に抜き切りする択伐が採用されることが多かった（すると量が確保できにくい）。工場単位で比較すると一般的に製材工場に比べ、パルプ工場は投資金額も原料である木材消費量も格段に大きいため、より大規模な伐採を要求することになる。日本における森林伐採の歴史を見ても、戦後にブナを中心とする広葉樹のパルプ原料としての利用、伐採が始まる以前は、広葉樹林の大規模な伐採は現われなかった。広葉樹パルプ生産の拡大によりブナ林などの大規模な皆伐が進むと、たちまち広葉樹製材業、それを利用する家具産業などが関連して発展した。広葉樹林の皆伐から出てくる様々な樹木を効率よく利用するよう技術開発が進み、総合的な利用システムが作り出されるのである（パルプ会社が主導した）。例えば同じ広葉樹でも比較的直径が大きく製材に向くものは、相対的に高い価格で製材業者に販売され、こうしたことがパルプ会社の原料調達におけるコストの削減につながるのである。こうした広葉樹利用産業がアルバータに本格的に投資を行なう環境が整うのが八〇年代になってからであったということであろう。

43 環境政治（environmental politics）：言葉の意味するところは、環境問題の政治的な側面（環境問題の背景にある政治問題）を指すが、「環境政治」という言葉は、ガレス・ポーター、ジャネット・ブラウンの"Global Environmental Politics"という地球環境問題をめぐる政治学的分析を主題とする著作のタイトルに信夫隆司氏が「地球環境政治」（国際書院刊）という訳語をあてて以降、環境問題をめぐる政治学的アプローチにこの語が使われるようになったことから、ここでも採用した。

44 多目的利用（multiple use）：森林管理におけるこの概念は、最初にアメリカの国有林管理において一九六〇年の「多目的利用・保続収穫法」という法律により制度化された。この時の「多目的」とは木材利用、アウトドア・レクリエーション、牧草地（range land）、水資源、野生生物と魚類の五項目であった。これは当時のアウトドア・レクリエーションへのアメリカ社会のニーズの拡大や自然保護の世論などが背景にあった。しかしこの法律を作ったUSフォレスト・サービスは、木材利用を最優先させるという伝統的なアプローチを変更せず、実際には木材需要の増大で伐採を拡大していった。カナダにおける森林の「多目的利用」の考え方もこうしたアメリカの国有林管理の歩みの影響を受けているが、木材利用優先という点では変わる所はなかった。

45 アルバータ原生自然保護協会（Alberta Wilderness Association）：一九六八年に設立された同州で最も古い自然保護団体の一つである。この本に出てくる八〇年代後半のＦＭＡ発給（日米などの多国籍林業会社への大規模な森林譲渡）により、同協会が掲げたアルバータ州全体における原生自然地域の保護区設定提案はそれらの地域のほとんどが伐採の対象になり、意味を失ってしまった。

46 環境アセスメントとパブリック・コメント：いわゆる環境アセスメント制度は政府や州、自治体によりその手続きは一様でない。まずアセスメントの対象となる事業の大枠は通常環境アセスメント法など何らかの法律に基づき（アルバータ州では古くは土地表土保全・開墾法により、九〇年代に入ってからは新しい環境保全法により定義されている。しかしこの当時はアセスメント制度は極めて不備で、州政府は重要な資源開発にブレーキのかかるようなアセスメントには消極的であった。当該事業がアセスメントの対象になると認定されると、事業者がまず環境影響評価書（Environmental Impact Statement）を作成するが、その際にまず関係住民や公衆（パブリック）からの意見聴取、協議を行ない、それを反映させる形で評価書を作成し、住民・パブリックに縦覧し、意見、批判を受ける形で審査検討過程があり、最終的にその結果を政府が判断して、事業計画の改善や勧告、実施のモニタリングを行ない、ある場合には認可しないという選択を行なう。こうした住民や公衆の参加は、全手続きの中で繰り返し行なうことで事業の環境影響を事前にチェックし、予防するという考え方であるが、政府などが開発推進に力点を強く置いている場合、こうした手続きが形式的なものに偏ったり、アセスメントは行なっても住民の意向は意思決定に十分反映されない場合が少なくない〔日本もそうした傾向が強い〕。

47

カリブー（Caribou）：アメリカ・トナカイ。主としてツンドラ、タイガ（亜寒帯林地域）に生息する中型のシカ。北側はアラスカ、準北極圏などの北部カナダから南はBC州からワシントン州、アイダホ州北部、アルバータ州北部、サスカチュワン全域、マニトバ州北部や東はスーペリア湖、ニューファウンドランドまで分布している。大集団を形成して移動することでも知られる。餌としては亜寒帯林の針葉樹のオールドグロス〔古木〕林の樹木のコケ（lichen）が特に重要であり、とりわけ冬場では他に食料が得られないため、亜寒帯林の伐採の進行によるオールドグロス林の消滅がカリブーの生息に大きな打撃を与えるという専門家が多い。

1　ホワイトスプルース〔序章訳注4〕、ロッジポールパイン〔第一章訳注13参照〕

2　アスペンポプラ〔序章訳注3〕、バルサムポプラ〔同上〕

3　タスマニア：日本向け広葉樹チップ（ユーカリ原生林材チップ）の輸出国の豪州の中で、最大の供給地がタスマニア島である。多くの大自然、原生林が残っているこの地域では林業、パルプ、鉱山のような資源採掘産業と観光や自然保護、先住民族らが森林や土地利用の将来をめぐって対立が深まっている。ウィルダーネス協会など多くの環境保護団体や緑の党、先住民組織などが世論の高まりを背景に森林開発、パルプ工場建設、ダム開発などの反対運動を組織し、世界遺産地域や保護区の拡大をみている。またタスマニアにおける森林開発やチップ輸出に関する環境アセスメントの要求から、八〇年代後半以降、森林問題は一挙に国政レベルの問題へと発展していった。

4　市販パルプ（market pulp）：一般市場に販売されるパルプ。市販パルプの対語に自社他工場向けパルプ（captive pulp）がある。先進国の統合型パルプ会社は、国内あるいは海外で生産するパルプを同じ会社の製紙工場に送り、製紙原料とする場合が多い。例えば大昭和のピースリバー工場で作られるパルプを同じ大昭和製紙の白老にある紙工場に向けてカナダから日本に輸出する場合、このようなパルプをキャプティブ・パルプ（自社他工場向けパルプ）と呼び、一般に市販される（市場に出される）パルプ＝市販パルプと区別している。Captive pulp)は市場に出てくることのないパルプである。

5　新興パルプ輸出国について：七〇年代以降、ブラジル、チリ、南アフリカ、インドネシア、イベリア半島諸国（スペイン、ポルトガル）などパルプ産業に利用可能な大森林が存在するか、新しいパルプ原料用の人工林（およびそのための広大な利用可能な土地）が存在している地域では、新しいパルプ工業が発展し始めていた。特にブラジル、チリ、南アフリカ、イベリア半島では、七〇年代後半から八〇年代にかけてパルプ工場建設が進められ、世界のパルプ輸出国の仲間入りを果たした（一九八四年ですでにブラジル、チリ、ポルトガル、スペイン、南アフリカは、輸出で第五位～第一一以内に入っている。九三年にはパルプ生産量でもブラジル世界第五位、南アフリカ第一〇位、チリ第一三位、ポルトガル第一四位、インドネシア第一六位、スペイン第一九位となっている。現在ではインドネシア、チリなどの順位はもっと上がっている）。日本はこのうち、ブラジル、チリ、南アフリカなどからパルプを輸入（市場パルプ、自社パルプ）している。またチリからは大量に木材チップの輸入も行なっている（南極ブナ＝天然広葉樹林および人工ユーカリチップ／針葉樹チップ）。

6　アラバマ州：第一章訳注25参照。

7　フレッド・マクドゥーガルとアルバータ・フォレスト・サービス：アルバータ州における林業部門の地位の低さは、このアルバータ・フォレスト・サービスという森林管理に責任を持つ行政組織が置かれた処遇によく現われている。例えば現在は瀕死の状態にある日本の林野庁でも多少の変遷はあっても国有林などの管理者として一つの独立した行政組織を持ち続けた。（農水省・農水大臣の傘下ではあっても、戦後は一貫して林野庁は国有林という大きな財産の管理者として力を振るってきた。しかしＡＦＳはこの数十年間いくつもの異なる省と大臣の下に配置換えされる運命をたどってきた。

この組織の変遷をたどってみると次のようになる。本書に第一章で取り上げられた一九五〇年代から七〇年代初めにかけて、アルバータ・フォレスト・サービス（ＡＦＳ）は土地・森林省に所属し、七〇年代半ばから八五年まではエネルギー・天然資源省の中の再生可能資源部門の四つの局のうちの一つであった（フォレスト・サービス＝同省次官補あるいは次官が統括、公有地局＝同じく次官補が統括、資源評価・計画局＝局長が統括、外国人所有地管理局＝次長統括）。

一九八六～九二年：林業・土地・野生生物省大臣―林業・土地サービス局下にＡＦＳ（同省次官補が統括）、

公有地局（次官補）、漁業・野生生物局（次官補）、土地情報サービス（次官補）、一九九二年には同省の中の森林サービス、公有地、漁業・野生生物局、土地情報局と観光、公園、レクリエーション省の中の公園およびレクリエーション部局が合体し、環境保護省が新たに設置された。そして一九九九年には省の名称はアルバータ環境省に戻った。

またゲティ政権下で林産業開発を推進するために新設された林業部門の民間投資を扱う重要な行政組織である「林産業開発部（FIDD）」は九二年の省庁再編成において、新しく設置された経済開発・観光省の中の産業・技術・林産業開発局の下に林産業開発部として継続し、さらに九九年五月には、FIDDはエネルギー省から改名された資源開発省に移された。AFSのこの当時の組織の規模は不明であるが、九〇年代の州政府のリストラの時期（一九九二年）の報告では、土地・林業サービス局のスタッフの削減率は三五%、七五一人から四八七人に削減している。

これに対し、日本の林野庁は、森林総面積約二五万平方キロメートルのうちの国有林七万六〇〇〇立方キロメートルの管理に、かつて二万人、行革で半減した現在でも一万人の現場スタッフを抱えている。アルバータの二二万平方キロメートル、スタッフ五〇〇人足らずがいかに粗放な管理かが知れる。

## 8

ウェアハウザー社：アメリカの木材産業の巨人企業。日本とは原木、チップ輸出などで歴史的に最も関係が深い。製材生産量では世界第一位、OSBでは第二位、パルプ生産量世界第一二位、森林所有ではアメリカ〔世界〕第四位だが、資産価値の高い太平洋沿岸地域の森林地帯を拠点にしている。一九〇〇年頃、太平洋岸北西部で鉄道会社から林地九〇万ヘクタールを購入し、独占的な林業会社への歩みを開始。原生林を伐採して跡地を人工林として管理するツリー・ファーム・システムを確立していく。一九六〇年以降の日本向け原木輸出では主導的な役割を果たし、対日輸出を半ば独占的に行なうことで巨額の利益を上げるとともに、ワシントン州、オレゴン州では原木価格の高騰、原木不足などが発生し、多くの中小の製材業社らが倒産し、地域独占支配を深めたが、同時に中小業者による原木輸出や独占の規制を求める運動が起こされた。こうしたアメリカ西海岸における木材独占企業の発展と日本は深いかかわりを持つ。熱帯木材〔原木〕輸出を始め

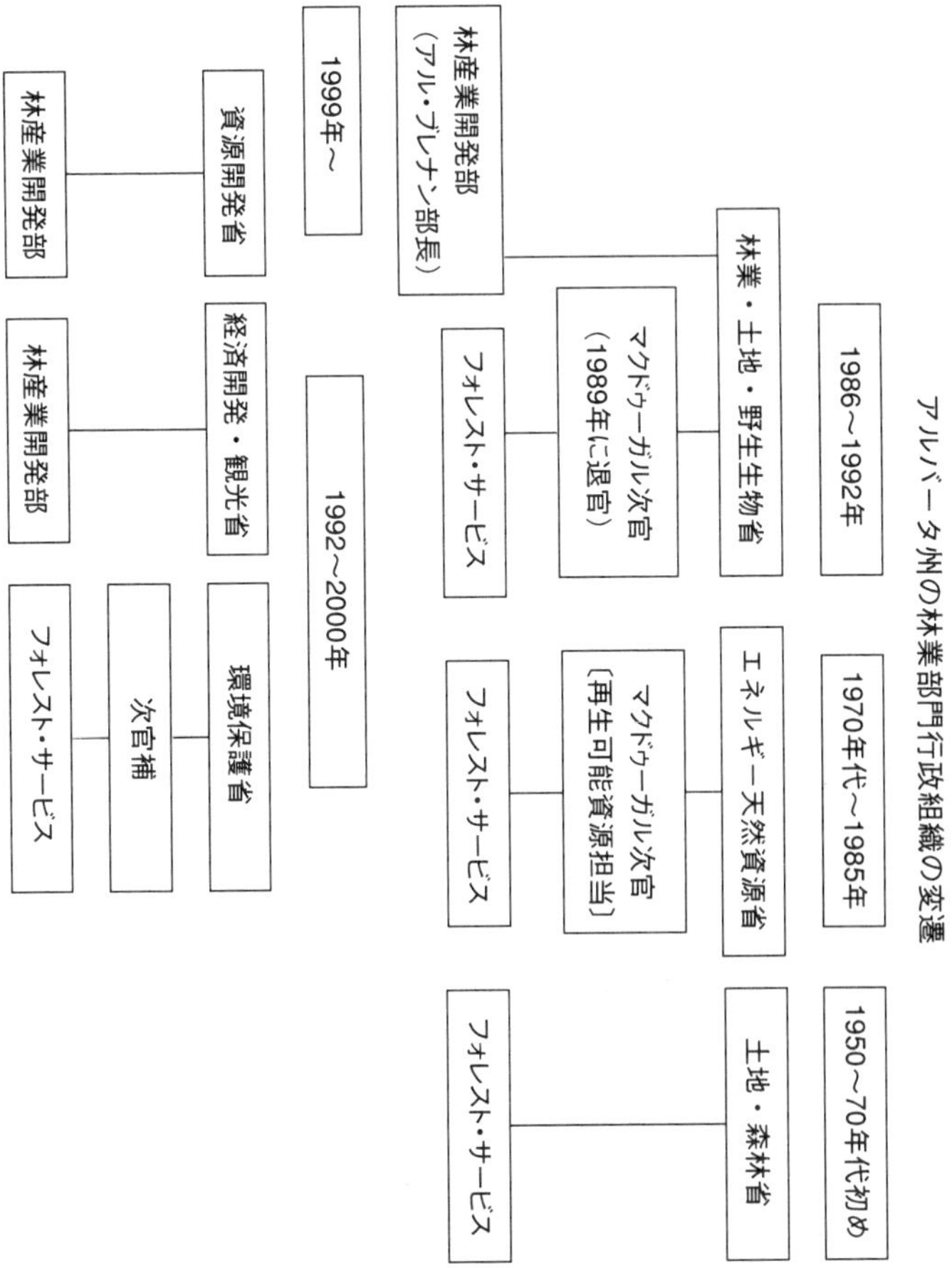
アルバータ州の林業部門行政組織の変遷
1950〜70年代初め
土地・森林省
フォレスト・サービス
1970年代〜1985年
エネルギー・天然資源省
マクドゥーガル次官
〔再生可能資源担当〕
フォレスト・サービス
1986〜1992年
林業・土地・野生生物省
マクドゥーガル次官
（1989年に退官）
フォレスト・サービス
林産業開発部
（アル・ブレナン部長）
1992〜2000年
環境保護省
次官補
フォレスト・サービス
経済開発・観光省
林産業開発部
1999年〜
資源開発省
林産業開発部

た一九五〇年代のフィリピンなどでも類似の問題が持ち上がり、八〇年代後半から九〇年代にかけてのアルバータ州を含め、資源産業の独占支配の進行と森林破壊問題は関連して起こっている。また同社は七〇年代にはインドネシアのカリマンタンに伐採権を持ち、熱帯林材原木を日本に大量に輸出した。

9　統合林業会社：ウェアハウザーのように森林所有から製材、合板、ボード、紙パルプなど林産物の各分野の加工設備を持ち、それを統合している企業を統合林業〔あるいは木材〕会社（integrated forest firms）という。

10　劣後ローン（subordinated loan）：返済順位が低い融資で、この場合銀行など民間金融機関からの融資はすべて優先的に返済義務があり、最後に州政府に返済されるという州政府にとってリスクの大きい融資。

11　アルバータ・ヘリテージ貯蓄信用基金：この基金は一九七六年、エネルギー経済の好調で州の税収が拡大していた時代に、州の石油・天然ガス収入の一部を将来世代のために使うために設立された。八七年までに基金は一二七億ドルに達した。基金は州議会議員から成る常任委員会により監督され、州の財務省により運用されている。民間企業への投資事業は財務省投資管理部によって運営され、州会計監査官（Alberta Auditor General）により監査を受けている。

12　レント追求行動（rent seeking behavior）：レントとは元来、地代あるいは土地、自然資源などから得られる余剰利益などを指す経済学用語。ここでは多くの投資企業が政府に働きかけ、税金の減免や補助金獲得など剰余利得の獲得を追求したことを指している。

13　王冠の所有あるいは王冠の土地（Crown's ownership, Crown land or forest）：州あるいは連邦が所有する土地、森林を意味する。州政府が管理する州立公園や州有地は州が所有するクラウン・ランド（provincial Crown land）と呼ばれる。この長らく「王冠の土地」と呼ばれてきた州有地を七〇年代に成立した「公有地法（Public Lands Act）という州法により、州政府は「公有地（public land）」と呼ぶようになった。これは王冠の土地が連邦有地と州有地の両方を指すため、それによる混乱を避け、二つを区別するためであった。公有地（Public Land）の利用について：この公有地法ではアルバータ州の州有地を「グリーン地域」と「ホワイト地域」の二つに分けた（アルバータ州・グリーン地域の地図＝一五頁＝参照）「ホワイト地域」とは、人口の多い州の中央、南部およびピース川地域にあり、「グリーン地域」は森林地域で北部の大半および西部の高山、山麓地域である。農業地域における公有地は農業、レクリエーション、土壌、水資源の保全、漁業、野生生物の生息地として管理されており、農村景観の一部となっている。一方「グリーン地域」は、木材生産、水源地域管理、野生生物、漁業管理などの目的のために管理される。また「グリーン地域」における放牧地〔牧草地〕の利用に関しては、ロッキー山脈森林保護区（Rocky Mountain Forest Reserve）については森林保留地法、その他の「グリーン地域」に関しては「公有地法」によって規制される。

14　資源輸出と高次加工：南北問題では途上国から先進国への原料・資源輸出、貿易に関して、途上国における加工産業の育成が問題になるが、先進国間での資源輸出—輸入国関係では、日本—カナダや日本—オーストラリアなど資源輸出—輸入、加工品輸出—輸入が一方的な関係になっているケースがある。アルバータ州では高次加工産業育成が議論になっているが、オーストラリアのケースでは産業立地に関する分析から、資源輸出に特化することをむしろ容認するような態度も見られる。また石油会社などの資源会社が世界的にも最も独占企業体を形成し、最も大きな利益を上げているのも皮肉な事態である。産業立地上の議論とは別に、こうした独占的な資源企業の形成が森林その他の環境破壊に大きな役割を果たしているという別の問題（コインの裏表）や地域経済（地場の中小の土地、資源利用者）への社会経済的な影響という大きな問題を抱えていることも視野に入れる必要がある。

15　資源ロイヤルティ：石油の場合は一定の産出量に対して一定料金を政府に支払うもので、木材の場合は立木料金（スタンページ）と同じ。

16　食料銀行（food bank）：民間の福祉団体が運営する組織で、生活に困った人々に毎週一回、食料を配給する施設。

17　重質油改質：タールサンドより採取される重質油を精製改質すること。

18 林産業開発部（ＦＩＤＤ）：訳注７参照。ＡＦＳとは別組織で、林業・土地・野生生物省の中に設置された大手国際林業会社の投資を促進するための特別の部署。規模は小さいが非常に大きな権限を持ち、森林の将来に大きな影響を持つことになった行政組織。

19 パルプ生産設備の過剰投資：この時期は世界的な紙パルプ需要の拡大基調をにらんで世界各地で大規模なパルプ工場投資が行なわれ、日本国内でもパルプや製紙設備の大型投資が行なわれた。そのために九〇年代初めの不況の到来とともに、パルプ価格の大きな下落につながった。

20 米加製材品貿易紛争：一九八六年、アメリカ商務省は針葉樹製材品に対して一六％の輸入税を科すことを決定した。これはアメリカの製材業界の要請を受けた同省国際貿易委員会（ＩＴＣ）の調査がカナダの州有林における立木販売価格が不当に安いことが原因であるとの結論を踏まえたものであった。この決定を受けて、カナダはアメリカとの間に覚書（ＭＯＵ）を締結しカナダ側で一五％の輸出税を徴収することとしたが、対米製材輸出の八〇％を担うブリティッシュ・コロンビア州に関しては、州政府が立木価格を引き上げることで輸出税適用を免除することとなった。しかし一九九一年にカナダ政府はこのＭＯＵを一方的に破棄したため再びＩＴＣは相殺関税の適用の調査を行ない、カナダ製材品はアメリカ製材業社にとって脅威であるとの結論を出した。九二年六月、アメリカ商務省は新たに六・五一％の相殺関税の実施を決定、カナダ政府は北米自由協定（ＦＴＡ）に提訴し、その紛争調停パネルで検討されることになった。九三年五月にＦＴＡパネルはアメリカの主張を根拠がないとして、関税の撤廃を示唆したが、アメリカは拒否し、抗告した。九四年八月、パネルは最終的にアメリカの提訴を退け、カナダ政府の主張を認めた。その後の両国間の話し合いは継続し、九六年四月から向こう五カ年間、ＢＣ、アルバータ、オンタリオ、ケベック各州からの製材輸出を過去二年間の実績より六％削減することで合意、また無税輸出枠と輸出税に関する取り決めを行ない、当面の決着を見たが、問題の火種は尽きず今後の推移を予測することは困難であろう。

21 国家エネルギー計画：カナダのトルドー首相が、一九八〇年の国政選挙での勝利後に導入した計画。その主要な目的は石油、天然ガス開発への連邦税の引き上げによる連邦収入の増加、同産業におけるカナダ人の所有比率および、同産業開発における連邦所有地の比率の拡大（すなわち、具体的には連邦が多く管轄権を持つユーコン準州、北西準州、およびオフショアでの石油、天然ガス開発の促進）であった。こうした目的〔特に後者二項目〕を実現するために、連邦所有地における石油、天然ガス開発に関するインセンティブを準備し、またカナダ企業の利益のためにアメリカその他の非カナダ企業に対する差別待遇を行なった。こうしたカナダ北部地域での石油、ガス開発において連邦政府はカナダ系企業に対してその開発コストにアメリカ企業よりも多くの補助を行なった。例えばドーム・ペトロリアム社などいくつかのカナダ企業がこうした連邦政府のエネルギー戦略と密接に関係しており、同社の石油天然ガス開発の大半はカナダ北部（マッケンジー川デルタおよびビューフォート海地域）にあり、ドーム社は税や土地保有に関して多くの特権的地位を得ることになった。しかし八四年の国政選挙でトルドーに代わって自由党の党首となったジョン・ターナーは進歩保守党のブライアン・マロニーに破れ、勝利したマロニーは直ちに国家エネルギー計画（NEP）を破棄し、アメリカその他の多国籍石油会社を喜ばせた。そのため、トルドーに近づいて北部石油開発を行ない、このプログラムの恩恵を受けていたカナダの石油会社は、多大な被害を被った。この章の執筆者であるラリー・プラットは、この関係をメディチ家と君主との関係にたとえ、またアルバータ林業の文脈ではアルバータ林業戦略とミラー・ウェスタン社との関係をドーム社などのカナダの石油会社とトルドー政権との関係になぞらえたと思われる。

22 ケミサーモメカニカル・パルプ（CTMP）：序章訳注22を参照のこと。

23 スコット・ペーパー社：アメリカ、フィラデルフィアを拠点とする紙パルプの大手企業。八〇年代の過剰投資で経営が破綻し、九〇年代にキンバリークラーク社によって買収された。ティッシュー・ペーパーの「スコッティ」で知られ、日本では山陽国策パルプ〔現日本製紙〕と組み、山陽スコットという合弁会社を持つ。チリなどに海外工場を持つ。

24 フラン（furan）：序章訳注29参照。

25 アルカリ性過酸化物漂白：主として機械パルプ（MP）およびリサイクル紙の漂白工程で、過酸化水素あるいは過酸化ナトリウム〔ソーダ〕を用いて漂白を行なう方法。

26 ゼロ・エフルエント〔排出〕工法：このサスカチュワン州メドウ・レイクに建設されたミラーウェスタン社の漂白ＣＴＭＰ（ケミカルＴＭＰ）工場は、アスペン材一〇〇％の利用であるにもかかわらず、汚染物質を河川に全く放出せず、汚染物質を含む排水すべて蒸発させ、固形廃棄物にして管理し、また漂白もアルカリ性過酸化物漂白技術を採用し、環境負荷を大いに低減する方法を取った（冬季の河川水量が少ないため）ことは本文中に記述してあるが、この事例はＡＬＰＡＣに関する公聴会などの論争で取り上げられた。日本の製紙産業はこうしたクラフトパルプ工場建設にこれまでこだわってきたのは、機械パルプが主として日本が不足している針葉樹を原料とする技術であったため、広葉樹のクラフトパルプ生産に力を入れてきた日本企業としては、考慮しにくかったのか、あるいはそのような別の方向での技術開発を考慮に入れてこなかったことによるのかも知れない。

1

通産省の役割（製紙産業と政府との関係）：欧州において近代製紙工業、洋紙の大量生産が始まったのが十八世紀末から十九世紀半ばにかけてであり、それから半世紀以上遅れて日本の近代製紙産業がスタートした。官営工場としてスタートした近代鉄鋼業と異なり、製紙業は（主として）民間人とその資本により欧米の技術を導入して開始された（ただし明治政府の印刷局による官営製紙事業はあり、ミツマタを原料とする製紙技術＝後の日本銀行券などになる＝を発展させた）。しかしながら近代国家、軍、産業、近代ジャーナリズムなどの発展における製紙産業の役割は大きく、軍票その他の軍事物資としての紙の重要性から戦前、戦中、日本軍が侵攻、占領した多くの地域で製紙工場を建設あるいは計画された（中国大陸＝旧満州、朝鮮半島、台湾ではいくつもの工場が建設され、スマトラ、ニューギニア島その他でも建設する予定であった。軍部と深い関係にあった戦前の財閥の影響力は相対的に戦後をはるかにしのぐものがあったが、それは少数の影響力の強い企業が経済界を支配していたことと関係が深い。資本や技術をより少数者が独占していた。戦後における財閥解体は、その影響力の地図を一時的に大きく変化させた。王子製紙も三つに分割され、個々の企業の支配力は衰え、加えて戦前のパルプ原料供給で最も重要であった植民地の森林を失ったため、製紙業界はかなり厳しい立場に置かれていた。戦後これを大いに助けたのが通産省であり、その影響力は相対的に高まったとも言える。戦争直後の原木供給不足におけるアクセス可能な国内資源の調達に関して業界と戦略を練った。

当初は西日本のアカマツなどの低級材（これは炭坑などの坑木需要と競合していた）、やがて、王子製紙が戦前パルプ化技術を開発した広葉樹利用に道を開き、ブナなどの国内に未利用林開発のために協力した。戦後初期における通産省・製紙業界の資源戦略は、アカマツなどの緊急避難的な資源利用以外の長期戦略として㈠日本の多く残されているブナを中心とした広葉樹利用＝比較的短期戦略（つまり資源は一回伐採すれば容易に回復しないため、その蓄積両から見て比較的短い間に切り尽くされることがわかっていた）㈡より長期的戦略として、パルプ用の人工林の確立があった。マツなどの比較的早く育つパルプ向きの樹種による大規模な人工林を造成し、ブナ資源枯渇後も永続的な原料供給源を確保する、というものだった。この戦略の㈠は概ね順調に進み、全国各地でブナなどの広葉樹林の大規模で急速な皆伐が行なわれたが、この状況はアルバータ州における日本企業によるアスペン・ポプラ材開発の経緯と似ている。しかしながら高度成長の急速な進展、需要の拡大で、米材チップ〔主として西海岸地域から〕の大量輸入が始まり、やがて国内パルプ用人工林造成がこうした輸入材とコスト上太刀打ちできなくなり、国内でのパルプ材用大規模植林戦略は一九七〇年前後に見捨てられた。また六〇年代後半以降、通産省の政策はチップ輸入の拡大とチップ専用船（チップタンカー）の建造、運行を国内紙パルプ設備投資認可の要件とすることで海外からのチップ輸入の拡大に力を入れた。この前後に、海外資源供給源の多角化政策が打ち出され、通産省による「資源開発輸入」政策の実施体制が強化され、日本輸出入銀行などを通じた金融その他の支援体制を整備した。海外資源開発やパルプ工場建設の大半（すべてでなければ）は輸銀および海外経済協力基金（現在は合併し日本国際協力銀行＝ＪＢＩＣ）あるいはＪＩＣＡ、通産省の貿易・投資保証制度などの支援を受けてきた。こうした海外パルプ資源開発は、初期には東南アジア（フィリピン、マレーシア、インドネシア）のマングローブ・チップ〔六〇年代後半以降、現在まで〕、オーストラリアの広葉樹、南アフリカの広葉樹人工林材などが七〇年代には続々輸入体制がつくられ、七〇年代末のチップショックを契機にさらに多角化政策と海外におけるパルプ原料用人工林造成政策に力を入れるようになった。本書で引用されている八〇年代の戦略に関する有名な通産省の報告書はそのような歴史的経緯の中で書かれたものである。

2

日本の紙パルプ産業における指導的企業の不在：これは例えば鉄鋼産業と比較した場合、鉄鋼産業のような徹底した寡占支配と新日鉄のような指導的企業の不在という問題はあったが、一方、日本の鉄鋼産業では

日本の製紙会社の推移

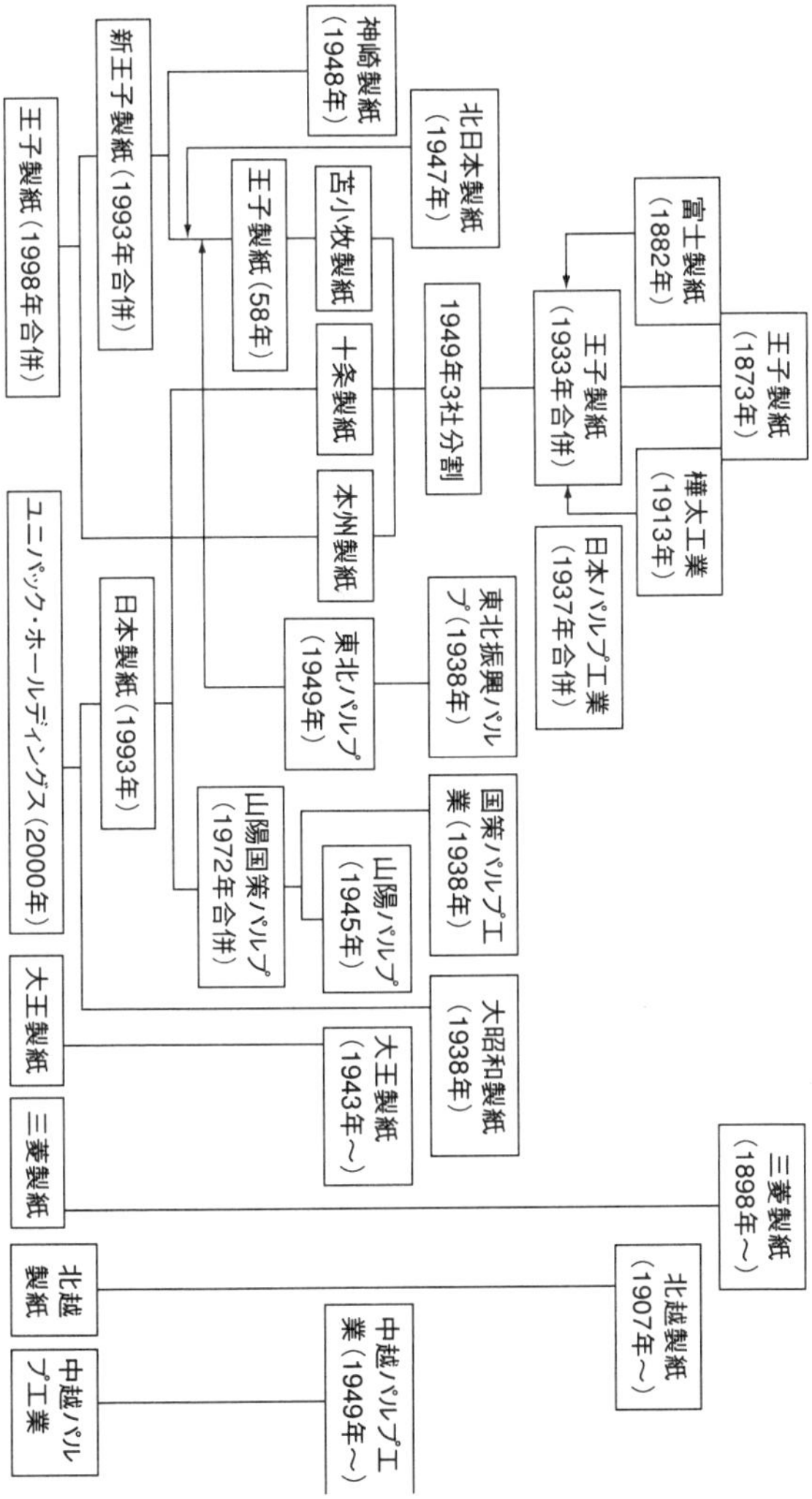
王子製紙（1873年）
富士製紙（1882年）
樺太工業（1913年）
王子製紙（1933年合併）
日本パルプ工業（1937年合併）
1949年3社分割
北日本製紙（1947年）
神崎製紙（1948年）
苫小牧製紙
十条製紙
本州製紙
王子製紙（58年）
新王子製紙（1993年合併）
王子製紙（1998年合併）
東北振興パルプ（1938年）
東北パルプ（1949年）
国策パルプ工業（1938年）
山陽パルプ（1945年）
山陽国策パルプ（1972年合併）
日本製紙（1993年）
ユニパック・ホールディングス（2000年）
大昭和製紙（1938年）
大王製紙（1943年～）
大王製紙
三菱製紙（1898年～）
三菱製紙
北越製紙（1907年～）
北越製紙
中越パルプ工業（1949年～）
中越パルプ工業

七〇年代にはアメリカの鉄鋼産業をも凌駕する生産体制を築き、その余剰生産体制は一方でアメリカ市場を中心とする海外輸出と国内では自動車、造船などの大口需要の他、やがて国内の建設土木部門のような政府支出と連動する部門（公共事業）などで余剰のはけ口が用意されていたが、パルプ部門の場合、国際競争力の点で鉄鋼産業のような状況になく、国内市場に限定されることから、こうした余剰設備、過剰投資競争の問題が深刻化したと考えられる。またパルプ部門は製材など、他の木材工業部門に比べれば資本投資規模は大きかったが、鉄鋼と異なり、それでも新規参入を拒むほどのものではなかったこと、急速な経済成長と紙消費の伸びがそうした参入を支えたことなどの要因もあったと思われる。八〇年代から今日に至るまでの世界の紙パルプ産業におけるリストラ・Ｍ＆Ａによる企業買収、合同の嵐が押し寄せ、バブル時代以後の苦境を経て日本のパルプ業界も結局大合同へと動いた（前頁の図参照）。しかしながらこうした製紙産業界の企業統合、資本集中、寡占化の進行は、社会的弱者を含む様々な階層にとって、あるいは長期的な生態系の影響をどう評価すべきかという点で再検討を要する。

3　財閥解体と製紙産業：訳注2の図に示したように、一九三三年に大合同した王子製紙は、戦後のＧＨＱによる財閥解体命令により、苫小牧、十条、本州製紙の三社に分割された。この王子製紙は三井財閥と深い関係にあった。これらの製紙会社は戦時中軍票生産などの必要性から（紙は重要な軍需物資）、日本軍占領先に進出し、各地で製紙工場の建設を図った（実際に建設されたのは戦前の日本のパルプ生産の最大拠点であった樺太や満州、朝鮮半島、台湾などで、南方各地の工場建設は敗戦までに完成しなかったところが多かった。同じ財閥解体でもその本体であった三井物産は、ＧＨＱに抵抗したため、三〇五〇社以上に解体され、三菱商事も一〇〇社以上に細分化され、戦後日本の産業発展に大きな変化をもたらした。

4　産地の価格支配力と日本企業：戦後の日本は急速な重工業化のために拡大した資源需要を満たすため、世界的な資源供給体制を確立すべく、天然資源の『開発輸入』政策を展開し、総合商社を中核に様々な投資や貿易活動を行なった。莫大な資源需要と輸入量を背景に、世界の様々な地域において資源開発・輸入活動を行ない、その結果、産地間の価格競争を巧みに利用し、より低コストの資源輸入を図った。パルプ原料である木材チップの場合、六〇年代はアメリカに大きく依存し、アメリカのウェアハウザーなどの資源独占企業による価格支配の問題を解決するため、供給先の多角化政策に転換した。七〇年代からオーストラリア（広葉樹チップ＝天然ユーカリ材）、南アフリカ（広葉樹チップ＝アカシア人工林）、八〇年代ではチリ（天然南極ブナ材および人工林のユーカリおよびマツ）、八〇年代末以降のアメリカ南東部（広葉樹二次林材）など、供給先の多角化を図ってきている。

5

総合商社の役割：総合商社は戦後（あるいは近代）日本に特有のシステムで日本型多国籍企業の典型とされている。欧米でも貿易商社は存在するが、日本の総合商社ほど幅広く国際ビジネスを組織している例は類例を見ない。総合商社が戦後特に発展した背景には①全般的な外貨不足、資本不足で外貨を稼ぐ商社に優先的に外貨割り当てがなされた。②他の日本企業が海外投資事業、貿易などに不慣れで、商社の情報網と分析力（国際法務や政治情勢分析チームもある）、商圏、資金調達能力、国際交渉能力などに依存する時代が長かったこと。③戦後日本が資源不足状態にもかかわらず、過激な重化学工業、経済成長路線を選択したため、商社を中核とする資源開発、輸入などでまとめ買いすることで安定した資源輸入体制を築いたこと。④一部主力輸出産業がその輸出では商社に依存しなくなってからもアメリカを中心に貿易不均衡問題の解決のために輸入商品を開発するという貿易バランス問題で重要な役割を果たしてきたことなどがある。アメリカの場合、海外投資で商社のような機能は大手銀行が果たしていた。総合商社は当初は三井物産、三菱商事だけであったが、財閥解体以降、関西五錦と呼ばれた丸紅、伊藤忠商事、ニチメン、トーメンの他、住友財閥が新たに商社（住友商事）を設立し、重化学工業化政策に乗って急速に発展した。最初に手がけた事業の一つは熱帯木材輸入などであり、それを原料とした合板輸出で外貨を稼ぎ、戦後経済再建の出発点となった。総合商社の各部門（木材、パルプ、化学品、食料品、エネルギー資源、鉱物資源その他）は一定の独立性があり、それぞれ巨大な木材、パルプ、食品、石油、鉱物資源会社のような存在であった。通産省は製紙会社の資源開発、海外投資事業におけるリスク分散などの意味もあって、総合商社を活用する政策を採った。欧米のパルプ・木材会社ではこうした活動はすべて木材会社一社で行なっている場合が多い（紙パルプ流通専門の商社というのは海外にもある）。そうした意味では日本の製紙会社と総合商社の関係は微妙な問題も絡んでいるというべきであろうか（潜在的には協力だけでなく競合的な側面も含む）。興味深い問題としては、日本の製紙会社も日本の近代社会発展を支えてきたという自負と誇りを強く持っているが、大手総合商社はエリート集団であり、給与面でも銀行員と並ぶトップを走り、日本の経済社会の頂点に君臨し、他の製造業などをやや見下す態度が見られるという。

6 「開発輸入」政策（Development and Import Policy）：戦後日本の特異な地政学的な状況において、次項に述べるような資源ナショナリズムが台頭する中で、戦後産業発展の生命線であった資源確保を総合商社を中核にして国家体制として進めたのが「開発輸入」政策であった。通産省は資源調査、開発資金、保険、インフラ建設、輸送体制、港湾整備、造船など海外援助を含め、あらゆる面で資源の安定供給体制を築くための行財政システムを確立していった。七〇年代には例えばアジア経済研究所などでも海外資源問題研究を数多く行なったが、総体的に資源開発事業は成功したとは言えず、自主開発資源の比率は高くなかった。しかしながら巨大な資源需要は世界の多国籍企業を惹きつけるところとなり、資源ナショナリズムも切り崩され自主開発以外の資源も大量に輸入できる時代となって、資源研究は下火になった。パルプ産業はその中でも自主開発比率の高い方と言えるかもしれない（逆にいうと石油、天然ガス、鉱物資源などでは欧米の多国籍企業に太刀打ちできなかった点が多い。海外進出の遅れから来る経験、資金、技術、情報力格差が大きかった）。一方、製紙会社は戦前から海外植民地の森林資源調査、樹種研究などの蓄積が大きく（とりわけ王子製紙は戦前の研究に関する膨大な資料を残している）、他の世界の多国籍企業に先駆けて海外資源開発に着手したとも言える。これは北米、北欧企業などが当初、自国資源の利用を中心に行ない、石油や鉱山会社ほど海外資源開発に力を入れていなかったという「時差」があったことも理由の一つと考えられる。

7 資源ナショナリズム：戦後アジア、アフリカ、ラテンアメリカの多くの植民地が独立した後、先進国の経済、資源支配に反発し、資源開発会社を国有化するなど、先進国の資源・経済支配を途上国側が規制するようなナショナリズム運動が発生した。ＯＰＥＣの設立や国連における「資源の恒久主権宣言」、さらに国連貿易開発会議（UNCTAD）の設立などがそうした動きの中から出てきた。そして途上国の主力輸出品目であった一次産品の価格の安定など一次産品輸出国の経済の安定を図ったが、先進国や多国籍企業の妨害工作などで多くの問題が未解決のまま残された。日本は欧米の旧植民地支配勢力と途上国の間にある唯一の非西欧先進国という特殊な立場を巧みに利用し、世界的な資源供給体制を確立していった（欧米諸国による新植民地主義的支配に苦しむ途上国政府に歓迎されるという事情があった）。

8　アルバータの労働事情：ここでいう労働事情（labor climate）とは、主として労働組合事情である。アルバータ州の平均賃金は日本の二分の一以下と見られるが、ブラジルやインドネシアなどの労働コストの安さとは比較にならない。しかし労働組合事情は、例えば大昭和がいくつもパルプ工場投資を行なっている隣のブリティッシュ・コロンビア州などと比較すると、戦闘的な労働組合はあまりなく、同州の労働関係法も労働組合にとって良いものでなく、経営側が組合支配をしやすい状況にあった。後に出てくるような紙パルプ工場でのBC州のような長期的なストなどの可能性が低いことは投資企業にとっては魅力の一つであった。

9　王子製紙：創業一八七三年（財閥解体後は一九四九年）、日本製紙と並び、日本最大の製紙会社で、世界でも上位にある大手製紙会社。資本金一〇三〇億円、従業員一万二八〇三名（二〇〇〇年三月末）、売上高一兆二〇五五億円、総資産一兆七二三四億円、紙板紙生産量五八五万トン、販売量六一八万トン（いずれも一九九九年）。沿革：その起源は一八七三（明治六）年、渋沢栄一により設立された日本の洋紙産業の始まりの「抄紙会社」。一八七五年、東京府下王子村に工場を完成し、紙生産を開始。会社名を「製紙会社」に改名。一八八八年、富士製紙創設。一八九三年、王子製紙と改称。一九一三年、樺太工業創設。一九三三年、富士製紙、樺太工業を合併し、王子製紙が全国の洋紙生産高の八〇％を占める。一九四九年、過度生産力集中排除法により、苫小牧製紙（五二年に名称を王子製紙工業に変更）、十条製紙（後の日本製紙）、本州製紙の三社に分割。五三年、愛知県春日井工場に最初の広葉樹パルプ工場開設。六〇年、王子製紙に改称。六八年、クレストブルック・フォレスト・インダストリーズ（CFI）社（当時は本州製紙）設立。七一年、ニュージーランドにカーター・王子・国策・パンパシフィック社設立。八六年、アメリカにカンザキ・スペシャルティ・

ペーパー社、八八年、カナダBC州にハウサウンド・パルプ&ペーパー社、八九年、カナダにカンザキ・ペーパー・カナダ社、九〇年、ドイツにカンザキ・スペチアル・パピエール社を相次いで設立。九一年、日本橋に新本社ビル建設、九三年、神崎製紙と合併し、「新王子製紙」誕生。さらに九六年本州製紙と合併し、現王子製紙が生まれた（社名を王子製紙に戻した）。

10 斎藤知一郎（一八八九～一九六一）：斎藤氏は昭和十三年（一九三八年）、大昭和製紙を創業した。王子製紙など先行の大手企業が存在する中で、戦中戦後の困難な時期を乗り越え、一代で大製紙会社を育て上げた人物。静岡県富士郡〔現在の吉永市比奈〕生まれで生家は絹繭販売や茶畑経営などの半農半商であったが、大正九年、製茶工場の消失後、それまで父を手伝って行なっていた富士製紙などへの製紙原料（稲ワラ）納入などの経験から製紙関連事業に打ちこむことになった。当初は紙屑から「田子浦」という名前のチリ紙を作る事業を営み、大正一五年には和紙を製造する昭和製紙を設立、半紙、チリ紙などを製造した。そして昭和十五年に西洋紙を製造する大昭和製紙を興した。毎朝早朝四時に起きて顔も洗わずドテラのまま工場に出るアイディアと努力の人で斎藤の鬼とも呼ばれ、今日の大昭和製紙の基礎を作った。大昭和製紙が立地する富士山の裾野はその豊かできれいな水を利用した和紙の産地から今日の近代紙パルプ産業の一大集積地に変貌した。

11 斎藤了英：知一郎の事業を引継ぎ、凄まじい企業拡大戦略を遂行した独立系製紙業のドン。斎藤一族は国内基盤の脆弱さのある非財閥系であるという弱点を補い、会社の利益を防衛するために様々な政治的影響力を行使する戦略を実施した。静岡県においては市長や県知事を斎藤一族から出した。また自民党には献金のみならず斎藤一族から国会議員をも輩出させている。

12 大昭和製紙の経営悪化と日本製紙との合併：最終的に半ば倒産状態にあった大昭和製紙は日本製紙との合併に合意した（二〇〇〇年をめどに）。

13 自社他工場向けパルプ（captive pulp）：パルプは、一般市場に販売される市販パルプ（market pulp）とキャプティブ・パルプに大別される。キャプティブ・パルプとは統合企業内で生産され、同じ企業の紙工場に販売されるもので、一般市場には出てこないパルプ。世界のパルプ会社ランキングの上位企業を見ると、アメリカや北欧の上位企業は年間一〇〇万トン以上の市販パルプを販売しているところが少なくないが、日本の大手企業は市販パルプはごくわずか（一〇万トンに満たない）で、ほとんどが自社向け（キャプティブ）である。国際競争力が低く、大半が国内消費向けであること、原料事情からパルプを他に回す余裕がないことなどがその理由であろう。

14 オーストラリアにおける大昭和製紙批判：本書にも記述されているように、六〇年代末に開始されたイーデンでのチップ生産と伐採事業はオーストラリアにおける森林保護運動を目覚めさせた。八〇年代にはこのハリス大昭和のチップ工場が立地し、伐採事業を行なっていたニューサウスウェールズ州の例えばクーラングーブラ地域の森林保護運動では、国会議員を含む五〇〇人が伐採地に座り込み、一度に五〇〇人以上の逮捕者を出した（最終的に一部は保護区になった）。こうした激しい抗議活動は隣のビクトリア州など伐採地域の広がりとともにその後も各地で繰り返された。近年、日本製紙との合併が決まると、同国の環境保護団体は大昭和と合併する日本製紙に対して、イーデンのチップ工場を閉鎖するよう要求している。

15 オーストラリアの広葉樹チップ価格：オーストラリアの広葉樹（ユーカリ）チップ価格は、同種のチップ輸入価格の中でも最も低いもののひとつである。九〇年代に入ってアメリカ南東部からの広葉樹チップの輸入量が最大になったが、いずれにしても量的に非常に大きく、総合商社数社（丸紅、伊藤忠商事、三菱商事、三井物産など）がまとめ買いしていることや、カナダと同じく英連邦に所属し、森林が州有財産であることに加えて日本の製紙業界の説明では、この豪州産チップは天然物で樹種が多く、パルプ適性上好ましくないものを含み品質にバラツキがあるため、品質面で多少劣る点があるなどの理由で安くなっている、という。

16 『大昭和製紙五十年史』（一九九一年五月）によると、一九六八（昭和四十三）年、BC州政府と森林開発への投資の協議をはじめ、翌六九年、ウェルドウッド社との合弁パルプ会社、カリブー・パルプ&ペーパー社を設立した。またその際、丸紅と共同で出資会社、大昭和丸紅インターナショナルをバンクーバーに設立し、カリブーパルプ工場の共同所有者となった。この方式はおそらく直接本社が株式を所有するのでなく、丸紅との共同出資（五〇％ずつ）の現地法人による株式取得により、本社への負担・リスクを緩和したものと思われる。なおケネル（Quesnel）はブリティッシュコロンビア（ＢＣ）州内陸部の製材工業の中心地であるプリンスジョージより少し南にある町で大昭和のＢＣ州におけるパルプ生産拠点となった。

17　大昭和のＢＣ州およびカナダにおける投資：カリブー・パルプ＆ペーパー社、ケネルリバー・パルプ社、大昭和カナダ・リミテッドなどと大昭和製紙との関係は大昭和製紙のカナダ事業の概要図参照＝注21のこと。

18　この引用は『大昭和製紙五十年史』（一九九一年五月）を著者のところで勉強していた日本人学生が英訳したものを再び和訳したもので、原注に第七章とあるのは、何かの間違いで実際には第一〇章の七にある。原著該当箇所の全文を掲載しておく。「日本製紙連合会がまとめた六十三年度の国内パルプ消費量は紙板紙生産が前年度比五・三％増の二五〇一万トンに対して一二八八万六〇〇〇トン、同五・三％の大幅増が見込まれている。それに反して世界的に製紙用パルプの需給が逼迫しており、製紙各社は供給源の確保に躍起になっていた。当社は森林資源が豊富な北米にパルプ生産拠点を持つ強みをフルに生かして、白老工場、富士工場の製紙の増産に対応した体制を組むことになったのである」（『大昭和製紙五十年史』第一〇章の七、五〇五ページ）

19　『大昭和製紙五十年史』を見ると、斎藤了英はこの時期、カナダを訪問し、キャンフォーのプリンスジョージ（ＢＣ州）を訪問してピースリバー工場の共同出資（大昭和九〇％、キャンフォー一〇％）を提案したが、同社の経営状態が良くないので無理と判断し、大昭和単独出資を決断したと書かれている。

20　ここでも社史はアルバータ州政府の役割について全く触れていないわけではなく、インフラ整備などについては、カナダ国有鉄道（ＣＮＲ）のピースリバー鉄道（ピースリバー工場までの一六キロの側線をたった一年で建設した）開通記念セレモニーの様子や工場建設用地での地鎮祭などで多くの州政府、連邦政府要人を招待したことなどに触れており、また工場のオープニング・セレモニーにおける州政府首脳―フィヨルドボッテンらの出席について記している。

21　昭和フォレスト・プロダクツ・リミテッド・本社はオンタリオ州トロント、資本金五億ドル。主要事業は

大昭和製紙のカナダ事業の概要

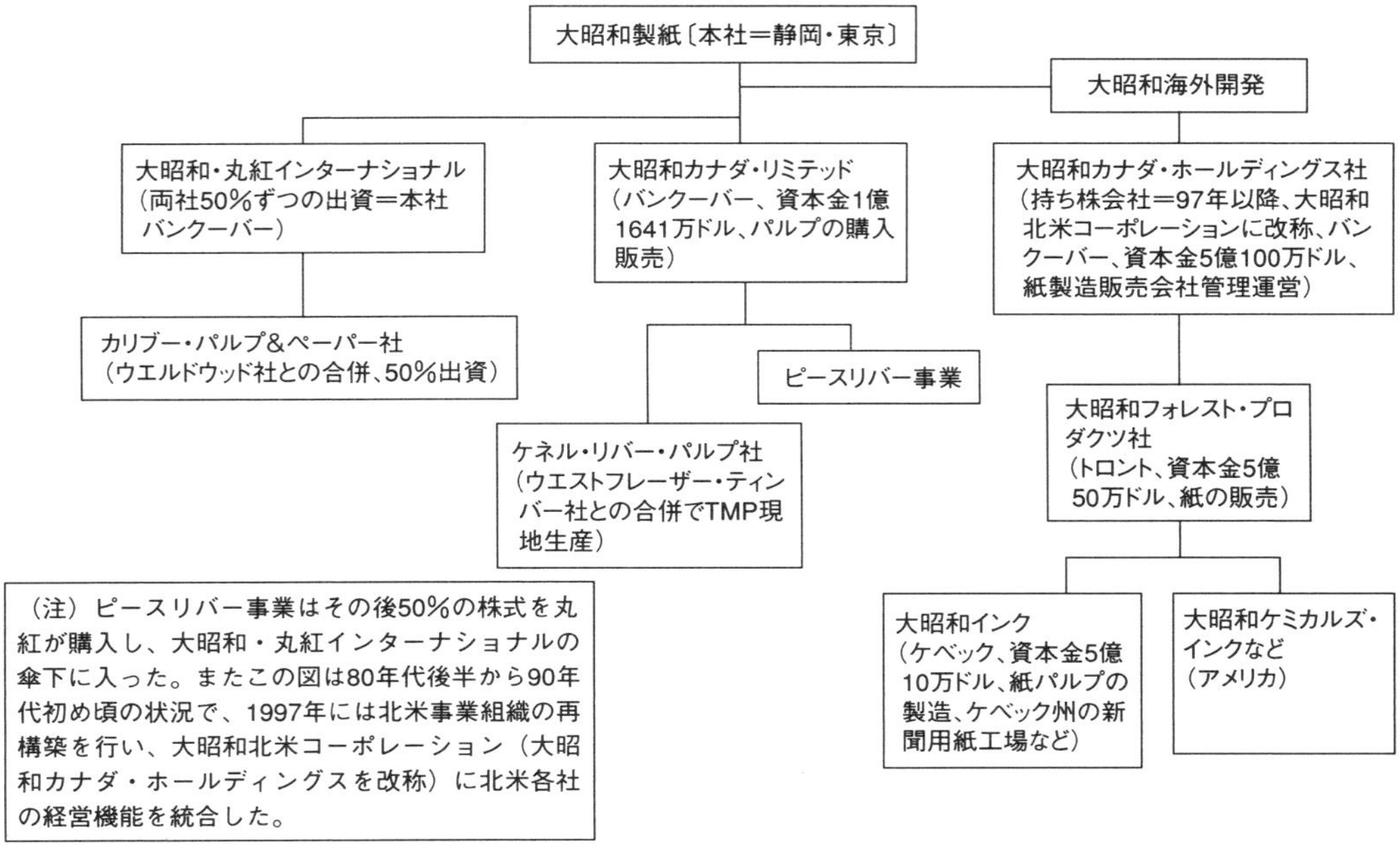

（注）ピースリバー事業はその後50％の株式を丸紅が購入し、大昭和・丸紅インターナショナルの傘下に入った。またこの図は80年代後半から90年代初め頃の状況で、1997年には北米事業組織の再構築を行い、大昭和北米コーポレーション（大昭和カナダ・ホールディングスを改称）に北米各社の経営機能を統合した。

カナダにおける紙の販売で大昭和ホールディングスというカナダにある持ち株会社の子会社。ここで大昭和製紙のカナダにおける企業間システムを表で示すと前頁の図のようになる。なおコウイチ・キタガワは現地採用の役員で日系カナダ人。

22 日本のマスコミ報道によれば、丸紅はピースリバー工場（大昭和カナダ）の株式を大昭和・丸紅インターナショナルを通じて五〇〇億円で購入した。これは丸紅の海外での株式取得額としては空前の規模と言われた。

23 ここでいう林業担当大臣とは大昭和とFMAに関して合意し、署名した林業・土地・野生生物大臣のこと。

24 州有林資源（Crown timber）：第二章訳注13参照。

25 アメリカ南部：資源の減少や原木コストが高くなった太平洋沿岸北西部地域に代わり、八〇年代以降は南部（あるいは南東部＝アラバマ州から北カロライナまでのミシシッピー川流域地域）がパルプ生産の中心地になった。いわゆる南部マツを利用した針葉樹パルプのみならず広葉樹二次林を利用した広葉樹パルプも多く生産している。そのため広葉樹二次林を皆伐し、マツの人工林に転換しつつある（南部マツの方が成長がはやく、樹種もバラツキがないのでパルプ会社に好まれる）。しかし反面美しい自然林の二次林（かつて白人入植者による農地、牧草地造成で破壊されたオリジナルな森林が放置された農牧草地に復活した森林）の保護運動が急速に台頭しており、次の十年間におけるアメリカの最大の森林問題となると見られている。

26 ノースキャン諸国（Norscan）諸国：伝統的に世界の主要なパルプ生産、輸出国、地域であった北欧と北米のパルプ生産国（カナダ、アメリカ、スウェーデン、フィンランド）のことを指す。

27 ユーカリ植林：ブラジル、チリ、スペイン、ポルトガル、南アフリカなどでは植林の歴史は百年以上と古く、当初は坑木、牧場の柵などに利用されたが、七〇年代以降パルプ産業発展の原料として利用され始めた。オーストラリア原産で特に温かい南方地域では成長が非常に早く、五～十一年周期でパルプ材として利用可能であることから、こうした地域では植林とともに輸出産業としてのパルプ工業が急速に発展し世界有数の輸出国として成長した。日本は国内パルプ用人工林育成政策を放棄した七〇年代以降にブラジルを手始めに海外ユーカリ（だけでないが）植林事業に製紙産業界全体で取り組んだ。ところが多くの途上国（イベリア半島でも」では大手企業の大規模植林事業による住民の土地の収奪や他の様々な環境および社会経済的な影響（土地利用、景観変化、土地、水資源などへのアクセスなど）に関する問題が発生し、抵抗運動が広がった。日本ではＪＩＣＡや日本国際協力銀行などの援助機関もその支援を行なっている。

1　公害輸出について：本章原注2でナカムラ・アキラという日本の研究者の論文がレファレンスとして載っているが、一般に日本企業は日本の環境基準の厳しさを理由とする公害輸出の事実を否定している。工場やその一部工程の海外移転は単なるコスト状の考慮による、というわけだが、実際にはそのコストの中に環境コストも入っていることは明らかであろう。こうした例としては七〇年代半ばの川崎製鉄の千葉工場のシンター（焼結）工程のミンダナオ島への移転など少なくない事例がある。当然ながら原料の一次加工、中間加工や染色工程、メッキなど汚染が多く出る工程を含むが、業界によっては現地の下請けに委託し親企業が直接関与しない場合も少なくない。

2　コウイチ・キタガワ（K・キタガワ）：一九八八年までは大昭和カナダ・リミテッド副社長で、八九年から大昭和フォレスト・プロダクツ社（トロント）社長。現地採用の日系カナダ人の役員で、現在は大昭和セールス・リミテッド社（トロント）社長兼大昭和北米コーポレーション取締役。『大昭和製紙五十年史』では、K・キタガワと表記されている。

3　環境基準の工場別アプローチ：これは日本でも行なわれている。パルプ工場の排水基準などは、各自治体で独自に各工場と協定を結んでいるものと思われるが、規制値や排水中の汚染値物質の調査結果などは公表されていないケースが多いと思われる。

4　全浮遊固形物（TSS）：表3参照のこと。

5　生物化学的酸素要求量（BOD）：同右。

6　大王製紙：日本第四位のパルプ会社（大手企業の統合の後）。本社は愛媛県伊予三島市。三島工場にはパルプ設備六、古紙パルプ設備一、板紙〔ダンボールなど〕や上質紙など多数の製紙設備を持ち、また川之江工場には古紙パルプ設備一と新聞用紙、その他の多数の製紙設備を所有。表3にある大王製紙の漂白クラフトパルプ工場とは、三島工場における漂白広葉樹クラフトパルプ設備の排水基準と思われる（あるいは三島工場全体）。このLBKP設備は現在では日量一三五〇トンのパルプ生産能力を持っている。海外ではチリにユーカリなどの植林地を持ち、工場進出計画もある。川之江市周辺のダイオキシン汚染が問題になり、秋田県では工場進出で漁民らの反対にあって計画が凍結している。

7　地表保全および開墾法〔州法〕：石油、鉱山開発など地表面に大きな変化をもたらす産業活動などに対して、当該活動終了の際に現状復帰など州政府の要求を規定している。本法の中に環境アセスメントの手続きに関しても規定がある。一九九二年には「環境保護および向上法（The Environmental Protection and Environmental Enhancement Act）という新しい法律の中で環境アセスメント手続きが再規定された。これは連邦法体系における環境アセスメント法の整備に連動するものと思われる。

8　ペトロ・カナダ：かつては国営石油会社であったが、八〇年代に民営化された。現在連邦政府は一八％の株式を所有するが経営の実質にはタッチしていない。

9　社会主義的無政府主義者（Social anarchist）：言葉としては矛盾を含む奇妙な言葉であるが、コワルスキー環境大臣の発言で使われた言葉。

10　トム・ハマオカ：大昭和カナダ・リミテッド（バンクーバー）副社長兼ゼネラル・マネージャー。日系カナダ人で現地採用の役員。K・キタガワ副社長、ジェームス・モリソン（ゼネラル・マネージャー）とともにピースリバー工場設立の中心人物。

11　メティス（Métis）：メティスとはラテン語のmiscereに由来し混血民族を意味するが、カナダにおけるメティスとは、一九八二年の新憲法で公式に認知された先住民族であるイヌイット、アメリカ先住民族とともに三つの主要な先住民族集団の中の一つ。具体的には十七世紀中頃、毛皮商人としてやってきたフランス人およびスコットランド系の人々およびその後のスカンジナビア、アイルランド系、英国系の入植者、商人らとクリー、オジブエなどの先住諸民族の女性が結婚し、その子供、子孫をメティスと呼んでいる。大多数は五大湖地域からマッケンジー川流域に居住し、今日ではオンタリオ、ブリティッシュ・コロンビア、北西準州、アルバータ、サスカチュワンおよびマニトバの諸州にその主な居住地がある。メティスの文化とはそのため、そうした先住民族と欧州の諸民族と文化が混合したもので大変独特のものである。しかし憲法上の認知にも拘らず、実際のカナダ社会においては、その存在、独自性、独立性が今日でも十分認識されていない。そのため各州のメティス人たちは組織を作り、社会的な認知、権利の主張のために様々な努力をしている。メティスの民族としての主張は十九世紀後半、先住民族の認知に関する英国王宣言がメティスに関しては実施されなかったことに対し、抵抗運動を組織したルイス・リエルから始まった。リエルは一八八五年、現在のサスカチュワン州北西部のダック・レイクとバトッチェのメティス居住地域の付近で、連邦政府に抵抗したが、農民、ブラックフット、クリー民族らの支援も虚しく政府軍に打ち破られた。リエルは逮捕され、その年十一月十六日に処刑された。しかしながらリエルの抵抗運動以来、メティスは民族として目覚め、民族としての認知と権利の確立のために闘ってきた。

権利主張：メティスはカナダ連邦とは別の主権は求めたり、連邦政府の統治との分離は主張せず、その代わり土地および資源および自治に関する権利を求めている。またすでにかつて居住し、利用していた土地が失われた場合には、それに対する補償を求めている。自治の要求とは、各メティスの居住地における地方政府（自治組織）を持つ権利であり、経済的な自給自足（自立）を達成するための様々なプログラムを実施している。

12

キャンフォー（Canfor Corp.=Canadian Forest Products Ltd.）：キャンフォーは製材業を主体とする大手木材産業で製材ではカナダ最大、北米でもウエアハウザー、ジョージア・パシフィック、ルイジアナ・パシフィック社に次ぐ第四位の大手企業である（一九九四年）。同社は一一の製材工場で一四億七六〇〇万ボードフィート（約三五〇万立方メートル）の製材生産を行ない、工場当たりの規模ではアメリカの他のトップ企業より大きい。

13 アスペンなど亜寒帯林の更新（regeneration）について：通常アスペン・ポプラなどの広葉樹は、皆伐後、種が飛んでくるなどして天然更新する。人工植林、間伐や優良形質の選択、品種改良のためのクローニングは針葉樹の場合に多く行なわれる。これは産業用造林として針葉樹利用の歴史が長いことや樹種の特性によるが、ユーカリ、アカシアなど一部の広葉樹では造林技術が急速に発達し、クローニングによる品種改良も進んでいるケースも見られる。アルバータの広葉樹更新でこうした技術が利用されているかについて確認したかったが、第四章の執筆者のプラット教授が転任でコンタクトが間に合わず、この点は確認できなかった。

14 パルプ工場の下流地域の汚染と先住民族：カナダや北米ではパルプ産業の発達により河川下流域における環境汚染と先住民族の生活、健康への影響は多くの地域で問題となった歴史がある。最も知られたケースの一つとして五大湖から流れ出る河川下流域（カナダ側）の先住民族社会でＰＣＢ汚染などの人体への蓄積が明らかになり、政府が母乳の利用を禁ずるような深刻な影響が出た地域もあった。これは水俣などと共通して特に先住民族社会は魚などを常食とするため、汚染の影響を集中的に受けるためで、アサバスカ・ピース両河川（下流ではマッケンジー川として一つになって北極海に注ぐ）でも下流のイヌイットなどの先住民族は野生動物や魚類などに生活を頼っているためにパルプ産業開発の影響に関して大きな懸念が発生した。

15 クラウン・ランド（Crown Land）：第二章訳注13参照。王冠の土地とは州有および連邦有地の両方を含む。

16 土地権請求（ランド・クレーム）：序章訳注7および27参照。

17 サウス・モレスビーとプリンス・シャーロト島における森林伐採反対運動：次項参照。

18 ハイダ民族：ハイダはクィーン・シャーロット諸島の先住民。カナダのブリティッシュ・コロンビア州の太平洋岸、北緯五二度から五四度にかけて南北に伸びる楔方の島嶼群で彼らがハイダ・グアイ（＝人間の島）と呼んできた場所。暖流のせいで高温で雨量が多いため、世界最大規模のトウヒ〔スプルース〕、モミ（ファー）、スギなどの巨木の茂る大森林に囲まれている。サケをはじめとする魚介類を主食とする海洋漁労民族で、巨大なカヌー、トーテムポールに象徴される巨木文化が特徴。十八世紀後半までは四万人ほどの人口を維持してきたが、鉱物資源や木材資源を求める白人の侵入、接触で天然痘などの病気に侵され、人口は激減、多くの村の存続が不可能になった。その後人口は徐々に回復し、現在は島と外部を合わせて五〇〇〇人ほどを維持。すでにクィーン・シャーロット本島の北部、中部は皆伐で無残な姿をさらしており、辛うじて南部のサウスモレスビー一帯が長年の激しい伐採反対運動の末、保護区となった。ハイダ民族は今なお、自然との一体感を維持するような生活スタイルを維持しようとし、外部者の侵入や訪問を容易には受け付けないと言われるが、森林保護運動とハイダ民族の支援活動に関わった活動家、トム・ヘンリーによる「リディスカバリー」というワークキャンプを主体とする教育プログラムではハイダの人々と白人ら外部の子供たちが交流し、ハイダから学ぶ機会を提供している。なお一九七七年、日本の伊藤忠商事の子会社クィーン・シャーロット木材社による北グラハム島ライリー渓谷の伐採計画では、サケの生息地の保護を理由に連邦漁業海洋省による伐採停止命令が下され、伐採会社はこれを無視するという紛争が起こった。八五年から翌年にかけてライル島においてハイダ民族の主導による大規模な伐採反対運動が展開されて世論の注目を浴び、その後の政府の調停、裁判を通してハイダ側の勝利に終わった。その結果、クィーン・シャーロット島南部地域の国立公園化案が政府から出されたが、ハイダは拒否し、最終的に協同管理方式の「自然文化保護区」が誕生した。

19

マッケンジー渓谷パイプライン問題とバージャー委員会（the Mackenzie Valley Pipeline Inquiry）：一九六八年に北アラスカのプルードホー湾で石油と天然ガスが発見された。このうち石油はアラスカ・パイプラインを敷設して、アラスカのヴァルディズからオイルタンカーでアメリカ本土にピストン輸送することになったが、天然ガスはカナダ領北ユーコンを通って北西準州に至り、さらにマッケンジー渓谷を南下し、さらにアルバータ州を通過してアメリカに至るパイプラインを敷設して輸送するという遠大な計画であった。ところがこの計画に対して「何万年も暮らしてきた土地と自然が破壊される」としてカナダ先住民族が反対し、一方、企業側は独自の調査報告をカナダ政府に提出し、計画の即時実施を要求。そのため、一九七五年、カナダ政府はブリティッシュ・コロンビア高等裁判所判事トーマス・バージャー（Judge Thomas Berger）を王立調査委員会の長に任命し、マッケンジー渓谷パイプライン諮問調査団を組織した。バージャーは一年有余の時間をかけ、パイプラインの影響を受けると考えられる全集落で聴聞会を開催した。意見を述べたいものすべてに意見陳述の機会を与え、英語のできないものには、通訳をつけた。企業側の見解を含むすべての意見は二年以内にタイプ印刷され（一万数千ページ）、カナダ全州の州議会資料室と全州のいくつかの大学図書館に寄贈。またバージャー氏は「北の辺境・北の故郷」と題した細かい活字で四〇〇ページの報告書と勧告案を提出した（後に政府は政府発行文書として市販した）。カナダ政府はその勧告案を受け入れ、パイプライン敷設を十年間延期し、デネーやイヌヴィアリュートらの北方先住民族と土地権請求などについて交渉し、一部は成立した。すべての先住民族が満足できる状態ではないとしても、このバージャー調査会の活動はカナダにおける環境アセスメントの模範として語り継がれている。

20　林業・土地・野生生物省〔大臣〕：すでに第一章訳注5および19参照。

21　拡大リグニン除去法（extended delignification）と二酸化塩素代替物：リグニンとは木材における繊維（fiber/ fibre）以外の構成物質の一つで繊維をつなぐ接着剤のような役割を果たしている（序章訳注22参照のこと）。機械パルプではこのリグニンも含めてすりつぶしてパルプ化するが、リグニンは着色するので高白色の化学パルプを得るにはこれを取り除く必要がある。チップを蒸解した後のパルプは発色したリグニンが付着して着色している。洗浄・精選工程を経た着色パルプを未晒パルプといい、そのまま包装用紙やダンボールの原料となる。印刷用紙など白色度の高い紙の原料を得るにはこの着色物質を除去する必要があり、これが漂白工程である。高白色のパルプを得るには、数種類の漂白剤を組み合わせて多段階の漂白を行なう。次亜塩素酸塩（ハイポ）段、二酸化塩素段などと進む多段階漂白が長年採用されてきたが、近年は環境負荷とコスト削減目的で酸素漂白を導入し、後段では純塩素やハイポを少なくし、二酸化塩素を多用する酸素漂白技術が開発されてきた。しかしながら、この技術でも削減されているとはいえ、塩素を投入し、有機塩素化合物が環境中に排出される可能性があるため、ダイオキシンやPOPs（persistent Organic pollutants＝残留性有機汚染物質）削減が大きな世論となっている欧州ではパルプ工程からすべての塩素化合物を除去する動きがある。「拡大リグニン除去法（脱リグニン）とは原料チップの蒸煮（cooking）工程を延長して化学物質の使用を減らし物理的にさらなるリグニン除去を行なう方法（ただしこの方法では電力などのエネルギーをより多く必要とする）。さらに、二酸化塩素も使用しない方法も開発されている。後に出てくるアルカリ性過酸化物やオゾンなどを使用する方法である。この塩素漂白問題はこの後の章や結論でさらに議論されている。日本の製紙業界は九〇年代に入ってからダイオキシン対策に力を入れ、排出は大幅に削減されたと発表している。

22　ADTとは、風乾重量（air dry ton）のことで、全有機塩素化合物二・五キログラム／ADTとは、パルプを風乾重量で一トン生産する時に排出される廃棄物中の有機塩素化合物重量が二・五キログラムということである。風乾重量とは、物質を熱風で人工乾燥させた重量で、水分を一〇〇％飛ばす絶乾重量トン（（bone dry ton=BDT）に対して一定の水分を残した乾燥重量である。なお木材チップの取引ではロシア材チップにはBDTが、南材にはADTが用いられている。

23　AOX（absorbable organic halides=吸収性ハロゲン化有機物）：あらゆる有機塩素化合物全体を一つの共通の尺度で数値化した測定法。このAOXテストはダイオキシン類自体の測定と比べ、簡易で低コストであることから塩素を大量に使用するパルプ産業における環境パーフォーマンスの評価のために用いられる。原注18参照のこと。

24　フレッド・レナーソン（Fred Lenerson）：ルビコン・クリー・バンド（ルビコン民族）の最高法律顧問。ルビコン民族の先住民権、人権問題に関して膨大な記録を作成している。

25　ムース（moose）：ヘラジカ。シカの仲間では世界最大で馬くらいの大きさになる。体毛は長くこげ茶色。繁殖期は九月から十月で八カ月後の五月～六月に一～二頭の体重一一～一六キロの子供を産む。生息地はアスペンやスプルースの森林地域あるいは湿地で分布はカナダのほぼ全域、アラスカ、アメリカではロッキー山脈を通じてユタ州、ニューコロラドまで広がる。夏季の餌はヤナギ、水草（睡蓮の葉など）。冬季はヤナギ、バルサム、アスペン・ポプラ、ドッグウッド、カバ、桜、カエデや落葉低木の枝、皮、つぼみなどをむしって食べる。大型のムースの天敵は（ヒトを除けば）主にはオオカミであるがムースの生息地のほとんどで見られなくなっている。ムースは普段は隠れて生活しており、人との接触を避ける。子育て期のメスは警戒心が特に強く、発情期のオスは時としてヒトやウマ、さらには車や汽車に向かっていくこともある。カナダの亜寒帯地域の先住民には重要な狩猟動物。

26 居留地（Indian reserve アメリカではIndian reservation）：居留地とはカナダ連邦法である「インディアン法」により規定されている。もともと北米大陸全域で自由に活動していた先住民族からイギリス植民地政府や入植者が武力征服・購入・詐取・強制移転などの方法で略奪した土地のごく一部をインディアンに保留した土地。カナダ全土で約二三〇〇の居留地があり、そのうち約半分はブリティッシュ・コロンビア州に存在している。そこは約六〇〇の先住民族により占有され、一定の統治がなされている。ただし「インディアン法」の規定に従って統治したり、居留地をその構成員に配分しているのは、先住民族のコミュニティのうちで半分程度で、成文法の規定に従わない場合、慣習法や構成員のコンセンサスによって行なわれている。居留地においては法律に規定される例外を除いてインディアン以外の人々が居住したり使用あるいは占有することはできない。それ以外は「不法侵入」にあたる。居留地は法的な手続きで没収の対象にはならない。これらはファースト・ネーション（先住民族）自身により徴税、規制、用途指定（ゾーニング）が行なわれ、チーフやバンドの運営組織による取り決めに従うことになる。

27 先住民の土地権（あるいは土地に関する先住民権＝aboriginal land rights/aboriginal rights to land）：先進国中、先住民権を保証する憲法を持つのはカナダだけである。一九八二年に発行したカナダ憲法第二部第三五条に「㈠カナダの先住民族の先住民権（aboriginal rights）と既存の条約権（treaty rights）とは、ここに認知され確認される、㈡この法において「カナダの先住民とはインディアン、イヌイットおよびメティスを指す」と銘記されている。しかしこの憲法規定にある「先住民権」の法的な内容は未だに確定していない〔条約権については訳注32〕。

28 日本キリスト教協議会（Natinoal Council of Churches Japan＝NCCJ）：日本のプロテスタント教会の全国組織。この時期（九〇年〜九一年）にかけてカナダで開催されたキリスト教会間協力に関する会合の席上、カナダ・キリスト教協議会（ＣＣＣ）から日本のＮＣＣＪに対して、ルビコン民族と大昭和製紙の問題でルビコン民族支援活動に協力してほしい、という要請があり、九一年にルビコン民族のバーナード・オミナヤック・チーフを含めて数名の代表団が来日し、記者会見や大昭和への抗議活動を行なったが、同社は面会を拒否した。なお、カトリックのオブレート会（Oblates missionary）は男子の宣教会で世界的な組織であり、日本のカトリック教会ではオブレート会あるいは汚れなきマリアの献身宣教会という訳語を当てている。またその前の「教会と企業責任タスクフォース」は、カナダのカトリック教会独自の組織で（日本には直接該当する組織はなく）、カトリックでは各国の事情に合わせて様々な社会問題に対応する組織やタスクフォースを形成している。

29　第二章訳注18、および同章訳注7の図参照。

30　ルビコン・レイク・バンド（Lubicon Lake Band）：ルビコン・クリー民族のこと。序章訳注21参照。

31　ルビコン居留地に関する連邦政府の提訴：カナダ・インディアン問題に関する連邦政府、先住民、州政府との関係は複雑で大変判りにくい問題である。連邦政府はルビコン問題に関して、長年冷淡な対応をしてきたわけであるが、この時もルビコン問題に関する連邦、ルビコン、州の三者代表による包括的な交渉を掲げたゲティー州首相の提案に対して、連邦政府はこの提訴により拒否する姿勢を示したものといえる（言うまでもなく先住民族問題の主管は連邦政府にある）。著者は日本語版のためのエピローグでその後のルビコン問題の展開を総括し、連邦政府の基本的姿勢について解説しているが、この時点における連邦インディアン省の姿勢は、居留地に関してはゲティー提案（二四六平方キロ）より小さい一一七平方キロのみを認める考えであり、なによりも過去の補償や居留地以外のルビコンの権利などに関する包括的な協議を認めない立場に立っていた（基本的には現在もあまり変わっていないため、ルビコンとの交渉が再開されて以降も難航していることを著者は説明している）。八〇年代までのルビコン問題の詳細に関しては、John Goddard, "Last Stand of the Lubicon Cree" Vancouver : Douglus and McIntyer, 1991 に描かれており、ゴッダードはその中でこの時の連邦の訴訟に関して、提訴者の連邦インディアン省、ビル・マックナイトの主張を、①法廷で係争中であるとして、ルビコン問題に関するそれ以上の議論を拒否する理由にこの訴訟を利用すること、②ゲティーの「ルビコン問題特別法廷」の提案を法廷で討議する事、③ルビコンの諸権利や補償問題を無視し、居留地問題に限定すること、と説明している。

32

アルバータ上訴裁判所（Alberta Court of Appeal）：カナダの裁判所は、一八六七年の憲法九二条および九六条により連邦政府あるいは州政府が設置できる。州裁判所とはこのうち九二条により州政府が設置し、州政府が裁判官を指名するものを言い、七五〇〇ドル以下の少額の訴訟を扱う民事部、家庭裁判部、少年部および刑事部に分かれている。こうした裁判の判決、決定に不服があれば「クィーンズ・ベンチ」裁判所に控訴できる。「クィーンズ・ベンチ」裁判所の判決に不服があれば上訴裁判所（Alberta Court of Appeal）に控訴できる。この二つの裁判所は州政府が設置し、連邦政府が裁判官を任命する（州裁判所とは呼ばない）。また連邦政府が設置し、裁判官を任命するのが連邦裁判所で、これには公判部（Trial Division）、控訴部（Appeal Division）、および最高裁判所（Supreme Court of Canada）がある。最高裁は、上訴裁判所と連邦裁判所控訴部の判決に関する控訴を扱う。連邦裁判所は（最高裁を除いて）、刑事事件は扱わず、行政法に関するケースのみを扱う。連邦裁判所は環境問題では特に重要で、例えば実施された環境アセスメントが連邦環境アセスメント法に適合しているか違反しているか、などについて判断を下す（カナダ及びアルバータ州の裁判システム図参照）。

33

王立カナダ騎馬警察部隊（Royal Canadian Mounted Police＝カナダ連邦警察）：ＲＣＭＰは地方の治安を維持するための暫定的な北西騎馬警察として一八七三年に創設された。少人数の先住民族の居住地に大量の入植者が押し寄せる状況では、先住民族と入植者との土地争いが急増する中で当初は一五〇人だった隊員は一八八三年、カナダ太平洋鉄道建設における先住民族らの抵抗を排除するなどの新たな仕事が与えられ、さらに一八八五年のルイ・リエルの主導するメティスの反乱の鎮圧後は一〇〇〇人に増やされた。十九世紀から二十世紀への移行期に出現したユーコン準州のゴールド・ラッシュにおける治安維持にも活躍した。一九二八年、ＲＣＭＰは連邦の権限のない地域でも地方自治体との契約に基づき、警察業務を行なえることになった。ＲＣＭＰは基本的に治安警察であるが、南アのボーア戦争、両大戦などにおいて海外に派遣された。ＲＣＭＰは今日では一万六〇〇〇人の警察官、およそ五〇〇〇人の事務官を擁している。真っ赤な上着につば広帽子の同警察の騎馬ショーは名高いが、先住民族らへの弾圧の歴史も秘められている。

34　連邦政府の「受諾か、放置か〔take it or leave it〕」政策：この連邦政府のルビコン問題への対応政策の根幹は、以下のようである。

一、長年の争点になっているルビコン民族の構成員（の定義）、人数問題に関しては不確定のまま保留する。
二、居留地問題に関しては、三〇〇〇万ドルの予算を拠出し、道路、水、下水などに関し、ルビコン・コミュニティのインフラ整備を行なう（ただしいくつかの不明瞭な問題が残っている）。
三、その他五〇万ドルを拠出し、コミュニティの事務所（ルビコン・バンド自身の行政事務所＝コミュニティ・ホール）を建設する――しかしながらコミュニティのレクリエーション・センター、保健所、警察の牢獄などに関してはなにも言及していない。
四、経済開発の支援に関しては、五〇〇万ドルの信託基金からの利子を毎年、経済開発のための補助として支給する、ということのみが銘記されていた。
五、補償問題に関するルビコン側からの連邦への提訴権については全く言及しない。
六、すべての事項は他民族の既存条約とは異なり、法的拘束力がなく、また予算措置に関しては毎年連邦議会の承認を要する。

この連邦案の最終提示は一九八九年一月に示されたもので、前出のゴッダードの著作の一九九～二〇〇ページに要約されている。

35　第八条約（Treaty 8）：北米先住民族の条約権（treaty rights）は侵入したヨーロッパ人〔白人〕と先住民との接触・交渉過程から生まれた。カナダの条約権の法的基礎は一七六三年の国王宣言（Royal Proclamation）であり、この宣言の中で英国王室はインディアンの狩猟地、すなわち特定地域におけるインディアンの土地使用を認めた。以降、「インディアンの土地」を白人が取り上げるときは条約を結び、非常に限定された形で

カナダ及びアルバータ州の裁判システム

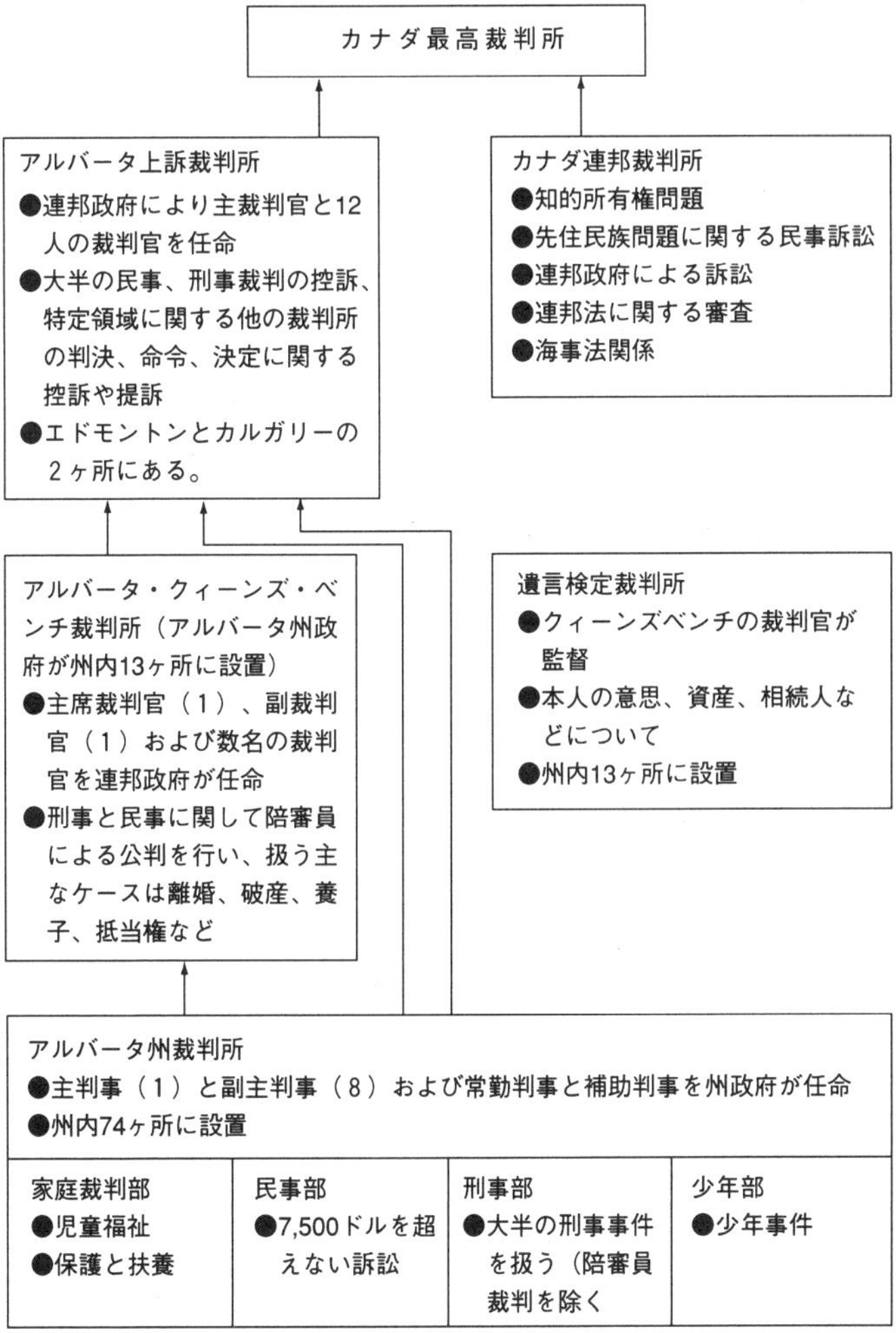
カナダ最高裁判所
アルバータ上訴裁判所
●連邦政府により主裁判官と12人の裁判官を任命
●大半の民事、刑事裁判の控訴、特定領域に関する他の裁判所の判決、命令、決定に関する控訴や提訴
●エドモントンとカルガリーの2ヶ所にある。
カナダ連邦裁判所
●知的所有権問題
●先住民族問題に関する民事訴訟
●連邦政府による訴訟
●連邦法に関する審査
●海事法関係
アルバータ・クィーンズ・ベンチ裁判所（アルバータ州政府が州内13ヶ所に設置）
●主席裁判官（1）、副裁判官（1）および数名の裁判官を連邦政府が任命
●刑事と民事に関して陪審員による公判を行い、扱う主なケースは離婚、破産、養子、抵当権など
遺言検定裁判所
●クィーンズベンチの裁判官が監督
●本人の意思、資産、相続人などについて
●州内13ヶ所に設置
アルバータ州裁判所
●主判事（1）と副主判事（8）および常勤判事と補助判事を州政府が任命
●州内74ヶ所に設置
家庭裁判部
●児童福祉
●保護と扶養
民事部
●7,500ドルを超えない訴訟
刑事部
●大半の刑事事件を扱う（陪審員裁判を除く
少年部
●少年事件

あるが条約の中でインディアンの権利を明記した。これらの条約でカナダ政府が約束した諸権利を「条約権」という（第八条約の地域は序章訳注7のカナダ全図に示した）。

36 州司法長官（Provincial Attorney General）：アルバータ州（カナダ連邦や他の多くの州でも）、法務大臣（minister of Justice）が司法長官（attorney general）を兼ねている。

37 「ルビコンの友」（Friends of the Lubicon＝ＦＯＬ）：八〇年代後半にトロント大学の学生たちによって結成されたルビコン支援グループ。小さな団体であるが、先住民展や大昭和ボイコットを効果的に組織したことで国際的に知られている。大昭和側が運動に対抗するために逆訴訟を起こした時も、学生たちは貧しいため何も失うものがないとして受けて立った。

38 ジョン・マキニス（John MacInnis）：八〇年代後半、新民主党の州議会議員で環境政策担当者。ＡＬＰＡＣ問題などで州議会で数多くの質問、発言を行なったが、選挙で落選した後、アルバータ大学の環境調査研究センターの副所長に就任した。一九九四年の初めに日本の市民フォーラム二〇〇一が開催した国際会議のゲスト・スピーカーとして招待され、アルバータ州およびカナダの亜寒帯林開発と日本企業との関係について講演をしたことに関して、大学の内部から攻撃を受け辞職した。この時アルバータ大学の彼の上司が日系パルプ会社などからの研究資金提供の問題で、企業批判を行なうような人物のいる研究所には資金提供を行なわないという圧力を受けたことが後の裁判で明らかになった。同州は財政危機に陥り福祉や教育等への補助金を大幅にカットしたため、企業資金に依存するようになっていた。マキニス氏は日系企業相手に訴訟を起こし、日本の「市民フォーラム二〇〇一」や「進出企業問題を考える会」「熱帯林行動ネットワーク」などが支援した。裁判はその後和解し、マキニス氏はブリティッシュ・コロンビア州の新民主党（ＢＣ州では政権党）でＮＤＰコーカス担当部長という要職についた。

39 当時、英国では女性環境ネットワーク（Women's Environmental Network）という団体が精力的に国際的な紙パルプ産業の環境問題を調査し、消費者キャンペーンを行なっていた。

40 デイビッド・スズキ（Dr. David Suzuki）：ブリティッシュ・コロンビア出身の日系二世の有名な遺伝学者

で環境教育家。北米やオーストラリアでは科学・環境教育のテレビ番組を持ち、自身もバンクーバーにD. Suzuki財団を組織し、科学・環境教育、環境問題、先住民族問題、文化などの研究や活動に携わっている。森林問題に関しても市民科学者の立場から多くの研究プロジェクトを実施している。

41　大昭和・丸紅インターナショナル：昭和四十四（一九六九）年に丸紅飯田（当時）と大昭和で五〇％ずつで出資してバンクーバーに設置した合弁会社で、当初は大昭和とウェルドウッド社で設立したカリブー・パルプ&ペーパー社を経営する目的で設立された。現在はブリティッシュ・コロンビア州のカリブー・パルプ&ペーパー社工場およびピースリバー工場を統括している。

42　森林バイソン（Woodland Bison）：アメリカ・バイソン（野牛）。シカの仲間で北米大陸最大の陸上動物。北米では俗にバッファローとも呼ばれる。体格としては、角で九〇センチほどに達し、背丈でオスで一・八メートル、メスで一・五メートル、体長オス三～三・八メートル、メス二・一～二・四メートル、体重は、オスで四五〇～九〇〇キロ、メスで三六〇～四六〇キログラムである。生息環境は平原地帯、河川渓谷地域、森林地域などである。主要な餌は、様々な草、スゲ、時としてノイチゴ、コケ類などである。歴史的にはカナダ北西準州からニューメキシコ、ミシシッピー州に至るまで北米大陸に広く分布していた。しかしながら一時はほとんど絶滅しかけ、現在では野生状態で比較的広大な地域を自由に移動できるような生活をしているのは、カナダのウッドバッファロー国立公園（アルバータ州とサスカチュワン州にまたがる）、マッケンジー・バイソン・サンクチュアリ、北西準州スレーブ川低地帯およびアメリカ、ワイオミング州のイエローストーン国立公園のみである。

43　ウラニウム・シティー：アルバータ州北東部からサスカチュワン州北西部にかけて広がるアサバスカ湖の北東湖畔にある鉱山都市。この地域のウラン開発を行なったエルドラド・リソーシズ社は、戦時中アメリカ政府の要請を受けたカナダ政府に協力し、北西準州グレイトベアー湖地域でウランを生産し、アメリカ軍に供給（広島、長崎の原爆など米軍の核兵器開発はカナダの協力なしにはできなかった）。カナダは南アフリカ、オーストラリアなどとともに世界の主要なウラン生産・輸出国であり日本とも関係が深い。

44　伐採権リース（logging lease）：これは連邦政府所有地において同政府により発給される伐採権である。そもそも国立公園内でこうした活動が許可されること自体が問題であろうが、さらにアルバータ州のＦＭＡや木材クォータなどの場合と異なり、連邦の伐採リースには何らの基準も存在しない。ルビコン問題に関係している団体のホームページではこの間の事情を以下の様に説明している。「……一九四〇年代にキャンフォーは四万九七〇〇ヘクタールの伐採リースをウッドバッファロー国立公園の中に獲得し、収穫可能な木材の九八％を皆伐する権利を獲得した。この制度には最低限の伐採規制も植林義務もなく、今日他では見られないような制度である。一九八二年、このリースの更新期においても二〇〇二年までの伐採権をなんらの見直しもなく自動的に承認してしまった。……大昭和は一九九〇年にこの地域〔ハイレベル製材工場が持っている〕のキャンフォーの操業権を国立公園内の地域を除いてすべて購入した。この公園内だけは意図的にキャンフォーから購入しなかったのは、このリース権を購入することで連邦政府とこの余りにも寛大な伐採権の条件に関する再協議を避けるためだったが、この地域で伐採される木材のすべては大昭和が取得することが約束されていた。問題が明るみに出ることを恐れて、大昭和はこの場所の伐採をこれまでの二倍のスピードで下請け会社に切らせ（年間一三万立方メートルから二二万立方メートル）、二〇〇二年ではなく、九五年までにすべて伐採を終了させる算段だった。しかし九〇年十二月にこの問題が新聞の一面記事を飾るようになり、また社説で手厳しく非難された。この国立公園は世界遺産地域に登録されていたため、問題は国連レベルまで持ち込まれかねない情勢となった。連邦の環境省その他の関係者は、州政府と代わりの伐採地域を提供できるかどうか、など様々な協議を行なったが、埒があかなかった。最終的には伐採活動を批判する世論の高まりに対して、対応せざるを得なくなり、同社は九一年十二月に伐採を停止すると発表したが、二〇〇二年まで権利を留保していることを明確にした……」

45　北のブラジル（Brazil of the North）：九〇年代初めの地球サミット〔ＵＮＣＥＤ＝ブラジルのリオで開催された〕の前後、当時盛んに議論された熱帯雨林破壊問題に加えて、カナダなど先進国の森林破壊問題が環境ＮＧＯのキャンペーンで国際的にもアピールされた。その中でカナダ（とくにＢＣ州）の問題が最も大きくクローズアップされ、「北のブラジル」キャンペーンは特に注目された。このキャンペーンの仕掛け人はバルハラ原生自然協会のコリーン・マクローリーやクラクワット・サウンド問題に関わった人々であり、彼らが設立した「森林の将来のための連合」という団体により、カナダ全州の森林の皆伐のカラー写真が多数掲載された「北のブラジル」というタブロイド版の新聞が世界中に配布された。

46 木材収穫権（harvesting rights）：連邦政府の「伐採権リース」に含まれているもの。

47 カナダ公園・原生自然協会（Canadian Parks and Wilderness Society）：一九六三年にカナダの国公立公園地域やその他の原生自然地域の保護のために設立された。カナダ各地に支部を持ち、三〇万平方キロ（三〇〇〇万ヘクタール）に及ぶ地域の保護活動に関係している。アルバータ支部〔エドモントン〕では最近ジャスパー国立公園付近での炭鉱開発に反対するキャンペーンを行なっている。

48 シエラ法律防衛基金（Sierra Legal Defense Fund）：発足当初は有名なアメリカのシエラクラブの環境訴訟を専門に担当する環境法律家の組織であったが、やがて独立して北米の様々な地域や団体の環境訴訟に法律的援助を行なう組織に発展した。カナダのバンクーバーにも事務所があり（法人としてはそれぞれ独立している）、最近アメリカでは「地球の権利基金」という名称に変わった。

49 カナダ野生生物連盟（Canadian Wildlife Federation）：一九六二年に設立されたカナダ最大の会員数（三〇万人）を誇る自然保護団体。海洋生物、森林と野生生物保護、漁業問題、絶滅危惧種などの調査、水質問題、環境教育などのプログラム、キャンペーンを行なっている。本部はオンタリオ州カナタ。www.cwf-fcf.org/

50 シエラクラブ西部カナダ（Sierra Club Western Canada）：シエラクラブは、一八九二年、アメリカのジョン・ミュアーにより設立された世界的に有名な環境保護団体で、カナダにも独立した組織がある。オタワには「シエラクラブ・カナダ」が、バンクーバーには「シエラクラブ西部カナダ」があり、アルバータの支部はシエラクラブ西部カナダ事務所に属していた。

51 オールドマン・リバー・ダム問題：アルバータ州の公共事業省（Ministry of Public Works, Supply and Services）が計画したアルバータ州南西部のオールドマン川におけるダム計画で、八〇年代から九〇年代前半にかけて大きな問題となった。計画自体は五〇年代に始まったが、下流域に居留地をもつペイギン・インディアンの反対や様々な環境影響に関する多くの環境保護団体の反対が続いた。連邦政府を巻き込んだ環境アセスメントも行なわれ、数多くの訴訟が様々な環境保護団体の協力で行なわれたが、最終的にはダムは九〇年代半ばに建設されてしまった。なおこの他にも、サスカチュワン州におけるラファティー・アラメダ・ダムなど米国側に水資源を供給する計画が多数存在し、カナダでは大きな問題になっている。

1　クレストブルック・フォレスト・インダストリーズ社：一九六六年、BC州内陸南東部、クーテニー地域のクランブルックにあった地元の木材会社クレストブルック社に三菱商事、本州製紙（現王子製紙）が出資して合弁会社、クレストブルック・フォレスト・インダストリーズ社を設立、スクークムチャックにパルプ工場を建設した。

2　ALPACの森林管理地域（FMA）は、およそ六〇〇万ヘクタールで、北海道の全森林面積の五五五万ヘクタールより大きい。

3　ボウォーター社：一九九三年で紙生産量世界第二七位のアメリカ企業で、新聞用紙、クラフト紙、印刷用紙などを二カ国で生産。

4　ニューファウンドランド：カナダ北東部の州で北側は高木の育たないツンドラ地帯で高木の育つ南側をラブラドルと呼ぶ。またこの南東にニューファウンドランド島があり、これら全体が一つの州となっている。ラブラドル地方ではやはり鉱山や森林開発をめぐって様々な争いが起こっている。またここの主要な先住民族であるイヌー民族は、NATO軍の超低空飛行訓練に対して抗議行動を続けている。

5　ジャリ・フォレスト・プロダクツ：ルートウィッグのジャリ・プロジェクトについては、本章で詳しく述べられているが、ブラジルにおける輸出向けパルプ産業が最初に発展したのは、七〇年代以降におけるアマゾン地域より南のエスピリトサント州、ミナスジェライス州などの中部ブラジルで、ブラジル企業であるアラクルス・セルロースや日系合弁会社のセニブラ社などが相次いで設立された。その後、ジャリでは失敗したものの、アマゾン地域においてもユーカリ植林をベースにするパルプ産業開発が進みつつある。

6 ニューブラウンズウィック：カナダ東岸の州で、森林開発面でいうとパルプなどの木材産業開発が古くから開発が進み、現在ではわずかに残っている自然林（クリスマス山地域）の保護をめぐって、深刻な対立が起こっている。

7 その後、王子製紙は神崎製紙と合併して「新王子製紙」となり、さらに本州製紙と合併して「王子製紙」としてALPAC事業に関わることになった。

8 三菱商事（三菱グループ）の北米事業拡大戦略：八五年のプラザ合意以降の円高とその後のバブル経済期における余剰資金のあった時代に、北米において不動産やM&Aによる企業買収などを行ない、またパルプ、資源開発（塩田開発、鉱山、化学、その他の分野の投資）を行なった。

9 三菱商事の紙パルプ事業：大手総合商社はいずれも紙パルプ部門を持っており、製紙会社の海外活動のリスクを分散させ、海外パルプ原料資源の開発輸入チップやパルプの買付け、あるいは市場パルプ販売、国内でも紙パルプ流通の一部を担っている。三菱商事の場合は、王子製紙を抱える旧三井財閥系の三井物産と異なり、三菱系の内部では歴史は古いが比較的規模の小さい三菱製紙（主として印画紙などの高級紙製造主体）しかグループ内にはなかった。従ってチップやパルプ事業はグループを超えて行なわれている。商社は国内でも紙パルプ事業に流通などで関与している。例えば大昭和が一九六〇年に北海道白老町に進出した時も同商事は原料調達その他で大昭和を支援している。

10 東クーテニー地方：ブリティッシュ・コロンビア州の南東部、ロッキー山脈山麓の西側でカルガリー（アルバータ州）から南西にロッキー山脈を超えるとクレストブルック社のあるクランブルック町がある。ここはコロンビア川とクーテニー湖の間にある。工場のあるスクークムチャックはその少し北側にある。さらに南へ行くとアメリカのモンタナ州、アイダホ州境である。

11 価格移転（transfer pricing）：多国籍企業においては、ごく一般的に行なわれているものと考えられる。特に統合企業内で資源や中間原料を国外で生産し、輸入する（あるいは第三国の同じ企業系列の生産工場に移出する）場合、通常資源やパルプなどの一次加工部門は安く販売するため、現地法人を赤字経営にして税金を逃れるようなケースが少なくない。こうした製品の価値を海外（本国など）に移転することを価格移転と言う。こうした価格移転問題は、日本の合弁会社、アラスカ・パルプやクレストブルック社、パプアニューギニアにおける三菱商事の木材輸出など、様々な事例が報告されている。世界的に見ても、今日の国際貿易のかなりの部分が多国籍企業内部の輸出入（イントラ貿易という）であり、価格移転が幅広く行なわれていると見られている。

12　米加針葉樹製材紛争：第二章訳注20参照

13　バルハラ原生自然保護協会（Valhalla Wilderness Society）：クレストブルックのクーテニー地方とは谷一つへだったスローキャン渓谷のニューデンバーという小さな村に拠点を置く自然保護団体。代表を務めるコリーン・マクローリーは、ゴールドマン環境賞をはじめ、数々の賞を受けたカナダの森林保護運動で最も著名な活動家の一人。隣の州のアルバータ北部の森林や先住民族の地域も訪ね、ＡＬＰＡＣ問題にも関わった。また「北のブラジル」キャンペーンの主導者で日本にも九四年に来日し、カナダの森林問題をアピールした。また九〇年代後半にはニューデンバー村の水源地域のニューデンバーフラットという地域の伐採に反対して激しい抵抗運動を起こし、多くの村人や活動家とともに逮捕された。なお原著ではValhalla Conservation Societyと表記しているが、Valhalla　Wilderness　Society の書き違いと思われる。

14　アサバスカ・ランディング：人や物資の長距離移動が河川中心だった頃の重要な船着場で毛皮取引などでにぎわったアサバスカにある歴史的に知られた場所。

15　アサバスカ郡知事（reeve of the county）、ビル・コスティウ：このアサバスカ郡の行政のトップ（知事）は選挙で選ばれる。市長に相当するものと著者から説明があった。

16　劣後社債（a debenture subordinated to private- sector loans）：銀行など民間部門の債務への返済が優先される無担保の社債（州政府が購入した場合、返済は民間銀行へのすべての返済が終了して初めて返済されるもの）。

17　ＡＬＰＡＣの劣後社債と「限定的償還請求権」(limited recourse)：この限定償還請求権とは、州政府がアルバータ・ヘリテージ貯蓄基金を通じてALPACに融資した二億七五〇〇万ドルの返済(債権の行使)にあたって、債務不履行の場合パルプ工場だけを差し押さえて売却する請求権に限定されていることを指す。

18 償還請求権がないこと(no recourse):ALPACと資金供与している州政府および民間銀行はALPAC事業が債務不履行に陥った場合でも、パルプ工場の資産を超えて、合弁事業参加各社の他の資産を差し押さえることができない〔それ以上の請求権を協定上持たない〕。この従って合弁事業参加各社が負わなければならないリスクは投資総額と比べ大変小さいものとなった(最終的に債権者総体が債権を行使できるのは投資した株式総額三億一〇〇〇万ドルしかない)。合弁事業が倒産した場合、州に対してはすべての民間銀行などへの債務を返済した後に残ったものからしか支払われない。これらの取り決めはFMA(森林管理協定)とは別の投資企業、銀行、州政府間の秘密協定によるもので、その協定文書は公開されていない。FMAの協定では、もし合弁事業が倒産して事業を継続できなくなった場合は、シンディケート・ローンを組んだ民間銀行団がFMAを含むALPACの資産を差し押さえし、その事業全体をALPAC投資企業に代わって経営を継続するか、あるいは第三者に売却することになる(州政府とALPAC合弁事業体〔=現在ではクレストブルックは離脱〕による九八年五月に署名した改定FMA協定四十六条二項による。オリジナルのFMA協定は九一年八月に英国女王=アルバータ州政府とクレストブルック社の間で結ばれた)。

19 ALPACの森林管理地域の中で、針葉樹に関しては一部地域ですでに木材クォータが発給されていたが、そうした針葉樹製材工場の残材やクォータの範囲での製材に向かない材木などもいずれALPAC向けのチップや原木として供給されていくことになるという意味。

20 立木価格:第一章訳注9参照

21 林業コンサルタント会社:様々な分野の林業技術者を擁し、木材会社や政府の森林経営計画、木材工業投資計画、パルプ工場設計施工、森林・木材利用の様々な技術的な調査、林業経済調査、市場調査、林業関連土木などの仕事を請け負う会社。世界的に見ると、カナダではH・A・シモンズ、リード・コリンズ&アソシエイツ、サンドウェル、アメリカのブラウン&ルート、ボブコック&ウィルコックス、北欧では世界最大のジャコポリ社（フィンランド）、スェッドフォレスト、ＥＮＳＯ、スイス・英国のＳＧＳ、豪州のフォテック、ニュージーランドのフォーレンコなどが大手企業である。

22　先住民族の伝統経済の死滅：カナダの先住民族の経済はごく一部の先住民族を除き、様々な形と原因で崩壊してきた。アルバータ州でも土地の略奪、白人社会の支配的な経済である資源採掘型産業である石油天然ガス、鉱山、森林開発などによる狩猟場や罠猟のトラップ・ライン破壊、あるいは欧米白人社会における反毛皮キャンペーンなどは直接的に伝統経済を破滅に追いやった。一方スノーモビールなどの近代輸送技術の導入は移動のスピードを速めたものの、機械の経費の支払いのため、漁労活動を経済的に無意味なものにした。一方、先住民族の方は農牧業、新しい持続可能な森林経営による木材工場の共同経営など、これまでの狩猟・漁労経済に代わる新しい生計の道を模索している。

23　マイク・カーディナル：先住民族出身の州議会議員で、その後、資源開発省林業担当政務次官を経て、資源開発大臣（二〇〇〇年になってから）となった。

24　エコツーリズム：カヌーイング、バードウォッチング、キャンピング、森林ウォークなどを指すが、州南西のロッキー山脈にあるバンフ、ジャスパーなどの国立公園地域のような観光の目玉になるような場所が北部には多くなく、また巨大開発事業に政府資金が回り、小規模なエコツーリズムを奨励するような政府の後押しは余りなかった。

25　地元住民の雇用機会にとっての障害――トラック運転手の場合：パルプ原木の輸送部門は、ＡＬＰＡＣは正社員として直接トラック輸送労働者を雇用するのでなく、コスト削減のため独立したトラック所有者と依託契約を結ぶ形で行なわれた。これには高価なトラックをすでに所有しているか購入する資力を持ち、さらに衛生画像を使ったコンピュータ化された通信機材などＡＬＰＡＣが指定する機材を自力で購入できる人でないと職にありつけなかった。

1　ウィリアム（ボブ）・フラー：アサバスカ大学の名誉教授で亜寒帯林を最初にboreal forestと呼んだことでも知られている。「アサバスカの友」の代表。

2　「アサバスカの友」：ALPACの工場が立地する予定地に近いアサバスカ大学の教員や立地点に最も近いプロスペリティ村の住民などで構成される住民団体で、ALPACの進出に対して様々な疑問を提出し、代替提案を行なうなどの抵抗運動を行なった。訳者〔黒田〕は九三年四月に最初にカナダの森林地域を調査訪問した時にALPACや大昭和のピースリバー地域を訪ね、アサバスカやプロスペルティでもこうした人々と交流し意見交換を行なったことがある。この時点ではすでにすべての事業が認可されてしまった後であったが、九四年にエドモントンで開催された亜寒帯林問題の国際ネットワーク（亜寒帯林救援ネットワーク）の国際会議に出席して発言した時、司会者より「いまやアルバータ州の亜寒帯林の将来に関する意思決定は、アルバータではなく多国籍企業の本社のある東京で行なわれる。その日本からきた活動家である」と紹介されたことにショックを受けたことがある。

3　「アサバスカの友」の主要な活動家であったマイケル・ギスモンディ、ジョーン・シャーマンらは、この時の環境アセスメント審査会が開催した公聴会などにおける論争と科学者、専門家の役割の問題を論評した本を出版している。Mary Richardson, Joan Sherman and Mickael Gismondy, "Winning Back The Words-Confronting experts in an environmental public hearing" Garamond Press,1993―この本は各地で開催されたALPAC公聴会における様々な人々の発言を紹介し、その中の専門家と呼ばれる人々の役割や公聴会の意味について検討している。

4　ケミサーモメカニカル・パルプ（CTMP）：序章訳注22参照。

5　永大・ド・ブラジル・マデイラス（Eidai do Brazil Madeiras）：三菱商事と永大産業の合弁会社。訳者もアマゾン河口にあるこの会社の合板工場とその敷地内のビローラ（同社が主要な合板原料として利用している樹種）などの植林を見学したことがある。世界的に熱帯林破壊などで非難された三菱商事が主要株主の一つであるため、横浜国立大学の宮脇昭氏によるアマゾンの在来樹種の実験的植林地（森林再生実験事業）も見たが、チリにおける三菱商事の実験地と同じく猫の額のような規模であった。原後氏の報告書にもあるように、こうした植林事業もこれらの森林開発事業を永続可能なものに改善するに十分なものとは言えなかった。ビローラの伐採も九〇年代初めにはコロンビアなどとの国境近くまで達し、マホガニーの伐採でも違法伐採を行なっている下請け会社から購入していることをグリーンピースに告発されたこともある。三菱商事は結局九〇年代半ばに株式を売って撤退したが、会社自体は存続している。

6　チリ温帯沿岸原生林の伐採：チリは沿岸部に主として南極ブナ（nothofagos sp.）からなる世界的な規模の温帯広葉樹原生林を残す国であり、この広葉樹をパルプ原料として毎年二〇〇万トン近く輸入している。チップ生産やユーカリ植林などで、三菱商事、丸紅、伊藤忠商事、住友商事の他、植林事業のパートナーとして、山陽国策パルプ（現日本製紙）、大王製紙、三菱製紙などが投資活動を行なっている。原生林の植林地への転換が環境保護団体から激しく批判されたことから、日本からの投資企業は農地の購入を主体に植林地を拡大しているが、所有している原生林をいずれ伐採して植林地に転換するのではないか、という疑いは消えていないようだ。

7　三菱商事はサラワク州にダイヤマレーシアという伐採子会社を所有していたが、ボイコット・キャンペーンを意識してか、株式を現地華人系資本に売却している。八〇年代後半に行なわれたこうした日本企業による熱帯林破壊批判やキャンペーンの結果、多くの商社は海外における伐採事業への直接の関与から撤退する傾向が見られたが、日本における木材消費の構造の根本的な改善に結びつかなかったため、日本に代わって多くの熱帯林地域に進出したアジア華僑系木材資本による活動を、日本や韓国、中国などの東アジア消費・

輸入国が支えるという実態には大きな変化はなかった。

8　アメリカのＲＡＮ（熱帯雨林行動ネットワーク）のボイコット運動は結局ターゲットとなった三菱自動車アメリカ社や三菱電機アメリカ社とは協議の末、和解合意に達したが、三菱商事アメリカ（Mitsubishi International）とは何らの合意にも達しなかった。

9　八〇年代末から九〇年代初めにかけて、日本の総合商社、国際的にはとりわけ世界的に知られている三菱商事が、熱帯林伐採反対運動のターゲットとなって批判されたことに対応して「地球環境部」を社内に設置して行なった活動の一つで、当時こうした活動を行なっていた東京のサラワク・キャンペーン委員会に日本の高校の先生からこうした漫画が学校に配布されていることが知らされた。漫画は、産業界の科学技術に関する教育の現場への紹介を行なう文部省の外郭団体の「科学技術教育協会」がそのシリーズの一つとして三菱商事に依託し、刊行されたもので、三菱商事の熱帯林伐採は森林破壊の原因でなく、現地焼畑農民が犯人である、という同社の活動を正当化するものだった。その内容が公平さを欠くとして、同団体らが文部省に対して国会議員などを通じて問題提起し批判したことから、最終的に学校から回収されることになった。当時この話題は日本の新聞のみならずフィリピン（日本による森林伐採、木材輸入などで大きな被害を出した国）の有力紙（マニラ・クロニクル）の一面を飾るなど海外でも報道された。

10　ＪＡＮＴ社：本州製紙（当時）は日本でのダンボール製造の原料として、パプアニューギニアの低地熱帯雨林の皆伐事業を行なった。熱帯雨林は樹種が極端に多いため、皆伐により得られる混合原料からは良質のパルプ原料は得られないが、ダンボール原紙の原料としては十分であった。しかしダンボール原料のために熱帯雨林を皆伐することに対する批判が付きまとった。なお伐採道路や橋梁の建設資金の一部は日本の国際協力事業団（ＪＩＣＡ）から日本企業向けの長期低利の融資が出ていた。「開発投融資」は、日本企業による現地従業員、住民の福利厚生や試験的事業に低利の融資を行なう特殊な事業で、その起源は頻発していたアジアの日系企業における労働争議対策であったらしい。これは熱帯地域における資源開発を積極的に行なっていた七〇年代ころ作られた特別な融資枠で、サラワクなど多くの地域で行なわれていた。それに対して日本でも八〇年代後半から環境保護団体によるJICA批判が行なわれ、結局こうした民間企業による伐採活動への支援事業は停止されることになった（企業の海外植林関連事業などでは継続されている）。

11 産業社会とは大変異なる社会原理が生きているこの国で、パルプ工場や合板工場などの加工事業を立地させることはかなり困難であると考えられる（質の高い労働力の確保やインフラ整備などの点で、不利な条件が多いため）。日本の商社やマレーシアなどの華人系木材資本が森林開発投資を盛んに行なってきたが、加工工場を成功させた例は、住民とNGOによる小規模製材所などを除きまだない〔日本は原木や木材チップの最大の輸入国になっている〕。

12 パプアニューギニアにおける森林の保有権（テニュア）の問題は複雑である。この国（あるいは南太平洋地域全体）のユニークな点は、憲法などで先住民族（国民の大半がそうである）が土地の集団所有者であることで、伝統的な土地に対する権利を公的に認めている。しかしそれに先進国などからの巨大資本による投資活動が重なると、事態は大変解決の難しい問題が発生する。産業開発のためにはこうした住民の土地を大規模に開発する投資活動を受け入れる政策が取られるが、必ずしも住民生活と調和することができない。そのため、長期的なテニュアを外国企業に与えることは住民の反発を招くことも多く、あるいは政府や投資企業が住民をだまして土地の開発利用を進めることもしばしば発生する。典型的な問題の一つは伐採活動に伴う植林問題で、先進国の近代林業では一般的な植林活動も、伝統的な土地システムを維持する共同体との関係においては、植林がこの土地や森林管理システムを破壊するものになってしまう。産業用の植林地の造成は住民の土地利用を完全に否定することになるため、植林を伐採以上に望まない地域が多い。伝統的な土地利用・保有システムが維持されている社会では、植林は伐採以上に環境破壊的と住民に受け取られることが少なくない。

13 水質管理課（Water Quality Control Branch）：当時のアルバータ州環境省では行財政・土地開墾サービス局（Finance Administration and Land Reclamation Service）、環境保護サービス局（Environmental Protection Service）、水資源管理サービス局（Water Resources Management Service）、アルバータ環境センター

(Alberta Environmental Centre) の四つの局があり、各局の下にいくつかの部 (division) があり、その下に課 (branch) が置かれている。水質管理課は水資源管理サービス局の中の一課。次に出てくる同省計画課はおそらく水資源管理サービス局の計画課で、環境基準、認可部は環境保護サービス局に所属する。政権が変わるたびにこうした省庁、部局の編成がかなり変更されており、各時代のアルバータ州の行政の仕組みを理解するのは骨が折れる。

14 全浮遊固形物（TSS）：第四章表3参照。

15 パルプ工場の種類：序章訳注22および表参照。

16 環境影響評価〔アセスメント〕過程について：環境アセスメントとは、環境に影響を与える人間の行為を事前に評価して、環境と調和した行為ができるように意思決定を行なうための方法あるいは制度。最初にアメリカの国家環境政策法（NEPA, 1970）において「環境の質」を維持するための手続きとして公式に制度化された。日本では七二年に閣議決定され、当時の大石環境庁長官がストックホルム国連人間環境会議で導入を表明したが、公式に法制度化されたのは、途上国も含め世界でも最も遅かった。

17 エネルギー資源保全委員会（Energy Resources Conservation Board）：アルバータ州のエネルギー省（かつてのエネルギー天然資源省）に所属する独立委員会。

18 王座演説（Throne Speech）：カナダ連邦議会および州議会における「王座」とは、憲法上国家元首である英国王の代理である総督〔連邦〕および副総督〔州〕が議会の開会演説などで使用する特別な席で、そこで行なわれる演説を「王座演説」という。その演説の内容はその会期中の議会の目的、議事のテーマ、意図などを説明するもので、内容は首相が準備する。

19 序章訳注15参照。

20 オープンハウス〔open house〕：環境影響評価書を作成する開発当事者の企業が住民との協議のために開く対話集会。

21 北西準州（Northwest Territories）：カナダ北部の北極地方にある準州の一つで一九二〇年六月一日に成立。

環境アセスメントの住民参加の流れとコミュニケーションの例

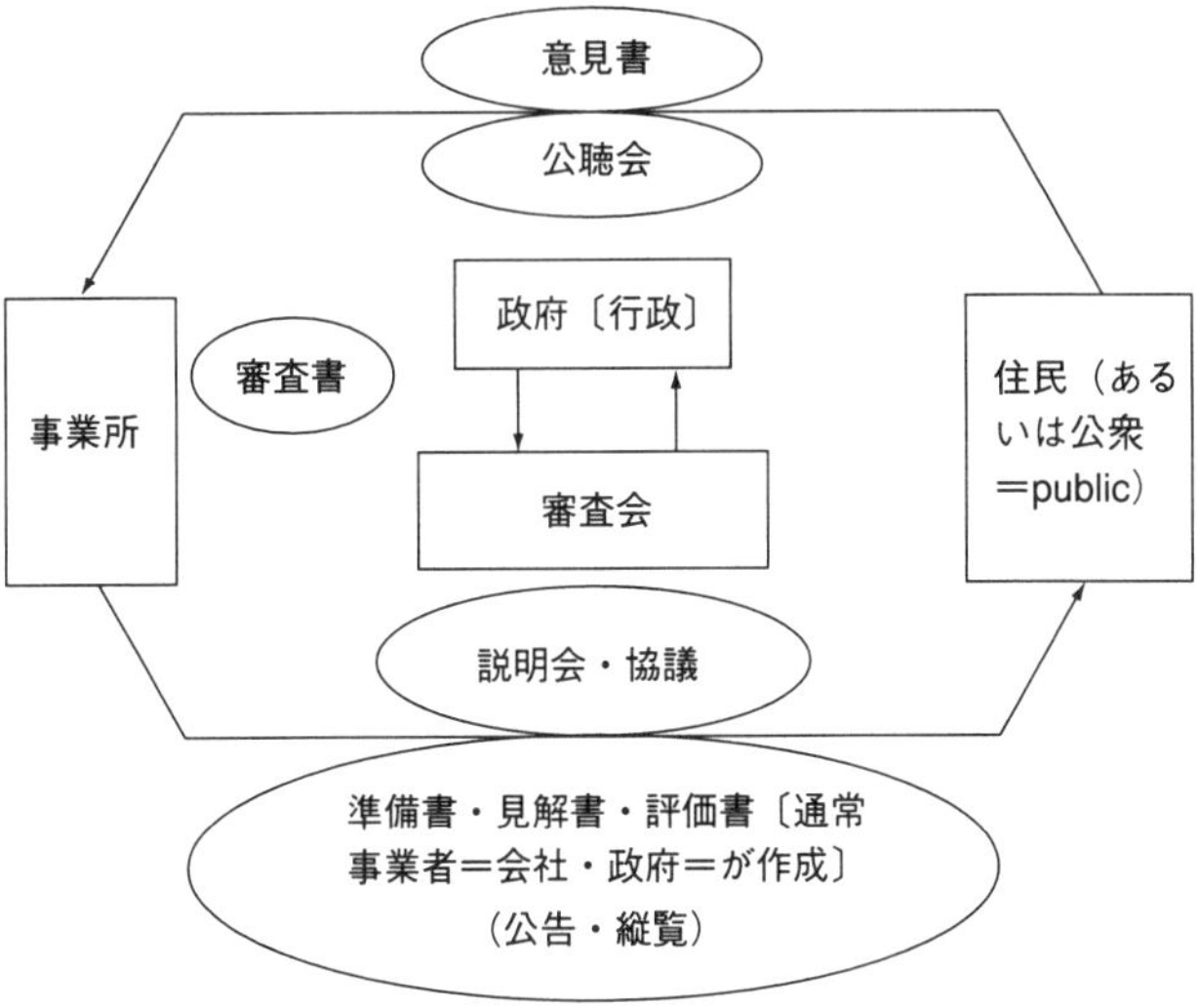


上記の事業者、政府、住民の意思疎通、討議の方法、手続きの例は、全環境影響評価の一過程であり、よい決定を下すためには、こうしたプロセスが何回も繰り返されることが多い。ただし最終的な意思決定は行政側で行われるため、ALPACのケースのように政府の恣意的な操作が行われたり、十分な情報公開、協議が行われなかったりすることも少なくない。最終的には関係者全体が環境の質をどう守るか、という問題に対してどの程度の共通認識を共有するか、という背景的な問題が重要であろう。なお日本では中立的で独立した（あるいはバランスの取れた委員構成の）審査会方式はあまり採用されていない。こうした点ではカナダの方が大いに進んでいる面がある。

六九年に制限付きで自治権が与えられ、連邦政府の直轄統治から北西準州政府の管轄に移行。アルバータ州のパルプ産業開発で問題となったアサバスカ・ピース川が流れ込むマッケンジー川は、州を通過し北極海に注ぎ込まれている。そのため、この地域の河川流域で漁労などが食生活上重要であるため、上流の産業開発の影響を受けることになる。この準州の住民はイヌイット、イヌビアルイット（イヌイットの同族）、デネーと呼ばれるアサバスカン系インディアンおよびメティスが主要な構成民族である。現在でも多くの先住民が狩猟、漁労に従事しているが、現在の経済の中心はカナダやアメリカの地下資源開発（ウラン、石油、金属鉱山）や森林開発地域にある。先住民族は彼らの土地や資源、その他の先住民権について連邦、準州政府と交渉を重ね、政治的合意の成立した東部のイヌイットの居住地、ヌナヴットは新しい準州として分離独立した。

22 連邦漁業法：海面漁業は無論のこと、河川の場合も州を超える河川の場合、その漁業資源を保護するために連邦法で様々な規制を行なっていることから、連邦政府が州政府の行動に関して介入することが認められている。近年カナダでは漁業資源をめぐってカナダ国内や国際関係において深刻な紛争が多くなっている。

23 森林開発の環境影響に関する七〇年代の研究。

24 二酸化硫黄：クラフトパルプの生産工程の中で、最初の原料チップの蒸煮工程（cooking）では主として硫化ソーダと苛性ソーダを使う。この「蒸解液」という混合された化学物質の液を「白液」と呼び、パルプ原料になる繊維分とリグニンなどとを分離するが、この二つの化学物質は回収ボイラーなどでさらに回収され、再利用される。従って、クラフトパルプ技術以前に全盛であった「亜硫酸パルプ」法に比べれば、二酸化硫黄などの有害ガスの排出は各段に少なくなっている。日本では亜硫酸パルプとクラフトパルプの生産量が逆転したのは昭和三十年から三十五年の間であった。またその後の高度成長期の公害反対運動と七〇年代の環境規制の強化を経て、薬品回収技術の開発が進んだ。しかしながらパルプ工場はなお多種類かつ大量の化学物質と有機物を原料とする工業であるため、汚染問題はカナダでも場所によっては（規制が弱い場合は）より深刻である。今日パルプ産業が新たに立地している途上国では一層その傾向が強い。

25　先住民族政府（aboriginal government）：先住民族は白人の国家とは異なる自治的な政府を持つことを願っており、ビッグストーン・クリー民族はこの地域では積極的に自治政府を維持しようとしてきた先進的なグループ。ただしかつてのような狩猟経済を維持できるような条件は崩壊している（土地は略奪・破壊され、また毛皮経済も世界的に縮小している）ため、多くの困難に直面していることは他の先住民族集団と変わらないが、状況の改善により積極的な取り組みを行なっている。しかし積極的にＡＬＰＡＣ事業に反対したグループは限られていた。最近のカナダではヌナヴット準州の成立など先住民族の自治政府に関する新たな試みが始まっている。

26　イオン噴霧型誘導結合プラズマ分析技術（Nebulizing Ion Induced Coupled Plasma analysis techniques）：これは原注に見られるようにＡＬＰＡＣ公聴会におけるアサバスカ地域の先住民族チップウェイ・バンドから依頼された四人の白人科学者の発言〔および提出ペーパー〕からの引用である。ただし実際の公聴会に提出されたペーパーでは、この部分はガスクロマトグラフを使った有機化合物の分析方法の説明に続いて重金属類の分析方法として「イオン噴霧型誘導結合プラズマ分析」が説明されている。従ってこの技術は、ダイオキシン分析には使われないが、この部分は無論ジョークである。

27　マザー・アース・ヒーリング協会（Mother Earth Healing Society）：後に出てくるが、事務局長はロレイン・シンクレアという先住民族の女性活動家で、先住民族の文化的な価値観を基盤とした先住民社会の再生のための活動を行なうグループ。もともと折り合いの悪かった白人環境保護グループと先住民族との掛け橋になった先住民活動家の一人。

28　ビビアン・ファリス（Vivian Pharis）：カルガリーに基盤を置くアルバータ原生自然保護協会（ＡＷＡ）の活動家で、現在はＡＷＡの運営委員を務める。

29　費用便益分析（cost and benefit analysis）：費用便益分析とは公共経済・厚生経済学の応用分野として、アメリカにおける公共政策の決定の前の事前評価手法として発達した。早くはアメリカの水資源開発の評価手法として、一九〇二年の「河川港湾法」と「連邦開拓法」において導入された。しかし民間企業における事業の場合と異なり、公共的な事業の場合（あるいは公共財に影響を与えるコストの評価も含む場合）、単純な収入、支出の分析だけでは済まないため、事業収入ではなく「社会的便益＝B」と「社会的費用＝C」を計測、比較し、CよりもBが大きい場合に事業が是認できると考えるもの。しかし現代では市場価格で図れない開発効果や環境その他の社会的損失などをどのように評価、計測するのか、また利益を受ける集団と損害を受ける集団が異なる場合の公平性の評価などに関してこの評価手法の限界に関する様々な問題点が指摘され、議論されている。ただしアルバータ州における林業開発における政府関与については、この分析は適用されなかった。

30　反毛皮キャンペーン（アンチファー）と先住民族の反感：先進国などで動物保護目的で行なわれている反毛皮キャンペーンは、狩猟民との対話が欠落しているため、先住民族側は不信感を強く抱いている。また長年の白人への不信感から、環境保護団体と先住民族との間には大きなみぞがある。対話が始まったのはごく最近で、ALPACや大昭和問題は一つのきっかけになった。

31　フェラーバンチャー：温帯や熱帯雨林などと異なり、直径が比較的細く、樹高も低い亜寒帯林の開発で用いられる大型の伐採用機械。大きなアームで数本の木をつかみ、巨大な電動丸鋸で切って運ぶと言う重量機械で、一面、森林土壌や生態系にとってはインパクトが大きいとも言われる（温帯雨林や熱帯林の大径木は大きすぎてこうした機械は使えない。この機械はそもそもは日本がロシア（極東シベリア）における森林開発の中で最初に開発したものと言われる。

32　ビッグストーン・クリー民族：第八条条約で先住民権を承認され、一定の居留地を得ている先住民族の独立した政府を運営している。こうした先住民族集団は「ファースト・ネーション（First Nation）」と自らを呼んで、白人の入植者の政府に対して自分たちの主権と民族（ネーション）の独立性を主張し、小さいながらも自らを統治するための政府の事務所を構えている。しかしながら多くの先住民族では「近代的な政府」の運営には慣れておらず〔伝統的な統治形態とは異なるものであるため〕、政府組織の運営に白人の助けを得ている場合も少なくない。ビッグストーンの場合は訳者も訪問したことがあるが主として自分たちの力で運営しており、技術的な問題や調査では先住民族に対する共感を持つ白人研究者の協力を得ている。

33 キラム記念教授：英米系の大学では学部に功績のある教授や財政的に支援した財界人を記念して、当人の名前を冠した教授ポストを創設している。例えばわかりやすく説明すれば、京都大学に「湯川秀樹記念教授」のようなポストがあるようなもの。通常の教授よりもランクが高い地位である。

34 ジャコポリ社（Jaakko Pöyry）：フィンランドをベースとする世界最大の林業コンサルタント会社。世界銀行や援助機関、多国籍企業や途上国政府などの、世界中の林業開発、調査事業を請け負っている。環境保護運動の間では、北欧型の単一樹種のモノカルチャー植林〔ユーカリ〕などを途上国に押し付けて、生態系や住民生活を無視する森林開発をデザインする企業として、産業用人工植林反対運動の最大の標的の一つになっていた。例えば八〇年代後半から九〇年代初めのタイにおけるユーカリ植林反対運動では環境保護団体や農民団体などから激しく批判、攻撃された。フィンランドなどの北欧諸国は、林業やパルプ産業が発展した結果多くの林業専門家、林業技術者が育成されたが、パルプ産業における機械化、コンピュータ化の進展とともに、国内に就職先が減ったために世界に進出して北欧型林業技術を途上国などの世界に売り出したといわれている。

35 科学者としての資格＝クレデンシャル＝(scientific credentials)：クレデンシャルとは元来国家の大使や使節団に与えられる信任状であったが、転じて科学者のクレデンシャルとはその経歴、業績、地位などの評価による科学的な検討に参加する資格を指している。

36 ローウィのビッグT（big T）：Stan Roweはカナダで著名な生態学者、エコロジー思想家で、この表現は原注46の亜寒帯林会議での講演からの引用。ローウィの技術—とりわけ現代の巨大技術が社会、環境、政治経済に及ぼす強大な支配的な力を強調するために「ビッグT（大文字のT）」という表現を用いている。

1　トラック・ネット：衛星技術（ＧＩＳ）を使いコンピュータ・ネットワークされたトラック輸送状況を監視するシステムでトラック輸送業者は自らのコストで機器を購入、設置しなければならない。初期には高額な経費を払って導入したものがうまく作動しなかったこともあった。

2　全塩素フリー（ＴＣＦ）ペーパー：パルプ生産工程からすべての塩素使用を除去して作る紙（あるいは紙をつくること）のことを言う。パルプ工場からのダイオキシン類などを止めるために欧州を中心にグリーンピースなどを中心にキャンペーンが行なわれた。リグニン除去や漂白工程で塩素を使用すると紙そのものにも塩素が残留し、他の塩素源とも合わせゴミとして焼却するとダイオキシン発生の原因にもなる。日本では一時グリーンピース・ジャパンがＴＦＣに関するキャンペーンを行なっていた。また二酸化塩素を漂白に使用し、純塩素〔塩素ガス〕不使用のパルプを純塩素フリー（elemental chlorine free）パーパーと言う。環境保護団体はＥＣＦよりＴＣＦに転換するようキャンペーンを行なったが、紙パルプ業界はＴＣＦとＥＣＦでは環境に与える負荷に大きな違いはないと議論している。著者はこうした議論のどちらが真実かということより、欧州では環境保護運動がすでに紙パルプ産業の行動や構造を変えつつある、そのくらいの政治的影響力を得てきたことが重要であると考えている。またパルプ産業と化学産業界で設立している「環境技術連合（The Alliance for Environmental Technology＝ＡＥＴ）＝パルプ産業関連団体」の塩素漂白問題に関する報告書によれば世界的には欧州〔北欧〕を除けば全塩素フリー紙（ＴＣＦ）の生産は低く、純塩素フリー紙（ＥＣＦ）の生産は拡大している。日本ではＴＣＦ工場はまだなくＥＣＦ紙の生産も低いが、業界はＥＣＦを増やしていく方向に向かっているということである。

3　カナダの森林破壊に関する国際キャンペーン：九〇年代半ばまではここに書かれているようにバンクーバー島のクラクワット・サウンド（Clayoquat Sound）問題と、同島を生産拠点にしているマックミラン・ブローデル社に対する国際キャンペーンがカナダに関する中心問題であったが、次第にBC州中部沿岸部問題に移行しつつある。バンクーバー島の西岸の原生林地域は九〇年代初めに同州最大の森林紛争となり、同州やカナダの森林問題が世界的に知られることになった。九三年には反対運動の参加者八〇〇人の逮捕者を出し、その後一部は保護されたが紛争は続いている。

4　第二章訳注23参照。スコット社は近年キンバリー・クラーク社に買収された。またマックミラン・ブローデル社もウェアハウザー社に買収された。

5　キンバリー・クラーク社：一九九四年で世界一〇位、四九〇万トンの紙を製造。売上高は一二〇億米ドルを超える。スコット・ペーパー社を買収し世界最大のティッシュペーパー生産者となり、世界市場の半分を支配している。買収の少し前にスコット社はインドネシア（西パプア）におけるユーカリ植林事業に関して世界の環境保護運動の標的となり、事業から撤退し、キンバリー・クラークはその土地の売却を試みている。世界二〇カ国で操業し、スペインでのユーカリ造林事業を含め世界に三六〇万ヘクタール以上の森林を所有している。また市販パルプの巨大な購入者である。

6　これまでカナダではBC州の問題が世界的に取り上げられたのは何よりもグリーンピースが取り上げたことが大きい。BC州の森林（とくに沿岸温帯雨林）は一〇〇メートルに届こうかという巨木の針葉樹原生林で、沿岸にそうした原生林を残している国は世界にないためアピール力が強かった。沿岸の原生林は通常真っ先に伐採され、消滅する（カナダの他にはチリの沿岸温帯雨林があり、ここは広葉樹＝南極ブナが中心の原生林で、日本企業が伐採している）。亜寒帯林はそれらに比べると、雨の少ない乾燥地帯で火災を周期的に繰り返すため、老齢樹林がより少なく、樹高も一〇～二〇メートルの森林が普通で巨木はあまり存在せず、アピール力が小さいためこれまで余り注目されなかった。しかし生物多様性や先住民族の将来、さらに地球の気候変動問題では規模が大きいだけに最も重要な森林であると考えられる。同じ亜寒帯林であるロシアの森林（シベリア）が世界的に注目を集めたことからも、それに次ぐカナダ北部の亜寒帯林の将来に世界の人々の関心を惹きつける日はそう遠くないかもしれない。

7 ある森林の伐採あるいは土地利用のやり方に関してどのような選択が正しいかという問題は、別の箇所で著者も指摘しているように、その利用者（あるいは主張者）の置かれている立場によって異なる。すなわち誰がどのような目的で森林利用を行なうのが正しいかを、客観的に判定する基準がなく、政治的な選択になるはずである。つまりある森林をあるやり方で皆伐することは、皆伐する主体の特定の背景、目的から考えて正しいことであっても、別の背景と目的を持った人から見ると正しくないことが大いにありえる。そのあたりに森林問題の難しさ、わかりにくさがあるように思える。

8 連邦改革党（The Federal Reform Party）：連邦改革党は一九八七年に結成された「右派ポピュリスト政党」で、その目的は「政府の債務削減、政府支出カット、減税」などであり、こうした点でラルフ・クラインが首相になって以降採用した政策と類似している、ということを指している。改革党はカナダ西部とりわけアルバータとブリティッシュ・コロンビア州に基盤があり、二〇〇〇年一月、改革党「カナダ連合党」という新たな政党の結成に大きな役割を果たした。改革党はカナダ東部における議席の基盤を拡大するためにこうした挙に出たが、改革党党首のプレストン・マニングは党首選挙で元カナダ財務大臣であったストックウェル・デイに敗れてしまった。

9 アーネスト・マニングは一九四三～六八年まで二十五年間もの間、州首相を務め、社会信用党の党首としてアルバータ州の政界をリードした。プレストン・マニング（連邦改革党党首〔カナダ連合党No.2〕、ラルフ・クラインは元もとリベラルであったが、進歩保守党の政治家に転じた。アルバータ州の政治史の特徴は、日本の戦後政治とやや似ていて、一党による長期支配が顕著である（ただし覇者は変動している）。第二次大戦をはさんで、大恐慌時代以後、一九三〇年代から戦後六〇年代までは社会信用党が覇者であり、マニングは一九四三年以降、七一年まで中道よりの右派政治家として、アルバータ州をリードした（レデュークの石油開発以来、アメリカのフロリダの裏庭だった）。一九七一年の選挙で進歩保守党のラフィードがマニング政権を倒して以来、同党がアルバータの政治を牛耳ってきた。自由党も、新民主党も一九三〇年代以降、基本的に大変少数の支持しか得られていない。そうした点ではマニング家が三十年以上前に果たした長期政権を進歩保守党が継続している、という類似点がある。

## ●日本語版へのエピローグ……新しい世紀・変わらぬ現実？

1　クレストブルックの株式の売却と本州製紙・新王子製紙の合併

2　ユノカル（Unocal）社のサワーガス〔酸性〕精製プラント：天然ガスから硫化物を取り除くなどの精製（純粋化）を行なう工場。除去するものが毒物であり、その硫化水素や他の有毒な硫黄酸化物はガスとして周囲の環境に（大気を通じて）排出されやすい。従って同工場の近くに住むルビコン民族は、先住民族を長期間の間に虐殺する謀略であるとして反発し、設備の改善あるいは閉鎖を要求している。

3　この文章の意味は大昭和ボイコット・キャンペーンにより、大昭和による森林伐採の脅威は少なくとも一時的には遠のいたが、その代わり石油天然ガス開発の脅威がクローズアップされることになったこと。

4　大昭和による「ルビコンの友」訴訟（損害賠償請求訴訟）：オンタリオ地裁のマクファーソン判事の判決は、ボイコット運動の正当性を認めたことで、「表現の自由」を守る点では画期的な判決であり、企業に対するカナダの市民的権利は守られたが、一方「ジェノサイド」という言葉の使用を禁ずるなど、ある意味では痛み分けの判決になっている。しかし大昭和の請求した五〇〇万ドル（約三億六〇〇〇万円）の損害賠償請求に対しては、わずか一ドルの支払いを命じただけであった。従って基本的には『ルビコンの友』側の勝訴といってよい。こうした企業による市民団体に対する民事訴訟は北米では「ＳＬＡＰＰ訴訟（市民参加を妨げるための戦略的訴訟）といってこれまでの市民団体による企業への訴訟の逆手を取って市民団体の活動を鈍らせたり（裁判に人とお金をつぎ込まねばならなくなる）、訴訟によって高い裁判コスト（訴訟費用、弁護士料、場合によっては巨額の損害賠償など）を負担させることで市民団体を破産に追い込むことを意図している。アメリカで最初に始まり、カナダでも行なわれるようになったが、アメリカではこうした法律の悪用を禁ず

5

る法律も成立した。この裁判でも市民側の裁判費用負担は推定六四四〇万円近くになり、手弁当の弁護団による努力でこの費用を払わなくて済むようになったが、そうでなければFOLは破産していた。

ALPACの強力な支持者であった先住民族出身のマイク・カージナルは一九八九年にラクラビッシュ・アサバスカ選出の州議会議員になり二〇〇〇年初めに資源開発省（元エネルギー省＝主として石油天然ガス、鉱山開発所管）の林業担当の副大臣（あるいは政務次官＝Associate Minister＝準大臣あるいは下級大臣）に指名された。このポジションは同省に所属していた（九九年に観光・経済開発省から移管された）林産業開発部だけを担当し大臣に報告義務のある下級大臣という性格のもので、短期間しか存在しなかった。この林産業開発部（FIDD）は八〇年代後半、政治主導で森林開発を急ピッチで推進するために設置された部署であるが、九〇年のアルバータ州専門家レビュー・パネルの報告書「アルバータ州の森林管理：専門家レビューパネル報告書」(Forest Management in Alberta: Report of the Expert Review Panel）において、それまでアルバータ・フォレスト・サービスを含む「林業・土地・野生生物省」の職務と矛盾が存在しているとして、林産業課を同省から除去することを勧告した。そして一九九二年に林業・土地・野生生物省はその多くが環境省（環境保護省に改名）に編入され、AFSも環境保護省管轄になった。一方、旧林産業開発課はエネルギー省が再編された「資源開発省」に移管され、「林産業開発部」となった。その後カージナルは、内閣の再編成で重要ポストである資源開発大臣に就任した。

［年表］

一九〇六年……………ミラー・ウェスタン社設立
一九四三年……………スプレー・レーク製材工場（独立業者）建設
一九四七年……………レデュークで石油発見
一九五〇年代…………プロクター&ギャンブル社、朝鮮戦争を契機に積極拡大経営
一九五〇年代半ば……アルバータ州社会信用党マニング政権、ＦＭＡ導入
一九五七年……………ノースウェスタン・パルプ&ペーパー社、ヒントン工場建設（現ウェルドウッド社所有）
　プロクター&ギャンブル社、チャーミン・ペーパー社買収。製紙部門へ進出
一九六二年……………ブリティッシュ・コロンビア州、パルプ材伐採地域協定〔制度〕を導入
一九六〇年代半ば……プロクター&ギャンブル社、グランド・プレーリーへの工場進出を検討
一九六五年……………大昭和製紙、日本企業初の米国産針葉樹チップ輸入に踏み切る
　マックミラン・ブローデル社、アルバータ州政府とホワイトコートでの統合森林開発協定に調印
一九六六年……………アルバータ州、伐採クォータ・システムを導入
一九六七年……………大昭和製紙、豪州にて合弁企業ハリス大昭和設立
一九六八年……………アルバータ自然保護協会（ＡＷＡ）設立

一九六九年……ノース・カナディアン・オイル社、ノースウェスタン・パルプ&パワー工場をセント・レジス社へ売却
マックミラン・ブローデル社、ホワイトコート工場への支援についてアルバータ州ストーム首相と協議、物別れに終わる
一九七一年……八月、アルバータ州ラフィード政権発足
一九七二年……ウェアハウザー社、ホワイトコート地域でのFMA獲得入札でシンプソン・ティンバー社に敗れる
一九七三年……ウェアハウザー社、ホワイトコート及びフォックスクリーク地域での林業開発計画に向けてロビー活動開始
ホワイトコート及びフォックスクリーク地域での林業開発計画に関する公聴会開催
プロクター&ギャンブル社、グランドプレーリー工場操業開始。建設に際し、連邦政府より資金援助を受ける
一九七八年……大昭和カナダ社設立
一九七九年……チップ・ショック勃発（翌年まで続く）
一九八〇年……七月、BCフォレスト・プロダクツ社、アルバータ州でのFMA取得
一九八一年……大昭和製紙、多額の債務により住友銀行が経営権掌握
大昭和カナダ社、ウェスト・フレーザー・ティンバー社との合弁によりケネル工場を拡大
（ケネル・リバー・パルプ工場）
一九八三年……アルバータ州ラフィード首相、林業への投資要請のため極東諸国を歴訪
一九八四年……七月、アルバータ州ラフィード政権、白書にて経済への積極介入政策の採用を主張
一九八五年……ゲティー、アルバータ州政界復帰
ウェスタン協定締結、石油価格の規制緩和

一九八六年……アルバータ州ゲティー政権、林業、観光、技術研究を州産業政策の三本柱に据えると主張
エネルギー・天然資源省から林業・土地・野生生物省が独立する（初代、スパロー大臣。八七年、フィヨルドボッテンに代わる）
アルバータ州、連邦政府とＥＩＡに関する合意書に調印配布
林業開発局（ＦＩＤＤ）設立
国際石油価格、一バレル二〇ドルから一〇ドルへ暴落
クレストブルック社（ＢＣ州で）、林業労働者ストの打撃を受ける
ミラー・ウェスタン・パルプ社、ホワイトコートでＣＴＭＰ工場建設着手（八八年操業開始）
一九八七年……アルバータ州環境省、ピースリバー・パルプ工場のＥＩＡをめぐり大昭和と交渉（大昭和関係者がピースリバー工場建設に関し住民との協議会を開催）
クレストブルック社スチュアート・ラング社長とアルバータ州アル・ブレナン林業開発局長、ＡＬＰＡＣプロジェクトをめぐり会談
ウェルドウッド社、ヒントン工場拡張
一九八八年……大昭和カナダ社、ケネル・リバー・パルプ工場を拡大及び自動化
二月、ルビコン民族オミナヤク・チーフ、大昭和のピースリバー工場建設計画で、ルビコン民族の土地が侵害されることに怒りの意を表明
大昭和製紙、米国ワシントン州ポートエンジェルスの電話帳工場を買収
三月、ルビコン民族と大昭和カナダの代表者会合
アルバータ州、大昭和のピースリバー工場建設を承認
ウェアハウザー、クレストブルック両社、「アサバスカの友」とアサバスカのＣＴＭＰ工場建設をめぐって対立
アルバータ・ニュースプリント社、ホワイトコート工場建設着手

カルガリー・オリンピック開催
グリムショー協定締結

一九八九年……三月、大昭和およびＡＬＰＡＣ反対運動のため「北方の友」設立
ＡＬＰＡＣ反対運動激化
アルバータ・エネルギー社、スレーブ・レークＣＴＭＰ工場建設着手
七月、ＡＬＰＡＣに関するＥＩＡレビュー委員会設立
十月月三十日、フォート・マクマレーにて連邦政府とアルバータ州による初のＡＬＰＡＣに関するＥＩＡレビュー委員会開催（同年十二月半ばまでに一一村落で二七回開催）

一九九〇年……大昭和、キャンフォーよりハイレベル工場買収
三月、ＥＩＡレビュー委員会、ＡＬＰＡＣ中止を勧告
ブキャナン・ランバー社伐採キャンプへの焼き討ち事件発生、大昭和への反対運動広まる
焼き討ち事件への対処をめぐり、ハマオカ（大昭和）とライマー（エドモントン市長）の間で書簡交換
夏、ＡＬＰＡＣ、工場計画を刷新
新ＡＬＰＡＣ計画公聴会開催
秋、ウッドバッファロー国立公園でのキャンフォー社による皆伐が露呈
十二月、ＡＬＰＡＣ支持派が勝利を収める
三菱商事、キャンペーン漫画「ガイアへ」を日本国内の学童へ配布

一九九一年……ウェアハウザー社、パルプ価格低迷により経営悪化
八月三十日、ＡＬＰＡＣとのＦＭＡ締結

一九九二年……プロクター＆ギャンブル社、アルバータ州の紙パルプ工場をウェアハウザー社へ売却
カナダ連邦政府、アルバータ州政府との林業パートナーシップ協定を改訂

六月八日、シエラ・リーガル・ディフェンス・ファンド、カナダ自然公園協会（CPAWS）、ウッドバッファロー国立公園でのキャンフォー社による伐採を連邦裁判所に提訴し、受理される

日本文部省、キャンペーン漫画「ガイアへ」を配布差し止め

十二月、ラルフ・クライン、アルバータ州首相就任

一九九三年……夏、ALPAC操業開始

十一月十一日、大昭和製紙、斎藤了英会長逮捕

一九九五年……大昭和製紙、「ルビコンの友」のボイコット運動を提訴

一九九七年……アジア金融危機、カナダの紙パルプ業界の輸出に打撃

四月一日、アルバータ州財務省、ミラーウェスタン・パルプ工場の融資をカナダ・インペリアル銀行に肩代わりさせると表明

一九九七年……三月、アルバータ州、ALPACの債務返済条件を緩和

ALPAC、資金繰り困難を理由に返済を拒否

一九九八年……三月、アルバータ州、ALPAC救済に乗り出す

クレストブルック社、ALPACの持ち株を三菱商事と王子製紙に売却

一九九九年……初頭、アルバータ州、立木価格が国際市場価格を反映するよう改変

九月、パルプ価格高騰（翌年五月まで）

二〇〇〇年……三月、日本製紙と大昭和製紙の事業統合を行ない、持株会社㈱日本ユニパック・ホールディングス設立

# 訳者あとがき

私が本書と出会ったのは、一九九四年の夏にカナダ・アルバータ州の州都エドモントンで開催された亜寒帯林救援ネットワーク（Taiga Rescue Network＝TRN＝本部スウェーデン、ジョクモック）という国際NGO連合体の主催する年次総会で見た本書の出版予告であった。この会合で主催者は日本からの報告を行なう私を、「今やアルバータ州の森林の将来を決定することになった東京から来た活動家」であると紹介した。本書の第四章（および訳注）でも触れているように、日本キリスト教協議会が一九九一年にルビコン民族代表を日本に招待したときに私も立ち会い、また前年には同州の各地を訪問して調査を行なったものの、なぜ日系多国籍企業がこれほど広大な森林管理権を獲得できたのか、など理解できないことが少なくなかったことが、本書を翻訳するきっかけとなった。なおこのTRNの総会は、同州ではじめて先住民族グループと環境保護団体との共同主催で会議が組織化された、という画期的な「事件」であったが、クリー民族による開会セレモニーがインディアンの考え方により時間通り始まらず、白人側の主催者をいらいらさせるなど、両者の相互理解には時間がかかることを実感した。

本書の中で著者らは、アルバータ州で一九八〇年代末に発生した日系企業に対するとてつもない森林譲渡がなぜ起こったのか、州政府はなぜ潤沢な資金を持つ世界有数の多国籍企業にかくも寛大な補助金を与えたのか、をカナダ側の政治学者の目から分析している。そして日系企業の投資の基本動機が日本に欠けている安価で膨大なパルプ原料資源の獲得にあったことなどから、同州の財政危機を一層深刻化させるほどの補助金の必要性に疑問符を投げかけ、また未だ未解明な点の多い亜寒帯林生態系や北方大河川への影響ばかりでなく、深刻化する地球規模の気候変動にも影響しかねない大規模伐採の恒久化につながる政治的意思決定プロセスのさまざまな問題を日本側の資料にも当たって検討している。さらに石油ブーム以来の不安定な州経済の立て直しを図るための選択であったパルプ産業開発の同様の脆弱さに関して、世界的な紙パルプ産業の動向分析を踏まえて論じている。そして日本語版エピローグの中で著者のアークハート教授は本書出版後の事態の推移はその分析が誤っていなかったことを証明していると述べている。

一方、訳者が日本側から見ると、アルバータ州で発生したような問題は、北米や東南アジアを始め、南米、オセアニア、アフリカなど世界各地において日系企業と住民との間で起こっており、こうした問題は日本社会がこの百年以上にわたって追求した「富国（強兵）」政策の一つの所産であると思われる。日本は「欧米列強」に対抗するため、かなりの無理をして国内外の工業生産、貿易ネットワークを形成した。そして莫大な物資を生産、消費、輸出入する社会を作り出した結果、地域経済の大きな不均衡を生み出し、また日本の地政学的な特質から生まれた集中豪雨的貿易スタイルが深刻な貿易摩擦を引き起こした。それらを解決するために、所得再配分（土建業界へのばらまき）やアメリカおよび日本の国内産業と政治家、官僚の合作である「内需拡大政策」を実施するため、即ち作りすぎた鉄鋼その他の物資のはけ口として全国各地で公共事業を行ない、それらのすべての所産である産業廃棄物問題も含め、とめどもない環境破壊を繰り返す悪循環を生み出している。またそうした社会の動向はますます紙パルプの消費を促す結果になっている（日本製紙連合会の資料によると紙消費はＧＤＰの増加に比例して増える）。

「中心と周辺」理論を借りれば、世界経済の一つの中心となった日本社会のこうした驚くべき活動の結果が、「中心（アメリカと日本）」への資源供給地となった「周辺」であるアルバータ州のような場所で知らない間に本書で出てくるルビコン・クリー民族などの存亡に多大な影響を及ぼし、また日本社会の様々な動向に深く依存する経済社会の従属化現象を派生させている。こうした問題は、それぞれの当事者が必ずしも「悪意」を持って事に当たっているからではなく、それぞれが自己利益や使命を達成しようとする活動の集積の結果起こっている。また本書で分析されているアルバータ州の政治過程も大変興味深い。同質性の強い（したがって階級対立の要素が相対的に小さい）同州では、東部〔カナダ国内の中心〕支配への反発などの様々な理由から二大政党制が根付かず、一党支配を長期間繰り返す様子は、わが日本国の政治状況をより深く理解する上で役立ちそうに思える。

一九九五年に本書を入手し、翻訳を決意してから六年以上も経過してしまった。最初に本書の下訳を共訳者である河村氏にお願いし、その後私が訳文全体を改訂したが、私の多忙や病気休養などのために作業が大幅に遅れてしまったことを関係者にこの場を借りてお詫びしたい。とりわけ共訳者の河村氏と翻訳出版を快諾された緑風出版の高須氏には大変ご迷惑をおかけすることになった。また著者の一人であるアークハルト教授は訳者の際限のない質問に快く答えてくださり深く感謝している。浅学の私にとって本書で述べられているカナダ、アルバータの政治制度や官庁、法律、裁判、先住民族、経済、金融組織など理解できない点が多々あり、そのために作成したノートの一部が膨大な訳注となった。

原著書出版以降、本書に出てくる本州製紙、神崎製紙は消滅し、大昭和製紙も日本製紙と事業統合を行なうという大変動の中ですでに多くの時間が経過してしまった。しかしながら、ＡＬＰＡＣや大昭和（日本製紙と合併）が持っている森林管理権（ＦＭＡ）は二十年ごとに更新されるため、数年後の改定時に際して新たな論争が起こるであろうことは十分予測できる。そうした意味で、カナダの広大な亜寒帯林や地球温暖化、生物多様性、先住民族、地域経済などに大きな影響を与えているこれらの事業や日本社会のあり方を考え、問題を解決していくためにも、翻訳書の出版が決して無駄にはならないと信ずるものである。なお紙数の関係で索引は割愛したが、ややわかりにくい本書の理解に役立てばと考え、訳注や年表などを作成した。翻訳を含めカナダ政治などには素人であるため、思わぬ思い違いなどがあるやも知れず、読者からご教授いただければ幸いである。

二〇〇一年四月二日　世田谷の実家にて。

黒田洋一（訳者を代表して）

［著者紹介］

## イアン・アークハート（Ian Urquhart）

アルバータ大学教授、1987年にブリティッシュ・コロンビア大学にて政治学で博士号取得。同大学ではサケ漁をめぐる政治問題を研究。アルバータの政治に関する論文、著書多数。近年では同州のチンチャガ保護区をめぐる政治紛争に関する著作がある。

## ラリー・プラット（Larry Pratt）

ロンドン大学（school of economics）で博士号取得。「タールサンド」「アルバータにおける社会主義と民主主義」「幻想なき社会民主主義」「プレーリー資本主義」など政治経済学に関する8冊の著作（編者を含め）がある。〔現在は大学を退官されている〕

［訳者紹介］

## 黒田洋一（くろだ よういち）

1954年、東京生まれ。東京教育大学農学部中退後、生活クラブ生協、市民エネルギー研究所（反農薬東京グループ、ボパール事件を監視する会などで活動）を経て、1987年、熱帯林行動ネットワークの設立に参加、以後10年以上にわたって事務局長を務める。森林問題を中心に世界各地の日系多国籍企業の投資活動に関連する環境問題の調査やアドボカシー活動に携わる。またこの間多くの大学で地球環境論を講じる。1991年、アメリカのゴールドマン環境賞受賞。

## 河村 洋（かわむら ひろし）

1966年、広島生まれ。慶応大学法学部政治学科卒業後、ロンドン・スクール・オブ・エコノミックスにて国際政治経済学修士課程修了。グローバル経済下のガバナンスや安全保障問題に関心を持つ。

**ザ・ラスト・グレート・フォレスト**
——カナダ亜寒帯林と日本の多国籍企業——　定価4500＋税

2001年5月14日　初版第1刷発行

著　者　イアン・アークハート／ラリー・プラット
訳　者　黒田洋一／河村 洋
発行者　高須次郎
発行所　株式会社 緑風出版©
〒113-0033　東京都文京区本郷2-17-5　ツイン壱岐坂102
☎03-3812-9420　FAX 03-3812-7262　振替00100-9-30776
e-mail：info@ryokufu.com
http://www.ryokufu.com/

装　幀　堀内朝彦
組　版　字打屋
印　刷　長野印刷商工／巣鴨美術印刷
用　紙　大宝紙業
製　本　トキワ製本所
E1000





Printed in Japan　ISBN4-8461-0106-1 C0061

**検証・リゾート開発**
［東日本篇］
リゾート・ゴルフ場問題全国連絡会編
四六判並製
二九六頁
２４００円

リゾート法とバブル景気によって、ゴルフ場・スキー場・ホテルの三点セットを軸に自治体を巻き込み全国で展開されたリゾート開発。本書は東日本のリゾート開発を総点検し、乱開発の中止とリゾート法の廃止を訴える。

---

**検証・リゾート開発**
［西日本篇］
リゾート・ゴルフ場問題全国連絡会編
四六判並製
三三六頁
２５００円

日本の残り少ない貴重な自然を破壊し、また景気の不振によって事業自体が頓挫し、自治体に巨大な借金を残しているリゾート開発。東日本篇に引き続き、中部・近畿・中国・四国・九州・沖縄の各地方における開発の惨状を検証する。

---

**ルポ・東北の山と森**
――自然破壊の現場から
山を考えるジャーナリストの会編
四六判並製
三一七頁
２４００円

いま東北地方は、大規模林道建設やリゾート開発の是非、イヌワシやブナ林の保護、世界遺産に登録された白神山地の自然保護のあり方をめぐって大きく揺れている。本書は東北各地で取材した第一線の新聞記者による現場報告！

---

セレクテッド・ドキュメンタリー
**ルポ・日本の川**
石川徹也著
四六判並製
二二四頁
１９００円

ダム開発で日本中の川という川が本来の豊かな流れを失い、破壊されて久しい。本書はジャーナリストの著者が全国の主なダム開発などに揺れた川、いまも揺れ続けている川を訪ね歩いた現場ルポ。清流は取り戻せるのか。

---

セレクテッド・ドキュメンタリー
**地すべり災害と行政責任**
**長野・地附山地すべりと老人ホーム26人の死**
内山卓郎著
四六判並製
二八八頁
２２００円

'85年長野市郊外の地附山で、大規模な地滑りが特別養護老人ホームを襲い、二六名の死者がでた。行政側は自然災害、天災であると主張したが、裁判闘争によって行政の過失責任が明らかとなる。公共事業と災害を考える。

## 大雪山のナキウサギ裁判

大雪山のナキウサギ裁判を支援する会編

四六判並製
三三二四頁
2400円

北海道の大雪山国立公園は、日本で数少ない原生的自然が残り、氷河期の生き残りといわれるナキウサギの日本最大の生息地である。そこが今、無用な道路建設により危機に瀕している。本書は生態系保護の大切さを訴える。

## スキー場はもういらない

藤原　信編著

四六判並製
四二四頁
2800円

森を切り山を削り、スキー場が増え続けている。このため、貴重な自然や動植物が失われている。また、人工降雪機用薬剤、凍結防止剤などによる新たな環境汚染も問題化している。本書は初の全国スキーリゾート問題白書。

## 環境を破壊する公共事業

『週刊金曜日』編集部編

四六判並製
二八八頁
2200円

その利権誘導の構造、無用・無益の大規模開発を無検証に押し進めることで大きな問題となっている公共事業。本書は全国各地の現場から公共事業を取材、おもに環境破壊の視点から問題点をさぐり、その見直しを訴える。

## 政治が歪める公共事業
### ――小沢一郎ゼネコン政治の構造

久慈　力・横田　一共著

四六判並製
二一六頁
1900円

政・官・業の癒着によって際限なくつくられる無用の〝公共事業〟が、列島の貴重な自然を破壊し、国民の血税をゼネコンに流し込んでいる！　本書はその黒幕としての〝改革者〟小沢一郎の行状をあますところなく明らかにする。

## ドキュメント日本の公害

川名英之著

四六判上製
全一三巻
揃え50225円

水俣病の発生から地球環境危機の今日まで現代日本の公害史をドキュメントとして描いた初めての通史！　公害・環境事件に第一線記者として立ち会い続けて二〇年、膨大な取材メモ、聞き書きノートや資料をもとに書き下ろした渾身の大作。